EINFÜHRUNG IN DIE ALLGEMEINE UND SPEZIELLE VERERBUNGSPATHOLOGIE DES MENSCHEN

EIN LEHRBUCH FÜR STUDIERENDE UND ÄRZTE

VON

Dr. HERMANN WERNER SIEMENS

PRIVATDOZENT FÜR DERMATOLOGIE
AN DER UNIVERSITÄT MÜNCHEN

ZWEITE UMGEARBEITETE
UND STARK VERMEHRTE AUFLAGE

MIT 94 ABBILDUNGEN UND
STAMMBÄUMEN IM TEXT

SPRINGER-VERLAG BERLIN HEIDELBERG GMBH
1923

ISBN 978-3-642-90413-4   ISBN 978-3-642-92270-1 (eBook)
DOI 10.1007/978-3-642-92270-1

Vorwort zur ersten Auflage.

Umfangreiche Einführungen in die exakte Vererbungslehre haben wir genug. Ein handliches Buch aber, das aus dem ungeheuren Tatsachenmaterial dieser neuen Wissenschaft unter Vermeidung aller komplizierteren Einzelheiten nur das für den Mediziner Wichtige mit Kritik auswählt, und das andererseits auch auf die ärztlich besonders interessierenden Probleme der Konstitutions- und Dispositionspathologie näher eingeht, fehlte bislang; es fehlte also bislang ein Lehrbuch der Konstitutions- und Vererbungspathologie. Die vorliegende Arbeit, die sich bemühte, überall die Bedürfnisse des forschenden Arztes zu berücksichtigen, möchte diese Lücke ausfüllen.

Die Ergebnisse der mendelistischen Erblichkeitsforschung sind für jeden, der lernen will, hinter einem Stacheldraht schwer verständlicher Terminologien verborgen. Ich habe mich deshalb in meiner Darstellung jener Ausdrucksweise bedient, die sich in meinen „Grundlagen der Rassenhygiene" didaktisch bewährt und schon mehrfach Nachfolge gefunden hat.

Möge das Buch vor allem einer größeren Zahl von Kollegen die Anregung geben, zuverlässige Beobachtungen über Vererbung beim Menschen zu machen und wissenschaftlich zu bearbeiten! Denn ohne eine umfassende Vermehrung unseres exakten Beobachtungsmaterials wird es uns nicht gelingen, in die noch dunkeln Probleme der menschlichen Vererbungspathologie tiefer einzudringen.

Breslau, Ende 1920.

Herm. Siemens.

Vorwort zur zweiten Auflage.

Meine „Einführung“ war fast 1 Jahr vergriffen. An einer rechtzeitigen Neuausgabe hinderten mich anderweitige Arbeiten sowie der Wunsch, die zweite Auflage nicht ohne eine durchgreifende Umgestaltung hinausgehen zu lassen. Von der Umarbeitung wurden alle Kapitel betroffen. Die ganze Einteilung des Buches hat sich etwas verändert. Teile des Konstitutionskapitels sowie die Abschnitte über geschlechtsabhängige und komplizierte Vererbungsmodi mußten neu geschrieben werden. Ja, selbst der Titel ist von den Änderungen nicht verschont geblieben; denn die „Übersicht über die spezielle Vererbungspathologie“ wurde zu einem eigenen Teil ausgestaltet und mit einem umfangreichen Literaturverzeichnis versehen. Ich hoffe, daß diese Erweiterung den Bedürfnissen der Leser entgegenkommt und sich zu rascher Orientierung über Einzelfragen nützlich erweist. — Die „Konstitution“ habe ich aus dem Titel entfernt, da sie in der Vererbungspathologie doch eine allzu untergeordnete und auch noch allzu problematische Rolle spielt.

Meine Terminologie hat sich unterdessen weitere Anhängerschaft erworben. Ich hoffe deshalb, sie wird auch in dieser zweiten Auflage ihren didaktischen Zweck erfüllen.

Möge das Buch auch in seinem neuen Gewande das Interesse an der menschlichen Vererbungspathologie bei Ärzten und denen, die es werden wollen, erwecken und wach halten!

München, März 1923.
Dermatologische Poliklinik.

Herm. Siemens.

Inhaltsverzeichnis.

A. Einleitung.

B. Allgemeine Vererbungsbiologie.

C. Allgemeine Vererbungspathologie des Menschen.

A. Einleitung.

1. Die allgemeinpathologischen Grundbegriffe.

Ursache.

Die Pathologie. Die Lehre von den Krankheiten des Menschen, die menschliche Pathologie, zerfällt in drei Teile:

1. Die Lehre von den Ursachen der Krankheiten (Ätiologie).

2. Die Lehre von den Erscheinungen der Krankheiten (pathologische Morphologie [Anatomie und Histologie], pathologische Physiologie) und von ihrer Erkennung (Diagnostik).

3. Die Lehre von der Beseitigung der Krankheiten (Therapie) und von ihrer Verhütung (Prophylaxe [Hygiene]).

Die Idiopathologie. Die Krankheiten kann man einteilen in solche, die vornehmlich äußeren und solche, die vornehmlich inneren Ursachen ihre Entstehung verdanken. Unter den Krankheiten aus vornehmlich inneren Ursachen nehmen die erblichen Krankheiten den ersten Platz ein. Der Lehre von den erblichen (idiotypischen) Krankheiten, also der Lehre von der menschlichen Idiopathologie (Erbpathologie) ist vorliegendes Buch gewidmet; es wird sich deshalb mit den Ursachen, den Erscheinungen und der Beseitigung der erblichen Krankheiten zu beschäftigen haben.

Die Ursachen. Der Begriff der Ursache wurde in neuerer Zeit scharfer Kritik unterworfen. Es wurde betont, daß die Entstehung einer Krankheit niemals einer „Ursache" zu verdanken sei, sondern stets einer großen Zahl von Bedingungen, die alle für das Zustandekommen der Krankheit gleich unentbehrlich sind. VERWORN hat diesen Standpunkt sogar so sehr auf die Spitze getrieben, daß er die Forderung einer „konditionalen Weltanschauung" aufstellte. Wenn aber auch alle Bedingungen, die beim Zustandekommen eines Geschehens mitwirken, naturwissenschaftlich betrachtet gleich notwendig sind, so ist doch der Wert dieser Bedingungen für unser Verständnis dieses Geschehens ein sehr verschieden großer. Diejenige Bedingung aber bzw. diejenigen Bedingungen, die für unser Verständnis eines krankhaften Vorganges oder für unser therapeutisches Handeln besondere Wichtigkeit haben, bezeichnen wir als die Ursache bzw. als die Ursachen der Krankheit. Der Ursachenbegriff ist deshalb ein praktischer Begriff, dessen Verwendung nicht nur berechtigt, sondern der notwendig ist, um aus der Fülle der wichtigen und weniger wichtigen Bedingungen die für die jeweilige Betrachtung wesentlichste gebührend hervorheben zu können.

Exogene und endogene Ursachen. Man unterscheidet nun seit
MOEBIUS exogene und endogene Ursachen. Gewiß wirken letzten Endes
bei dem Zustandekommen jeder Krankheit exogene und endogene
Faktoren gleichzeitig mit. Jede Krankheit kann als ein Reaktionsprodukt der endogenen Anlage auf exogene Einflüsse aufgefaßt werden. Trotzdem aber hat sich die Trennung in äußere und innere
Ursachen bewährt, aus demselben Grunde, aus dem auch der Ursachenbegriff überhaupt sich dem Konditionalismus gegenüber behauptet hat. Denn in vielen Fällen genügt die Bezeichnung einer
Krankheit als exogen bzw. endogen vollkommen, um uns ein aus-
reichendes Verständnis für die Ätiologie des Leidens zu übermitteln.
So wie die Einteilung der Bedingungen in Ursachen und Neben-
bedingungen, so ist also auch die Einteilung der Ursachen in exogene
und endogene von ausgesprochen praktischem Wert für Forschung
und Lehre. Die Notwendigkeit dieser begrifflichen Trennung wird auch
gar nicht dadurch berührt, daß es Leiden gibt, an deren Entstehen
äußere und innere Faktoren fast in gleichem Maße Anteil haben;
denn auch hier wird es eben für das Verständnis der Ätiologie nicht
zu umgehen sein, daß man zwischen den äußeren und inneren Ursachen
unterscheidet und sie getrennt abhandelt. Die praktische Notwendigkeit einer solchen Unterscheidung ist besonders deshalb so groß, weil
die aus äußeren Ursachen entstandenen Krankheiten therapeutische
und prophylaktische Maßnahmen ganz anderer Art erfordern als die
aus inneren Ursachen entstandenen: Die Erkenntnis der exogenen bzw.
endogenen Ätiologie einer Krankheit entscheidet also ganz wesentlich
über unser Handeln. Die ärztliche Indikation, soweit sie eine Beseitigung der Krankheitsursachen zum Ziele hat, bleibt ohne diese
Erkenntnis weg- und führerlos.

Erbliche und nichterbliche Ursachen. Die Unterscheidung in exogene
und endogene Ursachen bringt allerdings noch einen Mißstand mit
sich, der es nötig macht, sie in etwas zu modifizieren. Der Umstand
nämlich, der in praktischer Hinsicht die größte Bedeutung hätte, liegt
nicht in der Entscheidung der Frage, ob die wesentliche Ursache einer
Krankheit endogen oder exogen ist, sondern ob sie in der Beschaffenheit der Erbmasse des betreffenden Individuums gesucht werden muß,
oder ob das nicht der Fall ist. Die Unterscheidung von erblicher
und nichterblicher Bedingtheit ist deshalb diejenige Unterscheidung,
an die sich die ätiologische Forschung in erster Linie halten, und über
die sie uns im einzelnen Fall vor allem möglichste Aufklärung verschaffen
muß; denn diese Unterscheidung ist es, die am weitgehendsten unsere
Indikationen zu beeinflussen vermag.

Nun sind endogen und erblich keineswegs identische Begriffe. Der
Begriff des Endogenen stammt aus der Klinik, und wenn er auch das
Erbliche vollständig in sich begreift, so enthält er doch noch allerhand
andere Dinge, die mit Erblichkeit nichts zu tun haben. Vor allem
werden die Folgen, die endokrine Störungen an den einzelnen Organen
haben, allgemein als endogen bezeichnet, während doch die primäre

endokrine Störung durchaus exogen bedingt sein kann. So muß nach unserem klinischen Sprachgebrauch die durch ihre typische Lokalisation an Unterbauch und Oberschenkeln gekennzeichnete Fettsucht bei der Dystrophia adiposo-genitalis im Gegensatz zu der exogenen alimentären als endogene Fettsucht bezeichnet werden. Trotzdem braucht diese endogene Fettsucht aber mit Erblichkeit nicht das geringste zu tun zu haben, da die verursachende Unterfunktion der Hypophyse auch durch rein exogene Momente, z. B. durch ein grobes Trauma der Hypophyse, entstanden sein kann. Auch sonst wird das Wort endogen oft in einer Weise gebraucht, die mit dem Begriff der Erblichkeit keinen Zusammenhang erkennen läßt; ich erinnere nur an die „endogene" Harnsäure oder an die „endogene" Puerperalinfektion. Der Begriff des Endogenen stammt, wie gesagt, aus der Klinik. Der Begriff des Erblichen, wie er sich in letzter Zeit allgemein eingebürgert hat, stammt jedoch überhaupt nicht aus der Pathologie, sondern aus der Vererbungsbiologie. Dadurch erklären sich die grundsätzlichen Differenzen, die zwischen beiden Begriffen bestehen. Die alten Ausdrücke endogen und exogen machen die Trennung an einer Stellung, an welcher sie eine zu geringe praktische und theoretische Bedeutung hat. Es erscheint nicht zweifelhaft, daß die Medizin, so wie sie im letzten Jahrzehnt den Begriff der Erblichkeit von der Vererbungsbiologie hat übernehmen müssen, sich auch vor die Notwendigkeit gestellt sehen wird, den Begriff der erblichen bzw. nichterblichen Bedingtheit einer Krankheit in ihre Lehren einzuführen.

Idiotypische und paratypische Ursachen. Nun genügen jedoch die Worte erblich und nichterblich zwar ihrem Begriffe, nicht aber ihrem Ausdruck nach den Anforderungen, die wir an die Präzision wissenschaftlicher Bezeichnungen stellen müssen. „Erblich" und „nichterblich" sind nämlich keine Termini technici, sie sind keine Symbole für einen ganz bestimmten, scharf umrissenen Begriff, sondern populäre Worte, die mit zahlreichen verwirrenden Nebenbedeutungen beladen sind. Auch der modernen Vererbungslehre ist es ja erst durch die Schaffung neuer, streng spezifischer Bezeichnungen wie Genotypus (JOHANNSEN) und Mutation (ERWIN BAUR) gelungen, die eigentliche wahre Vererbung von der „Vererbung" des großen, nicht fachbiologischen Publikums abzutrennen. Die Medizin wird auch hier wieder dem Beispiel der Vererbungsbiologie folgen müssen. Denn wir brauchen präzise Termini für erblich und nichterblich auch in der Konstitutionspathologie! Anders wären ja die dahingehenden Bemühungen wohl aller moderner Autoren. die über Konstitutionspathologie schreiben, nicht zu verstehen.

Solche Termini können unmöglich anders als in Anlehnung an die Vererbungsbiologie gebildet werden, wenn sie die dem Stande unseres Wissens entsprechende Exaktheit besitzen sollen. Die Vererbungsbiologie bemüht sich ja schon seit langem mit außerordentlichem Scharfsinn, das Erbliche von dem Nichterblichen begrifflich und folglich auch terminologisch zu unterscheiden. Schon FRANCIS GALTON, DARWINS genialer Vetter, CARL v. NAEGELI und AUGUST WEISMANN haben ihre

Kraft für die Lösung dieses Problems eingesetzt, das neuerdings in den Begriffskonstruktionen Erwin Baurs und Wilhelm Johannsens zu großer Klarheit durchgedrungen ist. Die Anwendung der Termini Baurs in der Konstitutionspathologie hat aber ihre Schwierigkeiten, weil sich von diesen Termini (Mutation und Modifikation) keine geeigneten Adjektiva bilden lassen; und der Gebrauch der Johannsenschen Ausdrücke (Genotypus und Phänotypus) wird dadurch erschwert, daß in dieser Terminologie ein besonderes Wort für das Nichterbliche überhaupt fehlt. Ich habe deshalb eine Terminologie vorgeschlagen, die gewissermaßen aus den Terminologien von Baur und Johannsen die Bilanz zieht, und ich denke, daß diese Terminologie, die in der vererbungswissenschaftlichen Literatur eine günstige Aufnahme gefunden hat, besonders geeignet ist, gerade in der Konstitutionspathologie jene Klärung der theoretischen Begriffe mit heraufzuführen, welche die Vorbedingung erfolgreichen induktiven Arbeitens ist. Hiernach unterscheiden wir einfach den **Idiotypus** (Erbbild, Anlagenbild) von dem **Paratypus** (Nebenbild). Unter Idiotypus verstehen wir die Summe aller erblichen Anlagen eines Individuums, seinen Erbanlagenbestand, chemisch ausgedrückt gewissermaßen seine „Konstitutionsformel"; zum Paratypus rechnen wir dagegen alles, was vom vererbungstheoretischen Standpunkt aus sozusagen die Kehrseite, das Negativ des Idiotypischen darstellt, demnach alles, was nicht durch den Idiotypus, sondern durch jene Außenfaktoren bewirkt ist, welche die Zellen und Organe jedes Körpers bald in gutem und bald in schlechtem Sinne fortwährend verändern. Wir kommen so zu der Unterscheidung von idiotypischen und paratypischen Ursachen, und wir können uns somit rasch darüber verständigen, inwieweit wir ein Krankheitszeichen als durch das Idioplasma (Erbplasma) bedingt und inwieweit wir es als durch Außenfaktoren hervorgerufen ansehen.

Phänotypus. Der Idiotypus und der Paratypus sind Begriffskonstruktionen; das was wirklich vorhanden ist, bezeichnen wir mit Johannsen als Phänotypus. Was wir an unseren Patienten in der Klinik beobachten, ist also, biologisch ausgedrückt, sein Erscheinungsbild, sein Phänotypus; die einzelnen Symptome, die er darbietet, sind in jedem Falle phänotypische Symptome. Sache der diagnostischen und ätiologischen Forschung ist es, herauszubekommen, welche dieser Symptome vorwiegend idiotypisch und welche vorwiegend paratypisch sind. Die Feststellung, was am Phänotypus als idiotypisch und was als paratypisch bezeichnet werden darf, muß als eine „Hauptaufgabe der ganzen Konstitutionslehre" (C. Hart) betrachtet werden. Denn diese Feststellung beeinflußt, wie wir schon ausführten, unser Handeln in weitgehendstem Maße und hat folglich eine eminent praktische Bedeutung.

Krankheit.

Krankheit. Nachdem wir den Ursachenbegriff erläutert haben, stellt uns die Lehre von der Ätiologie der idiotypischen Krankheiten vor die Aufgabe, uns auch über den Krankheitsbegriff klar zu werden. Dieser

Begriff wird noch ganz allgemein an den Begriffen der Art bzw. der Norm gemessen; beides ist jedoch unzulässig. Der Artbegriff ist nämlich durch die moderne Vererbungsforschung zerstört, die Art in eine Unzahl von Elementararten (Biotypen), welche in Zeugungsgemeinschaft leben, aufgelöst worden. Die meisten Autoren suchen deshalb die Krankheit gegenwärtig als ein Abweichen von der Norm zu definieren, und sie setzen dabei Norm gleich Durchschnitt, d. h. gleich der durchschnittlich häufigsten Beschaffenheit der betreffenden Organismenart. Aber wo die Grenzen dieser Norm sind, weiß niemand; auf jeden Fall sind sie vollkommen willkürlich. Auch könnte es nach dieser Definition gar keine pathologische Rasse geben, da ja hierbei natürlich die häufigste Beschaffenheit pathologisch, das Krankhafte also die Norm darstellen muß. Jede Rasse würde gleichviel normale und anormale, also gleichviel gesunde und kranke Individuen haben. Deshalb gibt es, wenn man sich über den Krankheitsbegriff volle Klarheit verschaffen will, nur einen Ausweg, und der besteht darin, daß man die Krankheit mißt an der Erhaltungsgefährdung, die ein Zustand für den befallenen Organismus mit sich bringt. Diesen Maßstab hat schon NIETZSCHE angewandt, um den Entartungsbegriff, der ja dem Krankheitsbegriff nahe verwandt ist, zu definieren: ,,Ich nenne ein Tier, eine Gattung, ein Individuum verdorben, wenn es wählt, . . . was ihm nachteilig ist" (Antichrist). Eine exakte naturwissenschaftliche Formulierung hat die Definition des Krankheitsbegriffs jedoch erst in neuester Zeit durch FRITZ LENZ erfahren, indem dieser Autor als Krankheit den Zustand eines Organismus an den Grenzen seiner Anpassungsfähigkeit bezeichnete. Dabei darf aber der Begriff der Krankheit nicht nur orientiert werden an der Erhaltungsgefährdung, die der krankhafte Zustand oder Vorgang für das Individuum bedingt, sondern wir müssen ihn orientieren an der Erhaltung jener höheren lebendigen Einheit, die wir als Rasse (Vitalrasse) bezeichnen. Aus diesem Grunde können Geburt und Wochenbett, trotz der durch sie bedingten relativ großen Lebensgefahr für die Mutter, nicht als krankhaft bezeichnet werden, weil sich durch den Akt der Geburt die Möglichkeiten für die Erhaltung der Rasse nicht vermindern, sondern erhöhen.

Mißbildung. Es entspricht der LENZschen Krankheitsdefinition, daß der Begriff der Mißbildung (Anomalie) in dem Begriff der Krankheit aufgeht. Jede Mißbildung ist also auch eine Krankheit, und wir stehen daher nicht an, Leiden wie die Muttermäler, die Hasenscharten, die Anencephalie, die auf einer krankhaften Bildung der Körperform beruhen, die also ,,krankhaft" sind, auch als ,,Krankheiten" zu bezeichnen. Daß es sich hier um ,,Zustände" und nicht um ,,Vorgänge" handelt, bedingt keinen Unterschied des Wesens gegenüber anderen Leiden. Ist doch der lebenden Substanz das Zuständliche im Grunde überhaupt fremd, da sie niemals etwas wirklich Stabiles, sondern nur eine unendliche Folge von Abläufen, also einen dynamischen Gleichgewichtszustand repräsentiert. ,,Zustand" und ,,Vorgang" sind also nur Unterschiede der Betrachtungsweise, und ein Leiden, das bei kürzerer

Beobachtungszeit als Zustand imponiert, kann bei längerer durchaus den Charakter eines Vorgangs zeigen (zyklische Depressions„zustände", Naevi, Kropf, Myopie).

Mißbildungen können nun bald idiotypisch bedingt sein (Albinismus, manche Formen der Hypospadie), bald paratypisch (amniotische Abschnürungen, Akardiacus). Sie sind meist angeboren, können aber auch erst im Laufe des Lebens entstehen (viele Naevi: die sog. Naevi tardi); im letzteren Falle pflegen sie endogen bedingt zu sein, sonst zählt man sie nicht mehr den Mißbildungen zu. Die Anomalien sind fast immer grobmakroskopisch in die Augen fallend; doch gibt es Autoren, die auch makroskopisch nicht erkennbare und überhaupt morphologisch nicht determinierbare Leiden als Anomalien bezeichnen, z. B. Farbenblindheit, Hemeralopie. Leiden wie die Hämophilie oder die Myotonia congenita werden sogar gleichzeitig bald als Anomalien, bald als Krankheiten bezeichnet.

Es ist also schwer, eine mit dem Sprachgebrauch einigermaßen übereinstimmende Definition der Mißbildung zu geben. Die Anomalie gehört zu jenen inkorrekten Begriffen, die in der täglichen Praxis und im klinischen Betrieb zu rascher bequemer Verständigung der Kollegen untereinander nicht ohne Nutzen sind, denen aber wissenschaftliche Genauigkeit fehlt. Man könnte daran denken, die Anomalie als eine Krankheit zu definieren, die entweder angeboren oder im Laufe des Lebens entstanden, im letzteren Falle endogen bedingt ist, und die grobmakroskopisch in die Augen fällt. Will man auch der Hämophilie, der Hemeralopie, der Cystinurie u. a. den Titel Anomalie belassen, so muß man sagen: die grobmakroskopisch wahrnehmbar oder nicht wahrnehmbar, im letzteren Falle endogen bedingt ist. Will man „Vorgänge" wie idiotypische Otosklerose, idiotypische Opticusatrophie ausschließen, so muß man durch einen Zusatz auf die Stabilität der Erscheinungen bzw. ihren sehr chronischen Verlauf (Naevi tardi) hinweisen. Aus diesem Rattenkönig von Definition sieht man am besten, wie es mit dem Begriff der Anomalie bestellt ist.

Am zweckmäßigsten erschiene es, wenn man mit dem Ausdruck Mißbildung nur solche Krankheiten bezeichnen würde, die 1. angeboren oder wenigstens endogen bedingt, 2. stabil oder wenigstens sehr chronisch verlaufend und 3. grobmorphologisch erkennbar sind. Für wissenschaftliche Zwecke erscheint der Begriff der Mißbildung, da er zu heterogene Dinge zusammenfaßt, überhaupt wenig brauchbar und wohl auch entbehrlich. Viel zeitgemäßer und auch in Wirklichkeit viel wichtiger als die Trennung in „Mißbildungen" und „Krankheiten" (d. h. Krankheiten, soweit sie keine Mißbildungen sind) wäre die Trennung in idiotypische und paratypische Krankheiten.

Anomalie. Vielfach werden die Ausdrücke Anomalie und Mißbildung als Synonyma gebraucht, nicht selten aber werden sie auch mit zwei verschiedenen Bedeutungen versehen. Dann versteht man unter Mißbildung (Monstrum) im wesentlichen den soeben definierten Komplex, während man mit dem Worte Anomalie nur solche Besonderheiten belegt, die nicht krankhaft, d. h. nicht erhaltungsgefährdend sind. Allerdings werden die nicht pathologischen Variationen nur dann als Anomalie bezeichnet, wenn sie einen stabilen Charakter haben und wenn sie relativ selten sind, so daß es sich, wie man zu sagen pflegt, um „individuelle"

Variationen handelt. Häufige, rassenmäßig auftretende Variationen, wie hellblonde Haare, rechnet man selbstverständlich nicht zu den Anomalien; bei einer mäßig seltenen Variation, wie es die Rothaarigkeit ist, bleibt die Zugehörigkeit zu den Anomalien zweifelhaft und folglich dem Geschmack des Autors überlassen; bei seltenen Erscheinungen, wie z. B. Scheckung der Haare (weiße Haarlocke), wäre dagegen die Benennung Anomalie angebracht. Doch gehen solche Erscheinungen meist schon über in den Bereich unseres Krankheitsbegriffes, da in vielen Fällen die Erbmasse des behafteten Individuums durch Verringerung seiner Heiratsaussichten besonders leicht der eliminatorischen Selektion verfällt. Praktisch ist der Ausdruck Anomalie im Sinne einer nicht krankhaften, stabilen Abweichung oft recht bequem, doch würde sich wohl mit dem exakteren, weil nicht durch Doppelbedeutung beschwerten Begriff der Variation ebenso gut auskommen lassen.

Entartung. Der Begriff der Entartung kann nicht, wie man von vornherein glauben möchte, an den Begriffen der Art oder der Norm orientiert werden; die Gründe hierfür sind die gleichen, die uns veranlaßten, derartige Erklärungsversuche für den Krankheitsbegriff zurückzuweisen. Es bleibt uns deshalb nichts anderes übrig, als auch den Entartungsbegriff an der Erhaltungsgefährdung für Individuum und Rasse, oder kürzer gesagt, an dem Begriff der Krankheit zu orientieren.

Man ist nun in letzter Zeit immer mehr darin übereingekommen, daß mit Entartung zweckmäßig nur Dinge bezeichnet werden, die einerseits einen von Generation zu Generation fortschreitenden Charakter haben und die andererseits erblicher Natur sind. Durchseuchung mit Lues und Tuberkulose darf darum nicht als Entartung bezeichnet werden, da das hierdurch entstehende Siechtum der Bevölkerung nicht idiotypisch bedingt ist. Wir definieren deshalb die Entartung als die Vermehrung idiotypischer Krankheiten. Sie kann — theoretisch gesprochen — entweder dadurch zustande kommen, daß die Erbanlagen vieler Eltern durch irgendwelche Einflüsse eine Änderung erfahren, welche die Anpassung vermindert (Idiokinese, s. u.), oder dadurch, daß die idiotypisch kränkeren Individuen relativ mehr Nachkommen erzeugen als die idiotypisch gesünderen (Kontraselektion). Durch diese Überlegungen verschwindet das mystische Dunkel, mit dem die ältere Medizin den Entartungsbegriff umwoben hatte. Die Entartung ist nicht eine qualitas occulta, welche die erblichen Krankheiten und die sog. Entartungszeichen hervorruft, sondern die idiotypischen Krankheiten, zu denen auch die Entartungszeichen zum Teil gehören, sind selbst die Entartung, falls sie — auf einem der genannten beiden Wege — sich anhäufen.

Entartungszeichen. Mit dem Ausdruck Entartungszeichen bezeichnet man eine Reihe mehr oder weniger stabiler, meist an der Grenze des Krankhaften stehender, individueller Variationen, von denen man glaubt, daß sie in einer inneren Beziehung zu schwerer körperlicher und geistiger Minderwertigkeit ständen. Man nimmt a priori an, daß diese Entartungszeichen idiotypischer Natur sind. Diese Annahme aber, die zu beweisen man sich kaum bemüht hat, trifft, wie mir meine Zwillingsuntersuchungen gezeigt haben, sicher nicht für alle Fälle zu. Ebenso problematisch sind die Beziehungen der Entartungszeichen zu gröberen krankhaften Störungen. Manche von ihnen (gewisse Naevi, abstehende Ohrmuscheln, WILDERMUTHsches Ohr) scheinen freilich bei Epileptikern, Psychopathen und Verbrechern etwas häufiger vorzukommen. Aber die Gründe dieser Korrelationen sind unbekannt und im einzelnen sicher sehr verschiedenartig; und bei anderen Entartungszeichen (angewachsenes Ohrläppchen, DARWINscher Höcker) haben sich solche Beziehungen überhaupt nicht feststellen lassen. Mit dem Ausdruck Entartungszeichen sollte man deshalb sehr vorsichtig sein; in diesem Wort steckt eine Hypothese, die auf sehr schwachen Füßen steht. Berechtigt ist das Wort nur bei solchen Merkmalen, von denen wir mit gutem Grund annehmen können, daß sie ein Anzeichen sind für das Vorhandensein einer Häufung idiotypischer Krankheiten.

Krankheit ein Relationsbegriff. Wir hatten den Krankheitsbegriff abhängig gemacht von der Erhaltungsfähigkeit des Individuums oder letzten Endes der Rasse. Die Erhaltung eines Organismus ist aber nicht nur von den ihm innewohnenden Eigenschaften abhängig, sondern ebenso von dem Milieu, in dem er lebt. Deshalb ist Krankheit ein ausgesprochener Relationsbegriff. Eine Rasse, die in einem Milieu gesund ist, kann in einem anderen pathologisch sein und zugrunde gehen. Der blonde Nordeuropäer müßte in den Tropen als pathologische Rasse bezeichnet werden, weil er daselbst nur wenige Generationen hindurch lebensfähig ist; derselbe Europäer ist aber in dem gemäßigten Klima Europas oder Nordamerikas vollkommen angepaßt und dauernd fortpflanzungsfähig.

Krankhaftes Milieu. Wie Individuum und Rasse krankhaft sein können, so kann auch das Milieu krankhaft sein. Von einem pathologischen Milieu muß man dann sprechen, wenn sich die äußeren Verhältnisse so verändert haben, daß eine dauernde Erhaltung der Rasse, die vorher ungefährdet darin lebte, unmöglich geworden ist. Ein pathologisches Milieu würde z. B. für die nordische (germanische) Rasse dann vorliegen, wenn — etwa durch ein Näherrücken der Erde an die Sonne — die ganze Erdoberfläche von tropischen Hitzegraden überflutet würde. Ein pathologisches Milieu liegt zurzeit in Europa und Nordamerika für die blonden Nordeuropäer und für die Juden vor, weil die Verhältnisse der abendländischen Kultur einen sozialen Aufstieg und durch die hiermit anscheinend untrennbar verbundene Sitte der willkürlichen Geburtenverhütung ein Aussterben dieser besonders begabten Rassen bedingen.

Symbiose. Da Krankheit ein Relationsbegriff ist, darf man nie von einer pathologischen oder entarteten Rasse reden, wenn ihre dauernde Erhaltung in einem gegebenen, nicht pathologischen Milieu nicht gefährdet ist. So ist es unzulässig, Parasiten, wie z. B. den Einsiedlerkrebs, als entartetes Wesen zu betrachten, weil er einzelne Organe, die seine Vorfahren besessen haben müssen, verloren hat, und weil er auf die Symbiose mit einer Muschel angewiesen ist; ebensowenig kann man die domestizierten Tiere, den Dackel, die Kropftaube, das Mastschwein, als pathologisch bezeichnen, weil sie, in Freiheit gesetzt, bald zugrunde gehen würden und folglich auf die Symbiose mit dem Menschen angewiesen sind. Denn gerade durch diese Symbiose sind ja die genannten

Rassen erst entstanden, und durch sie erhalten sie sich auch fürderhin. Umgekehrt ist ja bekannt, daß viele freilebende Tiere in der Gefangenschaft alsbald zugrunde gehen oder zum mindesten ihre Fortpflanzungsfähigkeit einbüßen, daß sich also (von dieser Seite betrachtet) gerade die domestizierten Tiere als diejenigen mit größerer Anpassungsfähigkeit und größerer Vitalität, größerer Lebenszähigkeit erweisen. Das Gebundensein an eine Symbiose kann aber um so weniger ein Ausdruck der Entartung sein, als ja überhaupt jeder Organismus in Symbiose mit seinem Milieu lebt, ein Satz, der zum mindesten insoweit berechtigt ist, als dieses Milieu aus lebenden Wesen besteht. Darum muß eine Änderung des Milieus stets eine Änderung in den Erhaltungsmöglichkeiten der Rasse herbeiführen und somit auch eine Änderung in dem, was wir an einer Rasse oder an einem Individuum als gesund bzw. als krankhaft anzusehen haben. So ist es unstatthaft, die Rückbildung des Haarkleides und des Gesichtsschädels, besonders des Gebisses, die der Europäer im Gegensatz zu seinen affenähnlichen Vorfahren aufweist, als Merkmale der Entartung oder der Krankhaftigkeit zu bezeichnen, denn die wachsende Intelligenz hat es verstanden, durch Umgestaltung des Milieus in Form von Kleidung und Nahrungszubereitung einen Ausgleich zu schaffen, so daß trotz verminderten Haarschutzes und reduzierten Gebisses eine genügende Anpassung an die Umwelt erzielt werden kann. Dagegen würde eine wesentliche Zunahme der Zahncaries als Krankheit und sogar als Entartung aufgefaßt werden müssen, weil schwere Zahncaries ein Gebrechen ist, das auch durch die Hilfsmittel unserer modernen Kultur nicht völlig ausgeglichen werden kann, sondern eine Verminderung der Anpassungsfähigkeit bedeutet.

Konstitution.

Konstitution und Konstitutionssymptome. Den Konstitutionsbegriff kann man sich dadurch entstanden denken, daß der Arzt auch aus Eigenschaften seiner Patienten, die nicht zu den eigentlichen Krankheitssymptomen gerechnet werden können, Anhaltspunkte für seine Prognose und seine Indikation entnahm. Nicht nur der kranke Mensch unterscheidet sich vom gesunden durch bestimmte Symptome, auch die Gesundheit ist bei verschiedenen Menschen vom ärztlichen Standpunkt aus keineswegs gleich zu werten. Auch der gesunde Mensch bietet oft einzelne Zeichen dar, deren Beachtung für den Arzt von einer gewissen praktischen Bedeutung ist, da sie ihm die Kenntnis der prämorbiden Persönlichkeit vermitteln. Solche Symptome, die nicht Krankheits-, sondern eben Konstitutionssymptome sind, hat man nun in verschiedener Weise zu Symptomenkomplexen zusammengefaßt, — und so entstanden die verschiedenen Konstitutionsanomalien. Wir diagnostizieren die asthenische Konstitution da, wo wir allgemeine Muskelhypotonie, Enteroptose, Neurasthenie, Thorax paralyticus, Costa decima fluctuans usw. antreffen. Die Aufstellung der Konstitutionen ist also durch eine jeweils bestimmte Kombination von Einzelsymptomen begründet.

Konstitution und Idiotypus. Über den Begriff der Konstitution herrscht vielfach noch Unklarheit. Zu einem großen Teil hat das seine Ursache darin, daß der verdienstvolle Konstitutionspathologe Julius Bauer in Anlehnung an Mathes und Tandler den Versuch gemacht hat, dem Konstitutionsbegriff einen neuen Inhalt zu geben. Bauer hat sich bemüht, die Konstitution mit dem Idiotypus zu identifizieren. Wieweit aber das, was wir alltäglich als Konstitution zu bezeichnen pflegen, in der Erbmasse (im Idiotypus) begründet ist, soll doch erst erforscht werden! Schließen wir von vornherein alles paratypisch Bedingte aus, so würden wir bei keinem Fall von Asthenia universalis mehr wissen, ob wir von einer Konstitutionsanomalie sprechen dürfen. Denn Bauer selbst führt zahlreiche äußere Noxen an, die eine derartige Hypoevolution bedingen können (frühzeitig erworbene Gehirnerkrankung oder Tuberkulose, angeborene Syphilis, frühzeitige chronische Intoxikationen, ungenügende Ernährung in der Kindheit und Wachstumsperiode, schlechte hygienische Verhältnisse u. a.). Wollten wir also der Forderung, nur das Idiotypische als konstitutionell zu bezeichnen, nachgeben, so dürften wir einen offenkundigen Infantilismus und einen offenkundigen Status asthenicus nicht mehr als Konstitutionsanomalien bezeichnen, bevor wir nicht alle diese exogenen Entstehungsmöglichkeiten und noch manche andere ausgeschlossen hätten. Hierdurch würde uns natürlich für das Wort Konstitution überhaupt die Möglichkeit des klinischen Gebrauches genommen, denn plötzlich wäre ein vielleicht erheblicher Teil der Fälle von Asthenia universalis keine „Konstitutionsanomalie" mehr, und wir wüßten nicht welcher. Der Wert des Begriffes „konstitutionell" liegt eben gerade in seiner Unbestimmtheit, d. h. gerade darin, daß er bezüglich der idiotypischen Bedingtheit der Erscheinungen nichts präjudiziert. Freilich wird man oft das Bedürfnis haben, eine Konstitutionsanomalie als aus der Erbmasse stammend zu bezeichnen; hierfür steht uns ja aber jederzeit der völlig eindeutige Ausdruck „idiotypische" Konstitution zur Verfügung.

Konstitution und Phänotypus. Der Begriff der Konstitution geht also unmöglich dadurch exakt zu erfassen, daß man ihn mit dem Idiotypus identifiziert. Aber ebensowenig kann man Konstitution mit Phänotypus gleichsetzen. Denn da man als phänotypisch ohne Unterschied jede Eigenschaft bezeichnet, die überhaupt zur Zeit der Beobachtung in Erscheinung tritt, so müßte, wenn Konstitution gleich Phänotypus wäre, schlechtweg jede Eigenschaft, z. B. auch eine augenblicklich gerade vorhandene Pneumonie oder eine Pigmentierung nach Sonnenbestrahlung, konstitutionell sein. Bei einer solchen Erweiterung des Begriffs ins Unendliche verliert er aber natürlich jede Bedeutung. Wo der Fehler liegt, wird sogleich klar, wenn man sich daran erinnert, daß Phänotypus ein biologisch-theoretischer Begriff ist, während der Begriff der Konstitution aus der Klinik stammt. Aus diesem Grunde betrifft er aber den Phänotypus nur insoweit, als dieser klinische Bedeutung hat, also insoweit er dem Arzt Schlüsse auf die Krankheitsdispositionen seines Patienten gestattet (und außerdem natürlich nur insoweit, als er nicht schon im Krankheitsbegriff eingeschlossen ist).

Definition des Konstitutionsbegriffs. Es ist also nicht die Beschaffenheit des Körpers schlechtweg seine Konstitution, sondern Konstitution ist die Beschaffenheit des Körpers nur insoweit, als von ihr seine Reaktionsart gegenüber Reizen und folglich seine Disposition zu Krankheiten abhängt. Eine Konstitutionsanomalie oder ein Konstitutionsstatus ist folglich die Summe derjenigen Eigenschaften bzw. derjenige (morphologische oder funktionelle) Symptomenkomplex, von dem das Verhalten des Patienten Krankheiten gegenüber abhängig ist, und der selbst noch nicht als Krankheit aufgefaßt werden kann, da er keine unmittelbare Erhaltungsgefährdung bewirkt.

Dieser medizinischen Definition steht vielfach eine allgemeinere Auffassung gegenüber, die bei der Reizbeantwortung von der Beziehung zu Krankheiten absehen möchte. Wesentliche Unterschiede in der Reizbeantwortung, wie sie sich z. B. in der Leistungsfähigkeit, Beanspruchbarkeit, Verjüngungsfähigkeit usw. ausdrücken, haben aber stets enge Beziehungen zur Erhaltungswahrscheinlichkeit. Die Auffsssung des Konstitutionsbegriffes als eines medizinischen Begriffes erscheint mir daher auch von diesem Standpunkt aus betrachtet durchaus möglich.

Konstitution und Konstitutionsanomalie. Das Wort „Konstitutionsanomalie" wird in sehr verschiedenen Bedeutungen gebraucht. 1. bezeichnet man mit Konstitutionsanomalie einzelne morphologische, noch nicht krankhafte Eigenschaften, von denen man weiß oder zu wissen glaubt, daß sie in Korrelation zu bestimmten Krankheiten stehen (z. B. Scapula scaphoidea, Costa X. fluctuans). 2. nennt man die Zusammenfassung solcher, mit einer Dispositionsbedeutung behafteten Einzeleigenschaften zu typischen Symptomenkomplexen (z. B. zum Status asthenicus) gleichfalls Konstitutionsanomalie. 3. bezeichnet man als Konstitutionsanomalie das Vorhandensein einer Disposition (nicht die Disposition selbst!) auch dann, wenn ihr jede morphologische Grundlage fehlt (z. B. bei den Überempfindlichkeiten und Idiosynkrasien). Hier ist also die Konstitutionsanomalie eine Einzeleigenschaft, die eine erhöhte Krankheitsdisposition bewirkt, die aber selbst nicht näher bekannt ist. 4. versteht man unter Konstitutionsanomalie einen Zustand des Körpers, der, ohne genauer bestimmbar zu sein, einen Komplex solcher Dispositionen bedingt (z. B. exsudative Diathese). Will man sich durch diese babylonische Sprachverwirrung hindurchfinden, so muß man sagen, in welchem Sinne man den Wechselbalg der „Konstitutionsanomalie" anwendet. Ich halte es für empfehlenswert, mit seiner Verwendung sparsam zu sein. Einzelmerkmale, die Dispositionsbedeutung haben, bezeichne ich deshalb als Konstitutionsmerkmale oder Konstitutionssymptome, von denen ich morphologische (ad 1) und funktionelle (ad 3) unterscheide. Nur die Zusammenfassung mehrerer Konstitutionssymptome zu einem einheitlichen Symptomenkomplex nenne ich Konstitutionsanomalie oder auch Konstitutionsstatus (ad 2 und 4); in dem gleichen Sinne kann man einfach von anomaler Konstitution reden. Allerdings wollen manche Autoren zwischen Konstitution und Konstitutionsanomalie (im Sinne von Konstitutionsstatus) eine scharfe Unterscheidung machen; das komplizierte Gefüge der Konstitution werden wir aber niemals in seiner Gesamtheit, sondern stets nur bezüglich einzelner Merkmale oder eines Komplexes von solchen erfassen können. Ebensowenig werden wir sie an einer einzelnen Fundamentaleigenschaft (z. B. Ermüdung) messen können. „Einen universellen Biometer gibt es nicht" (F. Kraus). Die anomale „Konstitution" ist deshalb für die Pathologie genau so gut ein Merkmalskomplex wie die „Konstitutionsanomalie"; die Unterschiede zwischen beiden sind irrelevant.

Konstitution und Habitus. Unsere Definition des Konstitutionsbegriffs stimmt dem Sinne nach mit der von Lubarsch, Fr. Kraus, Rössle u. a. vertretenen weitgehend überein. Es scheint bisher übersehen worden zu sein, daß nach diesen Begriffsbestimmungen, welche

die Reizbeantwortung des Körpers in sich einbeziehen, der Habitus
als solcher keine „Konstitutionsanomalie" ist; denn ob bestimmte
Körperbautypen mit bestimmten Reaktionsarten, mit bestimmten
Krankheitsdispositionen verkoppelt sind, ist in der Mehrzahl der Fälle
ganz ungewiß. Erst muß der Habitus selbst erforscht und umgrenzt
sein, bevor man daran gehen kann, festzustellen, ob er überhaupt
eine Konstitutionsbedeutung hat. Hieraus ergibt sich auch ohne
weiteres die Beziehung des Konstitutionsbegriffs zur Anthropologie.
Der Anthropologe erforscht bestimmte Körperbauformen voraus-
setzungslos, d. h. ohne Rücksicht auf ihre Dispositionsbedeutung; ihn
interessiert die Form an sich, nicht ihre Anfälligkeit für Krankheiten.
Den Arzt dagegen interessiert gerade die Dispositionsbedeutung, und
er beachtet als Arzt die Körperbauformen nur, wo er weiß oder wo
er vermutet, daß sie mit Krankheitsdispositionen in Korrelation stehen.
Den Anthropologen interessiert also, soweit er sich nicht ins Gebiet der
Pathologie begibt, primär der Habitus und nicht die Konstitution, den
Arzt interessiert primär die Konstitution und nicht der Habitus. In
praxi fällt freilich beides oft zusammen; denn ein abnormer Habitus
wird wohl auch meist abnorme Krankheitsdispositionen besitzen. Aber
im einzelnen Falle braucht das durchaus nicht so zu sein.

Konstitution und Krankheit. Übrigens stellen auch viele Krankheiten
Symptomenkomplexe dar, von denen Dispositionen zu weiteren Krankheiten abhängen. Diabetiker z. B. zeigen eine besonders große Disposition zu Nephritis, Arteriosklerose, schwerer Phthise, Furunkulose,
Katarakt usw. Wir haben deshalb den Konstitutionsbegriff noch von
dem der Krankheit abzugrenzen. Wenn wir es mit einer kräftigen
Konstitution zu tun haben, so versteht sich diese Abgrenzung von selbst;
solche Konstitutionen werden auch meist nur Schlüsse auf negative
Krankheitsdispositionen gestatten, wenngleich es zweifellos Leiden gibt,
die mit Vorliebe gerade die Kräftigsten und Gesündesten befallen (z. B.
die Influenzapneumonie 1917/19). Haben wir es aber mit anomalen
Konstitutionen zu tun, so kann gelegentlich die Abgrenzung von den
eigentlichen Krankheiten schwierig werden. Der Begriff der Krankheit
ist ja selbst nicht scharf umgrenzt, sondern von dem Grade der Erhaltungswahrscheinlichkeit abhängig. Es ist deshalb gar nicht anders
möglich, als daß es fließende Übergänge zwischen Krankheits- und Konstitutionssymptomen gibt; doch zeichnen sich die letzteren dadurch aus,
daß sie einen geringeren Grad der Erhaltungsgefährdung bedingen,
daß sie gewissermaßen nur mittelbare Krankheitssymptome darstellen,
die den Übergang zu der Gesundheit, also zum Leben innerhalb der
Anpassungsfähigkeit bilden.

Konstitution und endokrine Störung. Die klare Erfassung des
Konstitutionsbegriffs wird noch dadurch erschwert, daß man auch die
morphologischen Folgeerscheinungen endokriner Störungen, falls sie sich
nicht rasch, wie z. B. bei der Akromegalie, sondern langsam, wie z. B.
beim Eunuchoidismus entwickeln, in die Gruppe der anomalen Konstitutionen einzureihen pflegt. Mit dieser Sitte sollte gebrochen werden.

Sie ist eine Konsequenz jener veralteten Auffassung, nach der als konstitutionell alle sog. „Allgemeinerkrankungen" angesehen wurden (vgl. „konstitutionelle" Syphilis) im Gegensatz zu den lokalisierten Krankheitsprozessen, den eigentlichen „Krankheiten". Diese Auffassung wurde von MARTIUS einer scharfen und berechtigten Kritik unterzogen. Wir haben demnach keinen Grund mehr, Erkrankungsprozesse, die sich über viele Organe des Körpers gleichzeitig erstrecken, darum unter die Konstitutionsstaten einzureihen, und ihnen den Namen Krankheit vorzuenthalten. Zwar stimmt mit dem, was wir bisher als das Wesen des Konstitutionsbegriffs herausgeschält hatten, der Eunuchoidismus insofern überein, als es sich auch bei ihm um einen Symptomenkomplex handelt, der einerseits ärztliche Schlußfolgerungen zuläßt und andererseits für das Individuum keine wesentliche Erhaltungsgefährdung bedingt, also vom individuellen Standpunkt aus nicht als Krankheit, höchstens als eine Übergangsform dazu bezeichnet werden kann. Wir hatten aber gesehen, daß eine exakte Erfassung des Krankheitsbegriffs nicht möglich ist, wenn wir diesen Begriff nicht an der Erhaltung der Rasse orientieren. Für die Erhaltung der Rasse bedeutet jedoch der Eunuchoidismus wegen der damit verbundenen Unfruchtbarkeit das absolute Ende, er ist also im höchsten Grade krankhaft. Wenn wir deshalb für Eunuchoidismus, Hermaphroditismus u. dgl. die Bezeichnung „Konstitutionsanomalie" ablehnen, so erklärt sich das daraus, daß wir bemüht sind, der biologischen Auffassung des Krankheitsbegriffs im Gegensatz zu der individualistischen Auffassung der klinischen Medizin zum Durchbruch zu verhelfen. Es wird auch nichts dadurch verloren, wenn wir den Eunuchoidismus, der sowieso auf einer Krankheit des endokrinen Systems beruht, auch als Krankheit bezeichnen (genau so wie wir es bei der Akromegalie gewöhnt sind), trotzdem er einen protrahierten Verlauf zeigt. Dadurch würde der Konstitutionsbegriff für solche Dinge reserviert, die ärztliches Interesse beanspruchen, obwohl sie die Erhaltung zu wenig gefährden, um den eigentlichen Krankheiten zugerechnet zu werden; es würde also hiermit der eigentliche Sinn des Konstitutionsbegriffs wiederhergestellt.

Konstitution und Diathese. Mit dem Worte Diathese werden und wurden mehrfach Dinge bezeichnet, die typische Konstitutionsstaten waren, nämlich mehr oder weniger morphologische Symptomenkomplexe, von denen verschiedenerlei Krankheitsdispositionen abzuhängen schienen. Das Vorhandensein morphologischer Symptome wird aber für das Paradigma der Diathesen, die „exsudative Diathese", von maßgebenden Autoren in Abrede gestellt. Das Wesen dieses Übels soll lediglich in einer Krankheitsbereitschaft[1] liegen, die, solange sie latent bleibt, an der Körperbeschaffenheit des Kindes nicht erkannt werden kann. Trotzdem aber besteht keine Identität zwischen den Begriffen Diathese und Disposition

---

[1] Es sei darauf aufmerksam gemacht, daß das Wort „Krankheitsbereitschaft" in zwei ganz verschiedenen Bedeutungen verwendet wird: einmal im Sinne der Überempfindlichkeit, zweitens im Sinne der Disposition, die mit Überempfindlichkeit nicht identisch, sondern ihre Folge ist.

(obgleich beide Worte ja etymologisch gleichbedeutend sind). Denn
ebensowenig wie die Konstitution als Reizbeantwortung selbst definiert
werden kann sondern nur als ein Zustand, der eine bestimmte Reizbeantwortung mit sich bringt, ebensowenig können wir die exsudative
Diathese einfach als eine Disposition, etwa als eine „Neigung zu Entzündungen", definieren, sondern es handelt sich bei ihr um einen
Zustand, um eine (uns unbekannte) Beschaffenheit, die der Disposition
zugrunde liegt und sie bedingt. Die „Diathese" ist also in Wirklichkeit
eine „Konstitutionsanomalie", ein Konstitutionsstatus, aber die einzelnen Symptome dieses Syndroms sind uns unbekannt, und wir erkennen diese „funktionelle" Beschaffenheit nur an ihren Folgen: der
Disposition zu bestimmten Krankheiten. Auch die Überempfindlichkeit
und die Idiosynkrasie sind ja nicht die Disposition selbst, sondern eine
(unbekannte) Beschaffenheit, welche Disposition bedingt. Die Idiosynkrasie ist also ein (funktionelles) „Konstitutionssymptom" in dem
oben definierten Sinne. Besteht aber ein Komplex von solchen
Idiosynkrasien (funktionellen Konstitutionssymptomen), welche
miteinander in einer im einzelnen noch unaufgeklärten Weise verkoppelt sind, so haben wir die Diathese. Die Diathese ist ein Syndrom
funktioneller Beschaffenheiten, ein funktioneller Konstitutionsstatus, und wenn man es für unnötig hält, zwischen den überwiegend
morphologischen und den funktionellen „Konstitutionsanomalien" eine
strenge Trennung durchzuführen, so muß es wohl erlaubt sein, das Wort
Diathese überhaupt fallen zu lassen und statt dessen auch hier von einem
„Konstitutionsstatus" zu sprechen. Denn der Unterschied vom morphologischen Konstitutionsstatus liegt nur in dem einen Punkt: Bei der
„Diathese" haben wir einen Komplex von Idiosynkrasien mit bestimmten
Dispositionen, wir wissen nur nicht, woran wir diese Dispositionen
(morphologisch) erkennen können; bei der morphologischen „Konstitutionsanomalie" dagegen haben wir die Erkennungszeichen, aber
wir wissen nicht genau, welche Dispositionen ihnen zukommen.

Idiotypische und paratypische Konstitution. Es ist von außerordentlicher theoretischer wie praktischer Bedeutung, auch bei den Konstitutionen, ebenso wie bei den Krankheiten, das Erbliche vom Nichterblichen begrifflich und terminologisch zu scheiden. Diese Trennung
suchte Martius dadurch zu ermöglichen, daß er von erblichen und
erworbenen Konstitutionen sprach. Wir haben schon bei der Erörterung der Krankheitsätiologie ausgeführt, daß die Wissenschaft aber mit
solchen populären mißverständlichen Ausdrücken wie „erblich" und
„erworben" nicht auskommen kann. Tandler und Julius Bauer
bemühten sich deshalb um die Schaffung einer Ausdrucksweise, die für
das, was erblich, und für das, was nichterblich bedingt ist, präzise
Termini geben sollte. Die Einengung des Begriffes Konstitution auf
das idiotypisch Bedingte, welche diese Terminologie fordert, ist aber
aus praktischen und theoretischen Gründen, wie schon kurz ausgeführt
wurde, abzulehnen. Zu welchen Verwirrungen solche Terminologie führt,
habe ich schon an anderer Stelle (Berl. klin. Wochenschr. 1919, S. 313)

dargelegt. Diese Terminologie halte ich aber auch deshalb für unglücklich, weil sie sich nicht bemüht, einen Anschluß an die Ausdrucksweisen der modernen Vererbungslehre zu finden, trotzdem doch der Fortschritt der Konstitutionspathologie an ein Zusammengehen mit der Vererbungslehre gebunden erscheint. Es empfiehlt sich deshalb, auch bei den Konstitutionen die oben begründete Trennung in idiotypisch und paratypisch vorzunehmen (vgl. Abb. 1). Will oder kann man über die idio-

Martius	Erbliche Körperverfassung	Körperverfassung	Erworbene Körperverfassung
Martius	Erbliche Konstitution	Konstitution	Erworbene Konstitution
Tandler	Konstitution	—	Kondition
J. Bauer	Konstitution	Körperverfassung	Kondition
Kahn	Erbkonstitution	—	Konstellation[1])
Siemens	Idiotypische Konstitution	(Phänotypische) Konstitution	Paratypische Konstitution

Abb. 1. Einteilung der Konstitutionen.

typische bzw. paratypische Bedingtheit einer Konstitutionsanomalie nichts ausmachen, so kann man trotzdem ruhig das Wort Konstitution wie bisher weiter gebrauchen, und falls man Grund hat, Mißverständnisse zu fürchten, durch das kleine Beiwort „phänotypisch" jeden Zweifel darüber zerstreuen, wie man im Augenblick die Konstitutionsanomalie aufgefaßt wissen will. So kann man den Konstitutionsbegriff in seiner alten, besonders von Martius begründeten Fassung bestehen lassen und braucht trotzdem auf die Exaktheit, die in der vererbungsbiologischen Ausdrucksweise liegt, nicht zu verzichten. Die Einteilung der anomalen Konstitutionen und der Konstitutionssymptome in idiotypische und paratypische schmiegt sich also dem bisherigen Sprachgebrauche aufs vollkommenste an und gestattet trotzdem die allerschärfste Präzisierung des vererbungstheoretischen Standpunktes, den man im einzelnen Fall zum Ausdruck bringen will.

Die Konstitutionsanomalien. Man hat große Mühe darauf verwandt, in die zahllosen Konstitutionssymptome (Stigmen) etwas Ordnung hineinzubringen, indem man versucht hat, sie zu geschlossenen (vorwiegend, aber nicht ausschließlich morphologischen) Symptomenbildern, den sog. Konstitutionsanomalien, zusammenzufassen. Freilich ist die Dispositionsbedeutung (also auch die „Konstitutions"bedeutung) dieser „Konstitutionsanomalien" meist noch sehr problematisch, aber noch viel bedenklicher ist, daß auch über die Abgrenzung der einzelnen

---

[1]) Tendeloo hingegen versteht unter Konstellation die Summe aller für eine bestimmte Wirkung erforderlichen Faktoren und die Beeinflussung dieser Faktoren untereinander; Psychologen (z. B. Jaspers) verstehen darunter die Bedingungen der jeweils ausgewählten Assoziationsrichtung.

Symptomenbilder selbst und über ihre Beziehungen zueinander die allerverschiedensten Meinungen bestehen.

Status asthenicus (Asthenia universalis STILLER). Verhältnismäßig am schärfsten abgegrenzt erscheint mir der Status asthenicus,
den schon HIPPOKRATES unter der Bezeichnung Status (bzw. Habitus)
phthisicus gelehrt hat. Die wesentlichsten Kennzeichen dieses Konstitutionsstatus sind ein schmaler flacher Brustkorb mit enger oberer
Apertur und Costa decima fluctuans, Muskelhypotonie, Splanchnoptose,
Ernährungsstörungen und Übererregbarkeit des vegetativen Nervensystems. Der Status soll nach GLÉNARD - STILLER erst im zehnten
Lebensjahr, also zu einer Zeit manifest werden, in der schon die Mehrzahl
aller Menschen unserer Breiten eine nachweisbare Tuberkuloseinfektion
hinter sich hat. Demgegenüber konnte WETZEL auch schon an Neu-
geborenen Unterschiede im Sinne der Asthenie feststellen. Aber der
Grundcharakter der Asthenie, die Atonie (STILLER), war bei diesen
Säuglingen nicht vorhanden, ihre Muskulatur war im Gegenteil hyper-
tonisch. Die Asthenie soll in einem „gewissen, wenn auch nicht absoluten Gegensatz" (BAUER) zu dem Status arthriticus stehen, wovon
noch die Rede sein wird.

Bei dem Status asthenicus sollen eine Reihe von Krankheiten besonders häufig angetroffen werden. In erster Linie wurde das — seit
HIPPOKRATES — von der Lungentuberkulose behauptet. Vor allem
sollte auch die enge obere Thoraxapertur mit kurzem und verknöchertem
erstem Rippenknorpel (FREUND, HART, BACMEISTER) für die Tuber-
kuloseentstehung bedeutungsvoll sein. Daß das nicht zutrifft, scheinen
die Untersuchungen von IVASAKI und WENCKEBACH zu beweisen. Aber
auch die Dispositionsbedeutung des asthenischen Thorax als solchen
erscheint durchaus zweifelhaft. Scheinen auch manche Ergebnisse der
Versicherungsmedizin (FLORSCHÜTZ) dafür zu sprechen, daß die Asthenie
zu den Ursachen der Lungenschwindsucht gehört, so stehen hiermit doch
die Erfahrungen vieler Kliniker im Widerspruch. So lehnt z. B. FRIED-
RICH KRAUS jede Beziehung zwischen Hochwuchs und Tuberkulose ab.

Entsprechend der behaupteten Antagonie zum Status arthriticus
sollen die für die letztere Konstitutionsanomalie charakteristischen
Krankheiten bei der Asthenie besonders selten sein; dies wurde vor
allem behauptet für Gicht, Diabetes, chronischen Rheumatismus,
chronische Nephritis und schwere Arteriosklerose. Ob diese Behauptungen zutreffen, ist freilich äußerst zweifelhaft. Die Gicht befällt
sicher auch häufig Leute mit asthenischem Habitus; die Diabetiker
sind oft keineswegs robuste Individuen (Diabète maigre); der „chronische Rheumatismus" ist ein so unklarer Begriff, daß überhaupt
schwer etwas mit ihm anzufangen ist; die Seltenheit der „chronischen
Nephritis" (gemeint ist wohl nur die genuine Schrumpfniere) bei Asthe-
nikern muß auch erst noch bewiesen werden; für die Seltenheit der
Arteriosklerose bei nichttuberkulösen asthenischen Individuen gilt das
gleiche. Daß Tuberkulöse selten arteriosklerotisch sind, findet seinen
Grund wohl einfach in dem niedrigen Blutdruck dieser Kranken.

Status infantilis. Das, was MATHES als asthenischen Infantilismus bezeichnet hat, ist mit dem „Syndrom" STILLERS nahe verwandt. Doch faßt MATHES den Begriff noch etwas weiter, so daß MARTIUS diesem Autor zum Vorwurf macht, er suche in den von ihm beschriebenen Konstitutionsstatus „alles hineinzupressen, was ihm von Abarten und Minderwertigkeiten aufstößt". Entsprechendes gilt wohl auch für den Status hypoplasticus. Die engen Beziehungen zwischen Infantilismus und Asthenie werden von zahlreichen Autoren betont, ja, die Asthenie wird bald als Folge des Infantilismus, bald der Infantilismus als Folge der allgemeinen Asthenie aufgefaßt. Von anderer Seite hinwiederum wird jeder kausale Zusammenhang zwischen dem infantilen und dem asthenischen Status in Abrede gestellt. Daß die Grenzen zwischen beiden Konstitutionsstaten fließende sind, hat aber schon MATHES hervorgehoben. Auf jeden Fall sind die reinen Formen sehr viel seltener als Übergangsbilder.

Auch vom Infantilismus hat man, genau wie von der Asthenie, behauptet, daß er mit einer besonders großen Disposition zu Lungentuberkulose verknüpft sei. Doch auch hier wird von namhaften Klinikern die entgegengesetzte Auffassung vertreten und energisch betont, „daß wir keinen äußerlich erkennbaren Habitus kennen, der eine spezifische Prädisposition zur Tuberkulose verriete", daß aber oft ein asthenischer Habitus (Magerkeit, Muskelschwäche, Thoraxverengerung), ja selbst ein infantiles Zurückbleiben des Organismus die Folge einer frühzeitig erworbenen Tuberkulose ist. „Wenn wir uns fragen, ob wir es einem Organ oder einem Individuum ansehen können, ob es widerstandsfähig gegen Tuberkulose sei oder nicht, so bleiben wir die Antwort schuldig" (FR. MÜLLER).

Status thymico-lymphaticus PALTAUF. Auch diese Konstitutionsanomalie wird mit dem Infantilismus in nahe Beziehungen gebracht und zum Teil überhaupt schlechthin als eine Art von Infantilismus aufgefaßt, da das Wesen des PALTAUFschen Status in einem Zurückbleiben der normalen Involution des Thymus und des lymphatischen Gewebes bestehen soll. Bald suchte man den Status thymico-lymphaticus in die Nähe des Status asthenicus zu rücken, bald stellte man ihn zum Status arthriticus, auf den wir noch später zu sprechen kommen werden. BARTEL läßt ihn in seinem Status hypoplasticus aufgehen. Andere Autoren haben dahingegen eine noch strengere Differenzierung gefordert und haben versucht, den Status thymico-lymphaticus in zwei selbständige Konstitutionsanomalien, den Status thymicus und den Status lymphaticus, zu zerlegen, weil diese beiden Komponenten zuweilen isoliert angetroffen werden.

Von Status thymicus (WIESEL) spricht man dann, wenn die Thymus selbständig vergrößert (bzw. mangelhaft involviert) ist. Seine Existenz wird bald behauptet, bald für unwahrscheinlich erklärt (STAHR). Der Status lymphaticus (PUCHELT, 1823) wurde ursprünglich durch das Vorherrschen des Lymphgefäßsystems und seiner Drüsen und durch den vorwiegend lymphatischen Charakter des Blutes charakterisiert. PALTAUF beschrieb dann diesen Status im Sinne der modernen Anschauungen. Der Status lymphaticus kennzeichnet sich durch abnorme Ausbildung der Tonsillen, der Lymphfollikel, der Milz, adenoide Wucherungen, Hyperplasie der Lymphdrüsen und Lymphocytose des Blutes. Spätere Autoren verwischten das Bild immer mehr, indem sie auch noch solche Symptome dazu rechneten, die wir bereits als Stigmen des Status asthenicus oder des Status infantilis kennen gelernt haben, z. B. Hypoplasie des arteriellen Gefäßbaumes, des Herzens, der Genitalien, Vagotonie und Häufung von „Degenerationszeichen". — Die Lymphatiker sollen besonders häufig pastös erscheinen, d. h. sie sollen durch die Trias Hautblässe, Muskelschlaffheit und wässerige Adipositas gekennzeichnet sein.

Der Status lymphaticus wird meist vor dem dritten oder vierten Lebensjahre manifest und bildet sich mit dem Eintreten der Pubertät wieder zurück. BARTEL unterscheidet demgemäß ein erstes hypertrophisches und ein zweites atrophisches Stadium („Bindegewebsdiathese", Status fibrosus). Während manche Autoren behaupten, diesen Status häufig anzutreffen, soll er nach anderen recht selten sein. — Der Lymphatismus ist ursprünglich eine Schöpfung der pathologischen Anatomen. Seine klinische Nachweisbarkeit ist oft schwer, nach BARTEL gelingt sie noch nicht in zwei Drittel der Fälle. Hierdurch erleidet natürlich die praktische Bedeutung dieser Konstitutionsanomalie eine nicht unwesentliche Beeinträchtigung. Sehr schwer ist es oft auch, die häufigen Lymphdrüsenhyperplasien, die einfach Folge einer tuberkulösen Infektion sind, vom Status lymphaticus abzugrenzen. Manche Autoren meinen deshalb, daß die Existenz des Status lymphaticus gar nicht zu erweisen sei (STAHR), was aber wohl zu weitgehend ist.

Der Status lymphaticus soll die Widerstandskraft des Körpers den verschiedensten Noxen gegenüber herabsetzen, dagegen soll er nach der Ansicht zahlreicher Autoren einen gewissen Schutz vor Lungentuberkulose gewähren. Sicher ist das freilich keineswegs. Der Lymphatismus wird sehr häufig bei Kindern angetroffen. Bei Kindern aber ist die Tuberkulose meist eine Lymphdrüsentuberkulose und heilt in der Mehrzahl der Fälle aus. Wieviel dabei auf das Konto der Altersdisposition des Kindes kommt und wieviel auf den angeblichen Lymphatismus, läßt sich kaum abschätzen. Nun wird aber auch behauptet, daß im Gegensatz zur Lungenschwindsucht die Tuberkulose anderer Organe (Urogenitalapparat, Bauchfell, Augen) beim Lymphatismus besonders leicht zustande komme. In enger Korrelation soll der Status lymphaticus auch zum Morbus Addisonii (oft Tuberkulose der Nebennieren) stehen, zu primärer Hirngeschwulst, besonders Gliom, zu lymphatischer Leukämie und zu manchen Formen der Pseudoleukämie. Lymphatiker sollen besonders scharlachempfänglich sein und eine besonders geringe Alkoholtoleranz aufweisen. Das alles sind aber Behauptungen, bewiesen ist nichts. Etwas Wahres mag ja an allem sein, — „wenn man nur besser definieren könnte, was unter dem Namen Lymphatismus zu verstehen ist" (FR. MÜLLER). Das Verhalten der Lymphatiker den verschiedenen infektiösen und nichtinfektiösen Noxen gegenüber ist also ungeklärt. Mit manchen der hierüber verstreuten Behauptungen wird es wohl einmal ähnlich gehen wie mit der angeblichen Korrelation des Status thymico-lymphaticus zum Suizid. Die Tatsache, daß bei Selbstmördern und bei plötzlichem, in seiner Ursache rätselhaftem Tode so häufig eine besonders große Thymus und eine allgemeine Hyperplasie des lymphatischen Gewebes angetroffen wurde, hat früher manche weitreichende Theorie über die Bedeutung des Status thymico-lymphaticus hervorgerufen, während man derartige Beobachtungen jetzt einfach durch die Tatsache erklärt, daß die beim Status thymico-lymphaticus hyperplastischen Gebilde durch die Einflüsse eines prämortalen Krankenlagers gewöhnlich rasch aufgezehrt werden, so daß sie nach einem plötzlich bei voller Gesundheit eintretenden Tode besonders groß erscheinen müssen.

Status exsudativus. Der Status lymphaticus ist, wie wir schon erwähnten, nach manchen Autoren zumindest in einzelnen Fällen eine Folgeerscheinung, nach CZERNY eine Teilerscheinung der exsudativen Diathese; andere, wie v. PFAUNDLER und F. KRAUS, halten den Status thymico-lymphaticus und die exsudative Diathese überhaupt für ein und dasselbe; wieder andere legen dagegen gerade Wert auf die Abtrennung der exsudativen Diathese von der lymphatischen Konstitutionsanomalie (FR. MÜLLER). Der Status exsudativus soll sich besonders kennzeichnen durch Hautaffektionen (Milchschorf, Prurigo, intertriginöse Ekzeme, Abscesse), Lingua geographica, Coryza, Conjunctivitis, Blepharitis, Pharyngitis, Laryngitis, Bronchitis, Gastroenteritis, Balanitis, Vulvovaginitis; als Begleiterscheinungen sind weiter zu nennen: Juckreiz, Unruhe, Fieber, Erbrechen, Kolik, Obstipation, Diarrhöen, Heuschnupfen, Asthma, Dysurie, Ischurie und vielleicht Enuresis. Es geht aus der Aufzählung dieser Symptome schon hervor, daß im Gegensatz zum Lymphatismus der Status exsudativus kein anatomisches Krankheitsbild ist. Die wichtigsten der genannten zahlreichen Kennzeichen sind die Neigung zu entzündlichen und exsudativen Prozessen auf der Haut und den Schleimhäuten (also die Neigung zu Schnupfen, Phlyktänen, kindlichen Ekzemen, Strophulus, Urticaria, Erythema multiforme), zu flüchtigen Gelenkerkrankungen (Peliosis rheumatica), zu Idiosynkrasien auf die verschiedensten Nahrungsstoffe hin und zu Katarrhen („Erkältungen") der Nase und der übrigen Luftwege, besonders zu Pseudokrupp. Hierbei schwellen auch oft die Lymphdrüsen an, was die Abtrennung vom Status lymphaticus sehr erschwert. Eine besondere klinische Bedeutung erhält der Status exsudativus schließlich noch dadurch, daß er bei frühzeitiger tuberkulöser Infektion angeblich zu dem praktisch wichtigen Krankheitsbilde der Skrofulose führt, so daß man diese letztere als die Tuberkulose des exsudativ-diathetischen Kindes definiert hat; es erscheint allerdings fraglich, ob das, was man als Skrofulose bezeichnet, in vielen Fällen nicht einfach eine Lymphdrüsentuberkulose bei einem sonst normalen Kinde ist.

Der Status exsudativus ist dadurch besonders interessant geworden,

daß ihn Czerny auf ein alimentäres Moment, und zwar auf eine Überempfindlichkeit gegen bestimmte Nahrungsstoffe, zurückführen konnte;
der angeborene Tiefstand der Assimilationsschwelle für das Fett der
Milch soll nahezu als Maßstab für die exsudative Diathese gelten können.
Diese Entdeckung Czernys brachte auch den wichtigsten therapeu-
tischen Fortschritt, den die ganze Pathologie der Konstitutionsstaten
zu verzeichnen hat, weil es nunmehr gelang, durch Änderung der Diät,
z. B. durch Fortlassen der Milch, die oben genannten entzündlichen
und exsudativen Prozesse oft überraschend schnell zur Abheilung zu
bringen.

Status arthriticus. Von einer Reihe von Autoren wird der Status
exsudativus ebenso wie der Status thymico-lymphaticus mit der neuro-
arthritischen Diathese (Arthritismus) identifiziert, die wir als Status
arthriticus bezeichnen wollen. Nach anderen dagegen ist der Status
arthriticus ein Krankheitsbild sui generis. Bei keiner Konstitutionsanomalie gehen die Ansichten so weit auseinander wie hier, infolgedessen ist die Abtrennung des Status arthriticus äußerst vage, so sehr,
daß man behauptet hat, unter einem so verwaschenen Bilde ließe sich
vom Neurastheniker bis zum arteriosklerotischen Gichtiker beinahe alles
unterbringen. Kennzeichen dieses Status sollen Hautaffektionen (Ekzeme, Urticaria, Furunculose, Lichen Vidal), Stoffwechselstörungen,
Steinbildung, Diabetes, Schrumpfniere, Arteriosklerose, nervöse Störungen, Migräne, Idiosynkrasien, Heufieber u. v. a. sein. Einige Autoren
stellen sich vor, daß die primäre Ursache in einer Verlangsamung des Stoff-
wechsels infolge ungenügender Fermententwicklung zu suchen sei, und
daß diese arthritische Stoffwechselstörung das hypothetische, morphologisch und physiologisch bislang nicht faßbare gemeinsame Terrain für die
genannten Krankheiten sei. Es hat nämlich durchaus den Anschein,
als ob diesen Leiden, besonders der wahren Harnsäuregicht, gewissen
Formen des Diabetes, der Arteriosklerose und der Schrumpfniere, ferner
dem Bronchialasthma, dem Heufieber, der Migräne, manchen Kon-
krementbildungen in den Gallen- und Harnwegen sowie manchen Hautkrankheiten, ein gemeinsames idiotypisches Moment zugrunde liege; denn
diese Leiden finden sich offenbar relativ häufig bei mehreren Angehörigen
derselben Familie und andererseits in verschiedenen Lebensaltern bei
demselben Individuum vor.

Den gleichen Menschen, die vorzugsweise an den genannten Krank-
heiten leiden, sollen aber auch bestimmte andere Dispositionen eigen
sein. So soll bei ihnen z. B., wie beim Lymphatismus, die Prognose der
Lungentuberkulose eine besonders gute sein; das gleiche ist für die
Lepra- und Luesprognose behauptet worden; speziell bei Gichtikern
soll, z. B. nach v. Hansemann, überhaupt eine geringe Neigung zu
Infektionen bestehen. Auch hier handelt es sich jedoch um lauter
Behauptungen, für die ein überzeugender Beweis nicht existiert.

Während für viele Autoren der Status arthriticus erst an seinen
Folgezuständen, seinen „Manifestationen" kenntlich ist, behaupten andere, daß ihm auch ein bestimmter Habitus, ein bestimmter morpho-

logischer Symptomenkomplex zugrunde liege. Das geht schon daraus
hervor, daß der Arthritismus in so nahe Beziehungen einerseits zum
Status lymphaticus, andererseits zum Status hypoplasticus gestellt wird.
Manche (z. B. v. PFAUNDLER) denken sogar an eine Identität des Status
lymphaticus mit dem Status arthriticus, nach J. BAUER dagegen deckt
sich der letztere weitgehend mit dem Status hypoplasticus, indem er
angeblich das gleiche Symptomenbild, das der Status hypoplasticus
anatomisch fixiert, vom klinischen Gesichtspunkte aus erfaßt. Übrigens
haben sich einige Autoren sogar bemüht, eine für den Status arthriticus
angeblich charakteristische Wuchsform aufzustellen, die kurz als em-
physematöser apoplektischer Habitus oder als muskulös-adipöser Breitwuchs (STERN) bezeichnet worden ist. Nach dieser (allerdings kaum
zutreffenden) Auffassung besteht freilich keine Beziehung des Status
arthriticus zu einer allgemeinen Hypoplasie; der arthritische Habitus
stellt hiernach vielmehr einen dem hypoplastisch-asthenischen gewissermaßen entgegengesetzten Körperbau dar. In Wirklichkeit dürfte es kaum
möglich sein, die unter dem Namen des Arthritismus zusammengefaßten,
höchst mannigfaltigen Überempfindlichkeiten am äußeren Körperbau,
also an der Wuchsform, dem Fettreichtum und dem Zustand der
Muskulatur, morphologisch zu erkennen. Denn wenn auch BONDI zeigen
konnte, daß in seinem Material unter den Diabetikern fünfmal soviel
breitwüchsige und brustbehaarte Individuen waren wie unter den nichtdiabetischen Kontrollfällen, so ist doch jedem Kliniker bekannt, wie-
viele grazile, asthenische und hypoplastische Personen an Gicht, Diabetes, Arteriosklerose und besonders an Asthma leiden.

Vielleicht können wir dem Status arthriticus und seiner Beziehung zu den
anderen Konstitutionsanomalien etwas näher kommen, wenn wir uns daran erinnern, daß dieser Status seinerzeit von COMBY unter den Konstitutionsanomalien
der Kinder beschrieben worden ist. Der Status arthriticus infantum COMBYS
deckt sich aber im wesentlichen mit CZERNYS exsudativer Diathese, wenngleich
er noch etwas mehr als diese umfaßt. Es ist also wohl erlaubt, die genannten
beiden Konstitutionsanomalien zu identifizieren, und zwar auf Grund der Gemein-
samkeit ihrer Symptome, nämlich: 1. katarrhalische Prozesse, 2. Schwellung der
lymphatischen Gewebe, 3. Ernährungs- und Stoffwechselstörungen und 4. in nur
lockerem Zusammenhange damit: neuropathische Zeichen. Ob man dagegen, wie
vorgeschlagen wurde, auch den Status lymphaticus in dieser großen Konstitutions-
störung aufgehen lassen kann, ist eine andere Frage. Sie wäre vielleicht zu lösen,
wenn man einmal an einem größeren Material feststellen könnte, was später aus
den lymphatischen Kindern wird, d. h. also aus den Kindern mit allgemeiner,
nicht bacillärer Hyperplasie des lymphatischen Gewebes. Das hyperplastische
Gewebe verfällt meist später der Atrophie, soviel ist uns bekannt; was für Krankheitsdispositionen zeigen aber nunmehr die einstigen Lymphatiker? Gibt es
Leiden, denen sie besonders häufig verfallen, und andere, von denen sie der Regel
nach verschont bleiben?

Eine zweite Frage, die noch nicht völlig geklärt ist, betrifft das spätere Schicksal
der exsudativen Kinder. Wir haben allen Grund zu der Vermutung, daß aus
diesen Kindern die Menschen werden, die später an Asthma, Heuschnupfen, Gicht,
Diabetes, Migräne erkranken, und die damit die Anwartschaft erhalten, den
Trägern des „Arthritismus" zugezählt zu werden. Wir würden es also bei allen
diesen Leuten mit einer einzigen, gewissermaßen idiosynkrasischen oder allergischen
Stoffwechselanomalie zu tun haben, die sich in der Kindheit durch diese, im
späteren Alter durch jene Störungen kundtut, und die schon verdienen würde,

daß man sie von den anderen abnormen Konstitutionen abtrennt. Die Manifestationen der exsudativen Diathese können ja überhaupt, wie Czerny gezeigt hat, großenteils als Überempfindlichkeitssymptome aufgefaßt und somit in die Rubrik der Idiosynkrasien, die ja auch sonst beim exsudativen und arthritischen Status häufig sind, eingereiht werden. Das, was dem Status exsudativus und dem Status arthriticus gemeinsam ist, würde also die Bezeichnung „Status idiosyncrasicus" oder „anaphilacticus" vielleicht ganz anschaulich und zutreffend zum Ausdruck bringen.

Andere Konstitutionsanomalien. So sehr aber auch die Meinungen der Autoren über die einzelnen Konstitutionsstaten durcheinanderschwirren, eine Lehre kann doch aus all dem Widerstreit der Ansichten gezogen werden: es ist zwar gelungen, eine Reihe eigenartiger und meist noch nicht im eigentlichen Sinne krankhafter, bald mehr morphologischer, bald mehr funktioneller Variationen des menschlichen Organismus zu beschreiben, die wegen ihrer wahrscheinlich bestehenden Korrelation zu bestimmten Leiden das ärztliche Interesse beanspruchen; über die Häufigkeit des Vorkommens dieser Typen, über ihre dispositionspathologische Bedeutung und über ihre gegenseitige Abgrenzung gehen aber die Ansichten der Autoren noch so weit auseinander, daß man fast sagen kann, alle theoretisch möglichen Ansichten hätten auch ihre eigenen Vertreter gefunden. Halten manche Autoren eine saubere Trennung in soundsoviele Staten für möglich und nötig, so werfen andere alle Staten zusammen und machen daraus eine Konstitutionsanomalie, in der je nach Geschmack oder Urteil bald diese und bald jene Symptome im Vordergrunde stehen. Und während die einen von der erbbildlichen Bedingtheit ihres Status anormalis überzeugt sind, halten ihn die anderen nur für einen Folgezustand frühzeitiger Infektionen oder anderer äußerer Noxen. Man drückt sich also wohl kaum zu scharf aus, wenn man behauptet, daß die Konstitutionspathologie, soweit sie sich mit der Aufstellung der Konstitutionsstaten befaßt, noch keine Wissenschaft ist, sondern eine Kompilation der verschiedensten Ansichten und Auffassungen, die recht wild durcheinanderwuchern, und in denen man nur relativ wenige gesicherte Tatsachen aufzufinden vermag. In der Tat: es gibt „noch fast keine Konstitutionspathologie" (Roessle). Dadurch, daß immer wieder ein neuer Autor einen neuen Status unter einem neuen Namen erschuf, der, wenn auch mit gewissen Modifikationen, die alten Staten wiederholte, konnte man zwar das vorgefaßte Problem von den verschiedensten Richtungen her in Augenschein nehmen, aber man kam ihm dennoch nicht näher. Auch jetzt hat die Aufstellung neuer Konstitutionsstaten noch kein Ende gefunden. So spricht man bei einer Häufung von sog. Degenerationsmerkmalen von einem Status degenerativus, — als ob hinter allen Degenerationsmerkmalen eine gemeinsame Unbekannte stünde, die sie hervorruft! Weiterhin behauptet man, daß bei Häufung von „Degenerationsmerkmalen" regelmäßig auch die Stigmen konstitutioneller Schwäche vermehrt seien, und rückt auf diese Art den „Status degenerativus" in größte Nähe der genannten Staten: des Status asthenicus, hypoplasticus, lymphaticus, arthriticus usw. Tandler versuchte die Einteilung je nach dem Muskeltonus in hypertonische, normaltonische und hypotonische Konstitutionen, EPPINGER und HESS je nach dem Zustande des vegetativen Nervensystems in vagotonische und sympathicotonische, die aber so schwer auseinanderzuhalten sind, daß andere Autoren einen einheitlichen vegetativ-nervösen Status daraus machten (FRANK). SIGAUD konstruierte vier Typen: den Status respiratorius, Status digestivus, Status muscularis, Status cerebralis. Aber trotz aller dieser Versuche stehen wir doch immer noch im wesentlichen auf dem gleichen Standpunkt, auf dem wir vor ihnen gestanden haben. Gegen alle Staten muß man den Einwand machen, den J. BAUER gegen die Einteilung in vagotonische und sympathicotonische Konstitutionen erhebt, nämlich daß die Klinik alle Mischformen zeigt, und zwar in einer so grundsätzlichen, kaleidoskopartigen Buntheit, daß uns, vorläufig wenigstens, jede genauere Orientierung unmöglich bleibt. Auch der eigentlich antiasthenische Status muscularis SIGAUDS soll z. B. oft konstitutionelle Anomalien in den verschiedensten Organen zeigen (J. BAUER). Die ganzen Konstitutionsanomalien sind mehr intuitiv als auf Grund exakt bearbeiteten Beobachtungsmaterials entstanden. Wie TOENNIESSEN zutreffend sagt, muß die Berechtigung zur Aufstellung der bekannten Konstitutionssyndrome zum großen Teil überhaupt erst noch nachgewiesen werden. Die Existenz des Status lymphaticus wird z. B. von einzelnen Autoren direkt bestritten. So interessant also die Erörterung der verschiedenen Konstitutionsanomalien im klinischen Betrieb in einzelnen prägnanten Fällen auch sein kann, so wenig ist wissenschaftlich mit ihnen anzufangen. Die Hauptschwierigkeit liegt darin, daß es bisher unmöglich war, über die Abgrenzung der Konstitutionsanomalien gegeneinander oder gar gegen den Normalzustand eine Einigung zu erzielen. Mit der Aufstellung von Konstitutionsanomalien scheint man also auf einem toten Punkt angelangt zu sein.

Man könnte, da die Synthese so versagt hat, daran denken, es mit der Analyse zu versuchen. So hat v. PFAUNDLER die Abgrenzung der alten Diathesen deshalb als verfehlt bezeichnet, weil diese seiner Ansicht nach bereits aus mehreren kleineren Konstitutionsanomalien kombinierte Komplexe darstellen, und er hat folgerichtig seine lymphatisch-arthritisch-exsudative Diathese in einzelne Unterstaten zerlegt, nämlich in den lymphatischen, den neuropathischen, den exsudativen und den vagotonischen Zeichenkreis, denen er noch den dystrophischen, den spasmophilen und den rachitischen Zeichenkreis angliedert. Es liegt nun der Gedanke nahe, die Analyse noch grundsätzlicher und auf alle bisher beschriebenen Konstitutionsanomalien anzuwenden; ist doch auch die moderne Vererbungsforschung erst dadurch zu exakten Resultaten gekommen, daß sie, dem Beispiele MENDELS folgend, die Einzelmerkmale ins Auge faßte. Man käme sodann zu einer Auflösung der Konstitutionsstaten in ihre einzelnen Konstitutionssymptome, deren Wert sich nun gesondert feststellen ließe. Zur Erforschung der Dispositionen verspricht dieser Weg, wie noch dargelegt werden soll, recht viel; es dürfte aber kaum möglich sein, auf ihm zur Aufstellung neuer und besser begründeter Konstitutionsstaten und dadurch zur Klärung

der alten zu kommen. Denn zur Aufstellung geschlossener Konstitutionsstaten muß man doch eigentlich verlangen, daß — wie bei den geschlossenen Krankheitsbildern — den einzelnen Erscheinungen eine gemeinsame einheitliche Ursache zugrunde liegt, die einen inneren Zusammenhang der verschiedenen Symptome bewirkt.

Die Dispositionen der Konstitutionsanomalien. Was bei der ganzen
Konstitutionspathologie aber am unklarsten bleibt, das ist gerade der
medizinisch wichtigste Punkt der ganzen Angelegenheit: nämlich welche
bestimmten Krankheitsdispositionen durch die einzelnen Konstitutionsstaten geschaffen werden. Das Ziel, aus der Form oder aus meßbaren
Funktionen allein schon auf bestimmte Krankheitsdispositionen schließen
zu können, wurde nicht erreicht. Konnte doch bisher noch nicht einmal
darüber eine volle Einigung erzielt werden, ob der Status asthenicus
eine wesentliche Rolle bei der Entstehung schwerer Lungentuberkulose
spielt, ja, ob er überhaupt bei schwer Tuberkulösen wesentlich häufiger
angetroffen wird als bei Nichttuberkulösen eines einwandfreien Ver-
gleichsmaterials. Muß doch die Tuberkulose sowieso mehr schmale
Individuen betreffen, da sie ja vornehmlich Jugendliche befällt, und
da die Menschen vom 17. bis 50. Lebensjahr noch ständig in die Breite
wachsen! Gerade die Frage der „konstitutionellen Disposition" ist also,
so temperamentvoll oft darüber geschrieben und geredet wird, wissenschaftlich noch in tiefstes Dunkel gehüllt.

Die Dispositionen der Konstitutionssymptome. Auch hier kann vielleicht die Analyse der Konstitutionsstaten in noch enger umgrenzte
Komplexe oder gar in ihre einzelnen Konstitutionssymptome einen Weg
zeigen. Die Erforschung der Beziehung dieser einzelnen Stigmen zu
bestimmten Krankheiten befindet sich noch in den ersten Anfängen.
BONDI wies statistisch nach, daß Breitwuchs und reichliche Brustbehaarung bei Diabetikern wesentlich häufiger anzutreffen sind als bei
nichtdiabetischen Menschen. Vielleicht gelingt es auf diesem Wege,
über die Bedeutung der Konstitutionssymptome und ihrer Kombinationen und folglich auch über die Bedeutung der alten Konstitutionsstaten für die Krankheitsentstehung ein exakteres Urteil zu gewinnen,
als das möglich war, solange noch der Status hypoplasticus, arthriticus usw. das Feld beherrschten.

Disposition als spezifischer Begriff. Was die Konstitutionsstaten
vor allem so ungeeignet gemacht hat zu weiterem medizinisch-wissen-
schaftlichem Fortschritt, ist der Umstand, daß sie nicht eine bestimmte
Beziehung zu einer bestimmten Krankheit haben, sondern daß sie,
wie man gesagt hat, „plurivalent" sind. Wir müssen uns aber nach
Begriffen umsehen, die die Beziehungen des prämorbiden Menschen
zu bestimmten Krankheiten genauer zu erfassen gestatten. Ein solcher
Begriff ist nun der Begriff der Disposition. „Während man früher nur
ganz allgemein von schwachen und starken Konstitutionen sprach, wird
es immer mehr Aufgabe der experimentellen Wissenschaft, Widerstands-
kräfte spezifischer Art nachzuweisen" (MARTIUS). Der Begriff der
Konstitution ist zu vieldeutig, zu allgemein, zu sehr grob-empirisch,

als daß man mit seiner Hilfe zu exakten Forschungsmethoden kommen könnte. Um zu bestimmten Regeln über den Zusammenhang gewisser Erscheinungen zu kommen, müssen wir von einem Begriff ausgehen, der sich fassen und berechnen läßt. „Miß alles, was meßbar ist,“ hat schon der alte GALILEI gesagt, „und mache das Nichtmeßbare meßbar.“ „So hat sich denn auch Analyse und Messung an die Verhältnisse der Konstitution zu wagen“ (WUNDERLICH 1860). Während uns aber der Begriff der Konstitution um so mehr unter den Händen dahinschwindet, je schärfer wir zugreifen, haben wir in der Disposition einen Begriff vor uns, der meßbar zu machen geht. Disposition kann geradezu als ein Zahlenbegriff aufgefaßt werden, da wir durch ihn über eine bestimmte Erkrankungswahrscheinlichkeit unterrichtet werden. Vor allem aber ist Disposition auch ein spezifischer Begriff; die erhöhte Neigung zu einer ganz bestimmten Krankheit stellt unmittelbar das Wesen dieses Begriffes dar. Man kann deshalb die Disposition definieren als die Wahrscheinlichkeit, mit der der augenblickliche Zustand eines Organismus (beim Vorhandensein gewisser auslösender Faktoren) das Auftreten einer ganz bestimmten Krankheit bedingt bzw. deren ungünstigen Verlauf und Ausgang bestimmt.

Dispositionspathologie. Es gilt also, nicht irgendwelche schwer zu charakterisierenden Konstitutionstypen aufzustellen, sondern die Beziehung ganz bestimmter Dispositionen zu den verschiedensten morphologischen oder funktionellen Eigenheiten des menschlichen Organismus zu erforschen, wenn wir unsere tatsächliche Kenntnis über die prämorbide Persönlichkeit erweitern wollen. Schreiten wir auf diesem Wege vorwärts, so wird die alte Konstitutionspathologie verschwinden und an ihre Stelle die Dispositionspathologie, die Lehre von der Symptomatologie und Therapie pathologischer Krankheitsbereitschaften ganz bestimmter Natur treten.

Aufgaben der Dispositionspathologie. Dispositionssymptome. Die Dispositionspathologie hat also zunächst die Abhängigkeit bestimmter Erkrankungsvorgänge von bestimmten Eigenheiten des menschlichen Organismus zu erforschen. Da es sich hier in erster Linie nur um Eigenheiten handeln kann, die selbst noch nicht als krankhaft zu bezeichnen sind so decken sich diese Eigenheiten mit denjenigen Charakteren, die wir oben als Konstitutionssymptome bezeichnet hatten. Es handelt sich also darum, festzustellen, inwieweit sich solche dauerhafteren Eigenschaften bestimmten Krankheiten gegenüber als Dispositionssymptome erweisen. Als Eigenschaften mit dispositioneller Bedeutung kommen sowohl funktionelle wie morphologische in Betracht, und man kann dementsprechend zwei Unterabteilungen der Dispositionspathologie unterscheiden:

1. Die Erforschung der morphologischen Variabilität des Menschen und die Feststellung der Bedeutung der einzelnen Variationen für die Krankheitsentstehung (morphologische Dispositionspathologie).

2. Die Erforschung der individuellen Variationen in der Funktionsfähigkeit der Organe und die Feststellung der Bedeutung dieser ver-

schiedenen Funktionstüchtigkeit für die Entstehung bestimmter Krankheiten (funktionelle Dispositionspathologie).

3. Schließlich wäre noch festzustellen, in welchen Beziehungen die einzelnen Dispositionen zueinander stehen. Und zwar würde es sich erstens darum handeln, zu erforschen, welche Krankheiten oft gleichzeitig miteinander bestehen (Diabetes und Pyodermien, Gicht und Migräne), und zweitens, welche Krankheiten gehäuft bei Individuen auftreten, die in früheren Altersstufen an bestimmten Affektionen anderer Art (z. B. Lymphdrüsenschwellungen, exsudative Prozesse usw.) gelitten haben. Solche Forschungen (über die „Syntropie von Krankheiten") sind in jüngster Zeit in großzügiger Weise von v. Pfaundler und v. Seht durchgeführt worden.

Funktionelle Dispositionspathologie. Die funktionelle Dispositionspathologie beschäftigt sich mit dem Nachweise des Vorhandenseins von alimentärer Glykosurie, Hypercholesterinämie, Phosphaturie — um nur wenige Beispiele zu nennen — und mit der Bedeutung dieser Anomalien für die Entstehung etwa eines Diabetes, einer Xanthomatose bzw. einer nongonorrhoischen Urethritis.

Morphologische Dispositionspathologie. Die morphologische Dispositionspathologie untersucht die verschiedenen Abweichungen im Körperbau und die Beziehung dieser Abweichungen zu bestimmten Leiden, z. B. zur Tuberkulose. Solche Abweichungen können einmal in Eigenschaften bestehen, die als Einzelsymptome der sog. Konstitutionsanomalien angesehen werden, z. B. Verminderung des Brustumfanges, Costa decima fluctuans, Verkürzung und Verknöcherung des ersten Rippenknorpelpaares, Hyperplasie bestimmter Lymphdrüsen, oder sie können sich auf Dinge beziehen, für die ein Zusammenhang mit den anomalen Konstitutionstypen nicht behauptet worden ist.

Anthropologische Dispositionspathologie. Bei diesen handelt es sich aber besonders oft auch um Eigenschaften, die gleichzeitig Gegenstand der systematisch-anthropologischen Forschung sind, also um sog. Rassenmerkmale. Die Kenntnis solcher Rassenmerkmale mit ihren Beziehungen zu bestimmten Krankheiten gehört also gleichfalls in den Rahmen der Dispositionspathologie. Man könnte diese Unterabteilung der morphologischen Dispositionspathologie (funktionelle Eigenschaften spielen ja in der Anthropologie eine verhältnismäßig geringe Rolle) als anthropologische Dispositionspathologie bezeichnen. Als Beispiel möchte ich daran erinnern, daß nach Zielinsky und Polansky dolichocephale Menschen eine besondere Neigung zu Lungentuberkulose haben sollen (demnach müßten auch große Menschen an Tuberkulose leichter erkranken als kleine, da die Dolichocephalie bekanntlich in Korrelation zur Körpergröße steht); nach Bouchereau, Jesionek u. a. soll die Schwindsuchtsdisposition der Blonden größer sein als die der Brünetten (dies könnte im Zusammenhange stehen mit der von verschiedenen Forschern behaupteten, von anderen aber bestrittenen geringen Tuberkulosedisposition der Juden); nach einigen Autoren sollen allerdings wiederum gerade die Brünetten besonders gefährdet sein.

Noch andere meinen, daß die Rothaarigen eine besonders geringe Resistenz gegen die Tuberkelbacillen besitzen.

Methoden der Dispositionspathologie. Fast alle solche dispositionspathologischen Angaben bedürfen aber der Nachprüfung, ja, sie bedürfen meist auch noch des ersten Beweises. Denn sie spiegeln gewöhnlich nur subjektive, oft mit temperamentvoller Intuition erfaßte Eindrücke wieder, welche die betreffenden Autoren an ihrem Krankenmaterial so nebenbei gewonnen haben. Und auch da, wo schon größere oder kleinere Statistiken den Angaben der Autoren zugrunde liegen, ist im allgemeinen eine Nachprüfung nicht weniger notwendig, weil gewöhnlich das Vergleichsmaterial fehlt. Denn um die Korrelation zwischen einem Konstitutionssymptom und einer Krankheit, wie z. B. der Tuberkulose, kennen zu lernen, muß nicht nur festgestellt werden, bei wieviel Prozent der Tuberkulösen, sondern auch bei wieviel Prozent der Nichttuberkulösen das betreffende Stigma vorhanden ist.

Solche statistischen Untersuchungen stoßen aber meist auf enorme Schwierigkeiten, weil das Vergleichsmaterial der Gesunden nach mehrfacher Richtung anders zusammengesetzt zu sein pflegt als das Krankenmaterial, so daß ein unmittelbarer Vergleich nicht möglich ist und die verschiedensten Deutungen der Ergebnisse Platz greifen können. Besonders pflegt das Vergleichsmaterial in bezug auf Geschlecht, Alterszusammensetzung, Abstammung u. dgl. von dem Krankenmaterial zu differieren. Ein sehr wunder Punkt solcher vergleichender Untersuchungen besteht in der Schwierigkeit, die Wirkungen einer sozialen Auslese auszuschalten, was doch z. B. gerade bei einer so eminent sozial bedingten Erkrankung wie bei der Tuberkulose von besonderer Wichtigkeit ist. Die Untersuchung bestimmter Konstitutionssymptome auf ihre dispositionspathologische Bedeutung erfordert deshalb einwandfreie statistische Methoden und stets ein größeres Material. Ich habe seinerzeit an anderer Stelle (Beitr. z. Klin. d. Tuberkul. **43**, S. 327. 1920) darauf hingewiesen, daß besonders in bezug auf die Abhängigkeit der Tuberkulose von den verschiedenen Konstitutionsstigmen die sog. Gattenmethode WILHELM WEINBERGS im klinischen Betriebe verwertbar wäre, bei der außer den Kranken gleichzeitig deren gesunde Ehegatten auf die betreffenden Stigmen hin untersucht werden. Dadurch erhält man ein auch bezüglich der sozialen Zusammensetzung wirklich repräsentatives Vergleichsmaterial, das einem gestattet, sich über die Verschiedenheiten in der Häufigkeit der betreffenden Stigmen bei Kranken und bei Gesunden ein einwandfreies Urteil zu bilden.

Korrelation zwischen Konstitutionssymptom und Krankheit. Solche Untersuchungen, welche die Korrelation zwischen bestimmten einzelnen Konstitutionssymptomen und bestimmten Krankheiten aufklären, sind aber zum tieferen Eindringen in die Dispositionspathologie unumgänglich notwendig. Denn bevor wir nicht wissen, ob z. B. der Habitus phthisicus bzw. seine einzelnen Symptome und ihre Kombinationen bei Tuberkulösen wirklich wesentlich häufiger angetroffen werden als bei Nichttuberkulösen, hat es wenig Zweck, über die Bedeutung derartiger Kon-

stitutionsanomalien für die Tuberkuloseätiologie viel zu diskutieren.
Die Feststellung der Korrelation zwischen Konstitutionssymptom und Krankheit ist die dringendste Forderung der Dispositionspathologie. Erst nachdem sie, wenigstens bis zu einem gewissen Grade, erfüllt ist, wird es sich wirklich lohnen, speziellere Fragen der Dispositionspathologie anzugehen. Erst wenn wir sicher wissen, daß z. B. die Costa decima fluctuans bei Tuberkulösen wesentlich häufiger als bei Nichttuberkulösen angetroffen wird, hat es wirklich Sinn, die Frage aufzuwerfen, ob die Costa decima fluctuans die Ursache (d. h. eine wesentliche Mitursache) der Tuberkulose, ob sie umgekehrt die Folge einer frühzeitigen tuberkulösen Infektion ist, oder ob schließlich Costa decima fluctuans und Tuberkulose koordinierte Symptome einer dritten, noch festzustellenden Erscheinung (z. B. Längenwachstum) sind. Ein tieferes Eindringen in die Dispositionspathologie, d. h. in die Kenntnis der Abhängigkeit der Krankheitsentstehung von bestimmten, noch nicht direkt krankhaften menschlichen Eigenschaften und damit ein tieferes Eindringen in die Kenntnis der prämorbiden Persönlichkeit (des prämorbiden Phänotypus) ist also erst in weiterem Ausmaß möglich, nachdem die wichtige Vorfrage nach der Korrelation zwischen Stigma und Krankheit beantwortet ist. Die sog. Konstitutionspathologie, die wir als Dispositionspathologie bezeichnet hatten, sieht sich also vorerst nicht nur vor anatomische und experimentell-klinische, sondern vor allem vor große statistische Aufgaben gestellt.

Die Ursache der Korrelation. Freilich ist mit der statistischen Feststellung der Korrelation allein noch nicht alles erledigt. Die Dispositionspathologie hat nicht nur nach dem Vorhandensein, sondern auch nach den Ursachen der Korrelation in jedem einzelnen Fall zu forschen. Zuweilen wird bereits das Ergebnis der statistischen Feststellung auch Schlüsse über diese Ursachen zulassen. In der Mehrzahl der Fälle aber werden hier wieder die anatomische, die experimentelle und die klinische Forschung einsetzen müssen, freilich meist erst, nachdem die Vorfrage, ob überhaupt Korrelationen vorhanden sind, durch die Statistik beantwortet ist.

Disposition.

Disposition und Konstitution. Im Gegensatz zum Konstitutionsbegriff, der klinisch-empirischer Natur ist, haben wir es bei der Disposition mit einem wissenschaftlich-theoretischen Begriff zu tun, der uns über eine bestimmte Wahrscheinlichkeit, zu erkranken, unterrichtet und der sich infolgedessen direkt mathematisch, als Zahlenbegriff auffassen läßt. Während der Konstitutionsbegriff in bezug auf die Krankheitsbereitschaften, die er im einzelnen Falle mit sich bringt, unspezifisch, „plurivalent" ist, liegt in der Disposition ein streng spezifischer Begriff vor, der nur über das Verhalten des Patienten in bezug auf eine ganz bestimmte Krankheit etwas aussagt. Die Konstitution ist außerdem ein autonomer Begriff; eine „starke" oder eine „asthenische" Konstitution ist bereits ein Ding, unter dem wir uns etwas vorstellen können. Disposition ist dagegen ein ausgesprochener Relationsbegriff, der ohne Beziehung auf eine bestimmte Krankheit jeden Sinnes entbehrt.

Definition des Dispositionsbegriffs. Disposition im engeren Sinne ist Krankheitsbereitschaft, also die Neigung zum Krankwerden auf Grund einer besonderen Beschaffenheit des Organismus, man kann auch kurz sagen: das endogene Moment bei der Krankheitsentstehung; Disposition im weiteren Sinne ist aber überhaupt jede Krankheitsbeziehung, gleichgültig ob endogener oder exogener Natur, also kurz: die Erkrankungswahrscheinlichkeit. Die Disposition (im weiteren Sinne) ist demnach ein Maß für die Häufigkeit, mit der der augenblickliche Zustand eines Organismus (beim Vorhandensein gewisser auslösender Faktoren) zu einer Erhaltungsgefährdung wird. Disposition ist also an sich noch nicht Krankheit, wenn auch die Grenze zwischen beiden Begriffen keine scharfe ist. Man könnte das Verhältnis der beiden Begriffe zueinander so ausdrücken, daß man sagt, die Erhaltungsgefährdung, die das wesentliche Moment beider ausmacht, sei bei der Krankheit eine unmittelbare, bei der Disposition eine mittelbare.

Relativität des Dispositionsbegriffs. Da jede Eigenschaft ein Produkt aus inneren und äußeren Faktoren, jede Krankheit also ein Produkt aus Disposition und Exposition ist, so kann ein Leiden, welcher Art seine Ursache auch immer sein mag, ohne Disposition des betreffenden Individuums nicht erklärt werden. Freilich ist die Rolle dieser Disposition beim Zustandekommen eines Leidens oft so gering, daß sie praktisch vernachlässigt werden darf und vernachlässigt werden muß. Theoretisch ist aber auch zur Wirkung eines groben Traumas, z. B. eines tödlichen Keulenschlags gegen den Kopf, eine bestimmte Disposition notwendige Vorbedingung; denn schließlich kann man sich doch unschwer ein Lebewesen vorstellen, das einen so harten Schädel hat, daß es bei der gleichen Gewalteinwirkung keinerlei Erhaltungsgefährdung erleiden würde. In der Tat herrschen ja auch beim Menschen große individuelle Unterschiede in bezug auf den Widerstand, den die einzelnen Gewebe traumatischen Einwirkungen entgegenzusetzen vermögen.

Man kann diesen Gedankengang dialektisch noch weiterspinnen und sagen, daß das Leben eine Disposition zum Tode abgibt, denn wer nicht lebt, kann nicht sterben — so daß man schließlich zu dem absonderlichen Satz kommt, daß in unserem Beispiel das Leben und nicht der Keulenschlag die Ursache des Todes gewesen sei. Dieser Satz kann nur deshalb nicht als richtig bezeichnet werden, weil wir ja übereingekommen waren, als Ursache die für unser Verständnis eines Vorgangs wichtigste Bedingung zu definieren. Diese wichtigste Bedingung ist hier aber vom medizinischen Standpunkt aus natürlich der Keulenschlag. Das Beispiel veranschaulicht recht eindringlich die Relativität, die allen diesen Begriffen eigen ist.

Disposition und Exposition. Infolge dieser Relativität ist auch derjenige Begriff, der meist als Gegensatzbegriff der Disposition aufgefaßt wird, nämlich der Begriff der Exposition, nicht scharf von der Disposition abzutrennen, ja, beide decken sich zum größten Teil. Vor allem fallen sehr viele Dinge unter den Begriff der Disposition (Erkrankungswahrscheinlichkeit), die eigentlich auf Exposition beruhen. Die große Disposition zu Pesterkrankung, welche in Indien die Eingeborenen im Gegensatz zu den zugezogenen Europäern zeigen, ist eine Folge davon, daß die Inder in unreinlicheren Wohnungen leben und daher dem Infektionserreger stärker exponiert sind. Die besondere Disposition mit verdorbenem Mais ernährter Menschen, unter dem Einfluß der Sonnenstrahlen an Pellagra zu erkranken, ist gleichfalls auf äußere Einflüsse zurückzuführen (ungeeignete Ernährung) und kann deshalb aufgefaßt werden als eine Folge der erhöhten Exposition gegenüber den im verdorbenen Mais vorhandenen Toxinen. Jede generelle Exposition kann überhaupt ohne weiteres als Disposition bezeichnet werden. Disposition im weiteren Sinne ist eben jede statistisch erfaßbare Korrelation eines bestimmten Merkmals zu einer bestimmten Krankheit. Die Dispositionspathologie ist also die Lehre von den Beziehungen der Krankheiten zu nicht krankhaften Eigenschaften, zu anderen Krankheiten, zu bestimmten Individuen, zu einer bestimmten Umwelt usf.

Idiotypische und paratypische Disposition. Die Einschränkung des Dispositionsbegriffs auf solche Fälle, in denen ein endogenes Moment mit im Spiele ist, erscheint deshalb kaum durchführbar. Sie ist auch kaum nötig. Viel wichtiger jedenfalls als die Abtrennung des Endogenen vom Exogenen (der Disposition sensu strictiori von der Exposition) erscheint mir die Unterscheidung von idiotypischer und paratypischer Disposition. Wir brauchen dann nicht mehr zwischen einer „eigentlichen" Disposition und einer „auf Exposition beruhenden Disposition" zu unterscheiden, sondern können mit einem Wort denjenigen Punkt bezeichnen, der für eine medizinische Betrachtung der entscheidende ist: ob es sich um eine erbliche Erscheinung handelt, die nur durch die Selektion, die Ausmerzung der Behafteten zu „heilen" geht, oder ob wir es mit einer nur nebenbildlichen Erkrankungsneigung zu tun haben, die sich durch Änderung des allgemeinen Milieus oder bestimmter Umweltfaktoren beheben läßt.

Bezüglich der Durchführbarkeit und der prinzipiellen Bedeutung einer Trennung in idiotypische und paratypische Disposition gilt genau das gleiche, was über die Trennung von idiotypischer und paratypischer Krankheit gesagt worden ist. Auch hier gibt es reine Fälle der einen oder der andern Art, dazwischen aber eine Kette von Mischformen, bei denen idiotypisch- und paratypisch-dispositionelle Momente zusammenspielen. In jedem einzelnen Fall aber, in dem sich die idiotypische oder paratypische Natur einer bestimmten Disposition wirklich ergründen läßt, ist diese Feststellung von eminenter Bedeutung für Prognose und Indikation.

Phänotypische individuelle Disposition. Daß es starke tatsächliche (phänotypische) Unterschiede in der Disposition der Einzelwesen bestimmten Noxen gegenüber gibt, ist eine sehr banale Wahrheit. Schon bei Einzelligen derselben Kolonie kann man eine verschiedene Resistenz den mannigfachsten Eingriffen gegenüber beobachten. Bei Versuchstieren konnten Dispositionsverschiedenheiten der einzelnen Individuen oft festgestellt werden. Beim Menschen tritt die verschiedene individuelle Disposition am auffälligsten zutage bei den sog. Idiosynkrasien.

Der idiosynkrasische Mensch reagiert bekanntlich mit den schwersten Krankheitssymptomen auf irgendeine Substanz (Krebse, Erdbeeren, Pilze, Jodoform, bestimmte Pflanzen), die für fast alle anderen Menschen völlig unschädlich ist. Die individuelle Empfindlichkeit kann so weit gehen, daß ausgedehnte Dermatitiden durch eine Primel (Primula obconica), die vertrocknet und vergessen in einer Zimmerecke steht, ausgelöst und unterhalten werden. Selbst gegen grobe Parasiten, wie Mücken, Läuse und Flöhe, besitzen die einzelnen Menschen eine ganz auffallend verschiedene Empfindlichkeit. WEBER berichtet über einen Mann, der mehrmals nach einem Mückenstich ein schweres cerebrales Krankheitsbild bekam.

Idiotypische individuelle Disposition. In manchen Fällen ist es unzweifelhaft, daß solche erscheinungsbildlichen oder phänotypischen Dispositionsunterschiede der Individuen idiotypisch bedingt sind. Ganz sichere Beispiele für idiotypische Dispositionen hat die experimentelle Vererbungsforschung aufgedeckt: die Rostempfindlichkeit und die Winterfestigkeit des Weizens konnten als mendelnde, also an bestimmte Erbanlagen gebundene Charaktere nachgewiesen werden, ebenso die Kälteempfindlichkeit der Mirabilis Jalapa (Wunderblume). Auch für manche Infektionskrankheiten des Menschen ist das Bestehen einer bei den einzelnen Individuen stark verschiedenen idiotypischen Disposition vermutet worden (besonders Tuberkulose). Der Nachweis idiotypischer Einzeldispositionen ist aber beim Menschen sehr schwer zu erbringen, weil auch hier nur die Sicherstellung der Erblichkeit dieser Disposition oder die Sicherstellung einer auffallenden Korrelation zwischen einer bestimmten Krankheit und einem bestimmten, als erblich erwiesenen Konstitutionssymptom wirklich überzeugen könnte. Am ehesten läßt sich das Vorliegen erblicher Dispositionen an idiotypisch einheitlichem Material, also an eineiigen Zwillingen erbringen. Da zweieiige Zwillinge genau so unter gleichen Umweltbedingungen aufzuwachsen pflegen wie eineiige, so muß eine geringere Ähnlichkeit der zweieiigen gegenüber der Ähnlichkeit der eineiigen als eine Auswirkung der Erbanlagen aufgefaßt werden. Die Muttermäler, die entgegen der herrschenden Auffassung nichterbliche Mißbildungen sind, weisen z. B. bezüglich ihrer Zahl bei zweieiigen Zwillingen nur halb so große Korrelationen auf als bei eineiigen; das kann nur durch die Annahme einer individuell verschiedenen idiotypischen Disposition zur Nävusbildung erklärt werden. So ist es möglich, mit Hilfe der Zwillingspathologie eine erbliche Disposition selbst bei an sich nichterblichen Leiden noch nachzuweisen und in ihrer Größe annäherungsweise zu bestimmen.

Paratypische individuelle Disposition. Auch das Bestehen sicher paratypischer Dispositionen unterliegt keinem Zweifel. LEO konnte Tiere, die sonst gegen Tuberkulose refraktär sind, durch experimentelle Erzeugung von Diabetes empfänglich machen. Ein besonders eindrucksvolles Beispiel paratypischer Dispositionsänderung beim Menschen ist die Immunität, die nach vielen Infektionskrankheiten und nach Impfungen zurückbleibt.

Generelle oder Gruppendisposition. Eine große Rolle spielen in der Literatur Rassen-, Geschlechts-, Alters-, Berufs- und ähnliche Dispositionen. Ich fasse alle diese Dispositionen als generelle oder Gruppendispositionen zusammen und stelle sie als solche den individuellen oder Einzeldispositionen gegenüber. Auch die Gruppendispositionen können idiotypisch oder paratypisch oder gleichzeitig auf beide Arten bedingt sein.

Einteilung der Gruppendispositionen. Man kann eine große Reihe von Gruppendispositionen aufstellen; denn überall, wo aus einem größeren Menschenmaterial Personen, die eine bestimmte Eigenheit gemeinsam haben oder die sonst bezüglich eines bestimmten Momentes übereinstimmen, zu einer Gruppe zusammengefaßt werden, kann man von Gruppendisposition sprechen, sofern diese Gruppe infolge des sie von der übrigen Bevölkerung unterscheidenden Momentes eine besonders große Wahrscheinlichkeit hat, an einem bestimmten Leiden zu erkranken. Derartige Gruppen lassen sich vor allem zusammenstellen, wenn man ein größeres Material lebender Wesen betrachtet und sondert nach

> systematisch-naturwissenschaftlichen Symptomen (Art-, Rassen-,
> Geschlechtsmerkmalen),
> Konstitutionssymptomen,
> Krankheitssymptomen,
> Alter,
> Lebensart,
> Lebensort,
> Lebenszeit.

Die Aufstellung solcher Gruppendispositionen hat allerdings nur geringe Bedeutung, zumal die einzelnen Gruppen vielfach ineinanderspielen. Doch bedient man sich ihrer aus praktischen Gründen sehr oft, so daß es notwendig erscheint, kurz auf die einzelnen Arten der Gruppendispositionen einzugehen.

Artdisposition. Unter den systematisch-naturwissenschaftlichen Zeichen, mit deren Hilfe man in bezug auf Krankheitsdispositionen besonders veranlagte Gruppen bilden kann, nehmen die Artmerkmale die erste Stelle ein. Daß die Disposition der einzelnen Arten gegenüber äußeren Noxen sehr verschieden ist, braucht nicht erst betont zu werden. Schildkröten sind gegen Tetanustoxin, Kaninchen gegen Morphium und Atropin unempfindlich, das Huhn kann nicht mit Tetanus, die Ratte nicht mit Milzbrand, der Hund nicht mit Typhus infiziert werden. Der Gonokokkus ist nur für Mensch und Affe pathogen. Die Kenntnis der verschiedenen Artdispositionen ist für den experimentell arbeitenden Mediziner oft von großer Wichtigkeit.

Rassendisposition. Auch die einzelnen Rassen innerhalb einer Art können jedoch sehr erhebliche Dispositionsunterschiede aufweisen. Schon bei Mäusen läßt sich beobachten, daß die weißen und die grauen Rassen gegen bestimmte Ansteckungen verschieden empfindlich sind, und daß die gelben besondere Neigung zu Fettsucht und zu Ascites haben. Auch beim Menschen sind die Krankheitsdispositionen der einzelnen

Rassen in vieler Beziehung sicher verschieden. Doch weiß man über die „Rassenpathologie" noch recht wenig Sicheres. Es steht wohl außer Zweifel, daß in der Wärmeregulationsfähigkeit erhebliche Rassenunterschiede bestehen; auf derartigen Unterschieden beruht vielleicht zu einem großen Teil die mangelnde Akklimationsfähigkeit der blonden Rasse in den Tropen. Für Tuberkulose sollen Angehörige farbiger Rassen aus tropischen Gegenden besonders empfindlich sein. Daß die Blonden häufiger als die Brünetten an Gelenkrheumatismus und Schwindsucht leiden, scheinen große amerikanische und französische Statistiken von Baxter und Gould und von Bouchereau zu erweisen.

Idiotypische und paratypische Rassendisposition. Die besonderen Artdispositionen beruhen meist auf erblichen Unterschieden; für die Rassendispositionen trifft dies aber sehr oft nicht zu. Zwei Rassen unterscheiden sich nicht nur durch erbliche Merkmale voneinander, sondern wohl in jedem Falle auch durch paratypische, durch die verschiedene klimatische oder soziale Umwelt bedingte Charaktere. Die große Tuberkulosemortalität der nach Europa eingewanderten Farbigen ist z. B. nach Ansicht mancher Autoren zum größten Teil nur eine Folge des Klimawechsels. Häufig beruhen Unterschiede der Rassendispositionen gerade Infektionskrankheiten gegenüber wohl einfach auf erworbenen, also paratypischen Immunisierungsvorgängen. Daß sich manche Rassendispositionen aus der verschiedenen Lebensweise der betreffenden Rassen erklären lassen, wurde schon vorhin an dem Beispiel der erhöhten Pestdisposition der einheimischen Inder erläutert. Eine „anthropologische Dispositionspathologie" müßte an praktischem Wert um so mehr steigen, je mehr es ihr gelänge, die ganz oder vorwiegend idiotypischen Rassendispositionen von den paratypischen zu trennen.

Geschlechtsdisposition. Ohne mit unseren modernen biologischen Vorstellungen in Konflikt zu kommen, kann man sich vorstellen, daß die beiden Geschlechter zwei idiotypisch verschiedene Organismenformen sind, die in Sexualsymbiose miteinander leben. Die Vererbungsforschung hat uns ja gelehrt, daß die Ursache der Geschlechtsdifferenzierung in einer Verschiedenheit bestimmter Erbanlagen zu suchen ist; dieses Verhalten entspricht aber im Prinzip durchaus dem Wesen der Rassendifferenzierung. Die Verschiedenheit der Geschlechter ist zudem nicht geringer, sondern größer als die der anerkannten Rassen, und bei manchen Lebewesen ist sie so enorm, daß man die männlichen und die weiblichen Individuen als verschiedene Arten, ja selbst als verschiedene Gattungen klassifiziert hat. Die Geschlechtsdisposition kann also einfach als ein Spezialfall der Art- oder der Rassendisposition betrachtet werden.

Idiotypische und paratypische Geschlechtsdisposition. Auch unter den Geschlechtsdispositionen gibt es idiotypische und paratypische sowie das Heer solcher, bei denen unsere Kenntnisse zu einer Entscheidung über die erbliche Bedingtheit noch nicht ausreichen. Als idiotypische Geschlechtsdisposition kann man wohl die Erscheinung bezeichnen, daß die Weiber mehr zu Obesitas neigen als die Männer; daß bei ihnen häufiger Schenkelhalsfrakturen eintreten, — weil nämlich die senile Osteoporose beim Weibe früher einsetzt. Auch die Besonderheiten des weiblichen Geschlechtslebens, Defloration, Menses, Gravidität, Partus, Lactation und Menopause, bedingen Verschiedenheiten in der männlichen und weiblichen Krankheitsdisposition. Die erhöhte Neigung eines Geschlechts zu einer bestimmten Krankheit hängt aber manchmal ganz vorwiegend von äußeren Faktoren ab. Besonders können alle Berufsdispositionen, auf die wir noch später zu sprechen kommen, soweit sie vorwiegend männliche bzw. vorwiegend weibliche Berufe betreffen, gleichzeitig als paratypische Geschlechtsdispositionen aufgefaßt werden. Auch Modesitten, wie das Schnüren der Weiber oder der Alkoholismus und Nicotinismus der Männer, sind nicht selten die Ursache besonderer paratypischer Geschlechtsdispositionen.

Disposition der Konstitutionssymptome. Eine scharfe Grenze zwischen anthropologischen und nichtanthropologischen Konstitutionszeichen läßt sich nicht ziehen. Die Körpergröße z. B. soll zu gewissen Leiden, z. B. zur Tuberkulose, eine erhöhte Disposition schaffen, der Breitwuchs und die Brustbehaarung der Männer soll in besonders enger Korrelation zum Diabetes stehen. Derartige Symptome lassen sich aber sowohl vom systematisch-anthropologischen Standpunkt aus als auch ohne dessen Berücksichtigung einfach vom Gesichtspunkt der Konstitutionsforschung betrachten. Zweifellos gibt es Konstitutionssymptome, denen unseren augenblicklichen Kenntnissen nach keinerlei anthropologische Bedeutung zukommt. Hierher gehören z. B. zum großen Teil diejenigen Stigmen, aus denen sich die sog. Konstitutionsanomalien zusammensetzen. Wenn wir eine Gruppe aus den Leuten mit Costa decima fluctuans bilden und sie den übrigen Menschen gegenüberstellen, so werden wir auch hier vielleicht wesentliche Verschiedenheiten in bezug auf bestimmte Dispositionen beider Gruppen finden. Aber nicht nur körperliche, sondern auch psychische Eigenschaften können bestimmte Dispositionen bedingen und folglich zu den Konstitutionssymptomen gerechnet werden. Der Mutige z. B. läuft besonders große Gefahr, daß ihm Unfälle aller Art zustoßen. Selbst der Tod im Felde oder die Erwerbung der syphilitischen Infektion trifft häufiger männliche aktive Naturen als Vorsichtige, Feminine und Feiglinge. Da ein erhöhter Mut auch als männliches Geschlechtsmerkmal aufgefaßt werden kann, so kann man hier auch von bestimmten Geschlechtsdispositionen reden. Freilich entscheidet in den meisten Fällen nicht nur der Mut darüber, ob jemand eine Syphilis erwirbt oder nicht. Die erhöhte Syphilisdisposition der Männer kommt vielmehr auch durch andere psychische Komponenten (mangelndes Verantwortungsgefühl) und durch äußere Bedingungen (die größere Freiheit unserer geschlechtlichen Sitten beim Manne als Folge seiner mehr polygamen Natur und seiner geringeren physischen Abhängigkeit von den generativen Funktionen) zustande. Nicht nur die Disposition zur Erwerbung, sondern auch die zur Heilung von Krankheiten kann von psychischen Faktoren abhängen. Dies ist besonders in die Augen springend bei der Lungentuberkulose, bei welchem Leiden die phlegmatischen, ruhigen Naturen eine viel bessere Prognose bieten als die lebhaften, beweglichen, die zur Durchführung einer konsequenten Liegekur nicht fähig sind.

Disposition der Krankheitssymptome. Nicht nur Konstitutionssymptome, die die Erhaltungswahrscheinlichkeit (= die Gesundheit) des Individuums noch nicht wesentlich beeinträchtigen, sondern auch wirkliche Krankheiten bzw. wirkliche Krankheitssymptome können wiederum Dispositionen zu bestimmten anderen Krankheiten bedingen. Der Diabetes bzw. das Symptom der Hyperglykämie ist z. B. mit einer erhöhten Disposition zu schweren Pyokokkeninfektionen der Haut verbunden. Die Taubstummheit (die paratypisch sein kann, z. B. durch Meningitis erworben) oder die Blindheit bedingen eine erhöhte Wahrscheinlichkeit, Unfällen verschiedener Art zum Opfer zu fallen. Aber auch die Gesundheit bringt spezielle Krankheitsdispositionen mit sich. Hierhin kann man schon die meisten Berufsdispositionen rechnen, da es doch nur einigermaßen gesunden Menschen möglich ist, ihrem Berufe nachzugehen. Ebenso treffen die Gefahren des Sports (besonders Bergsport und Aviatik) hauptsächlich Gesunde. Der Sport kann aber auch zu ganz speziellen Leiden disponieren: die Luxation und Zerreißung der Semilunarknorpel z. B., die durch kraftvolle Rotation des Femurendes bei gebeugtem Knie zustande kommt, ist am häufigsten in England bei den Turnspielen beobachtet.

Pathologische und physiologische Disposition. Die erhöhte Disposition zu bestimmten Krankheiten braucht also nicht unbedingt etwas Pathologisches zu sein. Auch die Frau, welche gebiert, hat ja eine größere Wahrscheinlichkeit, von bestimmten Leiden befallen zu werden, als die alte Jungfer. Die Gesundheit als solche bringt also schon gewisse Krankheitsdispositionen mit sich, die man als physiologische Dispositionen den pathologischen gegenüberstellen kann.

Altersdisposition. Auch die Dispositionen solcher Gruppen, die aus Individuen gleicher Altersstufe zusammengesetzt sind, weisen oft große und gesetzmäßige Verschiedenheiten auf. Diese sog. Altersdisposition zeigt sich z. B. darin, daß junge Kaninchen gegen Infektion mit Choleravibrionen viel empfindlicher sind als alte. Kleine Kinder sind für Morphin viel empfindlicher, gegen Belladonna und Kalomel viel resistenter als Erwachsene. Manche Pilzkrankheiten, wie Favus und Mikrosporie, heilen sogar von selbst ab, sobald die befallenen Kinder das Erwachsenenalter erreichen. Sehr bekannt ist die große Disposition des höheren Alters zu bösartigen Epitheliomen. Aber selbst die Knochenbrüche und Luxationen treten in verschiedenen Altersstufen mit sehr verschiedener Häufigkeit auf.

Das mittlere Lebensalter der Erwachsenen stellt das größte Kontingent; im Alter von 30—40 Jahren werden Frakturen besonders häufig angetroffen. Daß die Knochenbrüche im höheren Alter seltener sind, hat sicher zu einem großen Teile seinen Grund darin, daß sich die alten Leute weniger von Berufs wegen oder durch Sport und Vergnügen exponieren. Trotzdem aber kommen Frakturen im höheren Alter noch viel häufiger als bei Kindern vor, bei denen sie, zumal in den ersten zehn Lebensjahren, besonders selten sind. Auch die Art der Knochenbrüche ist bei jungen und alten Individuen im allgemeinen verschieden. Im jugendlichen Alter disponieren besonders die Knorpelfugen zwischen Epiphysen und Diaphyse zu Frakturen, so daß traumatische Epiphysenlösungen relativ häufig sind. Im Alter beruht die Disposition zu Knochenbrüchen dagegen wesentlich auf einer größeren Brüchigkeit der Knochen, d. h. die Frakturhäufigkeit im Alter ist wesentlich eine Folge der senilen Atrophie des Knochengewebes, die durch Rarefizierung der Knochenbälkchen und Vergrößerung der dazwischenliegenden fetthaltigen Räume zu der sog. senilen Osteoporose führt. Frakturen der unteren Extremität haben für alte Leute noch eine besondere dispositionspathologische Bedeutung dadurch, daß das längere Krankenlager, zu dem sie den Patienten zwingen, nicht selten zur Entstehung einer hypostatischen Pneumonie mit tödlichem Ausgang Veranlassung gibt.

Modaldisposition. (Berufsdisposition.) Unter denjenigen Gruppendispositionen, welche Individuen mit gleicher Lebensweise betreffen und die ich unter dem Namen Modaldispositionen zusammenfassen will, spielen die sog. Berufsdispositionen eine praktisch besonders wichtige Rolle. Ich will auf dieses große und bekannte Kapitel nicht näher eingehen und möchte nur erwähnen, daß manche Berufe sogar zu einer typischen Art und Form der Fraktur disponieren; für Dachdecker ist z. B. der Stauchungsbruch der Wirbelsäule besonders charakteristisch, für Bergleute, Anstreicher, Maurer der Kompressionsbruch des Fersenbeins. Auch die Disposition zur Frakturheilung weist große gruppenweise Unterschiede auf, da z. B. die Rentenempfänger besonders schlechte Heilungsresultate zeigen.

(Sozialdisposition.) Zu den Gruppen, die aus Individuen mit gleicher Lebensart gebildet sind und die eine eigene Gruppendisposition aufweisen, kann man auch die schon erwähnte Gruppe der Sportsleute mit ihren typischen Krankheiten (Herzerweiterung, bestimmte Frakturen) rechnen. Hierher gehören ferner auch die besonders bedeutsamen Unterschiede in den Dispositionen der einzelnen sozialen Stände. Daß gewisse Krankheiten, wie Noma, Prurigo, Tuberkulose, bei armen, andere, wie Diabetes und Gicht, bei reichen Leuten wesentlich häufiger sind, hat doch eben seinen Hauptgrund in der verschiedenen Lebensweise dieser Kreise. Auch die Dispositionsunterschiede der Land- und Stadtbewohner entspringen zum großen Teil analogen Ursachen. Aber nicht nur das allgemeine Milieu, auch viele Standessitten haben einen Einfluß auf bestimmte Erkrankungswahrscheinlichkeiten der dem betreffenden Stande angehörenden Personen.

Lokaldisposition. Auch die Gruppierung der Individuen nach dem Ort, an dem sie leben, läßt erhebliche Unterschiede der Gruppendisposition erkennen. Die genaueren Daten hierüber beizubringen, wäre Aufgabe einer geographischen Pathologie. Das bekannteste Beispiel von Lokaldisposition stellen die sog. Tropenkrankheiten dar. Aber auch innerhalb der gemäßigten Zonen gibt es Unterschiede in der örtlichen Disposition. So haben die Individuen, welche in einer Endemiegegend leben, natürlich eine größere Wahrscheinlichkeit, an dem betreffenden endemischen Leiden (z. B. endemischem Kropf) zu erkranken, als die Bewohner endemiefreier Bezirke. Auch die Lebensweise, Speisesitten, besondere Sportpflege können Unterschiede in der geographischen Verteilung der Krankheiten bedingen. So kann vielleicht die erhöhte Häufigkeit der Gicht in England als eine lokal bedingte Disposition aufgefaßt werden, die ihre wesentlichste Ursache in dem dort üblichen reichlichen Fleischgenuß findet.

Temporaldisposition. Auch die Individuen, die in verschiedenen Zeitepochen leben, können verschiedene Gruppendispositionen aufweisen. Man könnte hier von Temporaldisposition sprechen. In früheren Jahrhunderten war bei uns die Wahrscheinlichkeit, an Pocken oder Pest zu erkranken, viel größer als heutzutage, wo Impfung und öffentliche Hygiene einen weitreichenden Schutz gewähren. Zuzeiten einer Epidemie, z. B. der Influenzaepidemie 1917/1919, ist die Wahrscheinlichkeit, von der betreffenden Krankheit befallen zu werden, natürlich besonders groß. Nach der überstürzten Demobilmachung infolge der Revolution war die Wahrscheinlichkeit, sich mit Syphilis oder Tripper zu infizieren, viel größer geworden als vor dem Kriege. Auch die Jahreszeiten bedingen unterschiedliche Dispositionen; ich erinnere nur an den sog. Frühlingsgipfel der Tetanie.

Allgemeine und lokalisierte Disposition. Man hat die Dispositionen auch noch nach einem anderen Gesichtspunkt in Allgemein- und Organdispositionen eingeteilt, oder noch schärfer: in allgemeine und lokalisierte Dispositionen, und man bedient sich dieser Unterscheidung sehr häufig. Um so notwendiger ist es, darauf hinzuweisen, daß eine derartige Einteilung geeignet erscheint, uns ganz falsche allgemeinpathologische Vorstellungen von dem Wesen der Dispositionen zu vermitteln. Denn das, was wir „Allgemeinleiden" oder „Allgemeindisposition" nennen, kann auch aufgefaßt werden als eine Lokalisation der betreffenden Veränderungen in jenem flüssigen Organ, welches wir Blut heißen, und in den übrigen Säften des Körpers (sog. biochemische Disposition) und von dort ausgehend eine Imbibition (evtl. mit sekundärer Veränderung) vieler oder gelegentlich vielleicht auch aller Organe und Zellen. Selbst die Existenz dieser Art von „Allgemeinimmunität" ist allerdings noch umstritten. Bei den Pflanzen liegen die Dinge relativ klar. Hier sind alle Krankheiten lokalisierte Affektionen, da Nervensystem und freie Zirkulation organischer Substanzen fehlen; freilich handelt es sich dabei mitunter um sehr ausgedehnte Lokalaffektionen. Bei den höheren Tieren dagegen bestehen sehr mannigfaltige wechselseitige Beziehungen aller Organe zueinander. Hier gibt es keine Funktion, die unabhängig ist, kein Organ, dessen Form und Bau — theoretisch betrachtet — nicht von allen anderen Körperteilen beeinflußt wird. Die stets wirkenden physiologischen Verkettungen machen auch den menschlichen Körper zu einem Komplex, in dem alles zusammenhängt.

Cellulardispositionspathologie. Trotzdem aber bleibt es Aufgabe der anatomischen Forschung, den lokalisierten Herd, von dem eine Krankheit oder eine Disposition ausgeht, aufzusuchen. Denn das eigentliche Wesen jeder Reaktionsfähigkeit liegt, wie das Wesen jedes krankhaften Vorganges, in der Organisation und Funktion bestimmter Zellen. So wie sich die Pathologie allmählich zur Cellularpathologie entwickelt hat, so muß deshalb auch aus der Konstitutionspathologie eine Cellularkonstitutionspathologie bzw. aus der Dispositionspathologie eine Cellulardispositionspathologie werden. Anatomisch betrachtet muß also jede allgemeine und jede Organdisposition letzten Endes auf eine Disposition bestimmter Zellen und Zellgruppen zurückgeführt werden. Und so wird es die Aufgabe der anatomischen Forschung, auch in der Dispositionspathologie den alten Konstitutionalismus mit fortschreitender Kenntnis immer mehr durch den Organizismus und schließlich durch den Cellularismus zu überwinden.

Auch die mendelistische Erblichkeitslehre zeigte uns ja, wie bei näherem Zusehen so manche „Allgemeinerkrankung“ und „Allgemeindisposition“ verschwindet; denn sie lehrt uns, eine ganze Anzahl solcher allgemein erscheinender Krankheiten oder normaler Eigenschaften noch ganz besonders streng zu lokalisieren, nämlich auf eine besondere Beschaffenheit bestimmter Erbanlagen zurückzuführen, — so daß die Vererbungspathologie noch über den Cellularismus VIRCHOWS hinausgehen und sich den Namen einer Chromosomalpathologie zulegen könnte. Freilich kann man auch hier umgekehrt sagen, ein erbliches Merkmal entspräche nicht je einer einzelnen Erbanlage, sondern es sei — theoretisch betrachtet — jedes Merkmal eine Reaktion des gesamten Erbanlagenbestandes. Auch hierdurch zeigt sich jedoch nur, daß die Trennung von allgemein und lokalisiert in der Pathologie keine realen Grundlagen hat, sondern bloß verschiedenen Anschauungsweisen entspringt. Letzten Endes beeinflußt eben jeder lokaliserte Erkrankungsprozeß auch den gesamten übrigen Körper, und von der anderen, der anatomischen Seite aus betrachtet, kann auch die ausgedehnteste Krankheit stets als die Folge einer Läsion bestimmter Zellen und Zellgruppen aufgefaßt werden.

Komplexe Dispositionen. Was die genauere Erfassung einer bestimmten individuellen Disposition besonders erschwert, ist die oft ungeheuer komplexe Natur einzelner Dispositionen. Die Disposition zur Lungentuberkulose z. B. kann abhängig sein von der sog. biochemischen Disposition, d. h. von der Eigenart des Blutes und der übrigen Säfte (angeborene Immunität, Fähigkeit zur Erwerbung von Immunkörpern), von dem Zustand der Blutdrüsen (besonders Thyreoidea und ihrer über den ganzen Körper verbreiteten, die biochemische Disposition mitbestimmenden Hormone), von besonderen autochthonen Eigenheiten bestimmter Organe (z. B. Thoraxanomalien), von der Beschaffenheit der äußeren Schutzapparate gegen eine Infektion (Verhornung, Einfettung, Pigmentierung der Haut [Leute mit grobporiger Haut infizieren sich z. B. leichter mit Pyokokken], Beschaffenheit der Schleimhaut [die Haare in der Nase filtern Staub und Bacillen], der Atmungswege, des Lymphapparates, der Darmschleimhaut, des Bindegewebes) und schließlich von der Beeinflussung der immunisatorischen Kräfte durch Gifte (Alkohol setzt die Widerstandskraft gegenüber vielen

Krankheiten herab), durch Erschöpfung, vorangegangene Krankheiten, Hunger, Abkühlung, psychische Erregung, und besonders bei Weibern durch die generativen Funktionen (Partus und Lactation gefährden tuberkulöse Frauen). Andererseits ist natürlich die Disposition auch von dem Grade und der Art der Exposition abhängig, von dem Zeitpunkt und dem Wege der Infektion, von der Menge und Virulenz der Erreger und von einer Reihe ganz unberechenbarer Momente. Angesichts einer solchen ungeheuerlichen Komplexität des Dispositionsbegriffs scheint sich auch dieser beim näheren Zusehen immer unbegreiflicher zu gestalten. Dennoch steht aber das eine oder andere Moment nicht selten so ausgesprochen im Vordergrunde eines solchen dispositionellen Komplexes, daß es sehr wohl möglich ist, Einzeluntersuchungen anzustellen.

Idiotypische, idiodispositionelle und paratypische Krankheiten. Dies gilt besonders auch von der idiotypischen Disposition zu bestimmten Krankheiten. Gibt es doch Leiden, bei denen die Wahrscheinlichkeit, zu erkranken, geradezu gleich 1 ist, bei denen also sozusagen die idiotypische Disposition alles ausmacht und die wir deshalb kurz idiotypische oder erbliche Krankheiten nennen. Das sind diejenigen Affektionen, bei denen die Manifestationen einer krankhaften Erbanlage von äußeren Faktoren gar nicht oder nur in ganz unwesentlichem Grade abhängig ist. Solche erblichen Leiden sind, worauf wir noch ausführlich zu sprechen kommen werden, vor allem die Krankheiten mit regelmäßig dominanter (Brachydaktylie, Keratosis palmaris), regelmäßig recessiver (idiotypische Taubstummheit, Ichthyosis congenita) und regelmäßig geschlechtsgebundener (Farbenblindheit, Hämophilie) Vererbung; wenig von anderen Einflüssen abhängig ist die Manifestation mancher unregelmäßig dominanter (Porokeratosis Mibelli) und unregelmäßig recessiver (vielleicht Dementia praecox) Krankheiten. Von diesen „erblichen“ Krankheiten gibt es alle Übergänge zu solchen Affektionen, bei denen eine äußere Ursache augenfällig, andererseits aber auch eine bestimmte, nicht bei allen Personen vorhandene erbliche Anlage notwendig ist. Diese Krankheiten, bei denen also eine bestimmte idiotypische Disposition ein ausschlaggebendes ätiologisches Moment darstellt und die wohl einen wesentlichen Teil der sog. Konstitutionskrankheiten ausmachen, sind also gewissermaßen erbliche Krankheiten mit geringerer Manifestationskraft des Erblichkeitsmoments (idiotypische Krankheiten mit großer Paravariabilität in unserem gewöhnlichen Milieu bzw. mit großer Mixovariabilität [vgl. dazu die späteren Kapitel]). So führen alle Übergänge von Leiden, bei denen die Beeinflussung durch Außenfaktoren noch so gering ist, daß wir sie getrost als „erbliche Krankheiten“ bezeichnen können, hinüber bis z. B. zur Tuberkulose, zu der, wie man vielfach annimmt, die verschiedenen Individuen eine wesentlich verschiedene erbliche Disposition besitzen, deren Manifestation aber von bestimmten Umweltfaktoren, vor allem natürlich von dem Vorhandensein der Tuberkelbacillen, ihrer Virulenz sowie der Massigkeit und dem Zeitpunkt der Infektion

abhängig ist. Diese Krankheiten, zu deren Entstehung also zwar eine
Reihe äußerer Ursachen, gleichzeitig aber auch eine ganz bestimmte
idiotypische Disposition (Idiodisposition) notwendig ist, können wir kurz
als idiodispositionelle Krankheiten bezeichnen. Und so wie es
fließende Übergänge zwischen den idiotypischen und den idiodispositionellen Krankheiten gibt, besteht auch zwischen den idiodispositionellen und den rein „exogenen" (paratypischen), als deren Beispiel wir
die Verbrennung anführen wollen, keine scharfe Grenze; man könnte
eine Reihe darstellen, die mit den ausgesprochen und regelmäßig erblichen Krankheiten beginnt (z. B. Brachydaktylie), während bei den
folgenden Gliedern der Einfluß äußerer Faktoren allmählich zunimmt,
um schließlich bei gleicher allmählicher Abnahme der Macht der Erbanlagen bei den groben Traumen zu enden, wo die äußere Ursache infolge
gleicher Empfänglichkeit aller Menschen das allein Entscheidende ist;
man könnte also eine Reihe darstellen, die von den idiotypischen zu den idiodispositionellen und von diesen zu
den paratypischen Krankheiten unmerklich überführt.

B. Allgemeine Vererbungsbiologie.

2. Die experimentellen Grundlagen der Vererbungslehre.

Vererbung bei einem mendelnden Unterschied.

Die Entdeckung des Mendelschen Gesetzes. „Die Vererbungslehre,"
sagt MARTIUS, „ist zugleich Grundpfeiler und Schlußstein einer jeden
wissenschaftlichen Konstitutionspathologie." Die moderne Vererbungslehre verdankt aber ihre Entstehung der im Jahre 1900 erfolgten Wieder-
entdeckung jenes Vererbungsgesetzes, welches der Brünner Augustiner-
pater JOHANN (genannt GREGOR) MENDEL in den sechziger Jahren
gefunden hatte. MENDELS grundlegenden Versuche waren an einer wenig
zugänglichen Stelle veröffentlicht, und so blieb das nach ihm benannte
Gesetz bis zur Jahrhundertwende unbeachtet. Die Bedeutung der
MENDELschen Entdeckung liegt darin, daß es durch sie gelang, die
Verteilung bestimmter Erbanlagen auf die Nachkommen mit den Gesetzen der Kombinationsrechnung in Einklang zu bringen, also ein
zahlenmäßiges Gesetz bei den Vererbungserscheinungen aufzuzeigen;
hierdurch wurde gleichsam die Mathematik in die Vererbungswissenschaft eingeführt, und die Vererbungslehre trat damit in die Reihe der
sog. exakten Naturwissenschaften. Sie ist nun dabei, mit Riesen-
schritten jenen Vorsprung einzuholen, den die Chemie und die Physik
in den letzten Jahrzehnten vor den anderen Naturwissenschaften gewonnen haben.

Kreuzung bei einem mendelnden Unterschied. Die Grundzüge von
MENDELS Entdeckung wollen wir uns an der roten Wunderblume
(Mirabilis Jalapa) vor Augen führen. Kreuzen wir zwei Individuen

dieser Blume, und zwar ein rotes aus einer konstant rotblühenden Rasse und ein weißes aus einer konstant weißblühenden Rasse, so erhalten wir in F_1 (d. h. in der 1. Filialgeneration [Nachkommengeneration]) ausschließlich rosafarbene Wunderblumen. Die Bastarde halten also in ihrem Äußeren etwa die Mitte zwischen den beiden Eltern. Kreuzen wir nun die rosafarbenen F_1-Bastarde unter sich weiter, so erhalten wir in F_2 (d. h. in der 2. Filialgeneration) jedoch nicht wieder rosablühende Pflanzen, wie man von vornherein erwarten könnte, sondern rot-, rosa- und weißblühende, und zwar in einem ganz bestimmten Zahlenverhältnis: es gleicht nämlich ein Viertel der F_2-Pflanzen dem einen Großelter, ein Viertel dem anderen Großelter und zwei Viertel gleichen den Eltern, so daß wir also $\frac{1}{4}$ rote, $\frac{2}{4}$ rosafarbene und $\frac{1}{4}$ weiße Blumen erhalten. (Abb. 2.)

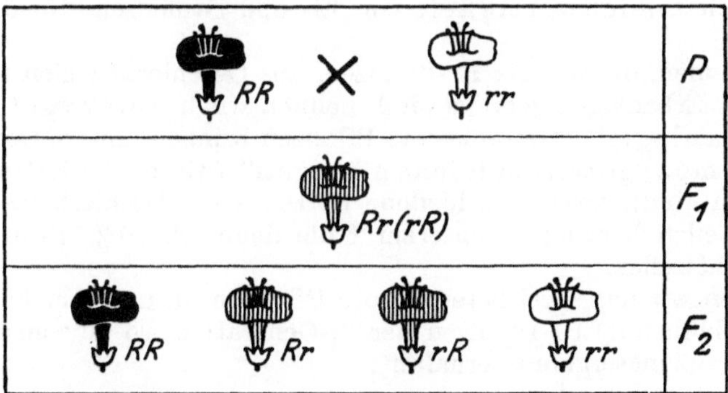

Abb. 2. Kreuzung von roter und weißer Wunderblume.
(Nach SIEMENS: Grundlagen der Rassenhygiene.)

Während uns die Verschmelzung von Rot und Weiß zu Rosa, wie wir sie in F_1 beobachten konnten, ganz natürlich erscheint, muß uns das Wiederauftreten von weiß- und rotblühenden Pflanzen in F_2 überraschen, da ja die Eltern dieser F_2-Pflanzen sämtlich rosafarbene Blüten hatten. Zur Erklärung dieses Verhaltens bedient man sich zweckmäßig einer Buchstabenbezeichnung (vgl. Abb. 2). Jede Pflanze geht ja bekanntlich aus zwei Geschlechtszellen („Gameten") hervor, einer männlichen und einer weiblichen, durch deren Vereinigung das Samenkorn entsteht, das zur Ausgangszelle für die betreffende Pflanze (zur „Zygote") wird. Bezeichnen wir nun jede Geschlechtszelle der rotblühenden Wunderblumenrasse mit R, so müßte die rotblühende Wunderblumenpflanze die Formel RR haben, da sie ja durch die Vereinigung zweier R-Geschlechtszellen entstanden ist. Bezeichnen wir andererseits jede Geschlechtszelle der konstant weißblühenden Wunderblumenrasse mit r (weil hier die Anlage zu R [Rot] fehlt), so hat die weißblühende Wunderblumenpflanze die Formel rr. Da nun eine RR-Pflanze nur R-Geschlechtszellen, eine rr-Pflanze nur r-Geschlechtszellen hervorzubringen vermag, so ist es einleuchtend, daß die aus einer rot- und einer weißblühenden Pflanze hervorgehenden F_1-Bastarde ohne Ausnahme die Formel Rr haben müssen. Man kann sich den Vorgang in folgender Weise darstellen:

$$\begin{array}{c}
\text{RR} \times \text{rr} \ (\text{rot} \times \text{weiß}) \\
\hline
\text{Geschlechtszellen: 1. R} \\
\downarrow \\
\text{2. r} \\
\hline
\text{Kombinationsmöglichkeiten: Rr (rosa)}
\end{array}$$

Heterozygotie und Homozygotie. Es entstehen in F_1 also Pflanzen, die aus zwei verschiedenartigen Geschlechtszellen zusammengesetzt sind. Dabei ist es ganz gleichgültig, ob die Eizelle R und die Samenzelle r enthält oder umgekehrt, ob wir also, genau genommen, eine Rr-Pflanze oder eine rR-Pflanze erhalten. Die Kreuzungsexperimente lehren uns vielmehr die Gleichwertigkeit von Ei- und Samenzelle für die Vererbung.

Organismen, die wie die Rr-Pflanzen, aus Geschlechtszellen mit verschiedenen Erbanlagen gebildet sind, nennen wir heterozygot, „verschiedenanlagig". Heterozygote Pflanzen bringen nun im Gegensatz zu den homozygoten, „gleichanlagigen" (wie es die RR- und die rr-Pflanzen sind), zwei verschiedene Sorten von Geschlechtszellen zu gleichen Teilen hervor; in unserem Falle demnach 50% R- und 50% r-Geschlechtszellen.

Kreuzen wir nun zwei heterozygote Pflanzen, in unserem Falle also zwei (rosablühende) Rr-Pflanzen der F_1-Generation, so müssen wir folgendes Kreuzungsergebnis erhalten:

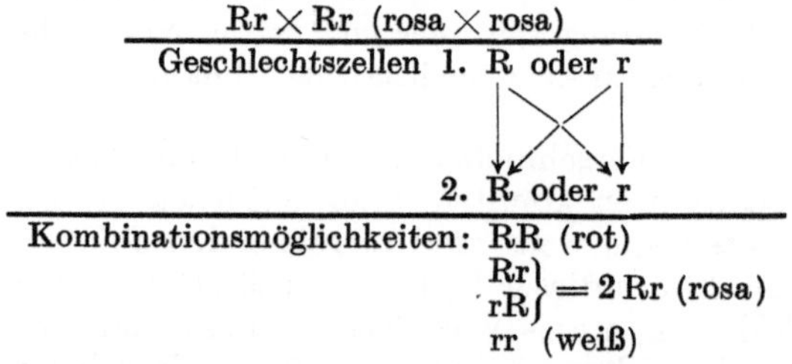

Damit aber ist alles erklärt. Wir wissen jetzt, wie es möglich ist, daß aus der Kreuzung zweier Heterozygoten wieder Homozygote, also reinrassige Individuen zum Vorschein kommen; gleichzeitig aber erkennen wir, warum die Nachkommen der F_1-Bastarde das eigentümliche konstante Zahlenverhältnis $1 : 2 : 1$ ($^1/_4 : {}^2/_4 : {}^1/_4$) zeigen: **die Erbmasse wird eben nicht als Ganzes vererbt, sondern sie besteht aus einzelnen Elementen** (Erbanlagen, Faktoren, Genen, Iden), **die voneinander trennbar und verschieden kombinierbar sind,** und zwar erfolgen die verschiedenen Kombinationen dieser Erbeinheiten einfach in der Art, wie es der Zufall fügt, oder wissenschaftlicher ausgedrückt: **nach den Gesetzen der Wahrscheinlichkeit.**

Verhalten der Bastarde bei Weiterzucht. Ist das einmal klar, so kann es keine Mühe mehr machen, vorauszusehen, wie sich die rot-, rosa- und weißblühenden Bastardnachkommen der F_1-Generation bei weiterer Vermehrung verhalten müssen. Die roten (RR) werden, unter sich gekreuzt, nur immer wieder RR-Pflanzen, also rotblühende Pflanzen hervorbringen können:

$$RR \times RR \text{ (rot} \times \text{rot)}$$

Geschlechtszellen: 1. R

2. R

Kombinationsmöglichkeiten: RR (rot)

Entsprechend müssen die weißblühenden, da sie sämtlich rr-Pflanzen sind, unter sich gekreuzt, stets wieder weißblühende (rr-) Pflanzen hervorbringen. Die rosablühenden (Rr-) Pflanzen dagegen werden immer und immer wieder aufspalten, denn sie sind ja sämtlich heterozygot. Ihre Formel Rr bleibt dieselbe, gleichgültig ob sie der F_1- oder F_2-Generation angehören. Infolgedessen müssen auch die rosablühenden F_2-Pflanzen unter sich gekreuzt genau dasselbe Ergebnis zeitigen wie die F_1-Pflanzen, also $^1/_4$ rot, $^2/_4$ rosa, $^1/_4$ weiß. Ein Schema soll das veranschaulichen:

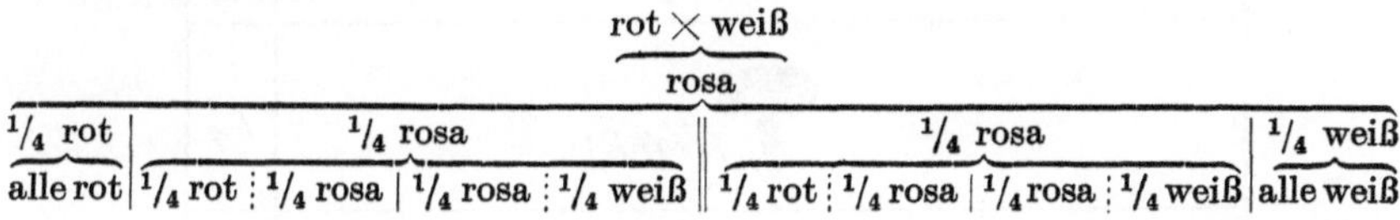

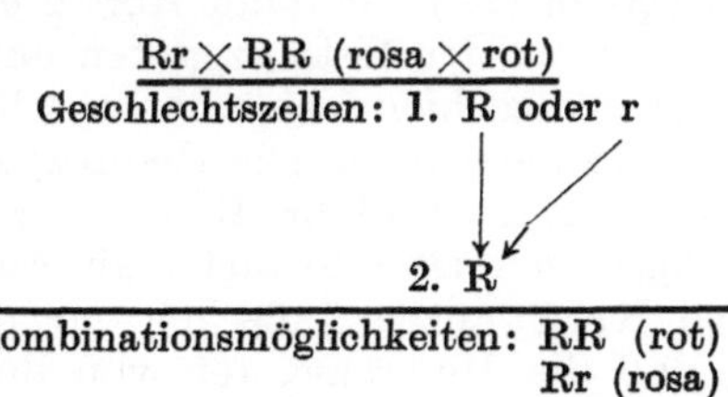

Verhalten der Bastarde bei Weiterzucht.

Rückkreuzung. Wir wollen nun noch kurz die Verhältnisse bei Rückkreuzung betrachten. Kreuzen wir eine rosablühende, also eine Rr-Pflanze, mit einer (homozygoten) rotblühenden (RR), so müssen wir zu folgendem Ergebnis gelangen:

$$Rr \times RR \text{ (rosa} \times \text{rot)}$$

Geschlechtszellen: 1. R oder r

2. R

Kombinationsmöglichkeiten: RR (rot)

Rr (rosa)

Wir erhalten also ebensoviel rot- wie rosablühende Pflanzen, da die
Kombinationswahrscheinlichkeit für beide Fälle gleich groß ist.

Umgekehrt analog ist das Ergebnis bei Rückkreuzung mit weißblühenden Pflanzen, nämlich zur Hälfte rosa, zur Hälfte weiß. Die
Erfahrung bestätigt diese theoretische Forderung vollauf; das Ergebnis
der Rückkreuzungen beweist also die Richtigkeit der Auffassung, die
sich MENDEL von der Natur der Erbanlagen gemacht hatte.

Kreuzung bei Dominanz. Bei der Mirabilis Jalapa drückt sich die
Heterozygotie eines Individuums, d. h. das Vorhandensein von nur
einem R (neben einem r) darin aus, daß das Rot dieser heterozygoten
Wunderblume eine wesentlich blassere Farbe hat als das Rot der homozygoten, reinrassigen RR-Pflanzen. Homozygote und heterozygote
Individuen sind also bei der Wunderblume schon äußerlich leicht zu
unterscheiden. Dies ist nicht immer der Fall. Viel häufiger sogar
findet man, daß die heterozygoten Individuen mit der einen Sorte
der Homozygoten in ihrem Aussehen übereinstimmen. Wir erhalten
dann folgendes Bild:

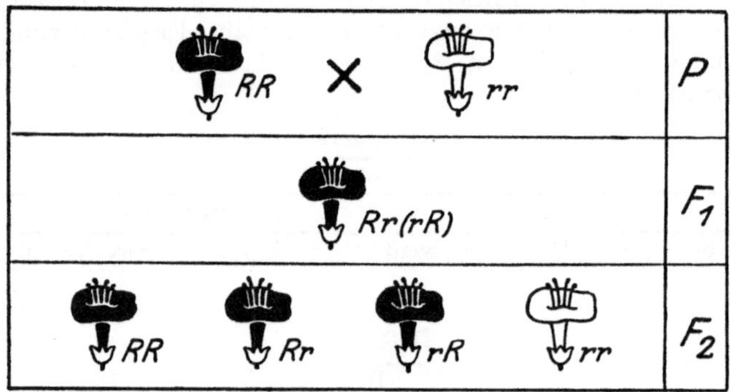

Abb. 3. Kreuzung bei Dominanz.
(Nach SIEMENS: Grundlagen der Rassenhygiene.)

Dominanz und Recessivität. Auf den ersten Blick erscheint das
Kreuzungsergebnis der Abb. 3 von dem auf Abb. 2 dargestellten völlig
verschieden. Eine nähere Betrachtung zeigt uns jedoch, daß dieser
Unterschied nur ein äußerlicher ist. Wie auf Abb. 2 haben wir auch hier
eine Kreuzung von RR × rr vor uns; wie dort erhalten wir auch hier
in F_1 lauter Heterozygoten (Rr). Wie auf Abb. 2 erhalten wir schließlich auch hier bei Kreuzung der Heterozygoten untereinander $^1/_4$ RR,
$^2/_4$ Rr und $^1/_4$ rr. Doch genügt hier eben schon ein R in den Erbanlagen,
um ein volles sattes Rot zu erzeugen. Die Heterozygoten halten deshalb
in ihren Eigenschaften nicht ungefähr die Mitte zwischen den beiden
homozygoten Ausgangsrassen, sie sind nicht „intermediär“, sondern sie
lassen sich von den RR-Pflanzen äußerlich gar nicht unterscheiden.
Dieses Phänomen, daß die Heterozygoten von der einen der beiden

homozygoten Ausgangsrassen äußerlich nicht zu unterscheiden sind, nennt man Dominanz [„Überdecken"[1)]. Das Gegenteil von Dominanz bezeichnet man als Recessivität („Überdeckbarkeit"). In unserem Falle ist also Rot (R) dominant über Weiß (r), es überdeckt Weiß; oder umgekehrt ausgedrückt: Weiß (r) wird hier von Rot (R) überdeckt, Weiß verhält sich also recessiv (überdeckbar) gegenüber Rot.

Dominanz des Fehlens einer Eigenschaft über ihr Vorhandensein. Recht häufig wird die falsche Annahme gemacht, daß Farbig stets über Weiß dominieren müsse; es sind jedoch auch Fälle bekannt, in denen die verschiedensten Farben durch Weiß überdeckt werden. Diese Möglichkeit veranschaulicht ein Beispiel, das die Vererbung der Bänderung bei einer Schnecke betrifft (Abb. 4.) Wir haben hier die Geschlechts-

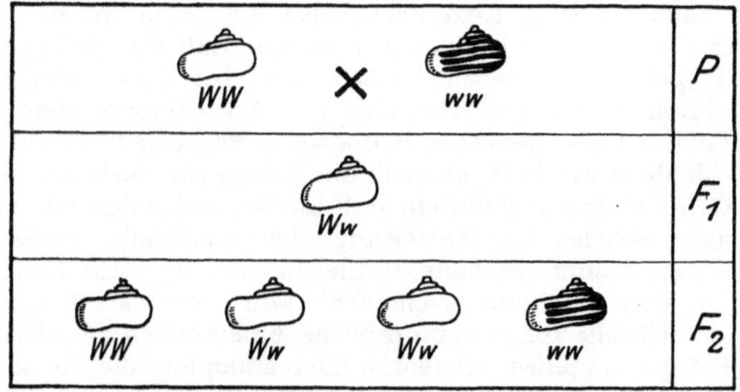

Abb. 4. Dominanz von Farblos über Farbig.

zellen mit der Anlage für Weiß W, die mit der Anlage für Farbig (gebändert) w genannt. Diese Änderung der Buchstabenbezeichnung mußte deshalb geschehen, weil es auf Grund der sog. Presence-Absence-Formulierung üblich ist, die dominante Erbanlage mit großen Buchstaben zu bezeichnen, die recessive mit kleinen. Trotz dieser veränderten Buchstabenbezeichnung zeigt aber ein genauerer Vergleich ohne weiteres, daß die in Abb. 3 und Abb. 4 dargestellten Vererbungsvorgänge einander vollständig entsprechen. Übrigens ist das Prävalieren hellerer Farben über dunklere keine Seltenheit. Bei Schafen z. B. dominiert die weiße Farbe über die schwarze, bei Pferden überdecken die Schimmel scheinbar alle Farben. Beim Menschen, wo der Albinismus universalis wohl immer recessiv ist gegenüber der normalen Pigmentierung, sind schon mehrfach Fälle von Albinismus partialis beobachtet (weiße Stirnlocke, Scheckung), die sich dominant verhielten. Aber nicht nur das Fehlen von Farbe, sondern auch das Fehlen von Organen kann dominant sein über das Vorhandensein solcher. Das gilt z. B. für die Schwanzlosigkeit der

---

[1)] Die deutschen Ausdrücke entstammen zu einem wesentlichen Teil meiner Schrift: „Grundzüge der Rassenhygiene." 2. Aufl. München, J. F. Lehmann 1923. (1. Aufl. 1917.)

Katzen auf der Insel Man und für die Hornlosigkeit mancher Rindvieh-
rassen. Was äußerlich als Fehlen einer Eigenschaft imponiert, braucht
also durchaus nicht auf dem Fehlen einer bestimmten Erbanlage zu
beruhen.

Dominanz ein Relationsbegriff. Eine Eigenschaft, die gegenüber einer
anderen dominant ist, kann einer dritten gegenüber recessiv sein. Die
sog. blaue Augenfarbe (die ja nur ein Interferenzphänomen ist) dominiert
z. B. über die sog. rote (d. h. über die Pigmentlosigkeit, die man nicht
selten bei Albinos antrifft), wird aber von der braunen überdeckt. Eine
Eigenschaft kann sich jedoch auch einer bestimmten anderen gegenüber bald so und bald so verhalten. Kreuzt man z. B. Seidenspinner
der Istrianer Rasse, deren Kokons gelb sind, teils mit der chinesischen,
teils mit der Bagdadrasse, die beide weiße Kokons haben, so dominiert
im ersten Falle die gelbe Kokonfarbe über die weiße, im anderen die
weiße über die gelbe. Wir schließen daraus, daß die gleiche äußere
Eigenschaft bei verschiedenen Rassen bzw. bei verschiedenen Erbstämmen durch Erbanlagen verschiedener Art hervorgerufen werden
kann. Bei einer Rasse könnte z. B. die weiße Farbe dadurch entstehen,
daß im Erbbilde etwas fehlt, nämlich die Anlage zur Färbung, bei einer
anderen Rasse hingegen dadurch, daß zuviel vorhanden ist, nämlich
eine Anlage, welche die Entfaltung der gleichfalls vorhandenen
Färbungsanlage hemmt. So kann die gleiche phänotypische Eigenschaft
hier recessiv, dort dominant erscheinen. Wie wir noch sehen werden,
gilt ganz das Gleiche für gewisse erbliche Krankheiten (Epidermolysis
bullosa, Ectopia pupillae et lentis, Hemeralopie), die in manchen
Familien dominant, in anderen recessiv gefunden werden. Die Dominanz
eines Merkmals bezieht sich also immer nur auf ein ganz bestimmtes
anderes Merkmal, und auch auf dieses nur insoweit, als ihm immer
wieder der gleiche Rassencharakter, die gleiche Erbanlage zugrunde
liegt.

Das sog. klassische Zahlenverhältnis. Nach dem Gesagten könnte man
gewissermaßen drei Möglichkeiten bei der MENDELschen Vererbung

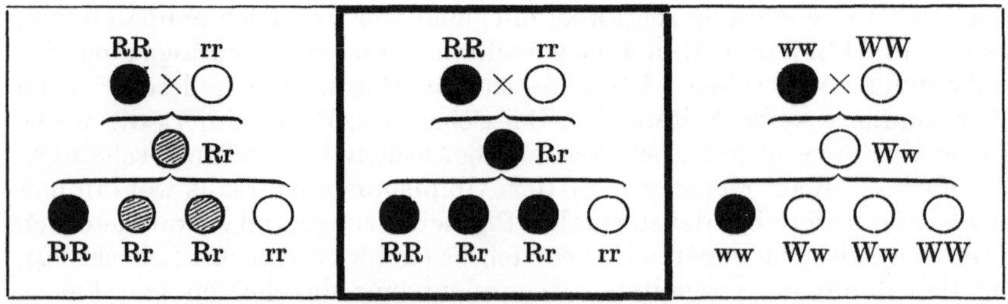

Abb. 5. Schema der MENDELschen Vererbung.

unterscheiden; dies zeigt uns in einem Schema Abb. 5. Links sehen
wir das intermediäre Verhalten der Heterozygoten (sog. Zea-Typus),
in der Mitte das dominante (sog. Pisum-Typus); das rechte Schema zeigt,

daß je nach dem besonderen Falle bald die eine Eigenschaft über die andere, bald die andere über die eine dominieren kann. Das in der Mitte stehende Schema ist das eigentliche Grundschema für die MENDELsche Vererbung: die F_1-Bastarde gleichen einem der beiden Eltern, die F_2-Bastarde geben zum größten Teil dasselbe Bild, nur ein Viertel von ihnen schlägt auf die andere (recessive) Ausgangsrasse zurück. Wir haben hier in F_2 also nicht das Verhältnis 1 : 2 : 1, sondern infolge der Dominanz des einen Merkmales entsteht das Verhältnis 3 : 1, das sog. klassische Zahlenverhältnis bei der monoiden (von einer Erbanlage, von einem Id abhängigen) MENDELschen Vererbung.

Vererbung bei mehreren mendelnden Unterschieden.

Kreuzung bei zwei mendelnden Unterschieden. Wir haben bisher Lebewesen betrachtet, die sich nur in einem Merkmal unterscheiden. Ganz die gleichen Gesetze gelten aber auch bei der Kreuzung von Individuen, die in mehreren Merkmalen verschieden sind. Unsere Rr-Bastarde bildeten, wie wir gesehen haben, zwei Sorten von Geschlechtszellen (R- und r-Geschlechtszellen). Dementsprechend existierten (dominantes Verhalten wie in Abb. 3 vorausgesetzt) bei der Entstehung der F_1-Generation vier Kombinationsmöglichkeiten (Abb. 6).

Kreuzen wir aber Pflanzen, die in zwei Erbeinheiten verschieden sind, so wird die Zahl der möglichen Kombinationen sehr viel größer. MENDEL z. B. kreuzte zwei Erbsenrassen, von denen die eine runde gelbe, die andere kantige grüne Samen hat. In F_1 erhielt er nur runde gelbe Samen; rund und gelb sind also hier dominant, kantig und grün dagegen recessiv. Bezeichnen wir nun eine

	1. Geschlechtszelle	
	R	r
R	RR rot	Rr rot
r	Rr rot	rr weiß

Abb. 6. Kombinationsmöglichkeiten bei einem mendelnden Unterschied.

Geschlechtszelle der rund- und gelbsamigen Erbsenrasse mit RG, da diese Merkmale ja dominant sind, und die recessiven Anlagen für kantig und grün mit rg (dem Fehlen von Rund und Gelb), so können wir uns die Kreuzung der beiden Erbsenrassen durch die folgende Formel verständlich machen:

$$\text{RRGG} \times \text{rrgg (rund-gelb} \times \text{kantig-grün)}$$
$$\text{Geschlechtszellen: 1. RG}$$
$$\downarrow$$
$$\text{2. rg}$$
$$\text{Kombinationsmöglichkeiten: RrGg (rund-gelb)}$$

Diese F_1-Bastarde bilden aber nicht nur zwei, sondern vier verschiedene Sorten von Geschlechtszellen, nämlich RG, Rg, rG, rg. Bei Kreuzung dieser Bastarde unter sich erhalten wir deshalb folgende Kombinationsmöglichkeiten:

| | 1. Geschlechtszelle | | | |
	RG	Rg	rG	rg
RG	RRGG rund-gelb	RRGg rund-gelb	RrGG rund-gelb	RrGg× grund-gelb
Rg	RRGg rund-gelb	RRgg rund-grün	RrGg× rund-gelb	Rrgg rund-grün
rG	RrGG rund-gelb	RrGg× rund-gelb	rrGG kantig-gelb	rrGg kantig-gelb
rg	RrGg× rund-gelb	Rrgg rund-grün	rrGg kantig-gelb	rrgg kantig-grün

(2. Geschlechtszelle)

Abb. 7. Kombinationsmöglichkeiten bei zwei mendelnden Unterschieden.

Selbständigkeit der Erbeinheiten. Wir erhalten also in der F_2-Generation aus 16 verschiedenen Kombinationsmöglichkeiten ein buntes Gemisch verschiedener Formen. Dies erklärt sich dadurch, daß die einzelnen Erbeinheiten bei der Vererbung sich ganz selbständig voneinander vererben. Auch diese Regel von der Selbständigkeit der Erbeinheiten wurde schon von MENDEL erkannt, denn schon er kam zu dem Schluß, daß die Erbanlagen bei der wiederholten Befruchtung „in alle Verbindungen treten können, die nach den Regeln der Kombination möglich sind". Auf Grund dieser Regel erhalten wir bei der Kreuzung von zwei Rassen, die in zwei erblichen Merkmalen differieren, in F_2

9 Individuen (unter 16), die die dominanten Eigenschaften aufweisen (rund-gelb),

3 Individuen, die eine dominante und eine recessive Eigenschaft zeigen (rund-grün),

3 Individuen, für die dasselbe in umgekehrter Weise gilt (kantig-gelb),

1 Individuum, das beide recessive Merkmale hat (kantig-grün) (Abb. 7). In zweifacher Weise heterozygot (wie die F_1-Pflanzen) sind in der F_2-Generation nur 4 unter 16 (in Abb. 7 mit × bezeichnet), also nur ein Viertel aller F_2-Pflanzen. Zwei weitere Viertel sind in bezug auf Farbe homozygot, in bezug auf Form heterozygot, oder umgekehrt. Das letzte Viertel (durch die stärkere Umrandung kenntlich ge-

macht) besteht aus völlig homozygoten Individuen. Von diesen vier homozygoten Pflanzen gleicht eine dem einen Ausgangsindividuum (rund-gelb), eine zweite dem anderen (kantig-grün); die übrigen beiden lassen erkennen, daß infolge der Selbständigkeit der Erbeinheiten zwei völlig neue „reine Rassen" entstanden sind: RRgg (rund-grün) und rrGG (kantig-gelb) sind Homozygoten; jede dieser Pflanzen bildet nur eine Sorte von Geschlechtszellen (Rg bzw. rG) und züchtet daher mit sich selbst gekreuzt rein weiter. Wir haben also als neue konstant-vererbende Rassen runde-grüne und kantig-gelbe Erbsen „gezüchtet".

Anlagenkoppelung. Die Selbständigkeit der Erbeinheiten kann allerdings auch gewisse Ausnahmen erleiden. Das ist dann der Fall, wenn die Geschlechtszellen RG, Rg, rG und rg nicht in gleicher Zahl gebildet werden, sondern wenn einzelne der Faktoren (z. B. R und g, r und G) eine ausgesprochene Neigung haben, beisammenzubleiben. Wir könnten dann beispielsweise unter den Geschlechtszellen statt eines Verhältnisses von 1 RG : 1 Rg : 1 rG : 1 rg das Verhältnis von 1 RG : 99 Rg : 99 rG : 1 rg erhalten. Das würde also heißen, daß R und g bzw. r und G so fest zusammengekoppelt sind, daß sie nur in etwa 2% der Fälle durch die Geschlechtszellenbildung auseinandergebracht werden können.

Solche Koppelungen von Erbanlagen, auf deren wahrscheinliche Ursache wir noch im nächsten Kapitel kurz eingehen wollen, hat man bei Pflanzen und Tieren vielfach gefunden, und es versteht sich von selbst, daß die durch sie bedingte ungleiche Geschlechtszellbildung die Verteilung der Merkmale auf die Individuen der nächsten Generation sehr stark beeinflussen und die einfachen MENDEL-Zahlen völlig verschieben kann. Daß beim Menschen gleichfalls Anlagenkoppelung vorkommt, ist zu vermuten; Zuverlässiges darüber ist nicht bekannt.

Kreuzung bei drei und mehr mendelnden Unterschieden. Noch komplizierter werden die Verhältnisse, wenn wir es mit Kreuzungen zwischen Rassen zu tun haben, die sich in noch mehr selbständigen Erbeinheiten unterscheiden. Erhielten wir auf Abb. 7 in der F_2-Generation 16 verschiedene Kombinationsmöglichkeiten, so würden wir, wenn die Ausgangsrassen in 3 Erbeinheiten verschieden sind, in F_2 schon 64 verschiedene Kombinationsmöglichkeiten der Geschlechtszellen erhalten, bei einer Verschiedenheit der Ausgangsindividuen in bezug auf 4 selbständige Erbeinheiten würden in F_2 256 verschiedene Kombinationsmöglichkeiten gegeben sein, und bei 12 selbständig sich vererbenden Unterschieden entstehen schon rund 16,8 Millionen Kombinationsmöglichkeiten. Da nun bei zwei selbständig mendelnden Erbeinheiten in F_2 je $1/16$ der F_2-Individuen völlig dem einen bzw. dem anderen Stammelter gleicht, bei 3 Erbeinheiten nur je $1/64$, bei 4 aber nur noch je $1/256$, so kann man ermessen, was es mit dem „Aufspalten" in die Ursprungsrassen auf sich hat, das, wie viele Laien glauben, durch den Mendelismus bewiesen sei. Die einzelnen Merkmale spalten heraus, nicht aber die Rassen. Bei der Kreuzung von Rassen, die sich durch viele verschiedene

Merkmale unterscheiden, kann man das „Herausmendeln" der reinen Ursprungsrassen in F_2 oder in einer späteren Generation nur in einem so minimalen Bruchteil der Fälle erwarten, daß mit der Kreuzung zweier wirklich verschiedener Rassen die Ursprungsrassen in praxi auf ewig für verschwunden gelten dürfen.

Abhängigkeit einer Eigenschaft von mehreren Erbanlagen (polyide Vererbung). Anders liegen die Dinge, wenn man nur ein einzelnes Merkmal ins Auge faßt. Aber auch hier wird es nicht selten passieren, daß man eine schöne Aufspaltung vergeblich erwartet. Das hat seinen Grund darin, daß ein Merkmal, welches uns äußerlich als einheitlich erscheint, in der Erbmasse . sehr kompliziert zusammengesetzt und durch das Zusammenwirken einer größeren Zahl von Erbanlagen (Iden) entstanden sein kann. Ich bezeichne das als polyide, vielanlagige Vererbung. Eine solche Vererbung liegt z. B. vor bei der schwarzen Hautfarbe des Negers. Nach DAVENPORTS Forschungen müssen wir annehmen, daß dieses Negerpigment nicht durch ein Erbanlgenpaar (z. B. PP) bedingt wird, sondern durch eine ganze Reihe gleichsinnig wirkender, sich gegenseitig verstärkender, bei der Vererbung voneinander mehr oder weniger unabhängiger Anlagenpaare, so daß die Erbformel für das Pigment der Negerhaut P_1P_1 P_2P_2 P_3P_3 $P_4P_4 \ldots P_xP_x$ sein würde. Hierdurch wird bei der Kreuzung von Negern mit Europäern in F_2 der Anschein erweckt, als ob eine konstante Bastardbevölkerung entstanden sei. Bei genauerem Zusehen läßt sich aber zeigen, daß die einzelnen Mulatten der F_2-Generation und der späteren Generationen eine sehr verschiedene Intensität der Hautfärbung aufweisen, und daß man sogar nicht selten Individuen antrifft, die wesentlich heller sind als ihr hellerer bzw. wesentlich dunkler als ihr dunklerer Elter. Eine Aufspaltung findet also, wenn auch in geringerem Maße, zweifellos statt. Ihr Zustandekommen kann man sich durch die Annahme erklären, daß bei einzelnen F_2-Personen P_1 oder P_1P_2 oder noch mehr und noch andere Pigmenterbeinheiten fehlen, so daß wir z. B. Erbformeln erhalten würden wie die folgenden: p_1p_1 P_2P_2 P_3p_3 $P_4p_4 \ldots p_xp_x$ oder P_1P_1 p_2p_2 P_3p_3 $p_4p_4 \ldots P_xP_x$ usf.

Homologe und heterologe Polyidie. Ist eine äußere Eigenschaft von mehreren Erbeinheiten zugleich abhängig, so brauchen dies jedoch nicht immer gleichsinnige Erbeinheiten zu sein, wie bei der Negerfärbung. Ein bestimmtes Farbmuster kann z. B. erstens abhängig sein von einer Erbeinheit, welche die Art der Farbe bestimmt, zweitens von einer Erbeinheit, welche die im gegebenen Falle vorliegende Verteilung des Farbstoffes reguliert, drittens von einer Erbeinheit, die überhaupt erst das Auftreten von irgendeiner Färbung möglich macht und deren Fehlen trotz des Vorhandenseins einer Anlage für eine bestimmte Farbe und deren bestimmte Verteilung Albinismus bedingt. Aus der experimentellen Vererbungsforschung sind zahlreiche derartige Fälle bekannt. Nach meinen zwillingspathologischen Untersuchungen scheinen entsprechende Verhältnisse beim Menschen bei den Sommersprossen vorzuliegen. Wir können infolgedessen eine homologe (gleichsinnige) und eine heterologe Vielanlagigkeit (Polyidie) unterscheiden.

Komplexe Eigenschaften. Bei manchen Erscheinungen, die von uns als „Eigenschaften" bezeichnet werden, versteht es sich von selbst, daß viele verschiedenartige Erbanlagen bei ihrem Zustandekommen mitwirken, weil es sich nicht um eine einheitliche Eigenschaft, sondern um die Resultante vieler verschiedener anderer Eigenschaften handelt, die sich bald summieren, bald gegenseitig aufheben können. Besonders häufig ist das wohl bei den „quantitativen" Merkmalen der Fall. So ist z. B. die Körperlänge in vielen Fällen sicher abhängig von einer großen Reihe von Erbfaktoren, die sich auf die Zahl der Zellen in den Beinknochen, Wirbeln und Knorpeln beziehen, auf die Größe dieser Zellen, die Krümmung des Rückgrates (die sog. Haltung), die Neigung des Femurhalses, den Zustand der endokrinen Drüsen und viele andere Umstände. Auch wenn diese einzelnen Komponenten sämtlich erblich sind und infolgedessen die resultierende Eigenschaft durch Selektion gezüchtet werden könnte, wird man doch eindeutige MENDELsche Spaltung mit den charakteristischen Zahlenverhältnissen in solchen Fällen vergeblich suchen, falls nicht eine bestimmte Komponente praktisch so stark überwiegt, daß das Resultat im wesentlichen von ihr allein abhängt. Es entspricht das der „entwicklungsgeschichtlichen Vererbungsregel" Haeckers, welche besagt, daß Merkmale mit einfach verursachter, autonomer Entwicklung klare, Merkmale mit komplex verursachter, durch Korrelationen gebundener Entwicklung mehr oder weniger regellose Zahlenverhältnisse zeigen.

Abhängigkeit mehrerer Eigenschaften von einer Erbanlage (polyphäne Vererbung). Es kann aber nicht nur eine einheitlich erscheinende Eigenschaft von mehreren Erbeinheiten abhängig sein, sondern es kann auch eine Erbanlage gleichzeitig eine ganze Reihe verschiedener phänotypischer Eigenschaften bedingen. Ich bezeichne das als poly phäne, vielmerkmalige Vererbung. Diejenige Erbeinheit. z. B., die über das Geschlecht entscheidet, bewirkt nicht nur die Ausbildung der sog. primären Geschlechtsmerkmale (Testes bzw. Ovarien), sondern sie bewirkt hierdurch gleichzeitig indirekt die verschiedensten geschlechtsunterscheidenden Eigenschaften bezüglich Körpergröße, Behaarung, Stimme, seelischen Verhaltens usw. Bei Seidenhühnern hat man eine Erbeinheit für schwarzes Pigment gefunden, die diesen Farbstoff in ganz verschiedenen Geweben (Unterhaut, Muskeln, Peritoneum, Pia mater, Periost) gleichzeitig hervorruft. Auch die tierische und menschliche Pathologie kennt zahlreiche Beispiele für polyphäne Wirkung einer Erbeinheit: Albinismus ist beim Menschen meist mit Nystagmus und Sehschwäche verbunden, bei Katzen oft mit Taubheit; orangegelbe Mäuse leiden oft an Ascites und Fettsucht; eine dominant erbliche Form von Ectopia lentis et pupillae geht mit Herzfehlern einher. Merkmale, die von einer gemeinsamen Erbeinheit abhängig sind, werden in fester Korrelation miteinander vererbt.

Einfaches Mendeln. Wenn demnach also ein Parallelismus zwischen je einer äußeren Eigenschaft und einer erblichen Anlage nicht notwendig zu bestehen braucht, so wird er in Wirklichkeit doch häufig angetroffen. Das zeigt nicht nur die Vererbung der Farbe bei der Wunderblume (Abb. 2) und bei der Gartenschnecke (Abb. 4), sondern auch in der menschlichen Pathologie finden sich, wie wir noch sehen werden, zahlreiche Beispiele dafür, daß eine äußere (pathologische) Eigenschaft einer selbständigen Erbeinheit entspricht. Wo dieser einfachste Fall der Beziehung zwischen Erbbild (Idiotypus) und Erscheinungsbild (Phänotypus) besteht, spricht man von einem Mendeln nach dem Einfaktorschema (weil also ein Merkmal von einem Faktor, d. h. von einer Erbeinheit abhängig ist, vgl. Abb. 5) oder von monoider (einanlagiger) Vererbung, oder kurz von einem einfachen Mendeln. Die in dieser Weise erblichen Charaktere bezeichnet man als einfach dominante bzw. einfach recessive Charaktere. Gerade diese einfache Form des Mendelns ist nun für die menschliche Pathologie von größter Wichtigkeit, nicht nur deshalb, weil bei der Unmöglichkeit, mit dem Menschen Vererbungsexperimente zu machen, die Erforschung wirklich komplizierter Erblichkeitsverhältnisse hier bis auf weiteres doch auf unüberwindliche Schwierigkeiten stoßen muß, sondern auch aus dem anderen Grunde, weil wir unseren experimentellen Erfahrungen nach wohl annehmen dürfen, daß die meisten erblichen Leiden mehr oder weniger streng diesem Einfaktorschema folgen.

3. Die zytologischen Grundlagen der Vererbungslehre.

Die Morphologie des Idioplasmas.

Die Bedeutung der Zytologie für die Vererbungslehre. Die entscheidenden Fortschritte der modernen Vererbungsforschung sind durch die statistische Bearbeitung der Merkmalshäufung unter den Nachkommen bestimmter Elternpaare erzielt worden. Daneben fängt erst in jüngster Zeit auch die Zellforschung an, eine gewisse Bedeutung zu gewinnen. Freilich wird diese Bedeutung oft überschätzt; denn die Zytologie konnte bisher im günstigsten Fall kaum mehr geben als eine nachträgliche Veranschaulichung der auf statistischem Wege sichergestellten Gesetzmäßigkeiten. Selbst dieses Verdienst aber wird ihr von manchen Zytologen noch abgesprochen, da die Analogie zwischen den Ergebnissen der Mendelforschung und den Beobachtungen der Zellforschung oft eine recht unvollständige ist. Auf jeden Fall muß man zugeben, daß die „zytologischen Grundlagen" der Vererbungslehre neben den experimentellen vorläufig nur eine sehr geringe und problematische Rolle spielen, und daß insbesondere für die menschliche Vererbungslehre die Zytologie eine unmittelbare Bedeutung überhaupt noch nicht beanspruchen kann. Ließ sich doch bisher nicht einmal mit Sicherheit feststellen, wieviel Chromosomen die menschliche Zelle enthält! Andererseits aber hat diejenige Zytologie, welche in enger Fühlung mit der experimentelle Erbforschung arbeitete, bei Tieren und Pflanzen schon manchen interessanten Parallelismus zwischen Erbanlagen und Chromosomenverhältnissen aufgedeckt. Eine besondere Rolle hat in dieser Beziehung die Zytologie bei dem Problem der Geschlechtsbestimmung gespielt. Es erscheint deshalb notwendig, auf die wichtigsten Ergebnisse der Zellforschung, soweit sie mit der Vererbungslehre in Zusammenhang stehen, hier kurz einzugehen.

Das Idioplasma. Diejenige körperliche Substanz, die dem Idiotypus, dem Erbbilde, zugrunde liegt, nennen wir Idioplasma. Das Idioplasma setzt sich also aus jenen Bestandteilen der Zelle zusammen, welche ihre erbliche Eigenart bedingen; die Verschiedenheiten in dem feineren Bau und im Chemismus des Idioplasmas rufen die idiotypischen Unterschiede verschiedener Individuen, verschiedener Rassen, verschiedener Arten hervor.

Idioplasma und Zellkern. Man hat sich nun schon lange die Frage vorgelegt, wo innerhalb der Zelle das Idioplasma lokalisiert ist und in welchen Formbestandteilen der Zelle es uns entgegentritt; dies ist die Frage nach der stofflichen Grundlage der Vererbung, nach der Morphologie des Idioplasmas. Man kam hierbei sehr bald zu dem Schluß, daß das Idioplasma im wesentlichen in dem Zellkern sich befinden müsse, denn der sehr komplizierte Vorgang der Kernteilung (Karyokinese, besser Karyomitose) weist ja deutlich darauf hin, daß eine genau gleiche Verteilung gerade der Kernbestandteile auf die beiden Tochterzellen von besonderer Wichtigkeit ist. Recht überzeugend spricht auch für das „Vererbungsmonopol des Zellkernes", daß die männlichen Geschlechtszellen so vieler Organismen und auch des Menschen fast ausschließlich aus dem Zellkern bestehen und trotzdem ihre Funktion der Vererbung mit gleicher Vollständigkeit besorgen wie die weiblichen Eizellen, in denen der winzige Kern unter der Masse des Zellprotoplasmas ganz zu verschwinden scheint. In dem gleichen Sinne sprechen auch eine Reihe von Versuchen, besonders solche, die die Befruchtung kernlos gemachter Eier mit Samenzellen einer anderen Rasse betrafen; denn die resultierenden Bastarde stimmten in ihrer Beschaffenheit fast völlig mit der väterlichen Rasse überein.

Wenn es auch noch keineswegs sicher erwiesen ist, daß sämtliche idiotypischen Eigenheiten ausschließlich von den Substanzen des Kernes getragen werden, so ist doch nach allem, was wir wissen, soviel gewiß, daß das Idioplasma im wesentlichen im Kern und nicht im Protoplasma der Zelle lokalisiert ist.

Idioplasma und Chromosomen. Aber wir können als Träger der Erbmasse auch noch speziellere Bestandteile des Kernes namhaft machen, nämlich die sog. Chromosomen (Erbkörperchen). Die Chromosomen sind stäbchen-, bändchen- oder schleifenförmige, stark lichtbrechende Gebilde, die Anilinfarbstoffe begierig anziehen und daher ihren Namen haben. Jede Zelle eines lebenden Organismus enthält genau die gleiche Anzahl Chromosomen; die Chromosomenzahl von Individuen verschiedener Rassen oder verschiedener Arten kann aber sehr erheblich differieren. Bei den meisten Arten beträgt die Chromosomenzahl 2, 4, 6,

8, 12, 16, 18, 24 oder 32, sie kann sich aber auch bis auf mehrere Hunderte belaufen. Beim Menschen ist es infolge der Kleinheit seiner Chromosomen bisher noch nicht gelungen, volle Sicherheit über deren Anzahl zu erhalten. Wahrscheinlich enthält jede Zelle des menschlichen Körpers 24 Chromosomen.

Die sog. Reifung der Geschlechtszellen. Im Gegensatz zu den Körperzellen enthalten aber die reifen Geschlechtszellen aller Organismenarten nur die halbe Chromosomenzahl. Dies ist eine Folge der sog. Reifung der Geschlechtszellen. Bei jeder gewöhnlichen Zellteilung erhalten beide Tochterzellen die gleiche Anzahl Chromosomen, welche die Mutterzelle besaß, indem aus jedem Chromosom der Mutterzelle durch Längsteilung zwei junge Chromosomen werden. Auch bei den ersten Teilungen der Urgeschlechtszellen ist das noch so. Die Urgeschlechtszelle, aus der schließlich die reifen Geschlechtszellen hervorgehen, hat die Hälfte ihrer Chromosomen aus dem Eikern, also von der Mutter, die andere Hälfte aus dem Kern der Samenzelle, also vom Vater, empfangen. Je ein väterliches und ein mütterliches Chromosom bilden ein zusammengehöriges („homologes") Paar, was sich darin zeigt, daß sie sich je zwei und zwei aneinanderlegen und vorübergehend miteinander verschmelzen. Man nimmt an, daß dieser Vorgang, den man als Syndese bezeichnet, einen Austausch bzw. eine Umgruppierung der mütterlichen und väterlichen Erbeinheiten zum Zweck hat. Die Syndese endet damit, daß sich die Chromosomen wieder voneinander trennen; wir haben dann wieder die gewöhnliche („diploide", paarige) Chromosomenzahl. Nunmehr spaltet sich jedes Chromosom der Länge nach, und die entstandenen Erbkörperchen gruppieren sich vorübergehend in Form von Vierergruppen (Tetraden). Hierauf erfolgen die beiden sog. Reduktionsteilungen. Durch die erste Teilung erhält jede Tochterzelle die Hälfte der augenblicklich vorhanden gewesenen Chromosomen, und da deren Zahl durch die kurz vorher erfolgte Längsspaltung der Chromosomen verdoppelt war, so entstehen durch die erste Teilung zwei Tochterzellen mit wiederum der gewöhnlichen (diploiden) Chromosomenzahl. Die Tochterzellen verfallen aber sofort einer zweiten Teilung, ohne daß vorher auch die Chromosomen wiederum eine Teilung hätten vornehmen können. Durch diese zweite Teilung entstehen also insgesamt vier Zellen, von denen jede nur die Hälfte der gewöhnlichen Chromosomenzahl (die „haploide", unpaare Chromosomenzahl) enthält (Abb. 8 u. 9). Die Reduktionsteilungen unterscheiden sich also, wie schon ihr Name sagt, von den gewöhnlichen Kernteilungen dadurch, daß bei ihnen die Chromosomenzahl der entstehenden Zellen auf die Hälfte der gewöhnlichen Zahl reduziert wird, und diese Reduktion kommt dadurch zustande, daß vor der letzten von zwei rasch hintereinander erfolgenden Teilungen die sonst jeder Zellteilung vorhergehende Verdoppelung der Chromosomenzahl durch Längsspaltung ausbleibt. Aus der einen Urgeschlechtszelle mit paariger Chromosomenzahl entstehen also vier „reife" Geschlechtszellen mit unpaarer Chromosomenzahl.

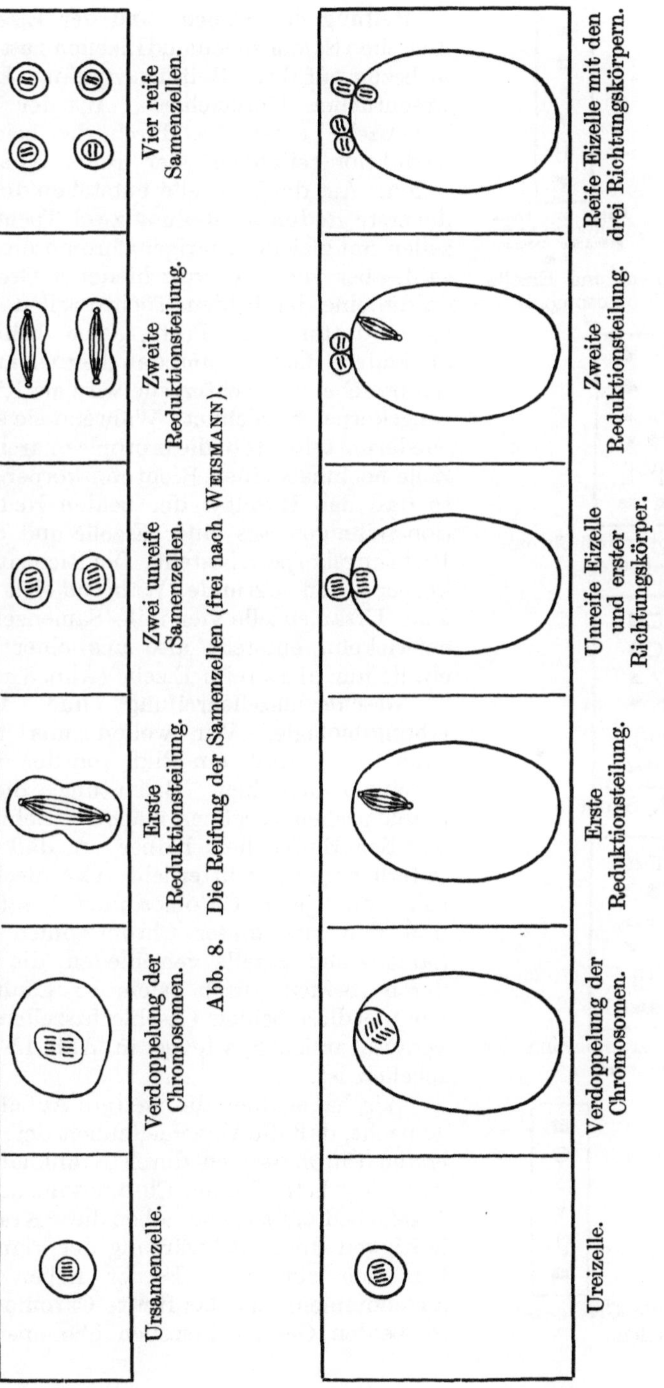
Ursamenzelle.
Verdoppelung der Chromosomen.
Erste Reduktionsteilung.
Zwei unreife Samenzellen.
Zweite Reduktionsteilung.
Vier reife Samenzellen.
Die Reifung der Samenzellen (frei nach WEISMANN).
Abb. 8.
Ureizelle.
Verdoppelung der Chromosomen.
Erste Reduktionsteilung.
Unreife Eizelle und erster Richtungskörper.
Zweite Reduktionsteilung.
Reife Eizelle mit den drei Richtungskörpern.
Die Reifung der Eizelle (frei nach WEISMANN)
Abb. 9.

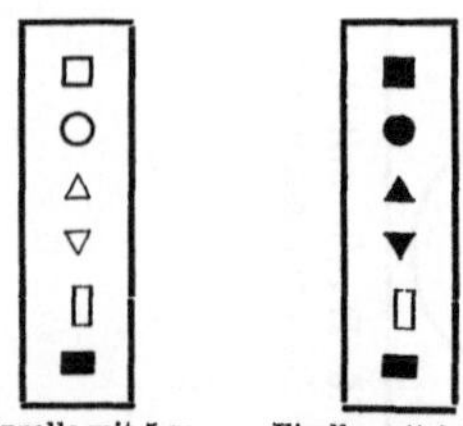

Samenzelle mit 5 gesunden und einem krankhaftem Chromosom.

Eizelle mit 5 krankhaften und einem gesunden Chromosom.

Abb. 10.   Samen- und Eizelle mit je 6 Chromosomen.

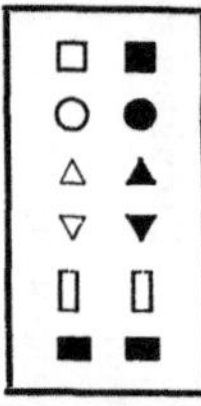

Abb. 11. Zygote mit 6 Chromosomenpaaren.

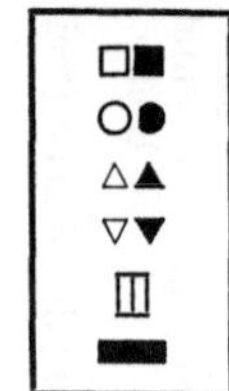

Abb. 12.   Syndese.

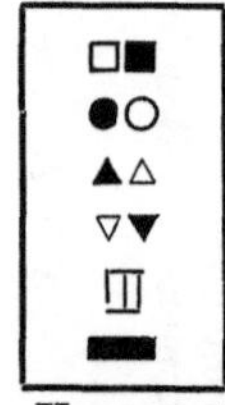

Abb. 13.   Umgruppierung der Chromosomen.

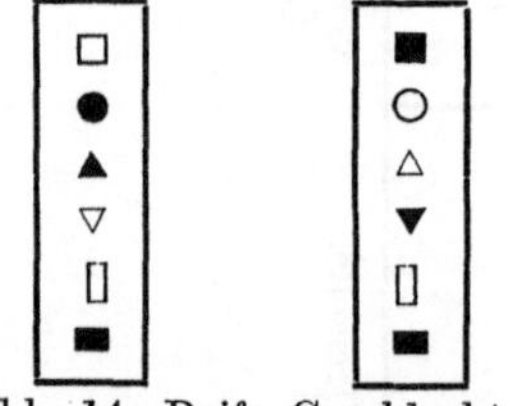

Abb. 14.   Reife Geschlechtszellen.

Reifung der Samen- und der Eizelle. Zwischen Samenzellen und Eizellen besteht in bezug auf diese Reifungsvorgänge kein wesentlicher Unterschied. Aus der Ursamenzelle entstehen durch die beiden Reduktionsteilungen vier reife Samenzellen. Aus der Ureizelle entstehen durch die erste Reduktionsteilung zwei Tochterzellen mit gleicher paariger Chromosomenzahl, aber von sehr verschiedener Größe, da die eine der beiden Tochterzellen das ganze dotterreiche Protoplasma behält; die andere, fast nur aus den Kernelementen bestehende Tochterzelle wird als Richtungskörper bezeichnet. Während sie sich wiederum teilt, stößt die protoplasmareiche Zelle nochmals einen Richtungskörper ab, so daß das Resultat der beiden Reduktionsteilungen aus einer Eizelle und drei Richtungskörpern besteht. Die Richtungskörper gehen zugrunde. Während sich aus einer Ursamenzelle vier reife Samenzellen entwickeln, entsteht also aus einer Ureizelle nur eine reife Eizelle (Abb. 8 u. 9).

Geschlechtszellenreifung und Vererbungsbiologie. Wir wollen uns nun ganz schematisch ein Bild von der vererbungsbiologischen Bedeutung dieser cytologischen Vorgänge machen. Nehmen wir der Einfachheit halber an, daß die väterliche und mütterliche Geschlechtszelle nur je 6 Chromosomen besäßen, und daß vier dieser Chromosomen bei Samen- und Eizelle verschieden, die anderen beiden gleich seien, so könnten wir uns diese beiden Geschlechtszellen so veranschaulichen, wie es in Abb. 10 geschehen ist.

Wir haben hier die weitere Annahme gemacht, daß die Verschiedenheit der vier ersten Chromosomen durch Krankhaftigkeit der betreffenden Chromosomen der Eizelle bedingt ist, und haben diese Krankhaftigkeit durch Schwärzung der Figuren kenntlich gemacht. Ferner haben wir angenommen, daß das fünfte Chromosom in beiden Geschlechtszellen übereinstimmend gesund, das sechste übereinstimmend krank ist. Durch die Befruchtung, d, h. durch die Vereinigung der beiden Geschlechtszellen, entsteht nun eine Zelle mit wiederum paariger Chromosomenzahl, in unserem Falle mit 12 Chromosomen (beim Menschen 24 Chromosomen), welche 6 zusammengehörige Paare bilden (Abb. 11).

Diese befruchtete Eizelle, Zygote genannt, wird zur Ausgangszelle eines neuen Individuums, dessen unzählige Zellen mit der gleichen Chromosomenzahl wie die Zygote ausgestattet sind. Auch die Urgeschlechtszelle enthält diese doppelte Chromosomenzahl. Bevor aber durch die Reduktionsteilungen aus ihr die reifen Geschlechtszellen entstehen, die von jedem Paar nur ein Chromosom enthalten, erfolgt die „Syndese", d. h. die Aneinanderlagerung der zu einem Paar gehörigen Chromosomen (Abb. 12).

Mit der Syndese geht, wie man annimmt, eine Umgruppierung der Chromosomen bzw. der in ihnen enthaltenen Erbanlagen Hand in Hand. Die Umgruppierung könnte z. B. so erfolgen, wie es Abb. 13 darstellt.

Wie die daraus resultierenden reifen Geschlechtszellen aussehen würden, zeigt Abb. 14.

Natürlich könnte die Umgruppierung auch in anderer Weise als wie in unserem Beispiel erfolgen, wodurch dann auch die Verteilung der gesunden und der krankhaften Anlagen in den reifen Geschlechtszellen eine andere würde. Die Umkombinierung der Chromosomen erfolgt, wie wir auf Grund unserer Erfahrungen bei der experimentellen Vererbungsforschung annehmen müssen, nach den Gesetzen der Wahrscheinlichkeit. Ein bestimmtes Chromosom eines Paares hat daher eine ebenso große Wahrscheinlichkeit, in eine zu bildende Geschlechtszelle hineinzugelangen als aus ihr wegzubleiben. Diese morphologischen Vorstellungen würden also genau mit denjenigen Annahmen übereinstimmen, die wir uns auf Grund des MENDELschen Gesetzes von der Verteilung der „Erbeinheiten" auf die einzelnen Geschlechtszellen machen mußten.

Das aber spricht doch sehr dafür, daß die Vorgänge, die man gelegentlich der Reduktionsteilungen an den Chromosomen beobachten kann, tatsächlich die körperliche Grundlage der durch MENDEL entdeckten Vererbungsvorgänge bilden.

Anlagenaustausch. Ob die einzelnen Chromosomen (Idiosomen) als Ganzes ausgetauscht werden, ist allerdings noch fraglich. Die Chromosomen zerfallen jedoch wieder in kleinere Teilchen, Chromomeren (Idiomeren), die in besonders günstig gelagerten Fällen als aneinandergereihte Körnchen im Chromosomen zu sehen sind und unter denen ein Austausch stattfindet. Dieser Austausch geht aber nicht so vor sich, daß die Chromosomen in ihre sämtlichen Chromomeren zerfallen, die sich dann frei, nach den Gesetzen der Wahrscheinlichkeit, wieder zu neuen Chromosomen zusammenfügen, sondern der Chromomerenaustausch geschieht sehr wahrscheinlich in Form größerer Teilstücke, welche Gruppen von Chromomeren enthalten. Die Größe dieser Teilstücke, die dann

in freier Kombination die neuen Chromosomen bilden, scheint dabei von
Fall zu Fall zu wechseln. Man beobachtet nämlich im Stadium der
Syndese häufig, daß die paarweise zusammenliegenden Chromosomen
sich in der verschiedensten Weise kreuzen und umeinanderschlingen, und
daß sie dabei an den Kreuzungsstellen fester zusammenhängen; dieses
Überkreuzen der Chromosomen (crossing over) kann einfach oder mehrfach sein (Abb. 15). Man stellt sich nun vor, daß an den Kreuzungsstellen die Chromosomen abreißen und sich wechselseitig wieder zusammenfügen, so daß hierdurch ein Austausch von Chromomeren-

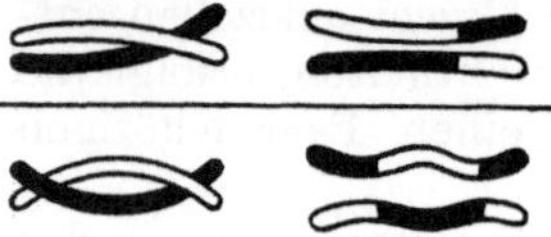

Abb. 15. Überkreuzen der
Chromosomen.

gruppen erfolgt. Diese Vorstellung paßt
außerordentlich gut zu den Erfahrungen,
welche man mit der sog. Koppelung von
Erbanlagen gemacht hat (S. 49). Macht man
nämlich die Annahme, daß die Chromomeren
stets mehr oder weniger reihenförmig im
Chromosom gelagert sind, und daß der Aus-
tausch von Chromomerenreihen in der beschriebenen Weise erfolgt, so
ist eine freie Kombination, also eine wirkliche Selbständigkeit, nur von
denjenigen Erbanlagen zu erwarten, die in verschiedenen Chromosomen
liegen. Die Anlagen des gleichen Chromosomens werden jedoch bei
der Geschlechtszellenbildung mehr oder weniger häufig beisammen
bleiben, und zwar besonders häufig dann, wenn sie nah beieinander
gelagert sind. Man kann deshalb auch umgekehrt aus dem Grade der
Koppelung auf die Lage der betreffenden Erbanlagen zueinander
Schlüsse ziehen, und es ist auf diese Weise schon gelungen, gleichsam topographische Karten anzufertigen, welche die Lage der einzelnen
Erbanlagen im Chromosom aufzeigen.

**Geschlechtszellenreifung und Befruchtung als Ursache der Mixovaria-
tionen.** Wir können nach alledem annehmen, daß jede Erbeinheit, d. h.
jeder idiotypische Unterschied zwischen zwei Individuen oder zwischen
zwei Rassen, bedingt ist durch eine Verschiedenheit im feineren Bau
oder im Chemismus zweier zu einem Paar gehörender („homologer“)
Chromosomen. Die große Zahl der Rassenunterschiede, die wir bei den
verschiedensten Lebewesen beobachten, brauchte dabei nur auf eine
relativ geringe Anzahl selbständig sich vererbender Verschiedenheiten
der Erbmasse zurückgeführt zu werden. Wenn man nur die Chromosomen und nicht ihre Teilstücke, die Chromomeren, berücksichtigt, so
würde man beim Menschen mit seinen 12 Chromosomenpaaren schon
4096 mögliche Chromosomenkombinationen für eine reife Geschlechtszelle erhalten und rund 16,8 Millionen für das Befruchtungsprodukt,
die Zygote. Die erbbildlichen Verschiedenheiten der einzelnen Individuen, die lediglich durch eine verschiedene Kombination der Erbeinheiten bedingt werden, sind also so außerordentlich zahlreich, daß
man sagen kann, die Vorgänge bei der Reifung der Geschlechtszellen
und bei der Befruchtung seien die Hauptquellen der idiotypischen
Variabilität der Lebewesen, weil durch diese Vorgänge eine fortwährende
Mischung der Erbeinheiten bedingt wird. Die idiotypische Variabilität

im weiteren Sinne beruht also zum größten Teile auf solchen Abweichungen, die wir nach dem Vorschlage BAURS als Mixovariationen
(Mischvariationen) bezeichnen.

Die Chromosomenzahl bei der zweigeschlechtlichen Fortpflanzung.
Die Reduktionsteilungen machen uns auch die experimentell gefundene
Tatsache verständlich, daß ein Elter nur die Hälfte seiner Erbanlagen
auf je eins seiner Kinder vererben kann, denn der einzelne überliefert
ja auf jedes seiner Kinder nur die Hälfte seiner Chromosomenzahl,
während die dazugehörige Hälfte entweder mit anderen gleichzeitig
ausgestoßenen und nicht zur Befruchtung gelangenden Samenzellen
oder mit den Richtungskörpern der Eizelle verloren geht. Eine solche
Halbierung der Chromosomenzahl und somit der Erbeinheiten
jedes der Eltern ist übrigens eine notwendige Voraussetzung für die
Möglichkeit der zweigeschlechtlichen Fortpflanzung. Denn wenn die
Geschlechtszellen, bevor sie sich zur Ausgangszelle eines neuentstehenden
Individuums vereinigen, den Bestand ihrer Erbanlagen nicht jedesmal
um die Hälfte vermindern würden, dann müßte das Kind in jeder seiner
Zellen mit doppelt so viel Erbanlagen als jedes seiner Eltern ausgestattet
sein. Mit der Erzeugung jeder neuen Generation würde sich aber diese
Verdoppelung des Erbanlagenbestandes wiederholen, so daß im Laufe
der Zeit der Umfang einer Zelle sehr bald gar nicht mehr ausreichen
würde, um die gewaltig anschwellende Masse der Chromosomen in sich
aufzunehmen.

Die Bestimmung des Geschlechts.

Das Problem der Geschlechtsbestimmung. Die Annahme, daß die
Chromosomen die eigentlichen Träger der Vererbung sind, lag, wie
schon erwähnt, besonders auch deshalb nahe, weil die Chromosomen
mit so außerordentlicher Genauigkeit auf alle Geschlechtszellen gleich
verteilt werden; denn eine genau gleiche Verteilung der Erbmasse auf
alle Ei- und Samenzellen müssen wir doch nach dem, was uns die
experimentelle Erblichkeitsforschung gelehrt hat, auf alle Fälle annehmen. Hiermit scheint aber nicht im Einklang zu stehen, daß
HENKING schon vor Jahrzehnten bei der Feuerwanze zweierlei verschiedene Samenzellen fand, da ein Teil der Samenzellen ein Chromosom
mehr hatte als die übrigen. Solche und ähnliche Befunde sind in
neuerer Zeit sehr oft und an den verschiedensten Lebewesen, angeblich
sogar auch am Menschen, bestätigt worden, und es wirft sich deshalb
die Frage auf, wie diese Beobachtungen mit der Annahme vereinbar
sind, daß die Chromosomen das morphologische Substrat des Idiotypus
darstellen.

Nun stehen aber die Verschiedenheiten in der Chromosomenzahl
in fester Korrelation zu den Geschlechtern. Die Abweichung in der
Chromosomenzahl ist also als ein dem betreffenden Geschlecht zu-
kommendes Geschlechtsmerkmal aufzufassen. Die Beobachtungen über
die Abweichung der Chromosomenzahl bei einem Teil der Geschlechtszellen vertragen sich daher mit der Annahme, daß die Chromosomen

die Träger der Erbmasse seien, sehr gut, wenn man die weitere Annahme macht, daß die Verschiedenheit der beiden Geschlechter sich auf Unterschiede in ihrer Chromosomenzahl zurückführen läßt. Diese letztere Annahme scheint aber durch zahlreiche Beobachtungen — wenigstens für den größten Teil aller Organismen und besonders für die höheren Lebewesen — bewiesen zu sein. Damit ist das Problem der Geschlechtsbestimmung seiner prinzipiellen Lösung zugeführt, denn wir haben erkannt, daß das Geschlecht durch Vorhandensein oder Fehlen besonderer Erbanlagen bzw. besonderer Chromosomen entschieden wird. Die Geschlechtsbestimmung ist damit — wenigstens bei den höheren Lebewesen — zu einem vererbungsbiologischen und vererbungscytologischen Phänomen geworden.

Die Geschlechtschromosomen. Bei manchen Lebewesen konnten die Chromosomenverhältnisse in ihren Beziehungen zum Geschlecht schon sehr genau erforscht werden. Oft beobachtet man, daß ein Paar der Chromosomen von den übrigen in bezug auf Größe, Form und Färbbarkeit abweicht. Die beiden Chromosomen dieses Paares bezeichnet man dann als Heterochromosomen (X- und Y-Chromosom), und da man, wie gesagt, fand, daß von ihnen die Entscheidung über das Geschlecht abhängt, auch direkt als Geschlechtschromosomen. Sämtliche übrige Chromosomen werden im Gegensatz hierzu Autochromosomen (Autosomen) genannt.

X- und Y-Chromosom. Bei einer Wanze (Lygaeus turcicus) z. B. hat jede Körperzelle 14 Chromosomen, d. h. also 7 Chromosomenpaare. Die Chromosomen verschiedener Paare sind ungleich groß. Diese 7 sich völlig entsprechenden Chromosomenpaare finden wir aber nur in den Zellen der Weibchen; bei den Männchen ist das eine der 7 Paare gewissermaßen nicht komplett, denn von den beiden Paarlingen hat hier nur eins die normale (d. h. bei den Weibchen anzutreffende) Größe (X-Chromosom), während das andere sehr viel kleiner ist (Y-Chromosom). Genau wie die Körperzellen haben natürlich auch die Urgeschlechtszellen bei den Weibchen 7 vollständige Chromosomenpaare, bei den Männchen dagegen nur 6 vollständige und ein siebentes mit dem gleichsam verkümmerten Chromosom. Bei der Reifung der Geschlechtszellen, durch die aus jeder Ureizelle eine reife Eizelle und drei Richtungskörper entstehen, erhält auf Grund der geschilderten Chromosomenverhältnisse jede reife Eizelle (und jeder Richtungskörper) 7 vollständige Chromosomen; aus der Ursamenzelle entwickeln sich aber bei der Reifung vier Samenzellen, von denen nur zwei die 7 vollständigen Chromosomen haben, während die anderen beiden 6 vollständige und als siebentes das verkümmerte Y-Chromosom enthalten. Wir haben also bei Lygaeus cytologisch einerlei Eizellen, aber zweierlei Samenzellen, und zwar 50% Samenzellen mit 7 vollständigen Chromosomen und 50%, bei denen das siebente Chromosom verkümmert ist.

Wir wollen uns nun diese Verhältnisse in einem Schema darstellen. Dabei wollen wir jedoch die Verschiedenheit sämtlicher Chromosomenpaare nicht berücksichtigen und unseren obigen Schematas entsprechend nicht 7, sondern nur 6 Chromosomenpaare annehmen. Dann erhalten wir folgendes Bild:

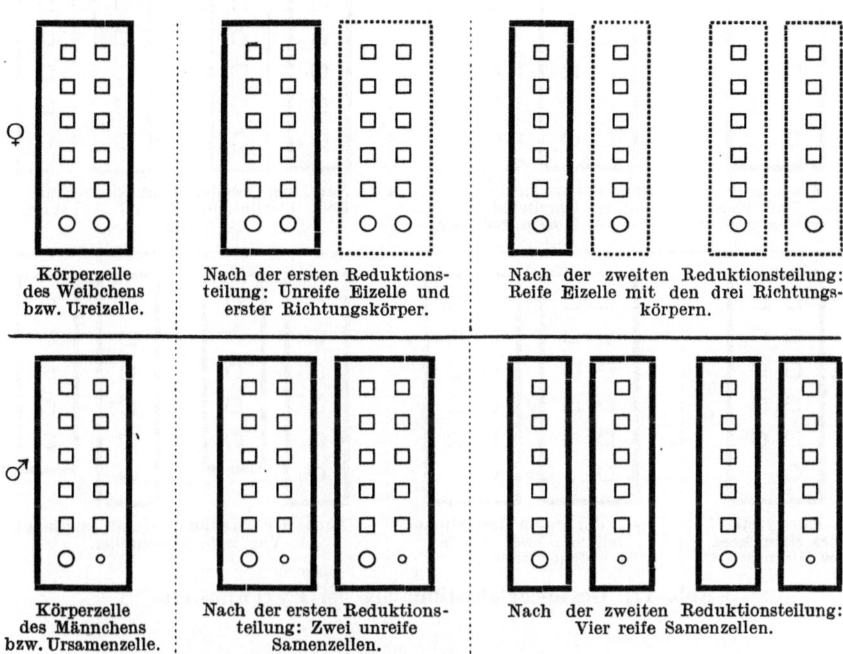

Abb. 16. Geschlechtsbestimmung bei Lygaeus.

Bei manchen Organismenarten kommt es auch vor, daß dem X-Chromosom mehrere kleine „X-Chromiolen" gegenüberstehen, oder daß X und Y weder voneinander noch von den Autochromosomen morphologisch unterscheidbar sind (sog. physiologische Heterogametie).

Unpaares X-Chromosom. Nun braucht aber das Y-Chromosom überhaupt nicht vorhanden zu sein, sondern dieser Partner des X-Chromosoms kann völlig fehlen. Dann haben wir bei den Männchen n-Chromosomenpaare und ein unpaares „überzähliges" Chromosom (X-Chromosom), während die Zellen der Weibchen n + 1-Chromosomenpaare enthalten. In dieser Weise liegen die Verhältnisse z. B. bei der Feuerwanze (Pyrrhocoris). Ein Schema würde bei der Annahme, daß 6 Chromosomenpaare bzw. 5 Chromosomenpaare + 1 X-Chromosom vorhanden sind, folgendermaßen aussehen (s. Abb. 17 S. 62).

Nur die Hälfte der reifen Samenzellen enthält also das X-Chromosom. Durch die Vereinigung einer X-haltigen Samenzelle mit einer Eizelle entsteht eine Zygote, die 2 X-Chromosomen, also ein X-Chromosomenpaar, enthält und folglich die Ausgangszelle eines Weibchens ist. Durch die Vereinigung eines X-losen Spermatosomens mit einer Eizelle entsteht dagegen eine Zygote mit nur einem X-Chromosom, also ein Männchen. Bei Pyrrhocoris enthalten demnach die weiblichen Indivi-

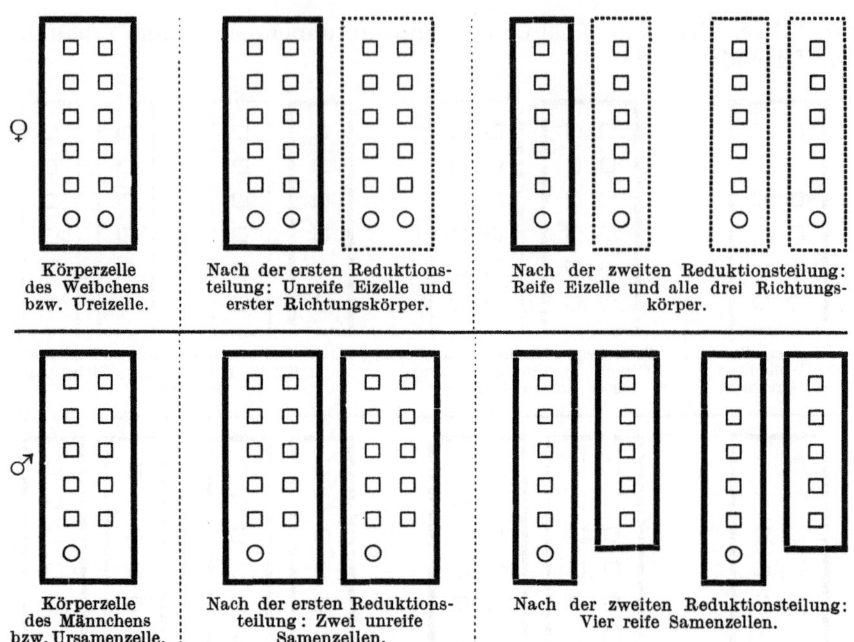

Abb. 17. Geschlechtsbestimmung bei Pyrrhocoris.

duen ein bestimmtes Chromosom paarig; die in diesem Chromosom lokalisierten Erbanlagen sind also beim Weibchen gleichsam homozygot vorhanden. Bei den männlichen Individuen dagegen sind die betreffenden beiden Paarlinge stets verschieden, da ja der eine Paarling überhaupt fehlt, und so kann man sagen, daß bei diesen Arten — und hierzu gehören scheinbar auch alle Säugetiere — das männliche Geschlecht heterozygot ist in bezug auf die geschlechtsentscheidende Erbeinheit.

Heterozygotie des weiblichen Geschlechts. Es gibt aber auch Lebewesen, bei denen die Verhältnisse zwar ganz analog, aber gerade umgekehrt liegen. Hier, z. B. bei dem Stachelbeerspanner (Abraxas), ist also das männliche Geschlecht das homozygote, das weibliche dagegen heterozygot. Infolgedessen haben wir bei Abraxas umgekehrt wie bei Lygaeus und Pyrrhocoris zweierlei Ei- und nur einerlei Samenzellen. Diese Heterozygotie des weiblichen Geschlechts ist aber bisher nur bei Insekten und Vögeln gefunden worden, während sämtliche Pflanzen und die Mehrzahl der Tiere im männlichen Geschlecht heterozygot sind.

Geschlechtsbestimmung beim Menschen. Wie beim Menschen die Dinge liegen, ist im einzelnen unsicher. Keinen Grund haben wir aber, daran zu zweifeln, daß hier die Geschlechtsbestimmung ebenso erfolgt, wie es bei allen daraufhin untersuchten Säugetieren der Fall ist, daß also auch beim Menschen das männliche Geschlecht das heterozygote ist. Das zu beweisen, war freilich bisher der Zytologie nicht möglich, wenn auch einige Autoren glauben, Chromosomenverhältnisse, die denen auf Abb. 17 ähneln, beim Menschen gesehen zu haben. Dagegen hat uns auch hier die statistische Forschung weitergebracht. Es läßt sich nämlich leicht zeigen, daß der sog. recessiv-geschlechtsgebundene Erbgang, der bei einer ganzen Reihe von Krankheiten schon sehr gründlich erforscht werden konnte, sich bei der Annahme einer Heterozygotie des Mannes sehr gut verstehen läßt, während er mit der Annahme einer Heterozygotie des Weibes völlig unvereinbar ist. Die Existenz des recessiv-geschlechtsgebundenen Erbgangs beweist uns daher mit einer an Sicherheit grenzenden Wahrscheinlichkeit, daß der Mensch auch bezüglich der Art seiner Geschlechtsbestimmung innerhalb der Reihe der Säugetiere steht. Wir dürfen deshalb annehmen, daß auch beim Menschen das Geschlecht durch eine Erbeinheit bestimmt wird, die beim Weib homozygot, beim Mann heterozygot vorhanden ist, und daß es folglich auch beim Menschen nur einerlei Eier, aber zweierlei Samenzellen gibt, nämlich männlich bestimmte und weiblich bestimmte.

Geschlecht und Idiotypus. Wie wir sehen, ist die spezielle Form der Geschlechtsbestimmung bei den einzelnen Arten recht verschieden. Das eine aber ist trotz des Wechsels der Einzelheiten aus den bisherigen Beobachtungen mit Sicherheit zu erkennen, daß — wenigstens bei allen höheren Lebewesen — das Geschlecht durch die Erbanlagen, also idiotypisch, bestimmt ist. Verwandte Individuengruppen, die sich durch eine bestimmte idiotypische Verschiedenheit voneinander unterscheiden, bezeichnen wir aber als Rassen. Die beiden Geschlechter können daher biologisch als zwei verschiedene Rassen oder, da sie noch stärker als anerkannte Rassen differieren, als zwei verschiedene erbliche Organismenformen aufgefaßt werden, nur daß diese beiden Organismenformen im Unterschied zu gewöhnlichen Rassen in einer obligaten Sexualsymbiose leben, so daß jede für sich allein nicht erhaltungsfähig ist.

Die Sexualproportion.

Nach der Theorie von der idiotypischen Bestimmung des Geschlechts müßten genau soviel Knaben wie Mädchen erzeugt werden, da ja genau die Hälfte der Samenzellen das X-Chromosom enthalten muß. Die Theorie scheint deshalb im Widerspruch zu stehen mit der Tatsache, daß auf 100 Mädchengeburten durchschnittlich etwa 106 Knabengeburten kommen, zumal man gute Gründe für die Annahme hat, daß unter den Erzeugten die Sexualproportion eine noch größere ist als unter den Geborenen; denn unter den Aborten und anscheinend auch unter den Extrauteringraviditäten ist die Knabenziffer ganz besonders hoch, so daß man allgemein annimmt, auf 100 Mädchenzeugungen kämen etwa 120—125 Knabenzeugungen.

Dieser scheinbare Widerspruch läßt sich aber durch die Annahme erklären, daß die männlich bestimmten Spermatosomen leichter zur Befruchtung gelangen als die weiblich bestimmten (Lenz, Schleip);

man könnte sich z. B. vorstellen, daß sie, weil sie mit zwei Chromosomen weniger belastet sind, eine größere Beweglichkeit besitzen. Durch diese Annahme würde sich auch das besonders starke Überwiegen der Knaben bei den Erstgeburten erklären, denn es ließe sich vorstellen, daß für die weiblich bestimmten Samenzellen, die ohnehin schon schwerer zur Befruchtung gelangen, die Verhältnisse bei noch uneröffneten Geburtswegen eben besonders ungünstig liegen.

Die Idee eines „Wettlaufs" der Spermatosomen klingt vielleicht im ersten Moment befremdend. Unterschiede in der Geschwindigkeit der Fortbewegung der einzelnen Geschlechtszellen sind aber schon mehrfach auch mikroskopisch beobachtet worden, besonders bei Pflanzen. Doch braucht es sich nicht gerade um Geschwindigkeitsunterschiede zu handeln. Die dargelegte Erklärung der Sexualproportion hat vielmehr nur die allgemeine Voraussetzung, daß Unterschiede in den befruchtungsphysiologischen Eigenschaften männlicher Keimzellen existieren können. Solche Unterschiede haben sich aber in einer ganzen Reihe von Fällen bei Pflanzen wie bei Tieren feststellen lassen (sog. Zertation).

Die Erklärung für die Entstehung bzw. die Erhaltung der Sexualproportion hat man darin zu suchen, daß dieses ungleiche Geschlechtsverhältnis für die betreffende Art von Vorteil ist im Kampfe ums Dasein, weil dadurch ihre Fortpflanzungsmöglichkeiten erhöht werden. Da von den Knaben schon vor der Geburt wie auch nach der Geburt viel mehr sterben als von den Mädchen (die Knaben sind eben eigentlich das „schwache Geschlecht"), so wird gerade durch die hohe Sexualproportion im fortpflanzungsfähigen Alter ein günstiges Geschlechtsverhältnis erzielt. Die Sexualproportion kann also, wie die meisten anderen Eigenschaften der lebenden Wesen, als eine durch Selektion entstandene Anpassungserscheinung aufgefaßt werden.

Hierdurch gewinnt man auch ein gewisses Verständnis für die Tatsache, daß in den Geburtenrückgangsländern, trotzdem hier die Erstgeborenen einen relativ großen Teil aller Kinder ausmachen, die Knabenziffer gering ist. Es kann das dadurch erklärt werden, daß in diesen Ländern die Männer, die eine ausgesprochene Anlage zu weiblichen Zeugungen haben, sich im Durchschnitt stärker vermehren als die übrigen. Bei solchen Männern werden nämlich besonders häufig auch die ersten Kinder weiblichen Geschlechts sein, und da fast in jeder Familie der Wunsch nach einem „Stammhalter" besteht, so wird in den Familien, in denen die ersten Kinder sämtlich Mädchen sind, eine energische Empfängnisverhütung erst viel später einsetzen als bei Familien, die schon mit dem ersten oder zweiten Kinde einen „Stammhalter" erworben haben. So führt der Wunsch nach männlichen Erben, wenn er in einer Bevölkerung durch mehrere Generationen wirkt, paradoxerweise zu Ausleseprozessen, die ein dauerndes langsames Sinken der Knabenziffer zur Folge haben. Auf diese Weise lassen sich das Sinken der Knabenziffern in den Ländern des Geburtenrückgangs, das Ansteigen der Knabenziffer nach einem Kriege, die niedrigen Knabenziffern der Ostasiaten, die angebliche Knabenarmut in Adelsgeschlechtern, bei Majoratsinhabern und die geringen Knabenziffern der höheren Stände und der städtischen Bevölkerung einheitlich erklären (Lenz).

Die Kontinuität des Idioplasmas.

Die Cytologie hat uns nicht nur in den Chromosomen die morphologischen Grundlagen der Erbanlagen erschlossen, sie hat uns nicht nur die idiotypische Bestimmung des Geschlechtes bestätigt, sondern sie hat auch die alte Weismannsche Lehre von der Kontinuität des

Erbplasmas von neuem befestigt. So hat BOVERI am Pferdespulwurm beobachtet, daß die beiden Tochterzellen, die aus der ersten Teilung der Zygote (Ausgangszelle eines neuen Individuums, befruchtete Eizelle) entstehen, ungleichen Chromatinbestand haben; bei der einen dieser Zellen ist er vermindert, während die andere den vollen Chromatinbestand besitzt „wie einen Rest der Erstgeburt". Die Nachkommen von der Zelle mit dem verminderten Chromatinbestand zeigen eine weitere Verminderung des Chromatins, ein Prozeß, der jedoch nach einer gewissen Anzahl von Zellgenerationen aufhört. Während sodann die chromatinarmen Zellen den Körper des Individuums bilden, wird aus der jüngsten der Zellen mit dem vollen Chromatinbestand die Urgeschlechtszelle, aus der durch die Reduktionsteilungen die reifen Ei- bzw. Samenzellen hervorgehen.

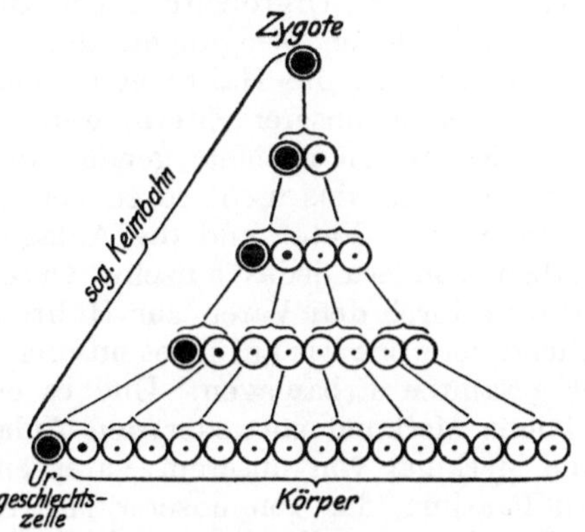

Abb. 18. Kontinuität des Idioplasmas bei Ascaris.

So läßt sich bei manchen Organismen die Kontinuität des Erbplasmas, die aus den Beobachtungen bei Kreuzungsexperimenten gefolgert werden muß, auch cytologisch nachweisen.

4. Die theoretischen Grundlagen der Vererbungslehre.

Das MENDELsche Gesetz.

Paarigkeit der Erbanlagen. Die experimentellen und cytologischen Tatsachen, die die moderne Vererbungsforschung zutage gefördert hat, geben uns in vielfacher Beziehung ganz neue theoretische Vorstellungen von dem Problem der Erblichkeit. Vor allem ist es uns jetzt nicht mehr erlaubt, uns angesichts eines erblichen Merkmals die Vorstellung zu machen, daß ihm in der Erbmasse des betreffenden Individuums einfach eine Erbanlage entsprechen müßte. Wir denken uns vielmehr jede erbliche Eigenschaft von zwei Erbanlagen abhängig, die zu einem Paar zusammengekoppelt sind, und zwar bilden sie deshalb ein Paar, weil sie sich beide in analoger Weise auf dieselbe Eigenheit desselben Organs beziehen, z. B. auf die Farbe der Augen.

Die Erbmasse eines Individuums setzt sich nun aus zahlreichen solchen Erbanlagepaaren zusammen. Von jedem Paar aber stammt der eine Paarling vom Vater, der andere von der Mutter. Das Neue und Unerwartete der MENDELschen Entdeckung liegt jedoch weniger hierin als vielmehr in der Tatsache, daß diese beiden Paarlinge niemals miteinander verschmelzen, sondern daß sie so, wie sie von den Eltern empfangen sind, an die Kinder weitergegeben werden. Jedes Kind erhält dabei von einem Erbanlagenpaar immer nur einen Paarling, da ja bei der Bildung der reifen Geschlechtszelle die Hälfte der elterlichen Erbmasse verloren geht, und da diese Halbierung des Erbanlagenbestandes stets in der Weise erfolgt, daß von sämtlichen Erbanlagepaaren je ein Paarling abgestoßen wird. Infolgedessen setzt sich die Erbmasse der Enkel aus den unveränderten einzelnen Erbanlagepaarlingen der Großeltern, Urgroßeltern usw. zusammen, nur daß dieselben bei den verschiedenen Zeugungen durcheinandergewürfelt wurden und vor jeder Zeugung die Hälfte von ihnen verlorenging.

Wir haben also mit jedem unserer Eltern (wenn man von den geschlechtsgebundenen Erbanlagen absieht) genau die Hälfte der Erbanlagen gemein. Und zwar ist das nicht so zu verstehen, daß wir die Anlage für dieses Organ vom Vater und die Anlage für jenes Organ von der Mutter haben, sondern jedes einzelne Organ, jedes einzelne Merkmal ist zur Hälfte durch den Vater, zur Hälfte durch die Mutter bedingt. Entsprechend vererben wir auf jedes unserer Kinder wiederum die Hälfte unserer gesamten Erbanlagen. Und es erhält dabei jedes Kind für jedes erbliche Merkmal entweder den Anlagenpaarling, den wir für dieses selbe Merkmal von unserem Vater empfangen hatten, oder jenen anderen Paarling, der von unserer Mutter stammt.

Der biologische Vererbungsbegriff. Infolge dieser Verhältnisse ist es etwas mißverständlich, zu sagen, man habe diese oder jene Eigenschaft (z. B. die Form der Nase oder die Farbe der Augen) vom Vater geerbt. Denn jeder derartigen Eigenschaft liegt ja, wie allen erblichen Eigenschaften, im Erbbilde stets ein Anlagepaar zugrunde, dessen einer Paarling vom Vater und dessen anderer Paarling von der Mutter stammt. In jedem Falle hat man also die idiotypische Grundlage z. B. seiner Augenfarbe ebensowohl vom Vater wie von der Mutter ererbt. Wenn trotzdem die Augenfarbe mit der Augenfarbe des Vaters in auffälliger Weise übereinstimmt (und mit der Augenfarbe der Mutter in ebenso auffälliger Weise kontrastiert), so ist das weniger ein Ausdruck der Vererbung als vielmehr ein Ausdruck der Dominanz oder der Homozygotie. Bei einem braunäugigen Vater hat man gegebenenfalls eben deshalb die braunen Augen des Vaters, weil der vom Vater stammende Erbanlagenpaarling für Braun den von der Mutter stammenden Paarling für Blau überdeckt; oder in einem anderen Fall: man hat die blauen Augen der Mutter, weil man auch vom Vater eine bei ihm recessive, d. h. also überdeckte Anlage für Blau geerbt hat, so daß man in bezug auf die Augenfarbe recessiv homozygot ist wie die Mutter. Der Vererbungsbegriff der Nichtbiologen deckt sich also auch in diesem

Bezuge nicht völlig mit dem biologisch-wissenschaftlichen Vererbungsbegriff. Denn der Nichtbiologe betrachtet im allgemeinen nur die Vererbung von Merkmalen und spricht deshalb von einer Vererbung nur
da, wo infolge von Dominanz oder infolge von fortlaufender Homozygotie bei Eltern und Kindern die Gleichheit körperlicher und geistiger
Eigenheiten äußerlich in die Erscheinung tritt. Der Biologe dagegen
spricht überall da von Vererbung, wo idiotypische Anlagen bei
Vorfahren und Nachkommen übereinstimmen, gleichgültig, ob
sie sich am Individuum phänotypisch manifestieren oder ob sie verborgen bleiben.

Bestätigung von WEISMANNS Lehren. So führt uns die mendelistische
Vererbungslehre zu den gleichen Vorstellungen von der Vererbung, die
schon AUGUST WEISMANN gelehrt hat. WEISMANN stellte sich die
Erbmasse vor als aus zahlreichen materiellen Teilchen bestehend, welche
wir jetzt als Erbanlagen, Faktoren, Gene oder Ide bezeichnen.
Diese Erbmasse, das Idioplasma (unschön als „Keimplasma" bezeichnet),

Abb. 19.   Falsche Vorstellung vom Vererbungsvorgang (● = Idioplasma).

trennte WEISMANN scharf von den übrigen Zellen des Körpers. Er
lehrte, daß nicht das Individuum mit seinen Körperzellen neue Idioplasmazellen („Keimzellen") produziert (Abb. 19), sondern daß die
Zellen des Idioplasmas (die Geschlechtszellen) jedesmal direkt aus den
Idioplasmazellen der vorhergehenden Generation entstehen (Abb. 20).

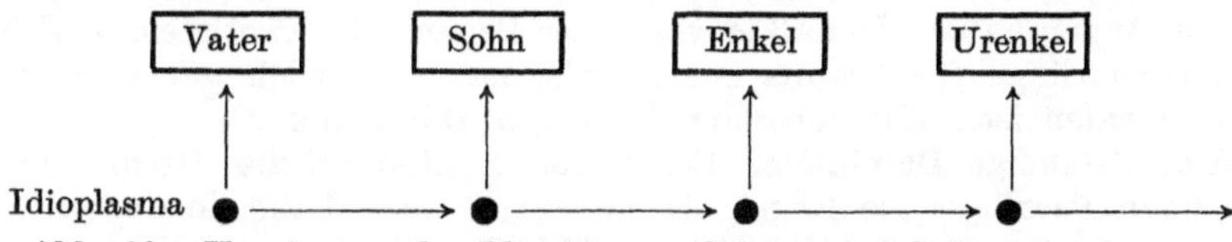

Abb. 20.   Kontinuität des Idioplasmas (Schema bei Selbstbefruchtung).

So gleicht das Idioplasma einer unter der Erde fortkriechenden Wurzel,
von der in regelmäßigen Abständen Sprosse emportreiben und zu
Pflänzchen werden, die den einzelnen Individuen der aufeinander
folgenden Generationen entsprechen.

Ewigkeit des Idioplasmas. Und wenn die Pflänzchen auch eins
nach dem anderen wieder dahinsterben: die unter dem Boden hin-
kriechende Wurzel wächst unsichtbar fort, um wieder und wieder
neuen Individuen das Leben zu geben (Abb. 20). Wenn die Deszendenztheorie richtig ist, so stammen die Erbsubstanzen der heute lebenden
Pflanzen, Tiere und Menschen in gerader Linie von den ersten Vertretern
organischen Lebens auf der Erde ab; unsere Erbmasse hat also unaus-
denkliche Zeitspannen zurückgelegt und zahllose Artumwandlungen
durchgemacht und ihr Leben von jener Urzeit bis heute erhalten. Wir
haben deshalb gar keinen Grund zu der Annahme, daß der Untergang

so zahlreicher Völker, den uns die Geschichte zeigt, durch irgendeine biologische Notwendigkeit diktiert gewesen wäre. Eine Rasse, ein Volk altert und stirbt nicht wie ein Individuum, da das Erbplasma nicht zu altern vermag. Wenn nicht äußere Gewalten das Lebendige töten, dann kennt die Lebensdauer der Erbsubstanzen keine Grenzen; potentiell hat also das Idioplasma ein ewiges Leben. In der Übereinstimmung mit der WEISMANNschen Lehre von der „Kontinuität des Idioplasmas" zeigen uns denn auch die modernen Vererbungsexperimente wie die einzelnen Erbeinheiten, wenn auch durch die zweigeschlechtliche Zeugung durcheinander gemischt, so doch in ihrem Wesen unberührt und unverändert im ewigen Spiel durch die Kette der Generationen wandern.

Homozygotie und Heterozygotie. Wir sahen, daß diese Erbeinheiten zu Paaren geordnet sind, von deren jedem stets nur ein Paarling auf jeden einzelnen Nachkommen übergeht. Beide Paarlinge können gleich sein. Bei einem Menschen z. B. mit blauen Augen denken wir uns die Blauäugigkeit bedingt durch zwei solcher zu einem Paar verkoppelter Anlagen für blaue Augenfarbe. Wir bezeichnen dann den Menschen als homozygot (gleichanlagig) in bezug auf seine Augenfarbe. Die beiden zu einem Paar gehörigen Anlagen können aber auch verschieden sein. Das Individuum ist dann in bezug auf die Eigenschaft, welche die Anlagen bedingen, heterozygot (verschiedenanlagig). Es könnte z. B. jemand die Anlage zu brauner Augenfarbe von seinem Vater, die zu blauer Augenfarbe von seiner Mutter geerbt haben. Da nun die Anlage für Braun ihren Paarling, die Anlage für Blau, zu überdecken pflegt, so wird ein solcher Heterozygot braune Augen haben, so daß er von einer Person, die zwei gleiche Erbanlagenpaarlinge für braune Augenfarbe hat, äußerlich gar nicht zu unterscheiden ist. Wir sprechen dann von Dominanz.

Unvollständige Dominanz. Bei Heterozygoten ist die Dominanz des einen Paarlings die Regel. Doch gibt es auch Fälle, in denen die Dominanz unvollständig ist. In Abb. 2 z. B. nehmen die heterozygoten Individuen bezüglich ihrer Farbe eine Mittelstellung zwischen den beiden homozygoten Ausgangsrassen ein. Man kann das dann „intermediär" nennen. Eine scharfe Abtrennung solcher Fälle läßt sich jedoch nicht durchführen, weil es vom recessiven bis zum intermediären und von diesem bis zum dominanten Verhalten alle Übergänge gibt. Intermediäres Verhalten ist selten; aber wenn auch fast immer Dominanz (bzw. Recessivität) besteht, so scheint diese Dominanz doch niemals wirklich vollständig zu sein. Denn alle im Tier- und Pflanzenreich gründlich untersuchten Fälle haben noch Unterschiede zwischen den homozygoten und den heterozygoten Individuen auffinden lassen. Konnte doch CORRENS zeigen, daß sogar die homo- und die heterozygot rote Erbsenblüte, jenes erste und typischste Beispiel der „Dominanz", mit Hilfe der colorimetrischen Methode noch leicht unterscheidbar sind! Es ist daher nicht zutreffend, die Dominanz, wie es immer geschieht, als einen Zustand zu definieren, in dem die homo- und die heterozygoten

Individuen äußerlich gleich sind; von Dominanz spricht man vielmehr dann, wenn die homo- und die heterozygoten Individuen einander ähnlich sind.

Gelegentlich kann die unvollständige Dominanz den Eindruck einer völlig neuen Eigenschaft machen. Die Heterozygoten, welche bei der Kreuzung gewisser weißer und schwarzer Hühnerrassen entstehen, erscheinen z. B. nicht grau, sondern blau (Andalusier). Auch solche Fälle sind aber natürlich von den dominanten und intramediären nichts prinzipiell Verschiedenes.

Unregelmäßige Dominanz. Sehr häufig ist die Dominanz unregelmäßig, d. h. sie ist bei einem Teil der Heterozygoten vorhanden und fehlt bei einem anderen Teil. Oder sie ist nur bei einem Teil der Heterozygoten vollständig und bei einem anderen Teil unvollständig. Nicht selten ist die Manifestation der dominanten Charaktere von Milieufaktoren abhängig. Beispiele für ein solches Verhalten wird ein späteres Kapitel bringen.

Epistase und Hypostase. Selbst jedoch, wenn ein Merkmal homozygot angelegt ist, braucht es nicht immer manifest zu werden. Denn einerseits ist auch die Manifestation homozygoter Charaktere oft von Außeneinflüssen (parakinetischen Faktoren) abhängig, andererseits aber kann die Manifestation einer Erbanlage auch durch die Wirkung anderer Erbanlagen, die nicht zu dem gleichen Paar gehören, beeinflußt werden. Der Idiotypus besteht ja aus einer ganzen Anzahl solcher Erbeinheitspaare. Als Beispiel für die gegenseitige Beeinflussung verschiedener Erbanlagenpaare sei erwähnt, daß bei schwarzen Mäusen, die ein Erbanlagenpaar für gelbe Färbung haben, dieses nicht in die Erscheinung tritt, weil es eben durch die schwarze Färbung, die von einem anderen Anlagenpaar ausgeht, überdeckt wird. Ein hierhergehöriges Beispiel aus der menschlichen Pathologie bildet die Hypospadie. Zu ihrem Auftreten ist nicht nur die spezifische Erbanlage nötig, die eben die Hypospadie entstehen läßt, sondern die Manifestation dieses Leidens verlangt auch die Anwesenheit derjenigen Erbeinheit, die das männliche Geschlecht bedingt. Trifft jedoch in einem Idiotypus die Anlage für Hypospadie mit der Anlage für weibliches Geschlecht zusammen, so ist eine Manifestation der Hypospadie nicht möglich: das Erbanlagenpaar für Hypospadie wird durch das Erbanlagenpaar für weibliches Geschlecht überdeckt. Wenn dergestalt ein Erbanlagenpaar ein anderes, auf eine andere Eigenschaft bezügliches überdeckt, spricht man nicht von Dominanz (worunter man nur das Überdecken einer Erbanlage durch ihren auf das gleiche Merkmal bezüglichen Paarling versteht), sondern man spricht dann von Epistase. Das weibliche Geschlecht ist also epistatisch gegenüber der Hypospadie. Das Gegenteil von Epistase ist Hypostase. Es ist also die Anlage zu Hypospadie hypostatisch gegenüber der Anlage zum weiblichen Geschlecht, wird folglich von ihr überdeckt.

Infolge der Epistase und Hypostase können auch dominante Krankheiten gelegentlich latent vererbt werden. Die Hypospadie z. B. ist beim männlichen

Geschlecht in den Fällen, die wir hier im Auge haben, offenbar dominant: die hypospadischen Männer sind heterozygot in bezug auf das krankhafte Merkmal (denn sie vererben es auf die Hälfte ihrer Söhne) und trotzdem manifest krank. Die heterozygoten Weiber aber wirken als „Konduktoren" und sind hier folglich äußerlich gesunde Überträger eines dominanten Leidens.

Idiotypische Verschiedenheit gleich aussehender Individuen. Schon die alten Züchter wußten, daß es oft unmöglich ist, die Erbwerte eines Individuums nach seiner äußeren Erscheinung zu beurteilen. Dem französischen Gärtner DE VILMORIN war es z. B. aufgefallen, daß Zuckerrüben von gleichem Zuckergehalt eine sehr verschiedenwertige Nachkommenschaft erzeugen können, da oft die eine Rübe lauter mehr oder weniger zuckerreiche, die andere ausschließlich zuckerarme Pflanzen hervorbringt. Die moderne Vererbungsforschung läßt uns nun nach verschiedenen Richtungen hin verstehen, worin diese Tatsache, daß der Wert des Individuums als solchen von seinem Wert als Zeuger verschieden ist, ihren Grund hat.

Einerseits können Individuen, die äußerlich gleich erscheinen, erblich verschieden sein. Dies ist bei allen heterozygoten Lebewesen der Fall, die eine dominante Eigenschaft besitzen, wenn man sie mit den betreffenden Homozygoten vergleicht. Bei epistatischen Eigenschaften ist es natürlich nicht anders. Aber nicht nur die Phänomene der Dominanz und der Epistase lassen erblich verschiedene Individuen als gleich erscheinen, auch Außeneinflüsse können gelegentlich die erblichen Verschiedenheiten, die zwischen zwei Individuen bestehen, verdecken. Die rote Primel (Primula sinensis rubra) z. B. bildet, wenn man sie im Warmhaus aufwachsen läßt, in ihren Blüten keine rote Farbe und gleicht deshalb unter diesen Bedingungen völlig der weißen Rasse (Primula s. alba), die doch erblich von ihr verschieden ist.

Idiotypische Gleichheit verschieden aussehender Individuen. Andererseits können aber auch Individuen, die erblich übereinstimmen, äußerlich verschieden aussehen. Die rote Primel im Freien unterscheidet sich z. B. von der im Warmhaus aufblühenden so sehr, wie sie sich sonst nur von einer anderen Rasse (nämlich der weißen Primel) unterscheidet. Auch Menschen, welche idiotypisch übereinstimmen, weisen meist Verschiedenheiten, wenn auch nur in geringem Umfang, auf. Allerdings kommen Menschen mit völlig übereinstimmendem Idiotypus im allgemeinen nicht vor, weil die menschliche Erbmasse aus zuviel verschiedenen, voneinander unabhängigen Erbanlagepaaren zusammengesetzt ist, die bei jeder Zeugung kaleidoskopartig durcheinandergewirbelt werden und von denen stets ein großer Teil heterozygot ist.

Eineiige Zwillinge. Individuen, die in allen Erbeinheitspaaren homozygot sind, kommen beim Menschen deshalb ebensowenig vor wie bei irgendeiner anderen zweigeschlechtlichen Spezies. Jeder Mensch ist infolgedessen im Sinne des Mendelismus ein Bastard und jede menschliche Fortpflanzung eine Bastardierung. Wenn es aber auch keine totale Homozygotie beim Menschen gibt, so lassen sich dennoch gelegentlich Individuen finden, die völlig übereinstimmende Erbmassen haben. Das

ist bei den eineiigen oder homologen Zwillingen der Fall, weil
hier beide Individuen aus der gleichen Zygote (befruchtete Eizelle),
gleichsam durch eine Art vegetativer Vermehrung, hervorgegangen sind.
Alle Unterschiede zwischen solchen Zwillingen müssen deshalb als Folge
einer Wirkung äußerer Faktoren angesehen werden, wenn es auch nicht
immer möglich ist, diese Faktoren nachzuweisen. Wie groß diese paratypischen Unterschiede idiotypisch übereinstimmender Personen sein
können, lehrt uns die Tatsache, daß unter eineiigen Zwillingen nicht
allzuselten Acardiaci gefunden werden: hier hat also ein Individuum
durch die Gunst äußerer Verhältnisse über ein anderes, das ihm bezüglich
der Erbwerte völlig ebenbürtig war, bis zu dessen Vernichtung trium-
phieren können.

Idiophorie. Die äußere Erscheinung eines Lebewesens ist also vielfach
verwandt, aber durchaus nicht identisch mit seinen Erbanlagen. Nur
einen kleinen Teil der Erbanlagen kann man aus der tatsächlichen Erscheinung, dem Phänotypus eines Individuums, erschließen; ein wirk-
liches Bild dieser Erbanlagen erhält man jedoch erst durch die Analyse
der Nachkommenschaft, vornehmlich der Enkelgeneration. So kann es
gelingen, eine (wenn auch nicht vollständige) Erbformel eines Individuums aufzustellen, d. h. seinen Erbanlagenbestand, seinen Idiotypus,
wenigstens bezüglich seiner wichtigsten Komponenten, zu charakteri-
sieren. Gerade deshalb aber, weil der Idiotypus oft von dem Phänotypus
erheblich abweicht, ist für den Biologen die Erforschung des Idiotypus
nötig. Denn, wie wir gesehen hatten, sind es ja nicht die Eigenschaften
des Individuums, die auf die nächste Generation vererbt werden, sondern
die Anlagen seines Idiotypus. Ein heterozygoter Mann mit braunen
Augen vererbt trotz seiner braunen Augenfarbe auf die Hälfte seiner
Kinder die Anlage zu blauer Augenfarbe. Das Wesen der Vererbung besteht also überhaupt nicht in einer Übertragung
von Eigenschaften, sondern allein in dem Weitertragen der
idiotypischen Anlagen von Generation zu Generation (Idiophorie).

Das MENDELsche Gesetz. Überblicken wir das Gesagte noch einmal im
Zusammenhang, um so den Kern der MENDELschen Entdeckung her-
auszuschälen und zu einer Formulierung des MENDELschen Gesetzes
zu kommen, so können wir sagen: Das Individuum vererbt von jedem
Erbanlagenpaar, das in seinem Erbbild vorhanden ist, auf jedes seiner
Kinder nur je einen Paarling. Den anderen, dazugehörigen Paarling
empfängt das neuentstehende Lebewesen von seinem anderen Elter:
so daß also jedes Kind die Hälfte seiner Erbanlagen vom Vater, die
andere Hälfte von der Mutter erhält. Das MENDELsche Gesetz läßt
sich demnach folgendermaßen fassen: Alle Vererbung beruht auf
dem Weitertragen von Erbanlagepaaren; dabei geht von jedem
Paar stets ein Paarling durch die sog. Reifungsteilungen der Geschlechtszellen verloren. Jede Erbanlage (nicht Eigenschaft!) hat daher
bei jeder Zeugung die Wahrscheinlichkeit $^1/_2$, auf das Kind
überzugehen.

Der Begriff der Erblichkeit.

Angeboren und idiotypisch. Früher hat man zwischen angeborenen („kongenitalen") und erworbenen Krankheiten unterschieden, und noch heute erfreut sich der Ausdruck kongenital allgemeiner Beliebtheit in der medizinischen Literatur. Es wird hier aber mit „angeboren" gewohnheitsmäßig ein Begriff bezeichnet, der sich zum Teil mit dem Begriffe „erblich" deckt. So bezeichnet man z. B. die Naevi, die man ja für erblich bedingt hält, als eine besondere Form „kongenitaler" Mißbildungen der Haut, trotzdem ja die meisten Naevi erst im Laufe des Lebens manifest werden, manche sogar erst im höheren Alter (tardive Naevi). Man hat sich also schließlich daran gewöhnt, unter „kongenital" nicht einfach das Angeborene zu verstehen, sondern alles, was das Kind mit auf die Welt bringt, „und zwar sowohl manifest wie in der Anlage" (Martius). Es leuchtet aber ein, daß es mißlich ist, einen Ausdruck, der seinem Wortsinne nach „angeboren" bedeutet, in diesem ganz anderen, viel weiteren Sinne zu gebrauchen. Der Ausdruck kongenital ist also ein unglücklicher Zwitter; bald bedeutet er „im Augenblick der Geburt vorhanden", bald „durch die Anlagen bedingt". Zu alledem bedeutet er, wörtlich genommen, weder das eine noch das andere, sondern „anerzeugt" (im Momente der Vereinigung von Ei und Samenzelle vorhanden). Man sollte deshalb den Ausdruck kongenital nach Möglichkeit vermeiden und statt dessen entweder erblich (idiotypisch) oder angeboren (konnatal) sagen.

Erworben und paratypisch. Ebensowenig wie der Ausdruck „kongenital" mit „erblich" (idiotypisch), kann der Ausdruck „erworben" mit „nichterblich" (paratypisch) identifiziert werden. Kennen wir doch zahlreiche angeborene Leiden, die mit Erblichkeit nichts zu tun haben (z. B. konnatale Syphilis, amniogene Mißbildungen), und auf der anderen Seite gibt es Krankheiten genug, an deren Erblichkeit, trotzdem sie erst im späteren Leben auftreten, nicht zu zweifeln ist (Dementia praecox, Otosklerose, Myopie, Alterstar). Vom Standpunkt der Vererbungslehre haben wir also keinerlei Anlaß, mit besonderer Schärfe die Eigenschaften, die schon bei der Geburt vorhanden sind, von denen zu trennen, die erst im späteren Leben entstehen. Der Ablauf der Ontogenese wird ja durch den Akt der Geburt in seinem Wesen gar nicht irgendwie berührt; die Manifestation erblicher Charaktere, die mit der Vereinigung der beiden Geschlechtszellen beginnt, erfolgt kontinuierlich das ganze Leben hindurch bis zur senilen Involution (die ja bekanntlich auch noch mancher erblichen Anlage zum Durchbruch verhilft) und bis zum Tode des Individuums.

Erblichkeit von Zuständen und Vorgängen. Manche Autoren machen eine Trennung in krankhafte Zustände (Anomalien) und krankhafte Vorgänge (Krankheiten) und meinen, daß nur Anomalien, niemals aber Krankheiten vererbt werden könnten. Zahlreiche erbliche Leiden werden aber erst während des extrauterinen Lebens allmählich manifest und imponieren infolgedessen nicht selten als ein am Individuum rascher oder langsamer ablaufender Vorgang (Dementia praecox, Myopie). Auch mehr oder weniger normale Vorgänge am Individuum, wie das Längen- und Breitenwachstum, zeigen oft deutliche Vererbung, und ich denke, daß es ungefähr auf dasselbe herauskommt, ob ich von einer Vererbung des Riesenwachstums rede und dabei an den **Vorgang** des übermäßigen Wachsens denke, oder ob ich von einer Vererbung des Riesenwuchses spreche und dabei jenen **Zustand** im Auge habe, der das Resultat dieses Wachstums ist.

Erblichkeit von Eigenschaften und Reaktionsweisen. Die Trennung des Angeborenen von dem erst später Erworbenen und die Betrachtung nach der längeren oder der kürzeren Dauer eines Leidens bringt uns also dem Verständnis des Erblichkeitsbegriffs nicht näher. In weit höherem Grade förderten unsere Einsichten in diesen Begriff die Darlegungen von Erwin Baur, nach denen im Grunde nicht Eigenschaften (gleichgültig ob angeboren oder erworben, ob Zustände oder Vorgänge), sondern nur **Reaktionsweisen** vererbt werden. Es gehört zu den Verdiensten Baurs, zur Erläuterung dieser Verhältnisse in der weißen und roten Primel (Primula sinensis alba und Primula sinensis rubra) ein besonders lehrreiches Beispiel gefunden zu haben.

Die weiße und die rote Primel unterscheiden sich, was schon der Name sagt, durch ihre weiße bzw. rote Blütenfarbe. Diese Blütenfarbe vererbt sich unter der gewöhnlichen Umwelt völlig konstant. Bringen wir aber eine Pflanze der roten Primel in ein Warmhaus, wo wir sie bei 30—35° C aufwachsen lassen, so blüht sie hier rein weiß, so daß im Warmhaus die Primula sin. rubra von der Primula sin. alba überhaupt nicht zu unterscheiden ist. Diese weiße Blütenfarbe der im Warmhaus gehaltenen Primula sin. rubra ist, wie zu erwarten steht, keine erbliche Eigenschaft; bringen wir die „rote Primel" wieder unter normale Temperatur zurück, so zeigen die später aufbrechenden Blüten wieder in unveränderter Weise ihre normale rote Farbe.

Eigentlich, sagt Baur, entspricht es deshalb einer ganz naiven Auffassungsweise, zu sagen, die „weiße" und die „rote" Primel unterscheiden sich durch die Blütenfarbe. Die Primula sin. rubra zeigt ja, wenn sie in wärmerer Umgebung aufwächst, genau so weiße Blüten wie die „weiße" Primel! Was die beiden Primeln voneinander unterscheidet, ist deshalb eigentlich nicht die Farbe ihrer Blüten, sondern nur die charakteristische Art und Weise, auf bestimmte Temperaturen mit Vermehrung oder Verminderung der Produktion eines gewissen Farbstoffes zu reagieren. Die Blütenfarbe und alle die übrigen „Eigenschaften" bestehen demnach nur relativ, je nach den gerade wirkenden Außenverhältnissen.

Baur vergleicht deshalb die beiden Primeln mit dem Paraffinum durum und dem Paraffinum liquidum. Diese beiden Paraffine unterscheiden sich gemeinhin dadurch, daß das eine fest, das andere flüssig ist. Wenn wir aber Paraffinum durum erhitzen, so wird es flüssig und ist dann nicht mehr von dem Paraffinum liquidum zu unterscheiden. Es ist deshalb eine sehr mißverständliche Ausdrucksweise, wenn man sagt, die beiden Paraffine seien dadurch unterschieden, daß das eine fest, das andere flüssig ist. Was die beiden Paraffine unterscheidet, ist vielmehr die verschiedene Lage ihres Schmelzpunktes, d. h. die charakteristische Art und Weise, in der sie auf Temperatureinflüsse mit Änderung ihres Aggregatzustandes reagieren. Und so wenig durch Erwärmen des Paraffinum durum auf seinen Schmelzpunkt dieser Schmelzpunkt selbst verändert, etwa erniedrigt wird, ebensowenig wird die charakteristische Art der Primula sin. rubra, bei relativ niedriger Temperatur rote Blütenfarbe zu erzeugen, durch die Zucht im Warmhause verändert. Auch diejenigen „roten" Primeln, die Generationen lang im Warmhause weiß geblüht haben, bringen wieder ihre normal roten Blüten hervor, sobald sie ins Freie zurückversetzt werden.

Erblichkeit von Krankheitsdispositionen. Es sind also eigentlich nicht bestimmte Eigenschaften, sondern nur die Reaktionsfähigkeiten der Rasse, die „vererbt" werden. Der Neger vererbt auf seine Nachkommen nicht die schwarze Hautfarbe, sondern nur die Fähigkeit, auf bestimmte äußere Einflüsse hin — teils auf Belichtung, teils schon auf die gewöhnlichen Reize des ontogenetischen Wachstums hin — große Mengen von Pigment in Epidermis und Cutis anzuhäufen. Gaben die ärztlichen Autoren der Ansicht Ausdruck, daß nicht die Krankheit, sondern nur die Disposition dazu vererbbar sei, so muß man im Lichte der BAURschen Betrachtungsweise auch die Erblichkeit der Disposition kritisch ansehen; denn auch die Disposition zu einer bestimmten Krankheit besteht ja ihrerseits wieder auf Grund bestimmter morphologischer oder physiologischer Eigenschaften der Zellen, und streng genommen wird eben nur die Fähigkeit dieser Zellen vererbt, in dem gewöhnlichen Milieu solche die Disposition bedingenden Eigenschaften hervorzubringen. Es wird also eigentlich auch nur die erbliche Anlage zur Krankheitsdisposition vererbt, nicht die Krankheitsdisposition selbst.

Erblichkeit von Merkmalen. Gibt es aber keine Vererbung von Eigenschaften, dann kann es natürlich auch keine Vererbung von Merkmalen geben, da man mit „Merkmalen" hauptsächlich diejenigen Eigenschaften zu bezeichnen pflegt, an denen man Gattungen, Arten, Rassen usw. unterscheiden kann. Das MENDELsche Gesetz sagt also eigentlich gar nichts über die Zahlenverhältnisse von Merkmalen aus, sondern nur über die Zahlenverhältnisse von Erbanlagen. Daraus folgt aber, daß ein Merkmal (und eine Krankheit), das nicht die exakten Mendelzahlen zeigt, dennoch in hohem Grade auf Erblichkeit beruhen kann. Dort wenigstens, wo die Manifestation eines Merkmals von einer räumlich und zeitlich wechselnden, bald in dieser, bald in jener Richtung zielenden Umwelt (Paravariabilität) oder infolge komplexer Bedingtheit von anderen Erbeinheiten (Mixovariabität) abhängig ist, werden wir deshalb auch bei sicher erblichen, auf ganz bestimmte Familien beschränkten Leiden klare Mendelzahlen vergeblich suchen.

Verschiedene Reaktionsweisen idiotypisch gleicher Individuen. Aber auch die BAURsche Ausdrucksweise, daß nur Reaktionsmöglichkeiten erblich seien, kann, wenn man will, noch einer Kritik unterzogen werden. Denn da die Ausnützung einer Reaktionsfähigkeit oft auch für die späteren Reaktionsfähigkeiten des Individuums von Einfluß ist, so kann die Reaktionsfähigkeit von zwei idiotypisch gleichen Individuen, wenn sie vorher unter verschiedenen Außenbedingungen gestanden haben, auch verschieden sein. Nehmen wir beispielsweise an, daß von eineiigen Zwillingen der eine mit einem Antigen gespritzt wurde, der andere nicht. Trotzdem beide erbgleich sind, reagieren sie nunmehr völlig verschieden gegenüber den betreffenden Infektionserregern. Es ist deshalb im Ausdruck entschieden richtiger, wenn man sagt, daß nicht diese oder jene Reaktionsfähigkeiten vererbt werden können, sondern daß eine bestimmte Summe von Reaktionsfähigkeiten (LENZ) vererbt wird. Denn die gesamte Summe der Reaktionsfähigkeiten muß bei idiotypisch übereinstimmenden Individuen natürlich immer die gleiche sein.

Erblichkeitsbegriff ein Relationsbegriff. Aus diesen Betrachtungen ergibt sich nunmehr die Erkenntnis, daß der Erblichkeitsbegriff (soweit es sich um Erblichkeit von Merkmalen, Eigenschaften, Krankheiten usw. handelt) ein Relationsbegriff ist. Dies kann man sich besonders schön an dem besprochenen Primelbeispiel klarmachen.

Die rote bzw. die weiße Blütenfarbe, durch die sich die Primula sin. rubra und die Primula sin. alba unter normalen Verhältnissen unterscheiden, müssen als idiotypische Merkmale, als Idiovariationen (Erbvariationen) bezeichnet werden. Die weiße Blütenfarbe, durch die sich die Primula sin. rubra im Warmhaus von der im Freien wachsenden Primula sin. rubra unterscheidet, mußten wir dagegen als eine Paravariation (Nebenvariation) ansprechen, da sie ihre Ursache nicht in einer Verschiedenheit des Idiotypus der beiden Pflanzen hat, sondern nur in einer Verschiedenheit der Aufwuchsbedingungen idiotypisch übereinstimmender Individuen. Man kann sich nun aber leicht einen Fall denken, in dem uns die weiße Blütenfarbe der Primula sin. rubra im Warmhause nicht als Para-, sondern als Idiovariation entgegentritt.

Nehmen wir z. B. an, daß es eine zweite Rasse der Primula sin. rubra gäbe, die ihre rote Blütenfarbe nicht bei 30°, sondern erst bei 50° — oder auch durch die höchsten möglichen Hitzegrade überhaupt nicht — verliert, so würden wir, wenn wir zwei Pflanzen der beiden Rassen nebeneinander in dem gewöhnlichen Warmhause halten, die weiße Blüte der Primula sin. rubra als eine Idiovariation bezeichnen müssen, gegenüber der roten Blüte der Primula sin. rubra hypothetica, da sich der Unterschied beider Pflanzen nicht durch die Verschiedenheit der Umwelt (beide befinden sich ja in dem gleichen Warmhause), sondern durch eine erbliche, idiotypische Verschiedenheit der Reaktion auf Temperatureinflüsse erklären würde. Eine Eigenschaft bzw. eine Variation ist also bald erblich (idiotypisch), bald nichterblich (paratypisch), je nachdem wir sie mit der entsprechenden Eigenschaft dieses oder jenes anderen Individuums vergleichen. Es ist deshalb eigentlich nicht korrekt, überhaupt von einem erblichen bzw. nichterblichen Merkmal zu reden, da es strenggenommen nicht idiotypische bzw. paratypische Merkmale, sondern nur idiotypische bzw. paratypische Verschiedenheiten, Veränderungen, Variationen, Abweichungen, Unterschiede gibt. In dem Ausdrucke der Idio-„Variation" liegt ja schon die Beziehung auf andere Individuen eingeschlossen, denn wenn etwas idiotypisch „variiert", idiotypisch „abweicht", dann muß es eben andere Individuen geben, von denen es abweicht.

Es gibt aber eigentlich nicht nur keine idiotypischen Merkmale, sondern es gibt, absolut genommen, auch gar keine Idiovariationen. Die weiße Primula sin. rubra im Warmhause ist, wie gesagt, der auch im Warmhause befindlichen roten Primula sin. rubra hypothetica gegenüber eine Idiovariation, der roten Primula sin. rubra im Freien gegenüber eine Paravariation. — In einer Population, in der alle Menschen die gleiche (z. B. rituelle) Schnittwunde haben, würde ein Keloid, das sich aus dieser Wunde nur bei den Individuen einer bestimmten Familie entwickelt, offenbar eine Idiovariation darstellen. Wenn wir dagegen bei einigen Negern, bei denen ja die Neigung zu Keloiden allgemein sehr groß ist, ein Keloid im Anschluß an eine Verwundung sich entwickeln sähen, so wäre dieses gleiche Keloid nur als Paravariation zu bezeichnen, weil man erfahrungsgemäß annehmen kann, daß die Stammesgenossen, wenn sie das gleiche Trauma erlitten hätten, d. h. also, wenn die äußeren Bedingungen dieselben gewesen wären, bei der großen Disposition der Neger zur Keloidbildung gewiß auch entsprechende Keloide bekommen hätten. — Die Tetanusantitoxine, die ein mit Tetanustoxin behandelter Patient in seinem Blute birgt, sind eine paratypische Abweichung, denn die anderen Menschen würden in der gleichen Umwelt, d. h. nach der gleichen Vorbehandlung mit Tetanustoxin, die gleichen Tetanusantitoxine besitzen. Zwischen einer in gleicher Weise vorbehandelten Schildkröte und dem genannten Patienten ist aber der Unterschied ein idiotypischer; denn das Blut der Schildkröte ist, trotz der gleichen Vorbehandlung, also trotz der gleichen äußeren Bedingungen, frei von Tetanusantitoxinen.

Idiotypische und paratypische Eigenschaften. Es war nötig, auf diese Dinge einzugehen, weil die Erkenntnis der ausgesprochenen Relativität der Begriffe des Erblichen und des Nichterblichen für das Verständnis vererbungsbiologischer Probleme von Wichtigkeit ist. Allerdings kann auch die Erkenntnis dieser Relativität der Begriffe zu übertriebenen Schlußfolgerungen führen, vor denen man sich hüten muß. Vor allen Dingen muß man es vermeiden, die BAURsche Darstellungsweise, daß Eigenschaften niemals erblich sein könnten, sondern nur Reaktionsweisen, zu einem philologischen Dogma zu stempeln. So wird z. B. neuerdings gefordert, daß der Ausdruck „idiotypisches Merkmal" oder „erbliches Merkmal" überhaupt grundsätzlich vermieden werden müsse, weil jedes Merkmal sowohl idiotypisch als auch paratypisch, sowohl durch die Erbmasse als auch durch die Umwelt bedingt sei. Diese Forderung schießt aber doch wohl über das Ziel hinaus. Wenn man sich auch die Entstehung keines Merkmals, keiner Eigenschaft unter völliger Ausschaltung der erblichen Anlage oder unter völliger Ausschaltung aller Umwelteinflüsse (wozu ja z. B. auch alle Nährstoffe gehören) vorstellen kann, wenn auch jede Eigenschaft ein Reaktionsprodukt der erblichen Anlagen auf die Umwelteinflüsse darstellt, so ist doch bei vielen Merkmalen der Einfluß eines dieser beiden Faktoren derartig gering, daß es nicht einzusehen ist, warum man den Sprachgebrauch verdammen soll, der in solchen Fällen kurzerhand von „erblichen Merkmalen", „paratypischen Eigenschaften" u. dgl. spricht. Was sollte es für einen Zweck haben, wenn jemand es peinlich vermeiden würde, z. B. von erblicher Hämophilie zu reden, und wie geradezu irreführend müßte es wirken, wenn jemand behaupten würde, die Hämophilie sei kein erbliches Leiden, weil ja nicht sie selbst, sondern nur die hämophile Erbanlage vererbt werde.

Freilich gibt es von den Merkmalen, die, wie die von MENDEL zu seinen Versuchen ausgewählten, gefahrlos als „erbliche Merkmale" angesprochen werden können, bis zu den Eigenschaften, die wir direkt als paratypische Eigenschaften bezeichnen können, eine ununterbrochene Reihe von Übergängen, bei deren Zustandekommen bald der Einfluß des Erbbildes, bald der der Umwelt überwiegt, wo also die Verschiedenheit einer bestimmten Eigenschaft eines Individuums von der entsprechenden Eigenschaft eines anderen nur zum Teil durch eine erbliche Verschiedenheit beider Individuen, zum anderen, bald größeren, bald geringeren Teil durch die Verschiedenheit ihrer Aufwuchsbedingungen zustande gekommen ist. Wenn z. B. ein brünetter Mensch energisch Sonnenbäder genommen hat, so unterscheidet er sich von einem blonden, der die Sonne gemieden hat, durch eine viel dunklere Hautfarbe. Dieser Unterschied ist aber — wie wir nicht näher zu erläutern brauchen — gleichzeitig sowohl ein idiotypischer, erbbildlicher, als auch ein durch Außenfaktoren entstandener. Daß es in solchen und ähnlichen Fällen (trotzdem auch hier eine richtige Abschätzung des idiotypischen Anteils große praktische Bedeutung haben kann) oft mißlich, ja selbst direkt irreführend ist, ein Merkmal kurzerhand als idiotypisch oder paratypisch zu bezeichnen, leuchtet ohne weiteres ein. Bei der großen Zahl von Eigenschaften aber, deren Paravariationsbreite gering ist, kann man getrost von idiotypischen Eigenschaften reden, ohne logisch oder biologisch unsinnig zu handeln. Die braune Augenfarbe oder die Brachydaktylie kann ich ruhig als „erbliche Eigenschaften" bezeichnen, und aus demselben Grunde erscheint auch die Ausdrucksweise, die von der Cystinurie, der Schizophrenie, der Hämophilie usw. als von „erblichen Krankheiten" spricht, durchaus berechtigt und sinngemäß.

Erblichkeit von Variationen, Merkmalen, Krankheiten usw. Es gibt also Idiovariationen und Paravariationen, trotz der Relativität dieser Begriffe, genau so wie es warme und kalte Temperaturen, schwere und leichte Gewichte gibt, und es entbehrt nicht des Sinnes, wenn wir von idiotypischen und paratypischen Eigenschaften, Merkmalen, Krankheiten, Dispositionen usw. sprechen, trotzdem man über die Berechtigung dieser Ausdrücke in manchem einzelnen Falle wird streiten können, weil diese Berechtigung von dem Grade der Manifestationssicherheit (also von der Konstanz des Milieus) und von der Paravariabilität (d. h. der Beeinflußbarkeit des betreffenden Merkmals durch Außenfaktoren) abhängig ist. Nur bei geringer Paravariabilität in dem gegebenen Milieu können wir deshalb ein Merkmal „erblich" nennen; und wenn wir ein Leiden als erblich bezeichnen, so behaupten wir damit eigentlich weniger, daß zu seinem Zustandekommen eine bestimmte Erbanlage notwendig ist (denn das ist schließlich bei jedem Leiden der Fall), sondern vielmehr, daß seine Paravariationsbreite in dem gegebenen Milieu eine geringe ist. Genau das gleiche gilt für die Mixovariabilität, d. h. für die Größe der Beeinflußbarkeit eines bestimmten Merkmals durch andere Erbfaktoren.

Man kann also getrost auch weiterhin an der richtigen Stelle von erblichen Merkmalen, erblichen Krankheiten, idiotypischen und paratypischen Eigenschaften usw. sprechen, wenn man sich nur des wahren Sinnes derartiger Ausdrücke genügend bewußt bleibt. Wir müssen uns damit abfinden, daß unsere Sprache ein sehr unvollkommenes Ding ist, die niemals die Vorgänge bei der Vererbung rein so wiederzugeben vermag, wie sie wirklich gedacht und aufgefaßt werden müssen.

Von der Vererbung einer Krankheit an, über die Vererbung einer Krankheitsdisposition, die Vererbung einer Eigenschaft und die Vererbung eines Merkmals bis zur Vererbung einer Reaktionsweise haben wir also eine Reihe von Begriffsbenennungen vor uns, über die es möglich ist, unzufrieden zu sein und zu kritisieren. Sind wir uns aber klar darüber, was der Begriff der Erblichkeit in seinem letzten Sinne besagt, dann ist dieser Streit um Worte müßig, und wir können ruhig eine Krankheit erblich nennen, ohne dadurch jenem Glauben an absolute Begriffe zu verfallen, vor dem sich der Naturwissenschaftler hüten soll.

Erblichkeitsbegriff ein absoluter Begriff. Die Erkenntnis der Relativität des Erblichen und des Nichterblichen kann aber noch nach einer anderen Richtung hin zu Übertreibungen führen. Diese Relativität besteht nämlich nur dann, wenn man, wie so oft, von der Erblichkeit von Merkmalen, Eigenschaften u. dgl. spricht, kurz, wenn man die Erblichkeit bzw. Nichterblichkeit phänotypischer Erscheinungen betrachtet. Die Vererbung als Vorgang, die Idiophorie, bedeutet nun aber ihrem Wesen nach das Weitertragen des Idiotypus von Generation zu Generation und bezieht sich deshalb primär nur auf die idiotypischen Anlagen. Die Idiophorie als solche ist deshalb sehr wohl ein absoluter Begriff, denn es gibt eine Vererbung von Erbanlagen, die prinzipiell besonders von dem Begriff der Paraphorie (der Nachwirkung paratypischer Eigenschaften) verschieden ist. Mit der Vererbung von Anlagen (Idiophorie), dem Übergang elterlicher Erbsubstanz auf die Kinder, hat daher das, was wir Paraphorie nennen, nicht das Geringste zu tun. Die Erkenntnis, daß der Erblichkeitsbegriff, soweit er auf phänotypische Erscheinungen angewandt wird, ein Relationsbegriff ist, schlägt daher keine Brücke zwischen Idiophorie und Paraphorie und ist infolgedessen nicht imstande, dem Streit um die sog. Vererbung erworbener Eigenschaften seine prinzipielle Bedeutung zu nehmen.

Die sog. Vererbung erworbener Eigenschaften.

I. Der Ausdruck. Falsche Auffassungen über die Natur des Erblichkeitsbegriffs haben besonders in dem Streit, der über die sog. Vererbung erworbener Eigenschaften geführt worden ist, eine Rolle gespielt. Manche Erörterung über diese Frage würde wohl unterblieben sein, wenn wir nicht mit dem unseligen Ausdruck „Vererbung erworbener Eigenschaften" belastet wären. Wie wir gesehen hatten, ist der Ausdruck „erbliche Eigenschaft" nicht gut zu entbehren, man darf aber bei seiner Anwendung nie vergessen, daß eigentlich nicht eine Eigenschaft, sondern nur eine Reaktionsmöglichkeit oder vielmehr die Summe aller Reaktionsmöglichkeiten vererbt wird. In einer theoretischen Erörterung, zu der ganz klare Begriffe notwendig sind, ist es deshalb doch entschieden mißlich, von einer „Vererbung von Eigenschaften" zu sprechen. Sind es im Grunde doch nur die Erbanlagen und nicht ihre phänotypischen Manifestationen, die von dem Vorgang der Vererbung erfaßt werden!

Noch bedenklicher ist es, daß von der Vererbung „erworbener" Eigenschaften geredet wird. Denn unter einer „erworbenen" Eigenschaft versteht man heutzutage allgemein den Gegensatz einer in der Anlage vorhandenen, also einer erblichen Eigenschaft, und zwar pflegt man unter dem Begriff des Erworbenen nicht nur das Nichtererbte, sondern auch das Nichtvererbbare, das Nichterbliche zu subsumieren. Wenn aber „erworben" ganz allgemein für „nichterblich" gebraucht wird, so ist es ohne weiteres klar, daß die „Vererbung erworbener Eigenschaften" dem allgemeinen Sprachgebrauche nach nichts anderes bedeutet als eine „Vererbung nichterblicher Eigenschaften". Die Vererbung erworbener Eigenschaften ist also schon terminologisch eine contradictio in adjecto.

II. Die deduktiven Beweise. Schon auf Grund theoretischer Überlegungen muß die Vererbung erworbener Eigenschaften abgelehnt werden, denn sie ist schlechthin nicht vorstellbar, wenn man den Boden der Naturwissenschaft nicht verlassen und teleologischen Phantasien nachhängen will. Daß sich eine Muskelgruppe durch Übung vergrößert, und daß diese erworbene Eigenschaft, die Muskelhypertrophie, auf die Zellen des Idioplasmas (etwa auf dem Wege der inneren Sekretion) einwirkt, macht der Vorstellung keine Schwierigkeit; daß aber diese Einwirkung auf die Erbzellen an dem Individuum der nächsten Generation gesetzmäßig wieder gerade das hervorbringen soll, was ihre eigene Ursache war (nämlich die bestimmte Muskelhypertrophie), das ist eine Vorstellung, die abseits der Bahnen naturwissenschaftlicher Logik wandelt, die vielmehr eine transzendente Zweckmäßigkeit voraussetzt. Neuere Autoren suchten über solche Schwierigkeiten durch die Annahme hinwegzukommen, daß die Außeneinflüsse eine „Allgemeinveränderung" des Körpers erzeugen, und daß diese Allgemeinveränderung einerseits den Körper und andererseits die Erbzellen abändert. Und da die Existenz einer „Allgemeinveränderung" in diesem Sinne bestritten werden kann, zumal sie uns mit den Lehren der von VIRCHOW begründeten Cellularpathologie in Konflikt bringen würde, so halfen sich wieder andere Autoren dadurch, daß sie an die innere Sekretion appellierten. Aber wenn wir auch annehmen würden, daß ein Hormon, ein Antitoxin oder ein sonstiger Stoff, der, durch äußere Einflüsse hervorgerufen, im Körper kreist, bis zu den Geschlechtszellen gelangt, so wären wir damit keinen Schritt weiter. Der Alkohol z. B. ruft in der Leber eine Cirrhose hervor. Der gleiche Alkohol kann freilich auch auf die Erbzellen wirken; aber wie soll man sich vorstellen, daß er die Erbzellen gesetzmäßig gerade in der Weise beeinflußt, daß sie bei ihrer späteren Entwicklung ein Kind mit einer Leber produzieren, die so beschaffen ist, als ob der Alkohol auf sie eingewirkt hätte. Bei den Hormonen würden die Verhältnisse ganz analog liegen; auch die Lehre von der inneren Sekretion gibt uns deshalb nicht im geringsten die Möglichkeit, uns in einer von teleologischen Spekulationen freien Weise eine Vererbung erworbener Eigenschaften vorzustellen.

Die Paraphorie. Nun gibt es allerdings eine biologische Erscheinung, die bei oberflächlicher Betrachtung einer Vererbung erworbener Eigenschaften ähnlich sieht.

Wenn man z B. Bohnenpflanzen nahezu verhungern und vertrocknen läßt, so daß sie nur geringe Größe erreichen und nur ganz kleine, nährstoffarme Samen hervorbringen, und wenn man dann diese Samen auf gutem Boden bei guter Pflege aufwachsen läßt, dann bleiben die daraus entstehenden Pflanzen an Größe deutlich hinter den übrigen Bohnenpflanzen zurück, die von besser ernährten und besser gepflegten Eltern abstammen. Es handelt sich hier aber keineswegs um Vererbung. Denn wenn wir die Samen dieser trotz guter Ernährung klein bleibenden Pflanzen wiederum unter guten Verhältnissen aussäen, erhalten wir in der nunmehr entstehenden Enkelgeneration wieder völlig normal große Bohnenpflanzen. Die Erscheinung erklärt sich sehr einfach dadurch, daß die Bohnensamen neben dem Erbplasma auch noch Nahrungsstoffe für die junge keimende Pflanze enthalten; sind nun diese Nahrungsstoffe infolge Hungerns der Elterpflanze sehr spärlich, so leiden darunter die jungen Bohnenpflänzchen in der ersten Zeit ihrer Entwicklung, in der sie auf diese mitgebrachten Nährstoffe angewiesen sind, und die Folgen dieser frühen Hungerperiode können auch durch spätere sorgsamste Pflege nicht wieder völlig ausgeglichen werden. Durch das Hungern der Elternpflanzen ist aber nur das Ernährungsplasma (Stereoplasma) der Nachkommen angegriffen worden, keineswegs ihr Erbplasma (Idioplasma). Denn wenn dieses eine Änderung erfahren hätte, wenn also der Kümmerwuchs der Tochterpflanzen erblich bedingt gewesen wäre, dann könnten die Enkelpflanzen unter den gleichen Außenbedingungen, unter denen ihre Eltern kümmerten, nicht ohne weiteres wieder normales Wachstum zeigen.

Es handelt sich also bei diesem Kümmerwuchs der Bohnenpflanzen, die von hungernden Eltern abstammten, keineswegs um einen Ausdruck davon, daß die idiotypische Konstitution durch das Hungern der Elternpflanzen eine ungünstige Änderung erfahren hätte, sondern es handelt sich einfach um die flüchtige Nachwirkung einer bloß paratypischen Eigenschaft auf die nächste Generation. Solche Nachwirkungen paratypischer Variationen spielen bei höher organisierten Lebewesen praktisch nur eine sehr geringe Rolle. Bei Einzelligen können sie sich aber über eine größere Reihe von Generationen erstrecken (sog. Dauerparavariationen).

Der Bacillus prodigiosus z. B. bildet auf Kartoffelscheiben unter gewöhnlicher Temperatur einen blutroten Farbstoff. Hält man ihn dagegen bei einer Temperatur von 30—35° C, so bleibt die Farbstoffbildung aus; die Kulturen wachsen weiß. Bringt man nun eine solche weiße Wärmezucht wieder in die kühlere normale Temperatur zurück, so beginnen die Bacillen nicht sofort nach der Abkühlung wieder mit der Bildung von roter Farbe, sondern es vergehen darüber Stunden, oft sogar Tage, während welcher Zeit die Kulturen immer noch weiß bleiben. Unterdessen sind aber bereits zahlreiche Zellteilungen erfolgt, zahlreiche Geschlechterfolgen sind vorübergegangen, bis endlich die normale blutrote Färbung wieder auftritt.

Aber auch wenn, wie in diesem Beispiel, die Nachwirkung einer Paravariation, die wir als Paraphorie bezeichnen, sich über mehrere Generationen erstreckt, kann man sie bei einiger Aufmerksamkeit doch nicht mit der Vererbung, der Idiophorie, verwechseln. Denn das Charakteristicum des paraphorierten Merkmals besteht darin, daß es nach einer mehr oder weniger großen Anzahl von Generationen in jedem Falle automatisch wieder verschwindet und so der ursprüngliche Zustand wieder hergestellt wird. Wenn dagegen ein idiotypisches Merkmal erst einmal irgendwo entstanden ist, wird es bei gleichbleibenden Außeneinflüssen infolge der Kontinuität des Idioplasmas auch unvermindert von Generation auf Generation weiter vererbt.

Die Idiokinese. Allerdings sind auch die idiotypischen Anlagen nicht schlechthin ewig. Wollte man diese Annahme machen, so wäre ja gar keine Stammesentwicklung der Lebewesen möglich; denn daß sich höhere Lebewesen aus niederen entwickeln können, hat zur Voraussetzung, daß an den niederen Lebewesen gelegentlich völlig neue Erbanlagen auftreten. Eine solche Änderung des Idiotypus durch Verschwinden vorhandener Anlagen oder durch das Entstehen neuer kann natürlich nicht einfach ursachlos sein; es muß vielmehr veranlaßt sein durch irgendwelche direkt oder indirekt in der Umwelt liegende Faktoren. Diese uns bisher größtenteils noch unbekannten, ja rätselhaften Umwelteinflüsse bezeichnen wir heute nach dem Vorschlage von Fritz Lenz als idiokinetische Faktoren. Wir bezeichnen also die transitive Ursache aller Änderungen des Idioplasmas als Idiokinese (Erbanlagenänderung, Erbänderung).

Der Begriff der Idiokinese deckt sich nicht mit dem der Blastophthorie. Denn unter Blastophthorie (Keimverderbnis) werden auch solche Änderungen des Keimes verstanden, die nicht die Erbanlagen, sondern nur das Ernährungsplasma treffen; außerdem können Änderungen auch des Erbplasmas nicht als blastophthorisch bezeichnet werden, wenn sie günstige, die Anpassung vermehrende Idiovariationen im Gefolge haben. Der Begriff der Blastophthorie unterscheidet also scharf zwischen gesund und krank, aber gar nicht zwischen erblich und nichterblich. Er ist deshalb biologisch wenig brauchbar und sollte vermieden werden.

Die Anpassung. Vielfach ist nun geglaubt worden, daß die Idiokinese ein Begriff sei, der dem Begriff der Vererbung erworbener Eigenschaften sehr verwandt ist. In Wirklichkeit besteht aber zwischen beiden Begriffen ein tiefgreifender Unterschied, eben jene alte Kluft, die die Darwinisten von den Lamarckisten trennt. Die Darwinisten rechnen mit der Tatsache, daß aus bislang noch unbekannten („idiokinetischen“) Ursachen heraus irgendwelche Veränderungen des Idiotypus entstehen, die, wie schon Darwin sagte, richtungslos sind. Von diesen neuentstandenen Idiovarianten gehen nun alle unangepaßten zugrunde, während die wenigen, welche die Anpassung vermehren, eben durch diesen Umstand erhalten bleiben und reichliche Nachkommenschaft mit zum Teil denselben Vorzügen erzeugen. So wird durch die Auslese richtungslos entstandener Idiovariationen das Zustandekommen der Anpassung mechanistisch erklärt. Die Lamarckisten dagegen rechnen mit von vornherein erhaltungsgemäßen Variationen, die immer dann entstehen sollen, wenn die Eltern gezwungen sind, sich neuen Umweltverhältnissen anzupassen; die Fähigkeit dieser Eltern bzw. ihrer Erbsubstanzen, zur Anpassung auch an außergewöhnliche Verhältnisse setzen sie also ohne weiteres voraus, so wie es Lamarck schon getan hat; sie versuchen also gar nicht, die Anpassung zu erklären. Während aber das richtungslose Neuentstehen idiotypischer

Anlagen durch zahlreiche Beobachtungen und Experimente bewiesen werden konnte (worauf noch im Kapitel über die Ätiologie erblicher Krankheiten eingegangen werden muß), ist die Vorstellung einer unbegrenzten Anpassungsfähigkeit aller Lebewesen eine mystische Spekulation, die mit Naturwissenschaft nichts mehr zu tun hat und die der Vorstellung einer „Selbstentstehung von Energie" (Lenz) gleichkommt. Denn wenn auch jede Art auf mannigfache häufiger vorkommende Änderungen der Umwelt anpassungsgemäß zu reagieren vermag, so muß doch diese beschränkte Reaktionsfähigkeit selbst erst irgendwie in der Erbmasse entstanden sein. Die Tatsache, daß die lebenden Wesen die Fähigkeit zur Anpassung innerhalb einer bestimmten Breite besitzen, gibt nicht eine Erklärung der Anpassung, sondern sie bedarf selbst einer Erklärung. Während aber diese Erklärung vom Darwinismus durch die wohlbewiesene Idiokinese und die darauf folgende Selektion der Passendsten in leichtverständlicher Weise gegeben wird, endet der Lamarckismus unentrinnbar bei einer transzendenten Teleologie, nach der die Lebewesen von vornherein die Fähigkeit zur Höherentwicklung immanent in sich tragen sollen.

III. Die induktiven Beweise. Allein auf Grund kritischer theoretischer Erwägungen muß man also zu dem Schluß kommen, daß die „Vererbung erworbener Eigenschaften" schon terminologisch höchst unglücklich ist und auch tatsächlich gar nicht existieren kann. Trotzdem haben verschiedene Experimentatoren geglaubt, eine solche Vererbung induktiv nachgewiesen zu haben. Von den meisten von ihnen ist es allerdings rasch wieder still geworden.

So von Brown - Séquard, der gemeint hatte, daß traumatisch erzeugte Meerschweinchenepilepsie bei den Nachkommen wieder auftrat, — bis sich herausstellte, daß viele Meerschweinchenstämme zu epileptiformen Anfällen neigen und daß Brown - Séquards Material in dieser Beziehung nicht einwandfrei war; und von Guthrie, der angab, bei schwarzen Hühnern, auf die er die Eierstöcke von weißen Hühnern transplantierte, nach Belegung durch einen weißen Hahn schwarze (bzw. gescheckte) Kücken erhalten zu haben, — bis Nachprüfungen ergaben, daß die Ovarien von Hühnern überhaupt nicht in dieser Weise transplantiert werden können, da sie nicht eine Form haben, wie wir sie vom menschlichen Weibe her kennen, sondern baumartig verzweigt sind. Nur Paul Kammerer hat sich als einziger bis in die jüngste Literatur hinein den Ruf zu erhalten vermocht, daß es ihm in einigen, mit Salamandern und Kröten gemachten Experimenten gelungen sei, die ersehnte Vererbung erworbener Eigenschaften nun endlich doch aufzufinden. Freilich lohnt es sich nicht, auf die Versuche Kammerers einzugehen, da sie auch einer ganz anderen Auslegung als der lamarckistischen fähig sind. Zudem sind sie bisher noch von keiner Seite nachgeprüft, in ihrer Zuverlässigkeit aber aufs allerempfindlichste angezweifelt worden (Baur: Arch. f. Entwicklungsmech. d. Organismen Bd. 36. 1913; Herbst: Sitzungsber. d. Heidelberg. Akad. d. Wiss. 1918).

Die Beweise für die Nichtvererbbarkeit erworbener Eigenschaften. Man braucht deshalb kein Prophet zu sein, wenn man vorhersagt, daß Kammerer, dessen Versuchsergebnisse denen hunderter anderer Forscher (die alle von einer Vererbung erworbener Eigenschaften nichts gefunden haben!) widersprechen, wohl recht bald Brown-Séquard, Guthrie und den anderen in die Vergessenheit nachfolgen wird. Es war nur nötig, seine Arbeiten zu erwähnen, da sie in der Literatur noch vielfach zitiert und nicht selten zu den weitreichendsten Folgerungen benutzt werden. Die Vererbung erworbener Eigenschaften kann jedoch überhaupt nicht durch Versuche eines vereinzelten Forschers gerettet werden; denn sie wird viel leichter durch ihr ständiges Ausbleiben widerlegt, als durch einen angeblich positiven Einzelfall bewiesen. Man denke nur an die Nichtvererbbarkeit der Sprache wie aller Übungsresultate und Dressurergebnisse, der Masernimmunität, der Kupierung und rituellen Verstümmelungen (Beschneidung, Verkrüppelung der Füße bei den Chinesinnen). Die Frage ist deshalb gar nicht die, ob die Vererbung erworbener Eigenschaften, sondern ob die Nichtvererbbarkeit erworbener Eigenschaften bewiesen ist. Die Beweise für die Nichtvererbbarkeit erworbener Eigenschaften sind aber so umfangreich, daß sie keinen Zweifel mehr zulassen.

Die Versuche mit reinen Erbstämmen. Der erste Beweis für die Nichtvererbbarkeit erworbener Eigenschaften liegt in den Erfahrungen, die die Vererbungsforscher mit der Selektion innerhalb eines Erbstammes gemacht haben. Unter einem Erbstamm (dem Biotypus JOHANNSENS) versteht man eine idiotypisch völlig einheitliche Gruppe von Lebewesen; die Individuen eines Erbstammes enthalten demnach sämtlich genau den gleichen Komplex von Erbeinheiten. Einen solchen Erbstamm erhält man durch länger fortgesetzte strengste Inzucht (möglichst Selbstbefruchtung) aus Individuen, die schon an sich wenig kompliziert und in den meisten Eigenschaften homozygot waren. Durch die Inzucht wird die Homozygotie vermehrt, und wir erhalten schließlich Individuen, die in sämtlichen Anlagen homozygot sind und die alle genau die gleichen Anlagen haben. An den Individuen eines solchen Erbstammes kann man deshalb besonders gut die Wirkungen der Erbmasse von den Wirkungen der Außenbedingungen unterscheiden, da alle Verschiedenheiten, die sich zwischen den Individuen eines Erbstammes finden, durch die Verschiedenheit der Umwelteinflüsse bedingt sein müssen.

Als erster hat JOHANNSEN mit solchen reinen Erbstämmen gearbeitet, und die bemerkenswerten Ergebnisse, die er erhielt, wurden seither von vielen anderen Forschern nachgeprüft und bestätigt. JOHANNSEN experimentierte mit Prinzeßbohnen. An den einzelnen Bohnen des von ihm isolierten Erbstammes fand er natürlich bezüglich Größe und Gewicht beträchtliche Verschiedenheiten, die sich bei der idiotypischen Gleichheit aller Pflanzen allein durch die verschiedenen Umwelteinflüsse erklärten, also durch die Ungleichheiten der Bodenbeschaffenheit, der Feuchtigkeit, der Düngung, der Belichtung, der Konkurrenz durch Unkraut oder durch zu nahe Geschwisterpflanzen und ähnliche Faktoren mehr. Die Selektion innerhalb des Erbstammes sollte nun zeigen, ob diese paratypischen Verschiedenheiten wirklich ohne Einfluß auf die idiotypische Beschaffenheit der betreffenden Pflanzen blieben. Darum wählte JOHANNSEN aus der Ernte eines Erbstammes die schwersten und leichtesten Bohnen aus und pflanzte diese beiden Gruppen gesondert, unter möglichst gleichen Außenbedingungen. Im nächsten Jahre wählte er von den Nachkommen der schweren Gruppe wieder nur die schwersten, von denen der leichten Gruppe wieder nur die leichtesten zur Nachzucht und pflanzte beide Gruppen wieder voneinander gesondert an. Nach diesem Prinzip verfuhr er sechs Jahre hintereinander. Es fand sich aber, wie nachstehende Tabelle zeigt, in keinem einzigen Jahrgang ein wesentlicher Gewichtsunterschied

Jahrgang	Gesamtzahl der Bohnen	Durchschnittsgewicht der Mutterbohnen in cg		Durchschnittsgewicht der Tochterbohnen in cg	
		der schweren Gruppe	der leichten Gruppe	von den schweren Mutterbohnen	von den leichten Mutterbohnen
1902	145	70	60	64,9	63,2
1903	252	80	55	70,9	75,2
1904	711	87	50	56,7	54,6
1905	654	73	43	63,6	63,6
1906	384	84	46	73,0	74,4
1907	379	81	56	67,7	69,1

Selektion innerhalb eines Erbstammes.

zwischen den Nachkommen der schweren und denen der leichten Bohnen, trotzdem die Unterschiede zwischen den zwei Gruppen der Mutterbohnen recht erheblich waren; im Jahre 1906 z. B. wogen die schweren Bohnen im Durchschnitt fast doppelt so viel wie die leichten. Relativ am größten war der Gewichtsunterschied zwischen den Nachkommen der schweren und denen der leichten Gruppe im Jahre 1903, aber hier stammten die durchschnittlich schwereren von der leichten Gruppe ab, und die leichteren von der schweren. Von einer Vererbung der Umweltwirkungen finden wir also keine Spur, und die zahlreichen Bestätigungen, die JOHANNSENS Versuche durch andere Forscher an Erbsen, Infusorien usw. fanden, müssen deshalb als ein exakter Beweis für die Nichtvererbbarkeit erworbener Eigenschaften angesehen werden.

Der Mendelismus. Aber nicht nur die Selektionsversuche innerhalb eines Erbstammes beweisen die Unbeeinflußbarkeit des Idiotypus durch die paratypischen Änderungen, sondern der gesamte Mendelismus verträgt sich nicht mit der Annahme einer Vererbung erworbener Eigenschaften. Die mendelistischen Erfahrungen zeigen ja alle Tage, daß es für die Vererbung der Anlagen gleichgültig ist, ob die Reaktionsmöglichkeiten, die diese Anlagen gewähren, ausgenutzt werden oder nicht, ob also die Eigenschaften, die aus den betreffenden Anlagen hervorgehen können, manifest geworden oder latent geblieben sind. Die experimentelle Vererbungsforschung zeigt uns ja alle Tage, daß Eigenschaften, die viele Generationen lang durch andere dominante Anlagen überdeckt waren (z. B. die Bänderung der Gartenschnecke oder die weiße Blütenfarbe der Wunderblume), trotzdem bei allen Heterozygotenkreuzungen wieder in ihrer ursprünglichen Reinheit herausspalten. Das gleiche gilt für hypostatische Merkmale. Schon DARWIN wußte, daß bei der Kreuzung verschiedener Taubenrassen, z. B. schwarzer Barben, roter Bläulinge, weißer Pfauentauben miteinander, die eigentümliche Färbung der wilden Stammform, der sog. Felsentaube (Columba livia) wieder zum Vorschein kommt, trotzdem die Taube seit mindestens 3000 Jahren von den Menschen gezüchtet wird. Die Weitergabe einer Erbanlage findet also auch dann noch mit der gleichen Treue statt, wenn sie sich in tausenden hintereinanderfolgenden Generationen niemals als Eigenschaft manifestieren konnte.

Ein weiteres Beispiel für die Unbeeinflußbarkeit der Erbanlagen durch die realisierten phänotypischen Eigenschaften liefert uns Abb. 2. Denn die Pflanzen dieser Abbildung, welche die Erbformel Rr haben, besitzen rosa Blüten, und dennoch erhält von ihren Nachkommen wieder ein Viertel das reine Rot und ein anderes Viertel das reine Weiß der Ausgangspflanzen. Würde eine Beeinflussung der Erbanlagen durch die realisierten Eigenschaften stattfinden, so müßten die später aus den Heterozygotenkreuzungen herausmendelnden RR- und rr-Pflanzen nach der Richtung auf Rosa zu verändert sein, d. h. die RR-Pflanzen müßten ein blasseres Rot aufweisen, und die rr-Pflanzen würden nicht rein weiß, sondern rosa angehaucht sein. Dann aber wäre also die RR-Pflanze der F_2-Generation unter gleichen Außenbedingungen anders als die RR-Pflanze der P-Generation, und damit hätte die mendelistische Formelsprache ihren Sinn und ihre praktische Brauchbarkeit verloren. Wir könnten also, wenn es eine wirksame Vererbung erworbener Eigenschaften gäbe, von Rechts wegen keine einzige Erbformel schreiben! In Wirklichkeit gebrauchen aber alle Vererbungsforscher diese Formeln, und tausendfältige Erfahrung zeigt, wie berechtigt das ist. Der Umstand, daß die mendelistische experimentelle Vererbungsforschung überhaupt existiert und Ergebnisse zeitigt, ist deshalb ein weiterer eindringlicher Beweis für die Nichtvererbbarkeit erworbener Eigenschaften.

Die neuauftretenden Idiovariationen. In gewisser Hinsicht kann schließlich auch die Entdeckung der neuauftretenden Idiovariationen (Neo-Idiovariationen), auf die wir in dem Kapitel über die Ätiologie erblicher Krankheiten noch näher eingehen werden, als ein Beweis für die Nichtvererbbarkeit erworbener Eigenschaften aufgefaßt werden. Denn diese Beobachtungen haben gezeigt, daß neue erbliche Anlagen ohne jede Beziehung zur Anpassung, ja sogar meist in der Richtung auf verminderte Anpassung, entstehen. Dadurch aber ist die Vererbung erworbener Eigenschaften zur Erklärung der Phylogenese überflüssig geworden; denn man kann sich nunmehr mit gutem Recht vorstellen, daß die Stammesentwicklung der Lebewesen durch die Auslese der angepaßten unter den zufällig und richtungslos aufgetretenen Neo-Idiovariationen zustande gekommen sei. Umgekehrt sehen wir, daß eine Anpassungsfähigkeit, welche imstande wäre, krankhafte Erbanlagen zu überwinden, nicht existiert. Ist einmal eine Krankheitsanlage in einer Familie vorhanden, so wird sie auch, ohne Rücksicht auf die Anpassungsverminderung, die sie bedingt, von Generation zu Generation mitgeschleppt (vgl. Abb. 44). Nach der lamarckistischen Auffassung könnten außerdem neue Idiovariationen nur ganz allmählich entstehen; hiergegen sprechen aber schon seit DARWINS Zeiten zahlreiche Erfahrungen, die uns lehrten, daß durch die Idiokinese auch sehr umfangreiche erbliche Abweichungen plötzlich, „sprungartig" auftreten können.

IV. Die gefühlsmäßigen Gründe. Angesichts des Fehlens jeder gesicherten Tatsache, die für eine Vererbung erworbener Eigenschaften sprechen würde, angesichts der täglichen Erfahrungen, die die Nichtvererbbarkeit der erworbenen Eigenschaften beweisen, und angesichts der Notwendigkeit, sich teleologischen Phantasien in die Arme zu werfen, um sich eine solche Vererbung überhaupt nur vorstellen zu können, muß es doch gewiß wundernehmen, daß es immer noch Autoren gibt, die von dem Glauben an die Vererbung erworbener Eigenschaften nicht lassen können. Da die Gründe hierzu also in den Tatsachen nicht gefunden werden können, bleibt uns nichts anderes übrig, als gefühlsmäßige Gründe zu vermuten und nach ihnen zu fahnden. Vor allem erscheint der Glaube an die Vererbung erworbener Eigenschaften entschieden bequem, da er, wenn auch nur bei oberflächlicher Betrachtungsweise, viele schwierige Probleme der Phylogenese höchst einfach erklärt, vorausgesetzt freilich, daß man mit der Vererbung erworbener Eigenschaften eine teleologische, unbegrenzte Anpassungsfähigkeit der Lebewesen voraussetzt. Außerdem schmeichelt die Vererbung erworbener Eigenschaften der Eitelkeit; gibt sie uns doch das schöne Bewußtsein, mit der Führung, Belehrung, Erziehung und Ertüchtigung der gegenwärtigen Generation gleichzeitig auch auf die Geschlechter der Zukunft verbessernd einzuwirken. Auch dem Arzt kann es nur angenehm sein, wenn er hoffen darf, durch die Pflege, die er seinen Patienten angedeihen läßt, besonders auch durch die hygienische Lebensführung und Körperkultur, zu denen er sie anhält, gleichzeitig ihre Kinder und Kindeskinder stark und widerstandsfähig zu machen. Wankt aber der Glaube an die Vererbung erworbener Eigenschaften, so schwinden alle diese schönen Illusionen dahin. Die lamarckistische Hypothese ist also verführerisch genug, um die Vorliebe, die so viele Menschen, besonders Pädagogen, Politiker und Philosophen für sie zeigen, verständlich zu machen.

Andere wiederum mögen sich zu ihr hingezogen fühlen, weil es ihnen widerstrebt, die Natur rein naturwissenschaftlich zu betrachten und demgemäß die Entwicklung der gesamten Lebewelt mit DARWIN einfach mechanistisch, als Folge von Ursache und Wirkung aufzufassen. Das metaphysische Bedürfnis, das sich in solchem Widerstreben kundtut, soll gewiß nicht gering eingeschätzt werden, am wenigsten in der Gegenwart, wo man vielfach selbst eine pseudonaturwissenschaftliche „Lösung der Welträtsel" ernst nimmt; bei der Lösung rein naturwissenschaftlicher Probleme, wie es das Problem der Entstehung neuer Erbanlagen ist, ist aber die Metaphysik schlecht am Platze.

Oft wird behauptet, man müsse durch die Erkenntnis, daß es eine Vererbung erworbener Eigenschaften nicht gibt, zum Pessimisten werden. Diejenigen Personen aber, welche sich durch die Nichtvererbbarkeit erworbener Eigenschaften deprimieren lassen, pflegen in dem (allerdings verbreiteten) Irrtum befangen zu sein, daß wir kein Mittel hätten, unsere Rasse zu erhalten und zu veredeln, wenn es keine Vererbung erworbener Eigenschaften gäbe. Ein solches Mittel ist jedoch die Selektion, denn in der Sorge um eine möglichst reichliche Fortpflanzung aller Tüchtigen und Gesunden, und um eine möglichst geringe Fruchtbarkeit aller Untüchtigen und Kranken liegt eine Möglichkeit, die viel raschere praktische Erfolge verspricht, als es irgendeine Vererbung erworbener Eigenschaften je tun könnte. Die niederdrückende Wirkung der antilamarckistischen Lehre beruht also dort, wo sie vorhanden ist, auf nichts anderem als auf Unkenntnis über die Tragweite und die Anwendungsmöglichkeiten der Selektion.

V. Die Bedeutung des Lamarckismus. Es kann wunderbar erscheinen, daß die Frage nach der Vererbung erworbener Eigenschaften in einem Lehrbuch der Vererbungspathologie ausführlich abgehandelt wird, da sie doch nach dem mendelistischen Tatsachenmaterial der letzten Jahrzehnte wissenschaftlich tatsächlich erledigt ist. Noch aber gilt diese durch Experimente tausendfach widerlegte Hypothese in Ärztekreisen vielfach als eine ausgemachte Tatsache, so wie sie ja überhaupt ganz allgemein einen integrierenden Bestandteil in der Ideenwelt des modernen Menschen bildet. Die modernen Ideen, welche dem Individuum schmeicheln, leben überhaupt zum großen Teil von ihr; denn die Vererbung erworbener Eigenschaften lehrt das Individuum, daß es nicht nur selbst besser werden kann, als es von Natur aus ist, sondern daß es sogar die — man könnte sagen: göttliche — Fähigkeit besitzt, seine eigene Erbmasse und damit die Beschaffenheit seiner Nachkommenschaft von Grund aus zu veredeln. So bildet die Vererbung erworbener Eigenschaften eine imposante Erweiterung der sozialistischen Ideen, da nunmehr nicht nur die Individuen durch äußere Institutionen grundlegend verändert, sondern hierdurch auch ihre Kinder und Kindeskinder in ihren innersten Werten gesteigert werden können. Wegen dieser Verknüpfung unseres Problems mit den modernen Ideen, die tief in die Massenpsyche eingedrungen sind, tritt einem der alleinseligmachende Glaube an die Vererbung erworbener Eigenschaften überall entgegen. Das Problem der Vererbung erworbener Eigenschaften ist aber noch aus einem anderen Grunde für ein Lehrbuch der Vererbungspathologie wichtig; gerade an den Erörterungen dieses Problems lassen sich nämlich lehrreiche Einblicke in die der Vererbungsbiologie zugrunde liegenden Begriffe geben, und dieses Problem ist deshalb ein Prüfstein für den Grad der Klarheit, der über die vererbungsbiologischen Grundbegriffe erreicht worden ist.

Bedeutung des Lamarckismus für Züchter, Pädagogen, Politiker, Ärzte usw. Auch praktisch ist die Bedeutung der Frage groß. Einmal für den Züchter, weil hier natürlich die Prinzipien der Züchtung sehr davon abhängen, ob man seine Zuchtrassen durch Vererbung erworbener Eigenschaften oder durch Selektion veredeln will; sodann für den Politiker und Pädagogen, überhaupt für jeden „Weltverbesserer", aus den Gründen, die wir oben bereits angedeutet hatten; und schließlich auch für den Arzt, den Individual- und Rassenhygieniker, für den z. B. die Kenntnis der Tatsache, daß die Kriegsverletzungen (auch die des Nervensystems) die idiotypische Beschaffenheit des Nachwuchses nicht beeinträchtigen können, doch entschieden wichtig ist, und der, sobald er die Nichtvererbbarkeit erworbener Eigenschaften erkannt hat, das Bedürfnis fühlen wird, sich mit der Selektionslehre näher vertraut zu machen, weil die Selektion sodann der einzige Weg bleibt, auf dem eine erbliche Verbesserung des Menschengeschlechts und eine kausale Heilung seiner idiotypischen Schäden erstrebt werden kann.

Der Lamarckismus in der Medizin. „Unter den Medizinern . . . pflegt die Neigung zur Betonung eines . . . naiven Lamarckismus besonders groß zu sein" (Martius). Meist aber herrscht bei ihnen die abgemilderte Form des Lamarckismus vor, die Semon vertrat, nach dem die Vererbung erworbener Eigenschaften nur „unter günstigen Umständen" und „in sensiblen Perioden" zustande kommt und zu ihrer Realisierung zahlreiche Generationen nötig hat. Hiernach würde sie wohl in geologischen Zeiträumen zu einem entscheidenden Resultat führen können, nicht aber in jener kurzen, wenige Menschengenerationen umfassenden Zeitspanne, auf die sich menschliche Vorsorge und menschlicher Gestaltungswille höchstensfalls ausdehnt. Durch diese Form des Lamarckismus wird die Vererbung erworbener Eigenschaften zwar als Entwicklungsprinzip anerkannt, ihr aber jede wirkliche Bedeutung für den historischen Menschen bestritten. Man kann deshalb sagen, daß von diesem Standpunkt aus den Arzt und Rassenhygieniker die Vererbung erworbener Eigenschaften nichts anginge, selbst wenn es sie gäbe. Mit der Annahme, daß sie zu ihrer Realisierung viele Generationen braucht, wäre ihre praktische Bedeutungslosigkeit für Medizin und Rassenhygiene (als einem Teil der Medizin) anerkannt. Wie rasch und gründlich dahingegen die Selektion eine Verbesserung oder den Verfall einer Rasse bewirken kann, wird das Kapitel über die Ätiologie erblicher Krankheiten noch zeigen.

5. Die vererbungsbiologischen Grundbegriffe.

Trennung von Erblichem und Nichterblichem. Wenn man die theoretischen Grundbegriffe betrachtet, wie sie sich als Ergebnis der experimentellen und cytologischen Vererbungsforschung vor unseren Augen entwickelt haben, so muß einem vor allem die Tatsache auffallen, daß die Trennung der Begriffe Erbanlage und Eigenschaft oder, noch schärfer ausgedrückt, die Trennung der Begriffe des Erblichen und des Nichterblichen eine ganz außerordentliche Zuspitzung erfahren hat. Diese Trennung zwischen dem eigentlichen erblichen Wesen und der rasch vergänglichen Erscheinung des einzelnen Individuums hat sich bei den Fortschritten der experimentellen Erblichkeitsforschung immer mehr als notwendig herausgestellt, weil ohne sie eine klare Verständigung über die wichtigsten vererbungsbiologischen Probleme unmöglich ist. Noch zu Darwins Zeiten ahnte man kaum, daß die Frage nach der Trennung des Erblichen vom Nichterblichen so weittragende theoretische Bedeutung erlangen könnte. Wie naiv mutet uns heute Darwins Vererbungshypothese, die sog. Pangenesishypothese an, nach der jeder einzelne Körperteil Keimchen (gemmules) produzieren sollte, die in den Zeugungsorganen zusammenströmten, um sich dort zusammenzusetzen und so die Grundlage des Individuums der nächsten Generation zu bilden! Auch Darwin glaubte eben noch, daß die Vererbung eine Übertragung von teils angeborenen, teils erworbenen Eigenschaften sei; so flossen bei ihm die Begriffe des Erblichen und des Nichterblichen und die Begriffe des Angeborenen und des Erworbenen noch ineinander. Erst FRANCIS GALTON, der geniale Begründer der Rassenhygiene, zog die Pangenesishypothese seines großen Vetters in Zweifel, da er auf Grund experimenteller Untersuchungen an Kaninchen zu dem Schluß kam, daß die Erbmasse von dem Körper des Individuums und seinen erworbenen Eigenschaften in hohem Maße unabhängig sein muß. So lehrte er im Jahre 1875 als erster die Selbständigkeit der keimbildenden Gewebe im Körper. Auf dem Festlande folgte ihm KARL V. NAEGELI, der den Begriff des „Idioplasmas" konzipierte.

Keimplasma und Soma. Schließlich gelang es AUGUST WEISMANN, die Lehre von der relativen Unabhängigkeit der Keimzellen von den Körperzellen in weitere Kreise zu tragen, indem er sie in großzügiger Weise ausbaute und so ihre allgemeine Anerkennung erzwang. WEISMANN legte in seinen grundlegenden Arbeiten dar, daß die Erbmasse (das „Keimplasma") nicht, wie DARWIN geglaubt hatte, mit jeder Generation von neuem aus den Zellen des Körpers (des „Somas") gebildet wird, sondern daß sie unmittelbar von der Erbmasse der vorhergehenden Generation abstammt (vgl. Abb. 20). Demzufolge aber kann sie a priori gar keine Veranlassung haben, Eigenschaften des Körpers in sich aufzunehmen und auf die nächste Generation zu übertragen.

Idiotypus und Phänotypus. Die Ideen WEISMANNS haben ungeheuer befruchtend gewirkt auf die gesamte biologische Forschung und haben hier fast unumschränkt geherrscht, bis WILHELM JOHANNSEN es unternahm, nach einem anderen Prinzip in besonders glücklicher und anschaulicher Weise die Trennung zwischen dem Wesentlichen und der Erscheinung, zwischen dem Dauernden und dem Vergänglichen zum Ausdruck zu bringen. WEISMANN hatte gelehrt, den Gegensatz des Erblichen und des Nichterblichen in der Erbmasse einerseits, in dem Körper des Individuums andererseits zu sehen. Die Begriffe des Erblichen und des Nichterblichen waren demnach bei ihm an morphologische Grundlagen gebunden. Mit dieser Verkoppelung des Erblichen und des Nichterblichen mit morphologischen Vorstellungen brach nun JOHANNSEN, indem er seine geistvollen Begriffskonstruktionen aufstellte. Seine Unterscheidung in Genotypus (Idiotypus, Erbanlagentypus) und Phänotypus (Erscheinungstypus, Merkmalstypus) haben sich rasch in der biologischen Literatur verbreitet und viel zur begrifflichen Klärung beigetragen. Allerdings bringen JOHANNSENS Termini die erwünschte Trennung zwischen dem Erblichen und dem Nichterblichen immer noch nicht in voller Reinheit zum Ausdruck. Denn der Phänotypus, die realisierte Erscheinung des Individuums, enthält ja neben den nichterblichen Eigenschaften auch alle diejenigen Merkmale, welche erblich bedingt sind.

Idiotypus und Paratypus. Wir bezeichnen deshalb, wie schon im ersten Kapitel (S. 4) ausgeführt wurde, das, was am Phänotypus rein phänotypisch ist, als paratypisch. Dann läßt sich ohne weiteres der **Idiotypus** (Erbbild) dem **Paratypus** (Nebenbild) gegenüberstellen, und wir können sagen, das realisierte Individuum (also der Phänotypus) setzt sich aus idiotypischen und paratypischen Bestandteilen zusammen.

Im konkreten Einzelfall wird es freilich oft schwer, ja unmöglich sein,
zu entscheiden, ob eine Eigenschaft erbbildlich bedingt oder ob sie
nur nebenbildlich ist. Um so notwendiger aber ist die theoretische
Trennung dieser Begriffe, denn ohne klare und prägnante Begriffe
schwebt die Diskussion naturwissenschaftlicher Fragen in der Luft.

Das Wesen des Idiotypus. Die genauere Kenntnis der Natur und
des Wesens des Idiotypus ist wohl der größte theoretische wie praktische
Fortschritt, den uns die experimentelle Vererbungsforschung gebracht
hat. Für die Vererbungsbiologie stellt der Idiotypus das dar, was für
die Chemie die chemischen Konstitutionsformeln sind. So wie H_2O eine
Kombination bestimmter Atome ist, die auch dann keine Änderung
erleidet, wenn durch den Wechsel der Temperaturen aus dem H_2O bald
Eis, bald Wasser, bald Dampf als phänotypische Manifestation hervor-
geht, so stellt auch der Idiotypus eine Kombination bestimmter Erb-
elemente dar, deren Wesen durch die paratypische Ausgestaltung des
Phänotypus in keiner Weise berührt wird.

Erbformeln. Wie weit man die Analogie zwischen den Konstitutionsformeln der Chemie und den „Erbformeln" des Mendelismus treiben
kann, läßt sich gut an einem Beispiel zeigen. Nach CASTLE und LANG
kann der Idiotypus, welcher der Färbung des homozygoten wildgrauen
Kaninchens zugrunde liegt, folgendermaßen dargestellt werden:

$$
\begin{array}{ccc}
 & \text{UU} & \\
 & | & \text{BB} \\
\text{AA} - \text{CC} - \text{YY} & & \text{EE} \\
 & | & \\
 & \text{II} & \text{BrBr}
\end{array}
$$

Dabei stellt C (color) eine Erbeinheit dar, die ganz allgemein die Bildung einer chromogenen Substanz bedingt; so bildet sie gewissermaßen
einen Kern, um den sich alle anderen Erbeinheiten herum gruppieren.
Es kommt dadurch ganz richtig zum Ausdruck, daß ohne die Anwesenheit von C überhaupt keine Farbe zur Entwicklung kommen kann.
Die übrigen Erbeinheiten sind A (Agutifaktor, durch den eine bestimmte, die sog. Wildfarbe, bedingende Verteilung des Pigments innerhalb der einzelnen Haare bewirkt wird), U (Uniformitätsfaktor, durch
den eine gleichmäßige Verteilung des Pigments — im Gegensatz zur
Scheckzeichnung — hervorgerufen wird), I (Intensitätsfaktor, der eine
Verstärkung des Pigments bewirkt), Y (yellow, Faktor für gelbe Färbung), B (black, Faktor für Schwarz), Br (Faktor für Braun) und E
(Extensitätsfaktor, durch den eine gleichmäßige Verteilung des braunen
und schwarzen Pigments über die gelbgefärbten Körperpartien bedingt
wird; seine Abwesenheit bewirkt Beschränkung von Braun und Schwarz
auf Augen und Extremitäten). Die Formel bringt durch die Stellung
der Buchstaben noch besonders zum Ausdruck, daß B und Br bei dem
betreffenden Kaninchen nur zur Geltung kommen können, wenn schon Y
vorhanden ist, und ferner das E nur auf B und Br wirkt.

Für Individuen, bei denen einzelne der beschriebenen Erbeinheiten
fehlen, kann man natürlich entsprechende Formeln schreiben. Die

Erbformel für ein homozygotes einfarbig schwarzes Tier, bei dem der Agutifaktor fehlt, würde z. B. folgendermaßen lauten:

$$\text{aa—CC—YY}\begin{matrix} \text{UU} \\ | \\ \text{CC} \\ | \\ \text{II} \end{matrix}\begin{matrix} \text{BB} \\ \diamondsuit \\ \text{BrBr} \end{matrix}\text{EE}$$

Was wir an dem Phänotypus des einzelnen Kaninchens sehen, ist nichts als das Resultat aller während der Ontogenese erfolgenden Reaktionen dieses Idiotypus mit die vorhandenen (parakinetischen) Umweltfaktoren.

Idiokinese und Parakinese. Natürlich sind Idiotypus und Paratypus nicht unveränderlich. Diejenigen Einflüsse, die an dem Idiotypus Änderungen hervorrufen, nannten wir idiokinetische Faktoren. Entsprechend bezeichnen wir jene Umwelteinflüsse, die paratypische Veränderungen bewirken, als parakinetische Faktoren. Das Ergebnis der Idiokinese (Erbänderung) heißt dann Idiovariation, das Ergebnis der Parakinese (Nebenänderung) Paravariation.

Idiophorie und Paraphorie. Ebenso wichtig wie die Änderung des Idiotypus und des Paratypus ist ihre Erhaltung. Der Idiotypus erhält sich durch die Kette der Generationen vermittels der Idiophorie (Vererbung). Die Idiophorie, das Weitertragen des Idiotypus von Generation zu Generation, ist also überhaupt nichts anderes als der Ausdruck der Kontinuität der Erbmasse (des Idioplasmas).

Nun können aber auch paratypische Eigenschaften auf die nächsten Generationen nachwirken, und diese Paraphorie hat oft zu Verwechslungen mit der Idiophorie, der Vererbung, geführt. Solche Irrtümer lassen sich vermeiden, wenn man sich den fundamentalen Unterschied zwischen beiden Begriffen nur einmal klar gemacht hat. Denn die Tatsache der Paraphorie ändert doch nichts an dem Stigma, durch welches das Paratypische vom Idiotypischen vor allem getrennt ist; das Idiotypische nämlich ist dauernd, stabil durch die Generationen hindurch, das Paratypische aber ist in jedem Falle flüchtig und labil. Die idiotypischen Anlagen sind, wenn sie erst einmal da sind, auf alle Zeiten irreversibel und können allein durch neue idiokinetische Einflüsse wieder geändert oder durch die Selektion ausgemerzt werden. Die paratypischen Variationen dagegen sind, wie die Einzelwesen, schon bei ihrer Entstehung mit dem Tode und dem Verlöschen gezeichnet; auch dann, wenn sie noch auf einige spätere Generationen nachwirken, werden sie alsbald schwächer und verschwinden nach Ablauf weniger Geschlechter von selbst. Es ist also ihr Kennzeichen, daß sie autoreversibel sind; weil sie nicht in der Erbmasse verankert liegen, heben sie sich mit der Zeit von selbst wieder auf, falls sie nicht überhaupt, was bei weitem der häufigste Fall ist, schon mit derjenigen Generation zugrunde gehen, an der sie entstanden sind.

Paratypische Eigenschaften. Paratypische Merkmale brauchen nicht erst während des extrauterinen Lebens aufzutreten, sie können schon angeboren sein (amniotische Abschnürungen, Folgezustände fötaler Entzündungen, intrauteriner Infektionen u. dgl.). Aber nicht nur der Foetus kann von parakinetischen Faktoren getroffen werden, schon die Geschlechtszellen können, bevor sie zur Vereinigung gekommen sind, möglicherweise solchen Einflüssen unterliegen. So nimmt JOHANNSEN an, daß die oft behauptete Minderwertigkeit der Trinkerkinder zum Teil die Folge einer parakinetischen Wirkung des Alkohols auf die elterlichen Geschlechtszellen (und zwar auf deren Ernährungsplasma) sei, da diese Minderwertigkeit oft nichterblicher Natur sein soll. Es kann also die Entstehung paratypischer Eigenschaften wahrscheinlich schon prägenital (d. h. vor der Zeugung) zustande kommen. Paratypische Eigenschaften können also nicht nur konnatal (angeboren), sondern auch kongenital (anerzeugt) sein. Die meisten freilich entstehen postnatal im Laufe des extrauterinen Lebens. Die verschiedenen Arten der paratypischen Eigenschaften je nach der Zeit ihrer Entstehung zeigt eine Übersicht:

Paratypische Eigenschaften: 1. kongenital (anerzeugt) ⎫ konnatal (angeboren),
                              2. intrauterin, placental ⎭
                              3. extrauterin, postnatal.

Idiotypische Eigenschaften. Idiotypische Merkmale können vorhanden sein auf Grund der Vererbung; dann können wir sie idiophoriert nennen. Oder sie sind am Idiotypus durch Idiokinese neu entstanden. In beiden Fällen sind sie idiophorisch, d. h. sie erscheinen in den Individuen der nächsten Generationen wieder. Schließlich kann ein idiotypisches Merkmal auf Grund einer Mixovariation (BAUR) entstehen; diese Mixovariationen sind als solche gewöhnlich nicht erblich (nur bei Reinzucht!). Die verschiedenen Arten idiotypischer Merkmale je nach der Art ihrer Entstehung sind demnach folgende:

Idiotypische Eigenschaften: 1. idiophoriert,
                           2. idiokinesiert (Neo-Idiovariationen),
                           3. kombinativ (Mixovariationen).

Eltern und Kinder. Kinder können von den Eltern auf Grund sehr verschiedener Vorgänge abweichen:

1. Infolge Parakinese (Paravariabilität), d. h. die parakinetischen Faktoren, also die den Phänotypus umgestaltenden Außeneinflüsse, können bei Eltern und Kindern verschieden sein.

2. Infolge Idiokinese (Idiovariabilität), d. h. an dem Erbplasma der Eltern, kann durch idiokinetische Faktoren eine neue idiotypische Anlage entstanden sein, die sich bei den Kindern in Form einer neuen Erbeigenschaft äußert.

3. Infolge Mixovariabilität (Neukombination von Erbeinheiten). Da bei getrenntgeschlechtlichen Lebewesen eine sehr vielspältige Heterozygotie die Regel ist und bei jeder Zeugung die Erbeinheiten erneut durcheinandergewürfelt und gruppiert werden, können durch besondere Mischung verschiedener Erbeinheiten bestimmte Eigenschaften bedingt werden, die bei den Nahverwandten, bei denen die Erbeinheiten anders kombiniert sind, nicht angetroffen werden.

4. Infolge von **Dominanz und Recessivität**. Beispiel: Heterozygote Eltern, die beide die recessive Krankheitsanlage zu Xeroderma pigmentosum latent enthalten und folglich äußerlich gesund sind, bekommen ein Kind, das homozygot in bezug auf die genannte Erbanlage und infolgedessen an Xeroderma manifest erkrankt ist.

5. Infolge **Epistase und Hypostase** (zum Teil mit Punkt 3 zusammenfallend). Beispiel: Ein Mann mit Hypospadie hat eine Tochter, die zwar die gleiche Erbanlage besitzt, aber äußerlich gesund ist, weil die Hypospadieanlage sich bei Vorhandensein der X-Chromosomen in paariger Ausfertigung, d. h. bei Vorhandensein weiblichen Geschlechts nicht manifestieren kann.

Übersicht über die Grundbegriffe. Ein zusammenfassender Überblick über die vererbungsbiologischen Grundbegriffe ergibt folgendes Bild: Dem eigentlichen erblichen Wesen der Organismen, dem Idiotypus, steht das gegenüber, was zu diesem erblichen Wesen nicht gehört, was zufällig, flüchtig, autoreversibel ist: das Paratypische. Die Umweltwirkungen, denen ein lebender Organismus ausgesetzt ist, lassen sich als idiokinetische und parakinetische unterscheiden. Das Resultat der Idiokinese ist die Idiovariation, das Resultat der Parakinese die Paravariation. Idiophorie, „Vererbung" ist jener Vorgang, welcher die Anwesenheit gleicher idiotypischer Anlagen (Ide) bei Vorfahren und Nachkommen bewirkt. Die Paraphorie stellt dahingegen nur eine Nachwirkung einzelner Paravariationen auf die Nachkommen dar, durch die an der flüchtigen, zwangsläufig reversiblen Natur aller paratypischer Erscheinungen nicht das geringste geändert wird.

Dieser Überblick über die vererbungsbiologischen Grundbegriffe läßt sich auch in einer Tabelle anschaulich darstellen:

Am Phänotypus können wir unterscheiden:

Idiotypische Merkmale bzw. **Idio**variationen,	Paratypische Merkmale bzw. **Para**variationen,
die entstanden sind durch	
Idiokinese	**Para**kinese
und in der nächsten Generation wieder erscheinen können infolge	
Idiophorie	**Para**phorie.

In meiner populären Broschüre über „Die biologischen Grundlagen der Rassenhygiene und der Bevölkerungspolitik" (1917, 2. Aufl. 1923) habe ich für die vererbungstheoretischen Grundbegriffe auch deutsche Bezeichnungen eingeführt, bei deren Verwendung das Schema folgendermaßen aussieht:

Am Erscheinungsbilde können wir unterscheiden:

Erbbildliche Eigenschaften bzw. **Erb**abweichungen,	Nebenbildliche Eigenschaften bzw. **Neben**abweichungen,
die entstanden sind durch	
Erbänderung	**Neben**änderung
und bei den Nachkommen wieder erscheinen können infolge	
Vererbung	Nachwirkung **neben**bildlicher Eigenschaften.

Übersicht über die Terminologie. Für die vererbungsbiologischen Grundbegriffe sind zahlreiche Synonyma im Gebrauch, die den Blick dessen, der mit der Erblichkeitslehre nicht schon näher vertraut ist, verwirren. Ich habe deshalb die von mir verwendete Terminologie und die älteren Ausdrucksweisen in einer Tabelle nebeneinandergestellt, in der Annahme, daß eine solche Übersicht das Zurechtfinden unter den zahlreichen Synonyma erleichtern wird (Abb. 21).

Fachausdruck	Bedeutung	Synonyma
Idioplasma	Erbsubstanz	Keimplasma
Idiokinese	Veränderung der Erbsubstanz	—
Idiovariation	Resultat dieser Veränderung	Mutation, Blasto-variation
Idiotypus	Gesamtheit der Erbanlagen	Genotypus, Konstitution (BAUER)
Idiophorie	Weitergabe der Erbanlagen an die nächste Generation	Vererbung
Id	Erbanlage	Faktor, Gen
Parakinese	Veränderung eines Lebewesens durch Außenfaktoren	—
Paravariation	Resultat dieser Veränderung	Modifikation, Somation
Paratypus	Gesamtheit der durch Außeneinflüsse bedingten Merkmale	Kondition, reiner Phänotypus, Konstellation
Paraphorie	Weitergabe der durch Außeneinflüsse bedingten Merkmale an die nächste Generation	Induktion, Nachwirkung einer Modifikation
Phänotypus	Gesamtheit der realisierten (idiotypischen und paratypischen) Merkmale	Soma
Polyphänie	Gleichzeitige Abhängigkeit mehrerer verschiedener Merkmale von einer Erbanlage	Pleiotropismus
Polyidie[1])	Abhängigkeit eines Merkmals von verschiedenen Erbanlagen	Polymerie, Homomerie
Heterophänie	Auftreten einer Erbanlage bald in Form dieses, bald in Form jenes Merkmales	Polymorphismus, Heteromorphismus, transformierende, generelle Vererbung

Abb. 21.　Übersicht über die wichtigsten vererbungsbiologischen Termini.

---

[1]) Id = Erbanlage.

C. Allgemeine Vererbungspathologie des Menschen.

6. Beschaffung und Aufzeichnung vererbungswissenschaftlichen Materials.

Menschliche und experimentelle Vererbungsforschung. Die menschliche Vererbungsforschung befindet sich gegenüber der Vererbungsforschung bei Tieren und Pflanzen in einer schwierigen Lage; denn mit dem Menschen kann man keine Vererbungsexperimente machen. Trotzdem ist es aber nicht berechtigt, die menschliche der sog. experimentellen Vererbungsforschung als etwas prinzipiell anderes gegenüberzustellen. Die Methodik der eigentlichen Vererbungsforschung ist nämlich bei Menschen und Tieren ganz die gleiche. Sie beruht auf der Konstatierung und statistischen Bearbeitung der Häufung eines bestimmten Merkmals in einem Kreis verwandter Lebewesen. Der Unterschied beruht nur darauf, daß der Zoo- bzw. der Phytogenetiker die Kreuzungen, die er braucht, durch das Kreuzungsexperiment ad hoc herstellen kann, während der Vererbungspathologe gezwungen ist, diese Kreuzungen aus den wahllosen Experimenten, welche die Natur und die Laune der Menschen machen, in mühevoller methodischer Weise herauszusuchen. Der Unterschied der menschlichen und der sog. experimentellen Vererbungsforschung liegt also in weiter nichts als in der Art der Materialbeschaffung.

Die eigentliche Methodik ist aber in allen Fällen die Statistik. Sie erforscht die Art der Häufung eines bestimmten Merkmals innerhalb einer Gruppe verwandter Individuen. Als solche Gruppen kommen in Betracht: die Rasse, die Familie und die Zwillingsschaft.

Rassenpathologie. Die rassenpathologische Forschung, d. h. die Erforschung von Krankheitshäufigkeiten bei einzelnen Rassen, konnte bisher für die Vererbungspathologie keine größere Bedeutung gewinnen. Gestattet doch Häufigkeit oder Seltenheit eines Leidens bei einer Rasse im Gegensatz zu einer anderen fast niemals einen unmittelbaren Schluß auf die Erblichkeit, denn das Vergleichsmaterial pflegt nicht nur in bezug auf die durchschnittlichen Erbanlagen, sondern auch in bezug auf die Umwelt (Klima, soziale Stellung) verschieden zu sein, und wir stehen daher meist vor einer Gleichung mit zwei Unbekannten.

Familienpathologie, Genealogie und Demographie. Die Vererbungspathologie stützte sich daher in ihren Erfahrungen bisher so gut wie ausschließlich auf die familienpathologische Forschung. Zur Sammlung und Aufzeichnung des auf diesem Wege gefundenen Materials bediente man sich der Methoden der alten Genealogie. Es ist daher nicht richtig, eine genealogische Vererbungsforschung der statistischen gegenüberzustellen. Die genealogische Methodik wird nur zur Ordnung des Materials herangezogen; die eigentliche Verarbeitung ist stets statistisch. Erfaßt die Materialsammlung sehr viele Familien, schließlich eine ganze

Bevölkerung und eine ganze Rasse, so geht die genealogische Methodik in die sog. demographische über. Daß die Demographie gegenüber der Genealogie für die Vererbungspathologie nur verhältnismäßig wenig bedeutet, hat die gleichen Gründe, die die geringe Bedeutung der Rassenpathologie bewirkten. Nur beim Vergleich der beiden Geschlechter hat auch die Demographie zu einigen vererbungsbiologisch verwertbaren Ergebnissen geführt.

Zwillingspathologie. Während das Studium der Familienpathologie immer eifriger betrieben wurde, übersah man bisher so gut wie völlig die dritte Möglichkeit der Erforschung menschlicher Erbkrankheiten: die zwillingspathologische Forschung. Dieser kommt aber neben der Familienpathologie eine eigene, von anderen Methoden unabhängige Bedeutung zu. Denn mit ihrer Hilfe sind Fragen lösbar, welche die familienpathologische Forschung niemals beantworten kann.

Das gilt vor allem für die entscheidende Vorfrage jeder Erblichkeitsforschung, welche dahin geht, ob das in seinen Erbverhältnissen zu erkundende Merkmal überhaupt erblich oder nichterblich bedingt ist. Die Familienpathologie kann diese Vorfrage nur durch Feststellung einer familiären Häufung lösen. Bei kompliziert erblichen Merkmalen kann aber die familiäre Häufung so gering sein, daß sie sich dem statistischen Nachweis entzieht. In allen komplizierten Fällen kann daher eine exakte Beantwortung der Vorfrage nach der erblichen Bedingtheit allein durch die Zwillingspathologie gegeben werden. Da nämlich eineiige (homologe) Zwillinge in ihren sämtlichen Erbanlagen identisch sein müssen, bedeutet Verschiedenheit unter eineiigen Zwillingen fast unmittelbar Nichterblichkeit. Andererseits müssen Krankheiten, die in sehr komplizierter Weise von einer ganzen Reihe von Erbanlagen abhängen (Mixovariationen), dennoch bei eineiigen Zwillingen übereinstimmen, falls nicht starke Paravariabilität (Abhängigkeit der Manifestation von Umwelteinflüssen) besteht. Die Zwillingspathologie vermag also auch die Erblichkeit stark polyider (vielanlagiger) Merkmale sicherzustellen. Vergleicht man die an eineiigen Zwillingen gewonnenen Befunde mit entsprechenden Befunden an zweieiigen Zwillingspaaren, so kann man durch die zwillingspathologische Forschung sogar zu einem Urteil über den Vererbungsmodus der untersuchten Merkmale kommen. Die Zwillingspathologie läßt sich geradezu in Parallele stellen zu den Versuchen mit reinen Linien, denn sie verspricht, uns wie diese eine unmittelbare Aufklärung über das idiotypische Radikal der untersuchten Organismen zu verschaffen.

Systematische zwillingspathologische Untersuchungen sind aber bis jetzt nicht ausgeführt[1]). Die bisherige Vererbungspathologie ist daher noch so gut wie ausschließlich Familienpathologie. Dementsprechend spielt auch die Genealogie in der menschlichen Vererbungspathologie eine große Rolle. Wir müssen uns daher mit ihren Grundlagen kurz vertraut machen.

---

[1]) Diese Lücke habe ich im letzten Jahre auszufüllen versucht.

A-Tafel und D-Tafel. Die beiden Elemente der Genealogie sind die Aszendenztafel (Vorfahrentafel, Ahnentafel) und die Deszendenztafel (Nachkommentafel), die wir kurz als A-Tafel und D-Tafel bezeichnen. Die A-Tafel geht von einem Individuum in der Gegenwart aus (dem „Probanden") und demonstriert dessen Vorfahren, die D-Tafel nimmt ihren Ausgang von einem Individuum in der Vergangenheit (dem „Stammvater") und verzeichnet dessen Nachkommen. Beide, A-Tafel und D-Tafel, wurden von der alten Genealogie eifrig gepflegt: die Vorlage der A-Tafel mit 16 und mehr Ahnen wurde als sog. Ahnenprobe zur Feststellung der Satisfaktionsfähigkeit, bei der Aufnahme in die verschiedenen Orden und bei ähnlichen Anlässen verlangt; die D-Tafel demonstrierte die Abkunft von erlauchten Vorfahren und für den ältesten Namensträger meist das Recht auf deren Erbe.

Stammbaum. Diese D-Tafel der alten Genealogen pflegt nun allerdings in einer Form zu bestehen, welche die Kritik der modernen Vererbungsbiologen vielfach herausgefordert hat: es handelt sich in der Genealogie meist nämlich nicht um eine vollständige D-Tafel mit Aufzeichnung sämtlicher bekannter Nachkommen der Ausgangsperson, sondern um die Deszendenten nur insoweit, als sie den gleichen Familiennamen tragen wie der Stammvater. Solche auf die Träger eines Familiennamens beschränkte D-Tafeln nennt man Familienstammbäume oder kurz Stammbäume. Der Stammbaum ist also ein nach namensrechtlichen Gesichtspunkten gewonnener Auszug aus der D-Tafel. Vererbungsbiologisch ist natürlich eine solche Beschränkung nicht gerechtfertigt, da die Erbanlagen sich nicht um den Familiennamen kümmern, sondern auf den Nachwuchs der Töchter mit derselben Treue vererbt werden wie auf den der Söhne. Auch zur Demonstration der geschlechtsgebundenen und der geschlechtsbegrenzten Vererbung sind, wie wir im nächsten Kapitel sehen werden, gerade solche D-Tafeln nötig, die auch die Nachkommenschaft in weiblicher Linie mitberücksichtigen. Der Stammbaum ist also in vererbungsbiologischer Hinsicht eine recht unvollkommene Form der D-Tafel.

Trotzdem ist er aber nicht wertlos. Erstens ist es ja, wenn ein Stammbaum bekannt ist, oft nicht allzu schwer, auch die fehlenden weiblichen Linien noch nachzutragen. Sodann stellen die Personen des Stammbaums im vererbungsbiologischen Sinn keine einseitige Auslese dar, falls man nicht gerade nach geschlechtsabhängigen Merkmalen forscht; denn die leitende Idee bei der Aufstellung des Stammbaums ist ja lediglich der Familienname, d. h. also die Fortpflanzung in männlicher Linie. Viele Vererbungserscheinungen würden sich deshalb auch an Hand von Familienstammbäumen ganz gut studieren lassen, wenn man auch immer danach streben wird, das Material nach allen Richtungen hin zu vervollständigen.

Stammbaum und Fortpflanzung. Dem Familienstammbaum macht man auch zum Vorwurf, daß er ein falsches Bild von der zahlenmäßigen Ausbreitung der Familie gebe. Man sagt, daß das allmähliche Aufhören eines solchen Stammbaums, d. h. das Aussterben einer Familie (im namensrechtlichen Sinne dieses Begriffes) noch gar nicht das wirkliche Verschwinden der in der Familie vorhanden gewesenen Erbanlagen bedeute, weil ja die im Stammbaum nicht verzeichneten weiblichen Linien weiter blühen könnten, und man geht deshalb vielfach so weit, zu leugnen, daß das Aussterben der „Familien" (im namensrechtlichen Sinn) als bedrohliches Symptom für einen quantitativen Bevölkerungsrückgang anzusprechen sei. Auch gegen diese Angriffe muß man den Stammbaum in Schutz nehmen. Das Aussterben irgendeiner, nur wenige Mitglieder zählenden Familie beweist freilich nichts für die Vermehrungsverhältnisse der Bevölkerung, aus der die betreffende Familie stammt. Wenn aber, wie es z. B. beim schwedischen und deutschen Adel und beim deutschen Patriziat der Fall ist, eine große Anzahl von (Mannesstamm-) Familien einer Bevölkerungsgruppe ausstirbt, und demgemäß ein Familienname nach dem anderen verschwindet, so ist der Trost, daß die weiblichen Linien, die andere Namen tragen, um so stärker blühen werden, ganz unberechtigt. Denn da man keinen Grund zu der Annahme hat, daß die Fruchtbarkeitsverhältnisse in den Mannesstammfamilien sich von denen der weiblichen Linien grundsätzlich unterscheiden, so ist das gehäufte Aussterben von Mannesstammfamilien und somit das gehäufte Verlöschen von Familiennamen tatsächlich ein Beweis dafür, daß die gesamte Bevölkerungsgruppe, der die betreffenden Familien angehören, sich im Zustande quantitativen Rückgangs, d. h. im Zustande des Aussterbens befindet. Der Familienstammbaum spiegelt sogar die quantitativen Verhältnisse einer Bevölkerungsgruppe viel wahrheitsgetreuer wieder als die vollständige D-Tafel. Wenn z. B. ein Elternpaar zwei Kinder hat, und von diesen wiederum je ein Enkel- und Urenkelkind (Abb. 22), so könnte man bei oberflächlicher Betrachtung meinen, die Quantitätsverhältnisse seien drei Generationen hindurch dieselben geblieben, da jede Generation aus zwei Personen besteht. In Wirklichkeit repräsentieren die Enkel aber nicht nur den Nachwuchs der beiden Kinder des Stammelternpaares, sondern auch ihrer beiden Schwiegerkinder, deren vollwertige Erbmassen man doch nicht einfach vergessen darf, mitzuzählen; die beiden Enkel haben also vier Personen der vorhergehenden Generation zu ersetzen, infolgedessen stellt die Enkelgeneration auf Abb. 22 eine Reduzierung der „Bevölkerungs"-zahl um die Hälfte dar. Eine Familie, die einen typischen Ausschnitt aus einer sich zahlenmäßig gleichbleibenden Bevölkerung repräsentieren soll, muß deshalb, wenn wir sie D-Tafel-gemäß aufzeichnen, mit jeder Generation mindestens eine Verdoppelung ihrer Familienmitglieder zeigen (Abb. 23). Die D-Tafel lebt eben mit jeder Generation zur Hälfte von dem Blute anderer Familien, auf diese Weise verdoppelt sie sich mit jeder Generation. Der Stammbaum dagegen nimmt durch die Weglassung der weiblichen Linien mit jeder Generation eine Reduzierung seiner Mitgliederzahl um die Hälfte vor, da ja die Töchter im statistischen Durchschnitt ungefähr die Hälfte der Nachkommen überhaupt ausmachen. In einer Bevölkerung, die zahlenmäßig zurückgeht, müssen deshalb die D-Tafeln noch lange fortblühen, während die

Familienstammbäume und mit ihnen die Familiennamen einer nach dem anderen erlöschen. Das fortschreitende Aussterben von Mannesstammfamilien innerhalb einer Bevölkerungsgruppe ist deshalb ein sehr zuverlässiger Indicator für ein allgemein fortschreitendes Aussterben des betreffenden Volksteiles, und umgekehrt ist das Blühen der Mannesstammfamilien das sicherste Anzeichen für eine gesunde Vermehrung des Volkes. Das Aussterben von tüchtigen Mannesstammfamilien ist nur dann unbedenklich, wenn es auf ganz vereinzelte Fälle beschränkt bleibt, und wenn es sich um das Aussterben solcher Familien handelt,

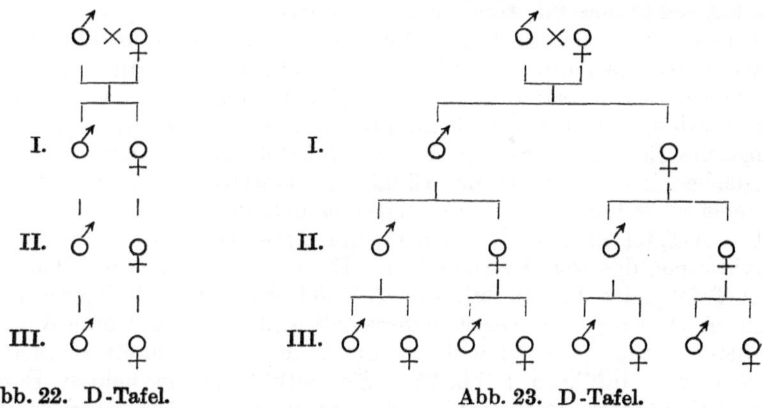

Abb. 22. D-Tafel.   Abb. 23. D-Tafel.

die nur wenige Mitglieder zählen. Denn wenn eine Familie auf nur wenigen Augen steht, so ist auch in einer sich gut vermehrenden Bevölkerung die Möglichkeit gegeben, daß die Familie durch frühen Tod, Ehelosigkeit oder Knabenarmut der wenigen Namensträger erlischt. Familien mit zahlreichen Namensträgern sind aber natürlich in hohem Maße davor geschützt, daß ihre Existenz durch das zufällige Zusammentreffen derartiger Umstände in Frage gestellt wird.

Stammbaum der Familie Siemens. Auf Grund des Gesagten darf man deshalb den Stammbaum einer Familie in bezug auf seine Quantitätsverhältnisse als einen repräsentativen Ausschnitt aus der Bevölkerungsgruppe (z. B. aus dem sozialen

	Zahl der Ehen	Gesamtzahl der Kinder aus diesen Ehen	Kinderzahl pro Ehe
Ananias Siemens	1	5	5
1. Kindergeneration	2	10	5
2. ,,	5	29	5,8
3. ,,	7	36	5,1
4. ,,	12	63	5,3
5. ,,	12	71	5,9
6. ,,	22	106	4,8
7. ,,	41	152	3,7
8. ,,	52	148	2,8

Abb. 24. Kinderzahlen in der Familie Siemens.

Stande) betrachten, dem die Familienmitglieder im allgemeinen angehören. Und so ist es nicht zu verwundern, daß ich an meiner eigenen Familie nachweisen konnte (Arch. f. Rassen- u. Gesellschaftsbiol. Bd. 11, S 486. 1915/16), wie sie nach anfänglich rascher, später immer langsamerer Vermehrung die Personenzahl 152 für eine Generation erreichte, um schließlich in der jüngsten Generation statt einer weiteren Vermehrung eine Verminderung ihrer Mitgliederzahl zu zeigen (Abb. 24), — weil diese Familie eben ein getreues Abbild des quantitativen Rückgangs derjenigen Bevölkerungsschicht darbietet, der ihre Mitglieder zugehören: der deutschen Oberschicht und des deutschen Mittelstandes. Diese beiden Bevölkerungsgruppen haben ja bekanntlich schon seit einigen Jahrzehnten aufgehört, den auch nur für die bloße Erhaltung ihrer Zahl notwendigen Nachwuchs zu erzeugen. — Die vollständige D-Tafel würde dagegen unfähig sein, derartige Quantitätsverhältnisse zur Anschauung zu bringen.

A-Tafel. Von den modernen Vererbungspathologen, besonders von MARTIUS, ist die Aufmerksamkeit mit Nachdruck auf die vorher den Medizinern fast unbekannte A-Tafel (Aszendenztafel, Ahnentafel) gelenkt worden. Von ihr wird behauptet, daß sie viel tiefere vererbungsbiologische Einblicke gestatte als die D-Tafel. Uns scheint aber, daß mit solchen Ansichten der ursprünglichen Unterschätzung der A-Tafel eine ebenso bedenkliche Überschätzung gefolgt ist.

Die A-Tafel verzeichnet sämtliche direkten Vorfahren eines Individuums, des sog. Probanden. Es versteht sich von selbst, daß die A-Tafel einer Person mit der A-Tafel jedes ihrer Vollgeschwister identisch ist; für je eine Geschwisterschaft gibt es also nur eine A-Tafel. Als Beispiel einer A-Tafel will ich, um in der Wirklichkeit zu bleiben, meine eigene anführen (Abb. 25). Sie enthält meine beiden Eltern, meine 4 Großeltern, meine 8 Urgroßeltern, meine 16 Ururgroßeltern usf. Die Zahl der direkten Vorfahren verdoppelt sich mit jeder Generation, je weiter wir zurückgehen. Hieraus folgt, daß ein Mensch, der heute lebt, zur Zeit des Dreißigjährigen Krieges, d. h. also vor ungefähr 9 Generationen, 512, zur Zeit von Christi Geburt jedoch über 18 Billionen (!) verschiedene Vorfahren gehabt haben muß.

Ahnenverlust. Nun zählte aber das ganze römische Imperium zur Zeit seiner höchsten Blüte (Kaiser Trajan) schätzungsweise nur etwa 100 Millionen Einwohner, und auch die heutige Bevölkerung des gesamten Erdballs beträgt noch nicht 2 Billionen Seelen. Dieser scheinbare Widerspruch findet darin seine Erklärung, daß unter den Vorfahren jedes Menschen bald nähere, bald entferntere Verwandtenehen sehr häufig stattgefunden haben, wodurch die Zahl derjenigen Vorfahren, die gesonderte Personen darstellen, erheblich reduziert wird. Diese Erscheinung, die man Ahnenverlust nennt, gibt sich in der A-Tafel dadurch zu erkennen, daß sich die gleiche Person zweimal oder noch öfters darin vorfindet.

Als Beispiel diene uns die A-Tafel der Brüder Joh. Georg, Gottlieb und Christian Ferdinand Siemens, deren letzter der Vater von Werner v. Siemens gewesen ist. Die Brüder hatten Joh. Georg Heinrich Siemens und Sophie Huet zu Eltern. Diese beiden Eltern waren nun Geschwisterkinder, da die Mutter der Sophie Huet eine geb. Siemens war, deren Bruder Georg Andreas Siemens der Vater des genannten Joh. Georg Heinrich Siemens gewesen ist. So unklar sich diese Verwandtschaftsbeziehungen in Worten ausnehmen, so klar liegen sie bei einem Blick auf Abb. 26 vor uns. Wir sehen, daß das durch schwarze Zeichen

Proband				
Vater: Herm. Siemens	Großvater: Herm. Siemens	Urgroßvater: Gottlieb Siemens		Ururgroßvater: Joh. Georg Heinr. Siemens
				Ururgroßmutter: Sophie Elis. geb. Huet
		Urgroßmutter: Sophie geb. Schröder		Ururgroßvater: Joh. Heinr. Schröder
				Ururgroßmutter: Sophie Henr. geb. Röbber
	Großmutter: Luise geb. Freise	Urgroßvater: Andreas Freise		Ururgroßvater: Andreas Freise
				Ururgroßmutter: Dorothea geb. Frehde
		Urgroßmutter: Sophie geb. Schweimler		Ururgroßvater: Friedr. Schweimler
				Ururgroßmutter: Doroth. Eleon. geb. Steinkamp
Mutter: Clara geb. Mehrhardt	Großvater: Wilh. Mehrhardt	Urgroßvater: Ernst Mehrhardt		?
				?
		Urgroßmutter: Charlotte geb. Blume		Ururgroßvater: Joh. Gottlieb Blume
				Ururgroßmutter: Juliane Maria geb. Hampe
	Großmutter: Luise geb. Ehrhardt	Urgroßvater: Heinr. Ehrhardt		Ururgroßvater: Ehrhardus Ehrhardt
				Ururgroßmutter: Luise geb. Jänicke
		Urgroßmutter: Auguste geb. Sommer		Ururgroßvater: Gotthelf Sommer
				Ururgroßmutter: Friederike geb. Kupsch

Abb. 25. Beispiel einer A-Tafel.

Joh. Georg Heinr. Siemens	Georg Andr. Siemens	Hans Henning Siemens ■
		Anna Marg. Volbrecht ●
	Agnes Marg. Hedw. Koch	MAG. Joh. Andreas Koch
		Anna Hedwig Siemens
Sophie Elisabeth Huet	Joh. Daniel Huet	Burchard Martin Huet
		Elisabeth Sacer
	Joh. Gertrud Siemens	Hans Henning Siemens ■
		Anna Marg. Volbrecht ●

Abb. 26. Ahnenverlust bei Vetternheirat.
(A-Tafel des Christian Ferdinand Siemens, des Vaters von Werner v. Siemens.)

markierte Ehepaar Hans Henning Sie mens und Anna Marg. Volbrecht einen
Sohn Georg Andreas Sie mens hatte, und daß dieser durch die Ehe mit Agnes
Marg. Hedwig Koch der Vater des Joh. Georg Heinrich Sie mens wurde. Wir
sehen ferner, daß dasselbe Ehepaar Hans Henning Sie mens und Anna Marg.
Volbrecht auch eine Tochter Joh. Gertrud Sie mens hatte, und daß diese Joh.
Daniel Huet heiratete, aus welcher Ehe Sophie Elisabeth Huet, die Frau des Joh.
Georg Heinrich Sie mens hervorging. Bei den Eltern der Brüder Joh. Georg,
Gottlieb und Christian Ferdinand Sie mens handelt es sich demnach um eine

Georg Andreas Siemens	Hans Henning Siemens	Hans Jürgen Siemens ■	Peter Siemens
			Agnes Oppermann
		Anna Volckmar ■	Hans Volckmar
			Anna Maria Crevet
	Anna Marg. Volbrecht	Joh. Heinrich Volbrecht	Christoph Volbrecht
			Anna Koch
		Ilsabeth Göckel	Hans Jürgen Göckel ✗
			Anna Kemper ✗
Agnes Marg. Hedw. Koch	MAG. Joh. Andr. Koch	Hans Jürgen Koch	Andreas Koch
			Margarethe Hartmann
		Marg. Magd. Hirsch	Hans Hirsch
			Margarethe Siemens ■
	Anna Hedwig Siemens ×)	Bgmstr. Georg Heinrich Siemens	Hans Jürgen Siemens ■
			Anna Volckmar ■
		Catharina Elis. Göckel	Hans Jürgen Göckel ✗
			Anna Kemper ✗

Abb. 27. Ahnenverlust in verschiedenen Generationen.
(A-Tafel des Joh. Georg Heinr. Siemens, des Großvaters von Werner v. Siemens.)

Vetternheirat ersten Grades, also um eine Form der Verwandtenehe, die in etwa 1% aller Ehen bei uns angetroffen wird. Wir finden demgemäß zwar in der Groß-elterngeneration noch 4 verschiedene Personen, in der Urgroßelterngeneration aber nur noch 6 (anstatt 8), da eben das Ehepaar Hans Henning Siemens und Anna Marg. Volbrecht darin zweimal angetroffen wird. Ein entsprechender Ahnenverlust ergibt sich natürlich auch für alle weiter zurückliegenden Generationen.

Das in einer A-Tafel mit Ahnenverlust doppelt vorhandene Ehepaar braucht sich nun aber nicht immer in der gleichen Generation vorzu-finden.

Abb. 27[1]) zeigt vielmehr, daß hier die doppelt vorhandenen Aszendenten Hans Jürgen Siemens und Anna Volckmar verschiedenen Generationen der A-Tafel angehören. Dieses Phänomen kommt im vorliegenden Falle einfach da-durch zustande, daß der Vater des Probanden, Georg Andreas Siemens, nicht seine Kusine ersten Grades, Anna Hedwig Siemens [mit ×) bezeichnet], geheiratet hat, sondern deren Tochter Agnes Marg. Hedwig Koch. Die Eltern des Probanden

Philipp II. König von Spanien	Kaiser Karl V.	Philipp der Schöne ■	Maximilian I.
			Maria von Burgund
		Johanna die Wahnsinnige ■	Ferdinand der Katholische ▲
			Isabella von Castilien ▲
	Isabella von Portugal	Emanuel I. von Portugal ×	Ferdinand von Viseo
			Beatrix von Portugal
		Maria von Spanien ×	Ferdinand der Katholische ▲
			Isabella von Castilien ▲
Maria von Portugal	Johann III. König von Portugal	Emanuel I. von Portugal ×	vgl. oben
			vgl. oben
		Maria von Spanien ×	vgl. oben ▲
			vgl. oben ▲
	Catharina von Österreich	Philipp der Schöne ■	vgl. oben
			vgl. oben
		Johanna die Wahnsinnige ■	vgl. oben ▲
			vgl. oben ▲

Abb. 28.　Ungewöhnlich starker Ahnenverlust.　(A-Tafel des Don Carlos.)

sind hier aber noch auf eine andere Weise miteinander verwandt, da ihre Groß-mütter mütterlicherseits, Ilsabeth und Catharina Elis. Göckel, Schwestern waren. Georg Andreas Siemens ist daher in gleicher Person Großonkel und Vetter zweiten Grades von seiner Frau.

Einen besonders hohen Grad von Ahnenverlust zeigt die A-Tafel des Don Carlos; in der Reihe der 8 Ahnen stehen hier nur noch 4 verschiedene Namen, und da Johanna die Wahnsinnige und Maria von Spanien wiederum Schwestern sind, in der Reihe der 16 Ahnen sogar nur noch 6 (Abb. 28).

---

[1]) Siemens: Die Ahnentafel von Werner v. Siemens. (Noch nicht im Druck erschienen.)

Häufigkeit der Ahnenverluste. Ahnenverluste in den weiter zurück-liegenden Generationen sind eine sehr gewöhnliche Erscheinung, was ja schon aus der Tatsache folgt, daß die tatsächliche Ahnenzahl eines Menschen andernfalls märchenhafte Werte annehmen müßte. Man er-sieht hieraus, wie tiefgehend alle Glieder eines Volkes miteinander ver-wandt sein müssen, wenn sich diese Verwandtschaft auch meist dem Nachweise entzieht, da unser genealogisches Material für die Mehrzahl der Menschen ja nicht einmal über zwei oder drei Generationen hinaus-reicht. Es ist deshalb sicher viel Wahres an dem Ausspruch, daß wir alle, vom Kaiser bis zum Tagelöhner, in irgendeiner Weise mit Karl dem Großen blutsverwandt seien.

Inzucht. Aber auch in den jüngsten Generationen einer A-Tafel sind Ahnenverluste durchaus nichts Abnormes. Vornehmlich in Adels-familien kann man sie gehäuft antreffen, da hier, besonders im Hoch-adel, die Zahl der ebenbürtigen Geschlechter oft so klein ist, daß der junge Aristokrat mit fast jeder der für eine Heirat in Betracht kommen-den Familien bereits versippt ist. Durch diese sog. I n z u c h t hat man denn auch die angebliche Beobachtung erklären wollen, daß auffallend viele Mitglieder des höheren Adels „degeneriert" seien. Nun wird aber bei der bäuerlichen Landbevölkerung gar nicht selten eine ebenso starke Inzucht angetroffen, besonders in Gegenden, die noch etwas abseits vom großen Verkehr liegen, und man pflegt hier im allgemeinen von einer besonderen Gesundheit des Volksstammes und keineswegs von einer Entartung zu sprechen. Ammon hat sogar gerade die be-sonders große Gesundheit in bestimmten bäuerlichen Gegenden durch die vermehrte Inzucht erklären wollen.

Angebliche Schädlichkeit der Inzucht. Sicher haben wir keinen Grund zu der Annahme, daß die Inzucht als solche unbedingt schädlich sein müsse. Es gibt genug Pflanzenarten, die sich fast ausschließlich durch Selbstbefruchtung fortpflanzen (Leguminosen, Zerealien, Gramineen), und auch bei Tieren kennt man zahlreiche Fälle, in denen engste Ver-wandtschaftszucht auch lange Zeit hindurch ohne jeden Schaden ertragen wurde. Andererseits nimmt, wie Shull und East gezeigt haben, der Körnerertrag beim Mais durch fortgesetzte Selbstbefruchtung ab, wenn-gleich der Rückgang des Ertrags bei weiterer Inzucht sehr bald einem stationären Zustand Platz macht, und die verschiedensten Experimen-tatoren fanden bei allen möglichen Tierarten eine Abnahme der Größe der einzelnen Tiere und ihrer Fruchtbarkeit schon nach wenigen Genera-tionen, wenn immer Geschwister gepaart wurden. Ob diese engste Form der Inzucht, die man als I n z e s t z u c h t bezeichnet, beim Menschen gleichfalls üble Folgen hat, wissen wir nicht. Auf jeden Fall war sie im alten Orient keine seltene Erscheinung. Bei den alten Iraniern waren sogar Ehen zwischen Eltern und Kindern erlaubt, und wir kennen eine ganze Reihe von Herrscherhäusern, die sich lange Zeit hindurch durch Geschwisterehen fortpflanzten (Ptolemäer, Seleuziden); es fehlen aber alle Nachrichten darüber, daß diese Inzestzucht von offensichtlichem Schaden gewesen und der Verfall solcher Familien rascher erfolgt sei als derjenige der übrigen Herrscherhäuser. Auch in solchen Fällen aber, in denen, wie oben erwähnt, die Inzestzucht von schlechten Folgen begleitet ist, sind diese Schäden ohne wirkliche Bedeutung, da sie erfahrungsgemäß durch Kreuzung mit etwas weniger nahverwandten Individuen regelmäßig mit einem Schlage wieder verschwinden. Man ist darum zu der Überzeugung gekommen, daß die Ursache des schwächenden Einflusses, den fortgesetzter Inzest zuweilen ausübt, allein auf der Vermehrung der Homozygotie beruht; eine starke Homozygotie ist eben durch eine einzige Fremdbefruchtung ohne weiteres zu brechen. Der Schaden selbst der Inzestzucht, soweit er durch die experimentelle Forschung gesichert werden konnte, ist also nicht hoch anzuschlagen. Man könnte höchstens annehmen, daß (worüber jedoch nichts Zuverlässiges bekannt ist) die Inzestzucht als idiokinetischer Faktor wirkt, daß also bei inzestgezüchteten Organismen besonders häufig neue Erbanlagen (die ja meist krankhaft sind) auftreten. Beim Menschen kann aber wegen seiner enormen Heterozygotie von einer derartigen extremen Inzucht überhaupt nicht die Rede sein; hier handelt es sich unter den heutigen kulturellen Verhältnissen höchstenfalls ja auch nur um eine sehr viel mildere Form verwandtschaftlicher Verbindungen. Für eine solche mäßige Inzucht hat die experimentelle Forschung aber noch niemals schädliche Folgen nachweisen können. Im Gegenteil muß man sagen, daß die Erfolge unserer Tier- und Pflanzenzüchter ohne eine Inzucht mäßigen Grades (die Tierzüchter sagen: Konsolidierung der Blutlinien) gar nicht denkbar wären; ein so hervorragendes Zuchttier wie der Belvidere von der Shorthornrasse stammte z. B. von Geschwistern ab, und trotzdem erzeugte er mit seiner eigenen Tochter noch den Duke of Nordhumberland, der sich wiederum als erstklassiges Zuchttier erwies.

Die Behauptung, daß gehäufte Verwandtschaftsehen beim Menschen zur Entartung führen müssen, entbehrt jeder empirischen Grundlage. Auf die Bedeutung der Blutsverwandtschaft für das Manifestwerden recessiver Krankheitsanlagen wird noch im folgenden Kapitel eingegangen werden.

Vereinigung von A-Tafel und D-Tafel. Die A-Tafel vermittelt uns durch die mit jeder Generation erfolgende Verdoppelung ihrer Personenzahl eine ungeheure Fülle verwandtschaftswissenschaftlichen Materials. Trotzdem ist sie genau so weit wie die D-Tafel davon entfernt, uns ein vollständiges Bild der mit einem Probanden blutsverwandten Personen zu geben. Auf der A-Tafel fehlt alles das, was man als seitliche Linie bezeichnet. Gerade die Eigenschaften solcher Seitenverwandten können aber von ausschlaggebender Bedeutung für die Erforschung vererbungsbiologischer Tatsachen sein, wie uns der Abschnitt über recessive Vererbung im folgenden Kapitel noch zeigen wird. Wir werden dort auch sehen, daß es Erbkrankheiten gibt, die ein Proband nur mit solchen Seitenverwandten, niemals aber mit einem seiner Vorfahren teilen kann; dies ist bei allen erblichen Krankheiten der Fall, die vor der Geschlechtsreife zum Tode führen (Ichthyosis congenita, amaurotische Idiotie):

hier hat also kein einziger der ungezählten direkten Vorfahren die Krankheit besessen, sämtliche Mitglieder der A-Tafel sind frei davon, und trotzdem handelt es sich um ein erbliches Leiden. Ein für die Vererbungsforschung genügender Überblick über die Verwandtschaftsverhältnisse ist deshalb nur durch eine Vereinigung von A - Tafel und D - Tafel zu erzielen. Jede Tafel, die diese Vereinigung verwirklicht, nennen wir Verwandtschaftstafel oder Erbtafel; auch der Ausdruck „Stammbaum" wird oft in diesem allgemeinen Sinne verwendet.

Familienforschung und Vererbungspathologie. Da das Material der A-Tafel und das der D-Tafel nach zwei verschiedenen Seiten auseinanderstrebt, kann die Vereinigung, wenn sie im großen ausgeführt werden soll, nur darin bestehen, daß man beide genealogische Methoden nebeneinander pflegt. Nur so ist es möglich, sämtliche Blutsverwandte eines Probanden, soweit sie bekannt sind, in übersichtlicher Ordnung aufzuzeichnen, also systematisch Familienforschung zu treiben. Die zu dem gleichen Zweck konstruierten Sippschaftstafeln liefern zu komplizierte Bilder und sind außerdem nur für eine begrenzte Anzahl von Generationen verwendbar.

Numerierung der A-Tafel. Um die Verwandten einer Person vollständig rubrizieren zu können, muß man von der A-Tafel der betreffenden Person ausgehen. Jeder darin befindliche Vorfahr muß mit einer

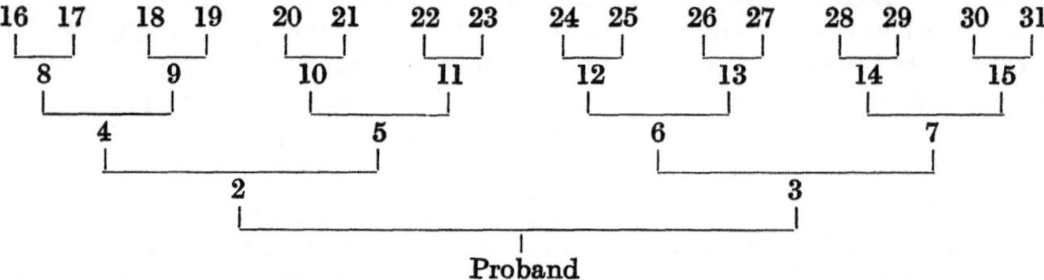

Abb. 29.   Numerierung der A-Tafel.

Nummer, die über seine Stellung innerhalb der Ahnen Aufschluß gibt, versehen werden. Die beiden gebräuchlichsten und praktischsten Numerierungen veranschaulichen die .Abb. 29 und 30. Im allgemeinen ist wohl die zweite Methode trotz ihrer vermehrten Zahlenschreiberei vor-

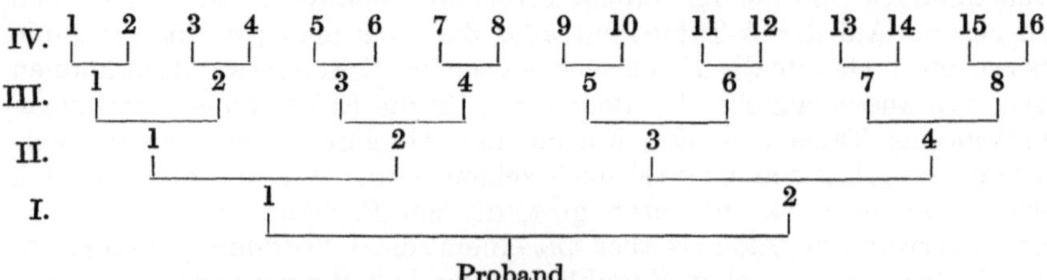

Abb. 30.   Numerierung der A-Tafel.

zuziehen, da sie durch die Extranumerierung der Generationen mit römischen Ziffern leichter über die Stellung einer bestimmten Person innerhalb der A-Tafel orientiert.

Anlage und Numerierung der D-Tafel. Wollen wir nun auch das übrige, nicht in der A-Tafel enthaltene Blutsverwandtenmaterial in ein ordnendes System bringen, so läßt sich das nur dadurch ermöglichen, daß wir uns einer reichlichen Anzahl von D-Tafeln bedienen, die von den einzelnen Personen der A-Tafel ausgehen. Zweckmäßigerweise wird man dieses Material nach den Familiennamen ordnen, und zwar wird man jeweils von dem ältesten nachweisbaren Glied einer in der A-Tafel vorhandenen Namensfamilie ausgehen und dessen sämtliche bekannten Deszendenten verzeichnen.

In bezug auf die Familie Mehrhardt in Abb. 25 würde dies z. B. folgendes Ergebnis haben:

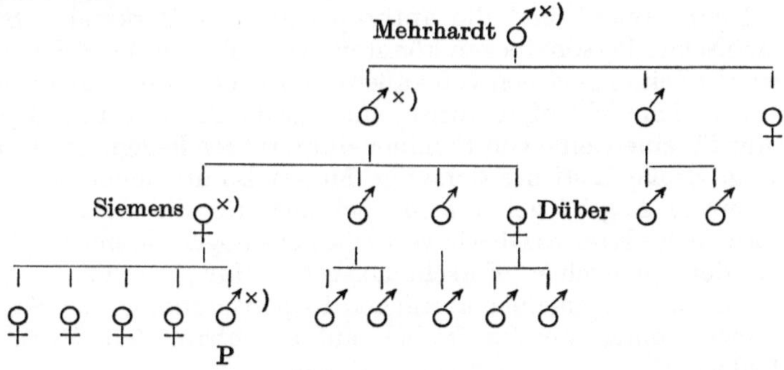

Abb. 31.   D-Tafel.

Der älteste bekannte Mehrhardt in der besagten A-Tafel ist Ernst Mehrhardt. Von seinen drei Kindern ist der älteste Sohn Mitglied der A-Tafel, sodann wiederum dessen älteste Tochter, die zum Probanden P führt. In jeder derartigen D-Tafel wird sich in entsprechender Weise von dem Stammvater eine ununterbrochene Reihe von Personen verfolgen lassen, die alle Mitglied der A-Tafel sind (auf Abb. 31 mit ×) bezeichnet); alle übrigen D-Tafel-Personen sind Seitenverwandte des Probanden. Die D-Tafel findet ihr natürliches Ende dort, wo sie in eine andere, dem Probanden näherstehende D-Tafel übergeht. Die Numerierung der Mitglieder einer D-Tafel kann einfach fortlaufend erfolgen (natürlich vom Stammvater und nicht, wie bei der A-Tafel, vom Probanden ausgehend!), oder indem man wie bei der A-Tafel die Generationen mit römischen, die einzelnen Personen mit dahintergesetzten arabischen Ziffern bezeichnet, wobei in jeder neuen Generation die arabischen Ziffern wieder mit 1 anfangen.

Durch ein solches System von D-Tafeln, die an eine grundlegende A-Tafel angeschlossen sind, gelingt es, alle mit einem bestimmten Individuum blutsverwandten Personen so systematisch aufzuzeichnen, daß jede Person einen bestimmten Platz hat, auf dem sie zu finden ist, und daß es möglich ist, sich einen einigermaßen klaren Überblick über die gesamte Blutsverwandtschaft eines Probanden zu verschaffen.

Erbbiographische Personalbogen. Das System der A-Tafel mit angeschlossenen D-Tafeln, wie wir es hier entworfen haben, zeigt natürlich nur, wie ein umfangreiches genealogisches Material zu ordnen

ist. Bevor man ans Ordnen gehen kann, gilt es aber, sich erst einmal
geeignetes Material zu verschaffen, d. h. Blätter für die einzelnen Aszendenten bzw. Deszendenten anzulegen, die nähere Angaben über deren
physiologische und pathologische Eigenschaften enthalten. Die An-
legung solcher Blätter für alle zur Zeit lebenden Staatsangehörigen
ist schon im Jahre 1891 von dem Mitbegründer der deutschen Rassenhygiene WILHELM SCHALLMAYER gefordert worden. SCHALLMAYER
bezeichnete diese Blätter als erbbiographische Personalbogen
und forderte ihre amtliche obligatorische Einführung. Sie sollten nicht
nur unmittelbar feststellbare Eigenschaften jeder einzelnen Person
enthalten, sondern auch solche Tatsachen aus ihrem Leben, die mittelbar
Aufschluß über ihre Erbanlagen geben könnten (Auszeichnungen, Be-
strafungen u. dgl.). Das Hauptaugenmerk sollte auf gesundheitliche
Erbanlagen gerichtet sein, ferner auf die mannigfachen Talente, Charakter-
anlagen, Temperament und die anthropologischen Merkmale. Solche
erbbiographischen Personalbogen könnten in der Tat für die Erforschung
der Vererbung beim Menschen von außerordentlicher Bedeutung werden,
auch wenn sie sich nicht obligatorisch und für die gesamte Bevölkerung,
sondern nur für eine Reihe von Familien durchführen ließen. In Amerika
haben einige große Institute derartige Materialsammlungen schon seit
längerer Zeit in Angriff genommen, bei uns (für die Geisteskranken
und Abnormen des Kreises Oberbayern) die genealogisch-demographische
Abteilung der Deutschen Forschungsanstalt für Psychiatrie (Prof.
RÜDIN). Zu einer allgemeinen amtlichen Registrierung, wie sie SCHALL-
MAYER vorschwebte, werden freilich auf absehbare Zeit Mittel und
Kräfte fehlen.

Vereinigung von A- und D-Tafel in der Vererbungspathologie. Die
Familienforschung kann also, wenn sie systematisch betrieben wird,
für die menschliche Vererbungspathologie entschiedene Bedeutung gewinnen. Schon dann, wenn nur eine größere Reihe von Ärzten ihre eigene
Familie einer genaueren Durchforschung unterziehen würde, könnte
wohl manches Einzelproblem der menschlichen Vererbungsforschung

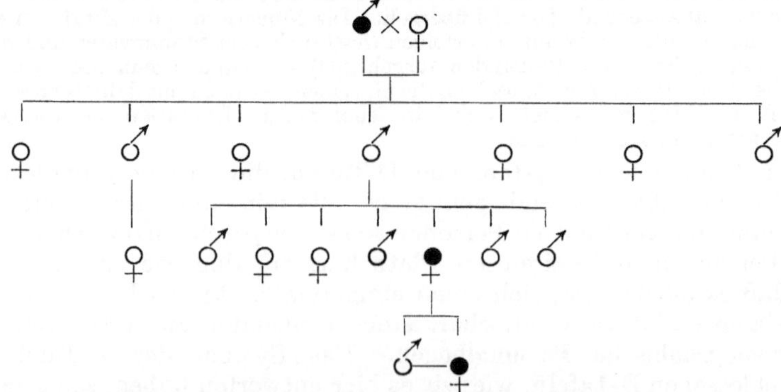

Abb. 32. Atheroma multiplex. (Eigene Beobachtung.)

seine Aufklärung finden. Für die Bedürfnisse der Vererbungspathologie sind nun freilich nicht immer so umfassende genealogische Aufzeichnungen nötig, weil gewöhnlich eine spezielle Fragestellung gegeben ist, die bereits durch die Betrachtung eines engeren Verwandtschaftskreises beantwortet werden kann. Die „Vereinigung von A-Tafel und D-Tafel" ist deshalb bei der Bearbeitung vererbungspathologischer Fragen meist kein so kompliziertes Gebäude, sondern sie stellt sich als eine einfache stammbaumartige Figur dar. Schon das Beispiel in Abb. 32 ist keine reine D-Tafel mehr, weil an ihrer Spitze nicht nur der Stammvater oder die Stammutter, sondern beide Stammeltern verzeichnet sind, was in die Betrachtungsweise der A-Tafel überführt. Deutlicher ist die Kombination des A- und D-Tafelprinzips in Abb. 33.

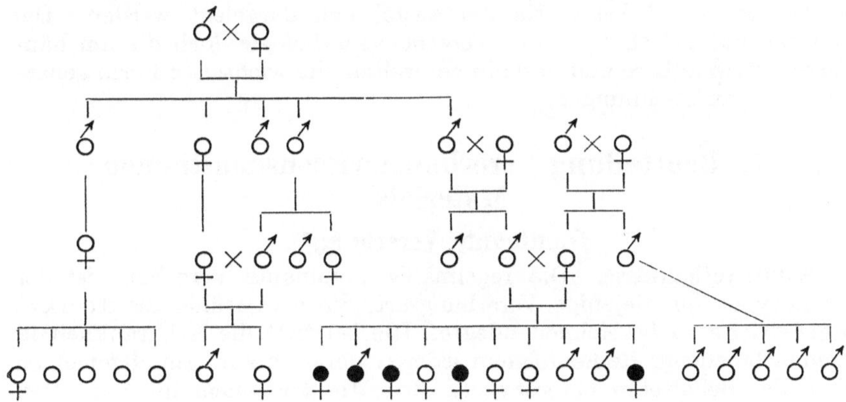

Abb. 33. Ectopia lentis et pupillae. (Eigene Beobachtung.)

In Abb. 34 herrscht dagegen fast ganz das Aszendenztafelprinzip vor, so daß man das Schema geradezu als eine kleine A-Tafel bezeichnen könnte, wenn in der letzten Generation nicht die eine Tochter mit eingezeichnet wäre.

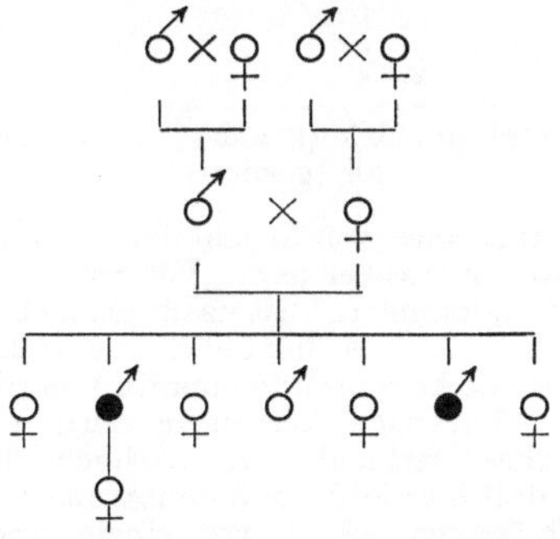

Abb. 34. Hydroa aestivale. (Eigene Beobachtung.)

Im allgemeinen überwiegt bei genealogischen Aufzeichnungen in der Vererbungspathologie durchaus das Prinzip der D-Tafel. Bei recessiven Vererbungsmodi sind meist überhaupt Aufzeichnungen in Form von Tafeln unangebracht, und bei den regelmäßig oder unregelmäßig dominanten, bei allen geschlechtsgebundenen, den dominant-geschlechtsbegrenzten und noch verschiedenen anderen unklaren Vererbungsmodi ist die D-Tafel allein imstande, einen brauchbaren Überblick über die kranken und die gesunden Verwandten zu geben. Die A-Tafel würde bei allen diesen Vererbungsmodi nicht viel mehr als einen unnötigen Ballast bedeuten; sie käme infolgedessen überhaupt nur für die recessiven und die diesen ähnlichen Vererbungsmodi in Betracht. Daß aber die Erforschung der A-Tafel ohne Mitberücksichtigung der Seitenlinien auch hier oft ganz ergebnislos bleibt, wurde schon erwähnt und wird noch im nächsten Kapitel ausführlich dargelegt werden. Die D-Tafel bildet deshalb in der Vererbungspathologie doch die am häufigsten verwendbare und deshalb bei weitem die wichtigste Form genealogischer Aufzeichnungen.

7. Beurteilung vererbungswissenschaftlichen Materials.

Dominante Vererbung[1]).

Zahlenverhältnisse. Die regelmäßig dominante Vererbung ist der Grundtypus für diejenige Vererbungsart, die man früher als direkte Vererbung zu bezeichnen pflegte. Hierbei tritt die Erbkrankheit in ununterbrochener Reihenfolge in jeder Generation auf. Im allgemeinen sind alle Behafteten heterozygot. Bedeutet bei einem heterozygoten Individuum Kk das große K eine krankhaft dominante Anlage, das kleine k deren Fehlen, so erhalten wir bei der Kreuzung des Kk-Individuums mit einer gesunden Person (kk) folgendes Ergebnis:

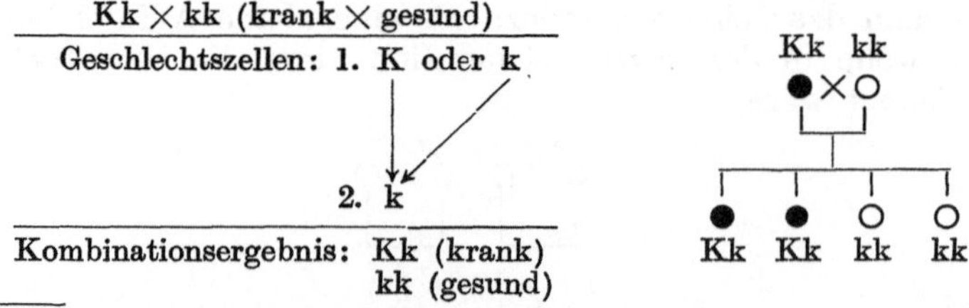

[1]) Von sehr geschätzter Seite wurde ich darauf hingewiesen, daß es nicht korrekt sei, von dominanter, recessiver usw. „Vererbung" zu reden. Dem stimme ich im Prinzip zu; das, was „dominiert", ist natürlich nicht die Vererbung, sondern der Erbanlagenpaarling. Bisher war es aber üblich, die Äußerung dieses Erbanlagenpaarlings innerhalb der Familie kurz als „dominante Vererbung" oder „dominanten Erbgang" zu bezeichnen. Derartige Ausdrücke dürften kaum inkorrekter sein als die Ausdrücke „erbliches Merkmal" oder „erbliche Krankheit" (vgl. S. 77); und da ich nicht glaube, daß hier Mißverständnisse nach irgendeiner Seite hin zu befürchten sind, sehe ich keinen Grund, von einem eingebürgerten und leichtflüssigen Sprachgebrauch abzugehen.

Wenn ein Elter (heterozygot) krank, der andere gesund ist, erhalten
wir also zur Hälfte (heterozygot) kranke, zur Hälfte gesunde Kinder.
Die Verhältnisse sind besonders schön an einem Brachydaktyliestammbaum von FARABEE zu erkennen, in dem allerdings die Nachkommen
der gesunden Familienglieder, die ausnahmslos gesund waren, nicht mit
eingezeichnet sind (Abb. 35). In jeder Generation stimmt das Verhältnis der Kranken zu den Gesunden mit dem theoretisch geforderten
Verhältnis 1 : 1 weitgehend überein. Zählt man die Kranken und die
Gesunden in sämtlichen Geschwisterschaften, welche von einem kranken

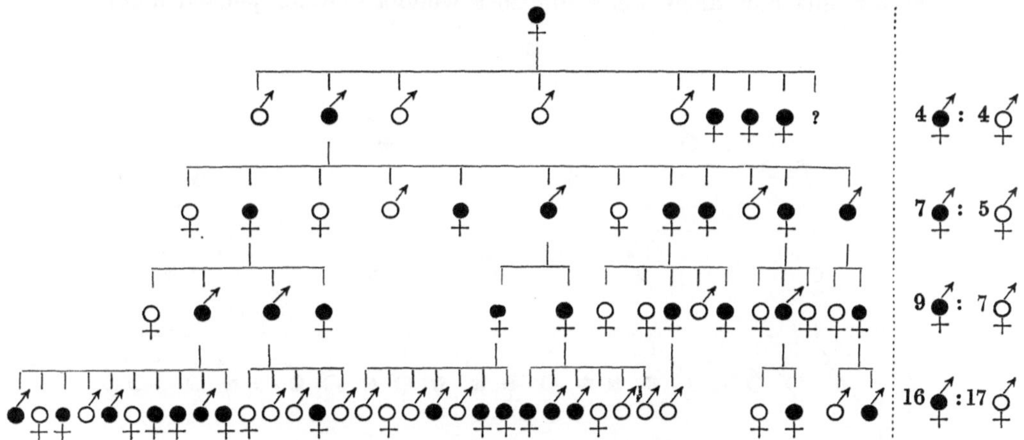

Abb. 35. Brachydaktylie nach FARABEE.

Individuum abstammen, zusammen, so erhält man 36 Kranke : 33 Gesunde. Das Verhältnis 1 : 1 ist also so ausgesprochen, wie man es bei
diesen kleinen Zahlen nur wünschen kann.

Das gleiche Verhalten demonstriert eine D-Tafel von Epidermolysis
bullosa traumatica (Abb. 36). Auch hier ist in denjenigen Geschwisterschaften, die von einem behafteten Elter abstammen, die Hälfte der Nachkommen erkrankt. Zählen wir die Kranken und die Gesunden in diesen
Geschwisterschaften zusammen, so erhalten wir genau 15 Kranke : 15
Gesunde, also eine vollkommene Übereinstimmung mit der theoretischen Forderung. Die Geschwisterschaften, die von gesunden Eltern
abstammen, dürfen natürlich nicht mitgezählt werden (z. B. die Geschwisterschaften links unten auf Abb. 36), da wir ja in diesen Geschwisterschaften nach dem für die dominante Vererbung geltenden Satze:
„Einmal frei, immer frei!" nicht zur Hälfte Kranke, zur Hälfte Gesunde,
sondern ausnahmslos nur noch gesunde Individuen erwarten müssen.

An Abb. 36 läßt sich auch gut demonstrieren, daß man an die Übereinstimmung der wirklich gefundenen Zahlen (für das Verhältnis der
Kranken zu den Gesunden) mit den theoretisch erwarteten keine über-
spannten Forderungen stellen darf; dieser Fehler wird häufig gemacht,
und man glaubte schon oft, das Vorhandensein MENDELscher Ver-

erbung bei dieser oder jener Krankheit bestreiten zu können, weil die
„Mendelzahlen“ bei der untersuchten Familie das gewünschte Verhältnis nicht deutlich genug erkennen ließen. Man kann sich aber
leicht klar machen, welchen Grad von Genauigkeit man von den Zahlenverhältnissen bei dominanter Vererbung erwarten darf, wenn man
sich daran erinnert, daß ja auch das Zahlenverhältnis der Knaben-
zu den Mädchengeburten 1 : 1 beträgt (genau 1,06 : 1), daß dieses sog.
Geschlechtsverhältnis also dem Zahlenverhältnis der Kranken zu den
Gesunden bei dominanten Erbleiden fast völlig entspricht. Genau so
wie wir uns nun nicht weiter darüber wundern, wenn jemand unter

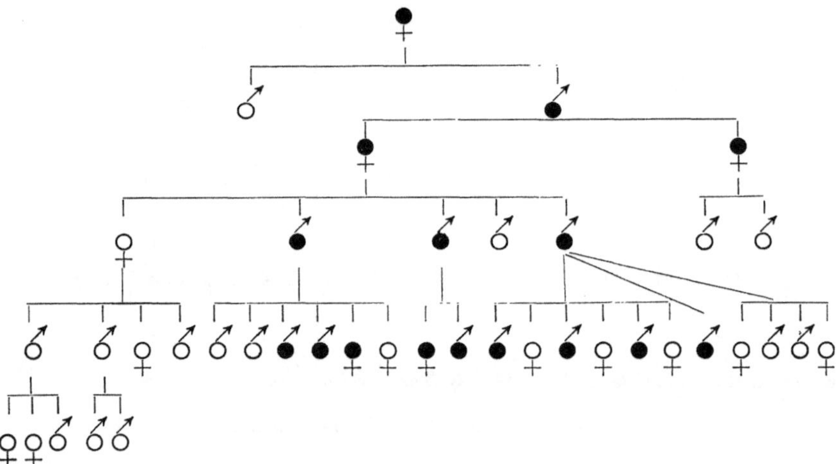

Abb. 36. Epidermolysis bullosa traumatica nach Blumer.

2 oder selbst unter 4 Kindern nur Knaben oder nur Mädchen hat (trotzdem ja die Wahrscheinlichkeit besteht, zur Hälfte Knaben und zur
Hälfte Mädchen zu erzeugen!), so dürfen wir auch nicht darüber erstaunt
sein, wenn in der D-Tafel eines dominanten Leidens einmal sämtliche Kinder eines Behafteten gesund bzw. behaftet sind; besonders
bei kleinen Geschwisterschaften wird ein solches Verhalten häufig
sein. In Abb. 36 finden wir z. B. beide Enkelinnen des Stammvaters
erkrankt; der Erwartung nach müßte natürlich eine davon krank,
die andere gesund sein, genau so wie der Wahrscheinlichkeit nach
von diesen beiden Kindern eigentlich eins ein Mädchen, das andere
aber ein Knabe sein müßte. Bei der Zusammenzählung einer größeren
Zahl von Geschwisterschaften gleichen sich solche Zufälligkeiten freilich mehr und mehr aus. In unserer Abb. 36 finden wir in der dritt-
letzten Generation rechts 2 gesunde Söhne einer behafteten Frau. In
der vorletzten Generation darunter sogar 4 gesunde Kinder aus der
3. Ehe eines behafteten Mannes. Trotzdem werden auch diese Unregelmäßigkeiten dadurch wettgemacht, daß eben in den anderen in
Betracht kommenden Geschwisterschaften um so mehr Kranke anzu-

treffen sind, so daß, wie schon erwähnt, das Gesamtverhältnis der
Kranken zu den Gesunden dennoch 15 : 15 beträgt. Auch die kleine
Porokeratosis-D-Tafel (Abb. 37) zeigt uns sehr anschaulich, wie solche
Zufälligkeiten auftreten und sich wieder ausgleichen können. Von

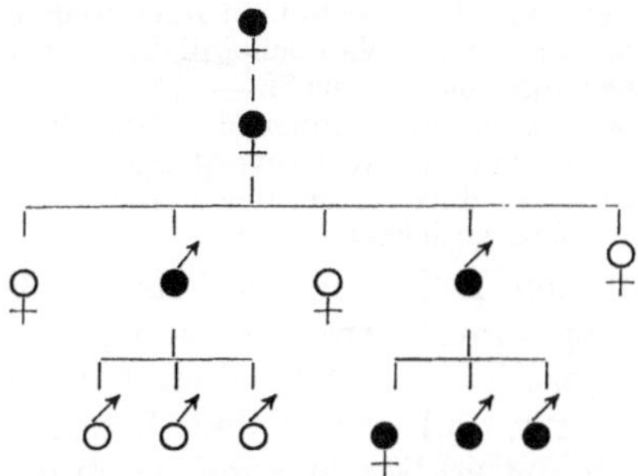

Abb. 37. Porokeratosis nach MIBELLI.

den beiden kranken Brüdern, von denen jeder 3 Kinder besitzt, hat
der eine nur gesunde, der andere nur kranke Kinder. Das Gesamtverhältnis der Kranken zu den Gesunden in den von einem behafteten
Elter abstammenden Geschwisterschaften (die Stammutter und ihre
Tochter werden nicht mitgezählt) kommt infolge dieses Ausgleichs dem
theoretisch geforderten Verhältnis 1 : 1 sehr nahe, da es 5 Kranke
: 6 Gesunde beträgt.

Auch bei einer größeren Familie brauchen jedoch die gefundenen
Zahlen nicht genau mit den theoretisch geforderten übereinzustimmen.
Bei der Epidermolysis-Familie auf Abb. 36 zählten wir zwar 15 Kranke
: 15 Gesunde. Die gleichen Geschwisterschaften enthalten aber 20 ♂ : 10 ♀,
trotzdem doch auch hier 15 ♂ : 15 ♀ erwartet werden müßten. Wenn
wir also in der D-Tafel 20 Kranke : 10 Gesunde (oder umgekehrt) gezählt hätten, so würden diese Zahlen immer noch nicht gegen das Vorliegen einer dominanten MENDELschen Vererbung gesprochen haben.

Der Fehler der kleinen Zahl. Da wir in der Vererbungspathologie wegen
der Seltenheit der meisten erblichen Leiden sehr oft mit kleinen Zahlen zu rechnen
haben, ist es hier noch notwendiger als sonst in der Medizin, die Berechnung des
mittleren Fehlers der kleinen Zahl durchzuführen, um die Beweiskraft der er-
rechneten Zahlen beurteilen zu können. Am meisten verwendet wird der mittlere
quadratische Fehler, der sich nach folgender Formel berechnet:

$$m = \sqrt{\frac{p\,(100 - p)}{n}}\,\%.$$

In dieser Formel ist p der Prozentsatz derjenigen Individuen, die ein bestimmtes
Merkmal aufweisen, n ist die Summe aller untersuchten Individuen. In unserem
Brachydaktyliestammbaum (Abb. 35) beträgt z. B. das Verhältnis der Kranken
zu den Gesunden 36 : 33, also 52% Kranke. Der mittlere quadratische Fehler
ist dann $\sqrt{\dfrac{52 \cdot 48}{69}} = \sqrt{36{,}2} =$ ca. $\mp 6{,}0$. Wir haben also in dem genannten
Stammbaum 52 ∓ 6% Kranke. Es ist daraus zu ersehen, daß die gefundene
Abweichung von den erwarteten 50% innerhalb des Fehlers der kleinen Zahl liegt,

und folglich nicht gegen das Bestehen der MENDELschen Proportion 1 : 1 spricht.
Dagegen fand FULDE unter 123 in der Literatur beschriebenen Fällen von Porokeratosis Mibelli 88 ♂ : 35 ♀, also 72% Männer. Hier beträgt der mittlere Fehler

$$m = \sqrt{\frac{72 \cdot 28}{123}} = \sqrt{\frac{2016}{123}} = \sqrt{16,3} = \text{etwa} \mp 4.$$ Von der Porokeratose werden also

72 $\mp$ 4% Männer befallen, oder bei dreifachem mittlerem Fehler 72 $\mp$ 12%. Das
bedeutet aber, daß man mit einer Wahrscheinlichkeit von etwa 370 : 1 wetten
kann, daß von der Porokeratose mindestens 72 — 12%, also mindestens 60% Männer
befallen werden, falls beim Zustandekommen des Materials nicht unbewußte, das
männliche Geschlecht bevorzugende Auslesevorgänge mitgewirkt haben. Die Bevorzugung des männlichen Geschlechts bei der Porokeratose scheint daher durch
diese Zahlen in hohem Maße gesichert.

Homozygotie. In den D-Tafeln, die wir als Beispiel für die dominante Vererbung angeführt hatten, ist von jedem Elternpaar immer
nur der eine Elter verzeichnet. Von dem anderen Elter wird still-
schweigend vorausgesetzt, daß er von dem betreffenden Erbleiden frei
war: Diese Voraussetzung erklärt es auch, warum wir nur heterozygot
Kranke antreffen; denn ein homozygot Kranker könnte ja bei dominanten
Leiden nur entstehen, wenn beide Eltern mit dem Leiden behaftet
wären:

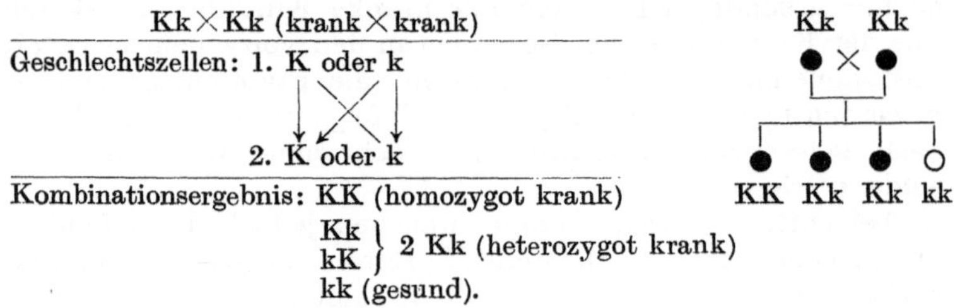

Wenn beide Eltern behaftet sind, würde also $^1/_4$ der Kinder **homozygot** krank sein. Ein solcher homozygot Kranker kann mit einem
Gesunden nur kranke Kinder erzeugen, die dann sämtlich **heterozygot**
krank sind:

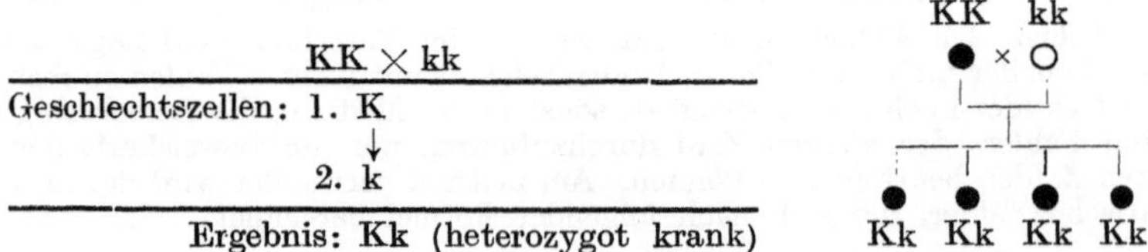

Nun spielen aber bei der dominanten Vererbung von Krankheiten
die Homozygoten praktisch nur eine sehr geringe Rolle. Denn bei der
Seltenheit und der offen zutage tretenden Vererbbarkeit der dominanten Leiden kommt es nur ausnahmsweise vor, daß sich zwei mit der
gleichen Krankheit Behaftete heiraten. Es ist uns daher unbekannt,
wie die dominanten Erbleiden sich klinisch manifestieren, wenn **beide**
Paarlinge des betreffenden Anlagenpaares krank sind. Wissen wir aber
nicht, wie diese Leiden im Zustand der Homozygotie aussehen, so haben

wir, könnte man meinen, auch kein Recht, sie als dominant zu bezeichnen; denn wir wissen ja gar nicht, ob die homozygote Form des Leidens der heterozygoten wirklich gleich oder auch nur ähnlich ist. Man wird aber eine solche Ähnlichkeit gewiß vermuten dürfen, und sollte das auch im einzelnen Fall nicht zutreffen, so bleibt doch die Tatsache bestehen, daß bei den sog. dominanten Krankheiten (im Gegensatz zu den recessiven) im heterozygoten Zustand „Kranksein" über „Gesundsein" dominiert. Dadurch aber erscheint die Benennung als „dominante Krankheit" schon genügend gerechtfertigt. — Die dominanten Erbleiden pflegen sehr selten zu sein (z. B. Brachydaktylie, Epidermolysis, Porokeratosis). Ist aber eine Krankheit selten, so ist es von vornherein unwahrscheinlich, daß zwei damit Behaftete in einer Ehe zusammentreffen. So sind die Vorbedingungen zur Erzeugung homozygot Kranker meist nicht gegeben.

Selektionswirkungen. Die Seltenheit aller schwereren dominanten Leiden ist leicht verständlich. Ein Leiden, mit dem immer ein großer Bruchteil der Familienmitglieder gekennzeichnet ist, und das sich, den Augen aller Welt sichtbar, in ununterbrochener Reihenfolge von den Eltern auf die Kinder und von diesen auf die Enkel vererbt, hat keine Aussicht, sich über größere Teile der Bevölkerung auszubreiten. Die Heiratsaussichten der Behafteten werden ceteris paribus geringer sein als die der Mitglieder anderer Familien. Die befallenen Familien werden sich infolgedessen langsamer als die übrige gesunde Bevölkerung vermehren; hierdurch aber verfällt das betreffende Erbleiden der eliminatorischen Auslese. Bei den dominanten Krankheiten ist die Selektion eben in jeder Generation wirksam, sie beeinträchtigt die Fruchtbarkeitsaussichten überall dort, wo eine krankhafte Erbanlage vorhanden ist, während bei solchen Erbkrankheiten, die der Regel nach einige Generationen überspringen, die krankhafte Erbanlage, solange sie von äußerlich gesunden Individuen beherbergt wird, sich ungehindert ausbreiten kann. Die Tatsache, daß die dominante Erbanlage jederzeit der Selektion ausgesetzt ist, bewirkt aber nicht nur die Seltenheit aller ernsteren dominanten Erbleiden, sondern sie bewirkt auch, daß die uns bekannten dominanten Leiden das Leben und die Fortpflanzung des Behafteten in der Regel nicht unmittelbar bedrohen. Während es recessive Krankheiten gibt, an denen die Behafteten oft (Dementia praecox) oder fast regelmäßig (Xeroderma pigmentosum) sterben, ja, auf Grund deren sie so gut wie niemals das fortpflanzungsfähige Alter erreichen (amaurotische Idiotie, Ichthyosis congenita), haben also die dominanten Leiden einen milderen Verlauf. Eine dominant erbliche Krankheit würde eben, wenn sie den Tod des Erkrankten vor der Geschlechtsreife bewirken müßte, in dem Individuum ausgetilgt werden, in dem sie erstmalig auftritt. Wohl ist es denkbar, daß solche ernsten dominanten Leiden gelegentlich hier oder dort entstehen; die Erkenntnis ihrer Erblichkeit müßte uns aber verschlossen bleiben, weil die Auslese die Fortzüchtung derart schwerer Affektionen mittels des dominanten Vererbungsmodus unmöglich macht.

Nachweis der dominanten Erblichkeit. Dort, wo wir eine D-Tafel haben, die sich über eine größere Reihe von Generationen erstreckt, ist der Nachweis regelmäßig dominanter Erblichkeit leicht zu erbringen. Nicht immer steht uns aber ein derart instruktives Material zur Verfügung. Oft lassen sich zuverlässige Befunde nur an denjenigen Generationen erheben, die noch am Leben sind. Die Beobachtung der gegenwärtigen Generationen kann aber auch schon zum Nachweis der dominanten Erblichkeit genügen. Wir brauchen nämlich nur die Befunde bei einer größeren Reihe von Geschwisterschaften nebst ihren Eltern zu registrieren und einer vererbungsbiologisch-statistischen Betrachtung zu unterziehen. Haben wir es mit einem regelmäßig dominanten Leiden zu tun, so wird stets mindestens ein Elter des Probanden gleichfalls behaftet sein. Ordnen wir unser Material in der Weise, daß wir die Familien, in denen beide Eltern behaftet sind, von denen, in welchen nur ein Elter behaftet ist, trennen, so werden in der letzten Gruppe die Hälfte der Geschwister des Probanden gleichfalls behaftet sein, — sofern auf Grund der Seltenheit des Leidens die Annahme erlaubt ist,

Beide Eltern gesund:

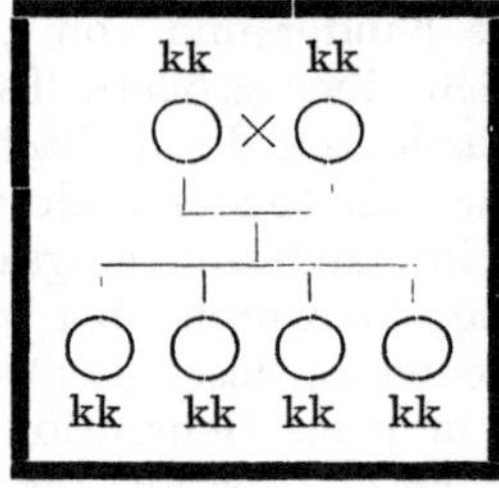

Ein Elter krank:

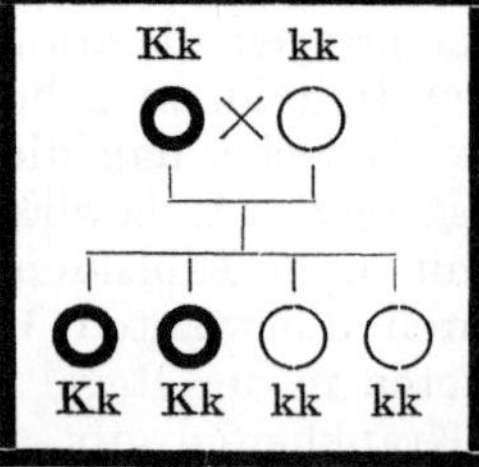
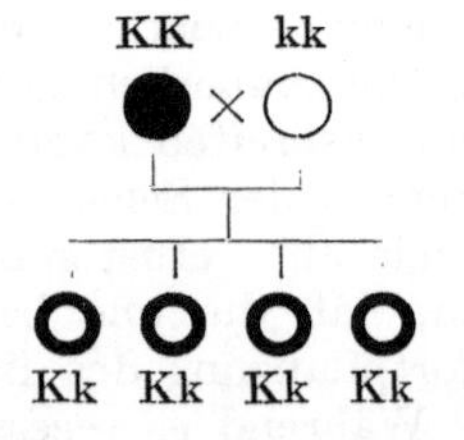

Beide Eltern krank:

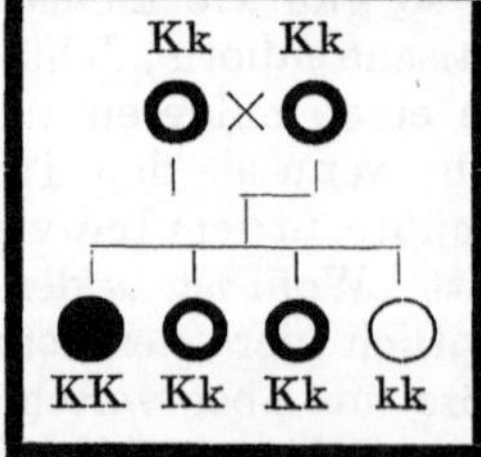
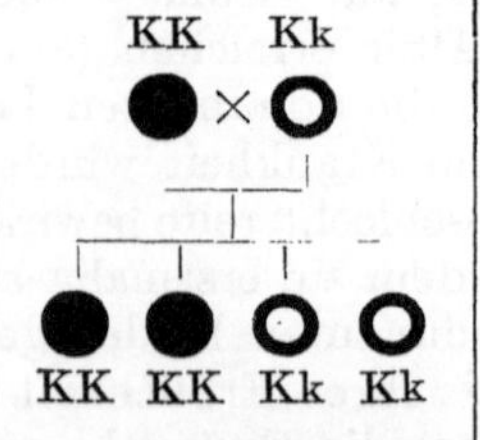
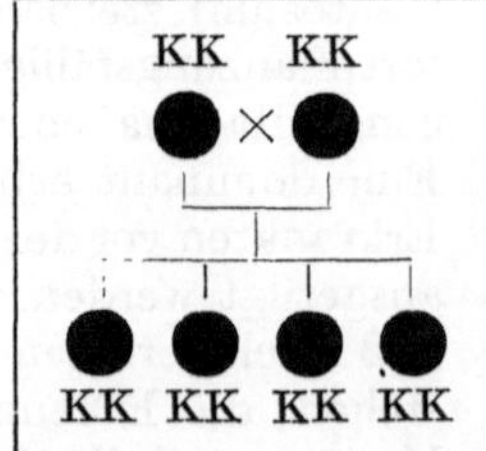

Abb. 38. Übersicht über die dominante Vererbung.

daß homozygot Kranke unter den Eltern fehlen. In der anderen Gruppe, in welcher beide Eltern krank sind, werden wir (bei Fehlen homozygot kranker Eltern) $^3/_4$ der Geschwister des Probanden gleichfalls affiziert finden. Auch auf diesem Wege, d. h. durch die Erforschung nur der beiden letzten Generationen, kann also der dominante Vererbungsmodus nachgewiesen werden, wenn sich das Material auf eine größere Reihe von Familien erstreckt.

Übersicht. Zum Schlusse geben wir eine Übersicht über die dominante Vererbung.

Sind beide Eltern gesund,
so sind sämtliche Kinder gesund.
Ist ein Elter krank,
so ist die Hälfte der Kinder krank.
(Ausnahmsweise könnte der eine Elter homozygot krank sein,
dann wären alle Kinder kranke Heterozygoten.
Ausnahmsweise könnten beide Eltern [heterozygot] krank sein,
dann wären $^3/_4$ der Kinder krank.)
Homozygotie ist um so seltener, je seltener das Leiden ist.
Proband: stets ein Elter krank,
die Hälfte der Geschwister krank,
die Hälfte der Kinder krank.

Unregelmäßig dominante Vererbung.

Überspringen. Sehr häufig finden wir in der menschlichen Vererbungspathologie D-Tafeln dominanter Krankheiten, die Unregelmäßigkeiten in der Art des erblichen Auftretens erkennen lassen. Vor allem bemerkt man oft, daß beim Erbgang nicht jede Generation in ununterbrochener Kette das erbliche Leiden zeigt, wie man es ja bei dominanten Merkmalen erwarten müßte, sondern daß einzelne Familienmitglieder übersprungen werden. Solche „Konduktoren" stammen also von behafteten Vorfahren ab, sind selbst gesund, übertragen aber die krankhafte Erbanlage auf die Hälfte ihrer Kinder. Als Beispiel für das Überspringen einzelner Generationen bei einem der Regel nach dominanten Leiden möge Abb. 39 gelten. Wir finden hier im allgemeinen dominante Vererbung; doch wird das Leiden nicht nur an zwei Stellen der Abb. 39 durch gesunde Männer (mit ×) bezeichnet) auf ihre Kinder übertragen, sondern wir finden sogar, von dem gesunden fünften Kind der Stammutter ausgehend, ein scheinbares Verschwinden der Krankheit in drei aufeinander folgenden Generationen und trotzdem in der vierten Generation bei Tochter und Sohn des mit ××) bezeichneten Mannes einen erneuten Wiederausbruch des Leidens.

Fehlerhafte Anamnese. Welche Umstände diesergestalt die Manifestation eines dominanten Merkmales gelegentlich unterdrücken, läßt sich nicht immer aufklären. In einzelnen Fällen könnte man daran denken, daß das Leiden durch den in der D-Tafel ja gewöhnlich nicht mit eingezeichneten und daher vielleicht übersehenen Ehegatten des angeblichen Konduktors erneut in die Familie getragen wurde. Wenn

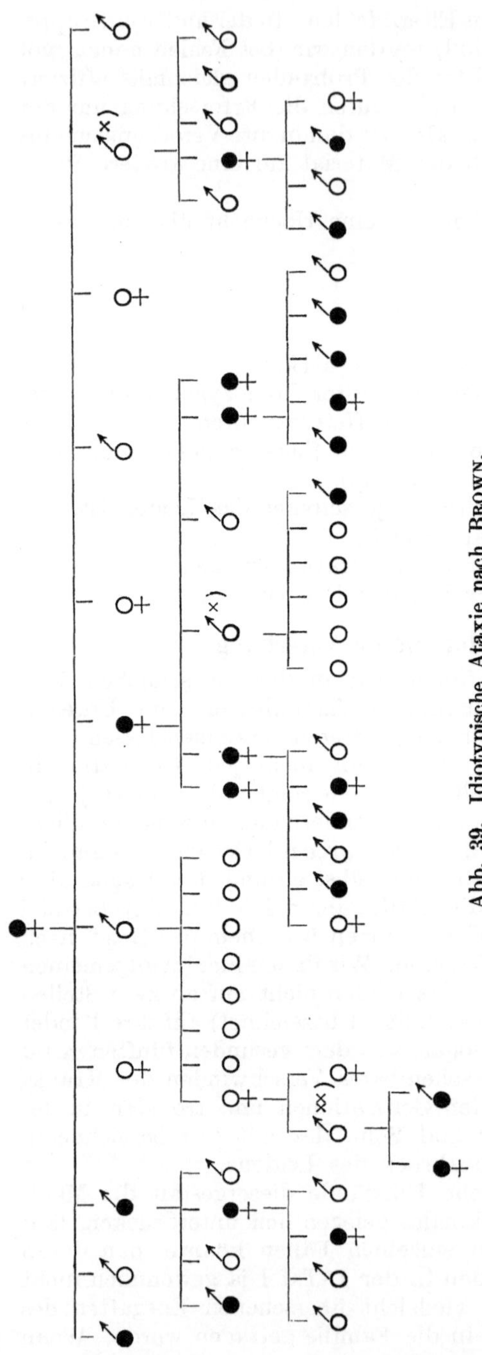

Abb. 39. Idiotypische Ataxie nach Brown.

der mit ××) bezeichnete Mann unserer Abb. 39 z. B. eine Cousine geheiratet hätte, die mit dem Familienleiden behaftet war, und man vergessen hätte, diese Tatsache in der D-Tafel zu registrieren, dann würde die scheinbar latente Übertragung eines dominanten Leidens durch drei Generationen eine genügende Aufklärung gefunden haben. Allerdings werden wir in praxi mit der Möglichkeit, das Überspringen bei dominanten Leiden in dieser Weise zu erklären, nicht viel anfangen können. Denn ein gesundes Mitglied einer behafteten Familie wird sich wohl meist davor hüten, eine behaftete Verwandte zu heiraten, da ihm die Erblichkeit des Familienleidens bekannt sein wird; sucht es sich aber ein Ehegemahl außerhalb seiner Sippe, so ist bei der schon hervorgehobenen Seltenheit aller ernsten dominanten Erbkrankheiten die Wahrscheinlichkeit, daß der Ehepartner das gleiche Leiden besitzt, äußerst gering.

Viel eher kommen für die Erklärung des Überspringens von Generationen andere Fehler bei der Aufstellung der D-Tafeln in Betracht. Und zwar weniger Fehler, die dadurch entstehen, daß der Autor vergaß, sich mit genügender Gründlichkeit nach dem Fehlen oder Vorhandensein des Leidens bei den einzelnen Familienmitgliedern zu erkundigen, als vor allen Fehler, welche dem Umstande entspringen, daß der Arzt bei der Aufstellung einer D-Tafel in so hohem Maße von den Angaben seiner Patienten abhängig ist. Darf man aber schon der persönlichen Anamnese eines Patienten immer nur ein sehr geringes Vertrauen schenken, so sind die anamnestischen Angaben über Krankheiten der Familienangehörigen, zumal der entfernteren, nahezu wertlos. E. STERN fand in seinem poliklinischen Material, daß die Patienten nur in 22% der Fälle eine bestimmte Angabe über die Todesursache ihrer Eltern machen konnten, daß 47% der Untersuchten überhaupt nicht genau wußten, wieviel Geschwister sie gehabt haben, daß 19% der Patienten nicht einmal angeben konnten, wieviel Geschwister noch am Leben sind. Bei dieser notorischen Unzuverlässigkeit der Familienanamnese muß es also schon erlaubt sein, das Überspringen bei dominanten Erbleiden gelegentlich als einen einfachen Fehler des Autors bzw. seiner Gewährsmänner zu erklären, zumal in solchen Fällen, in denen es sich um ein Leiden handelt, dessen Feststellbarkeit durch Laien nicht ganz einfach ist.

Unregelmäßigkeiten der Manifestation. Freilich gibt es auch Umstände, die aus anderen Gründen das Überspringen von Generationen nicht als so seltsam erscheinen lassen. Vor allen Dingen ist die Manifestation mancher erblicher Leiden und besonders der Grad ihrer Ausbildung in hohem Maße von äußeren Faktoren abhängig (Paravariabilität); in anderen Fällen wird die Entwicklung eines erblichen Merkmals durch andere Erbfaktoren merklich beeinflußt (Mixovariabilität). So ist es erklärlich, daß die Ausbildung einer Erbkrankheit bei verschiedenen behafteten Mitgliedern einer Familie einen verschieden hohen Grad erreichen kann. Die Dominanz kann also bei einzelnen Familienmitgliedern unvollständig sein. Dies ist z. B. bei einem Weibe in Abb. 40 der Fall, bei dem die Familienkrankheit (Spaltfuß) nur sehr wenig ausgesprochen war. Liegt aber eine solche unvollständige Dominanz vor, dann ist auch die Gefahr sehr groß, daß diejenigen Mitglieder, bei denen die Anomalie nur gering entwickelt ist, fälschlich überhaupt als gesund betrachtet und so in der D-Tafel verzeichnet werden. Haben sie z. T. kranke Kinder, so können sie dann als „Konduktoren" erscheinen.

Als Beispiel eines dominanten Erbleidens, das bei den einzelnen behafteten Individuen zuweilen sehr verschieden stark entwickelt ist, sei die Hexadaktylie erwähnt; während die Mehrzahl der behafteten Familienmitglieder das Vorhandensein eines sechsten Fingers deutlich erkennen läßt, zeigen einzelne das Leiden nur angedeutet in Form eines kleinen Auswuchses an der Ulnarseite der Hand. Es ist einleuchtend, daß bei der Aufstellung von Stammbäumen solche abortiven Formen der Hexadaktylie leicht übersehen und die betreffenden Personen als Gesunde registriert werden. Individuelle Verschiedenheiten zeigt in einzelnen Familien auch der Ausbildungsgrad der Epidermolysis bullosa traumatica. In der Familie von VALENTIN (Abb. 41) scheint nach den Angaben des Verfassers besonders bei den weiblichen Individuen das Leiden oft geringer entwickelt zu sein als bei den männlichen. So ist es zu verstehen, daß in dieser Familie gerade auch ein Weib [mit ×) bezeichnet] als Konduktor auftritt, da bei ihr eben die

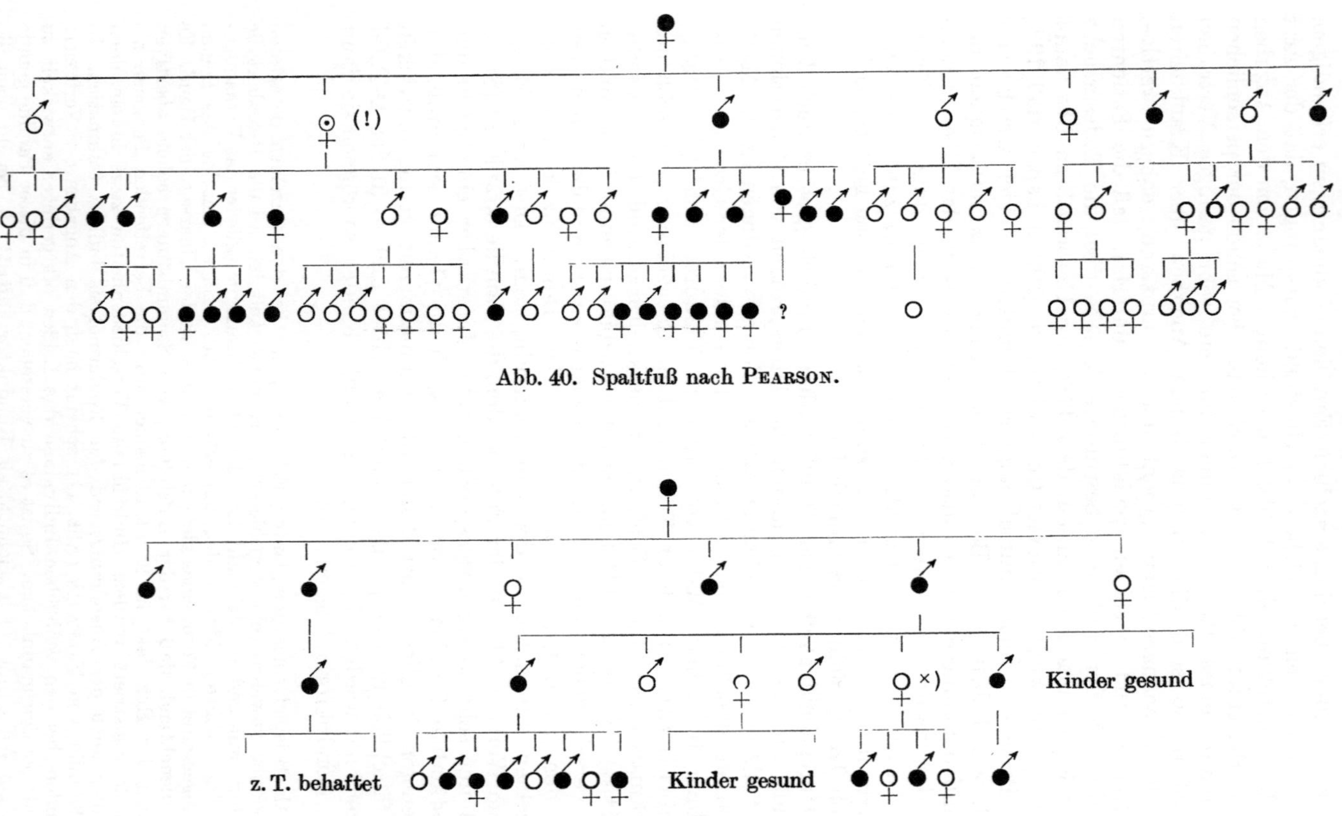

Abb. 40. Spaltfuß nach PEARSON.

Abb. 41. Epidermolysis bullosa traumatica nach VALENTIN.

erbliche Krankheitsanlage, trotzdem sie gewohnheitsmäßig dominant ist, nicht
zum Durchbruch gelangte. In diesem Falle gehört also das Geschlecht, und zwar
hier das weibliche, offenbar zu denjenigen Faktoren, die die Entwicklung des dominanten Leidens erschweren und bei einzelnen Personen sogar seine Manifestation
völlig verhindern können. Die Bedeutung des Geschlechts für die Entwicklung
der Epidermolysis in der vorliegenden Familie zeigt sich auch darin, daß in den
von einem kranken Elter (und dem Konduktorweib) abstammenden Geschwisterschaften 13 behaftete Männer auf nur 2 behaftete Weiber kommen, trotzdem in den
gleichen Geschwisterschaften das Geschlechtsverhältnis überhaupt $17\,\mathrm{\male} : 9\,\mathrm{\female}$
beträgt.

Auch bei Tieren hat man bei dominanten Leiden die Beeinflußbarkeit der Manifestation durch äußere oder innere Faktoren beobachten
können. So kennt man Hühnerfamilien, in denen die Küken zu einem
Teile mißgestaltete Füße haben; die Erscheinung ist aber viel häufiger,
wenn die Küken schlecht ausgebrütet sind. Ferner kommen bei Hühnern
Extrazehen vor, die sich regelmäßig dominant vererben. In anderen
Familien jedoch ist die Zahl der Behafteten zu klein im Verhältnis
zu der Zahl der Normalen, und hier treffen wir denn auch öfters eine
Übertragung durch nichtaffizierte Individuen an. Offenbar wird hier
eben bei einem Teil der Hühnchen die Ausbildung der Extrazehen
durch irgendwelche Faktoren gehemmt, so daß die Tiere nur scheinbar
normal sind und daher die Rolle eines Konduktors spielen können.

Manifestationsschwankungen infolge Paravariabilität. Noch in-
struktivere Beispiele unregelmäßiger Dominanz bieten die Versuche
MORGANS und seiner Schüler mit der Taufliege (Drosophila ampelophila). Hier beobachtete man z. B. eine Erbanlage, die sich durch
eine besondere Beschaffenheit der Pigmentbänder des Abdomens kundtat. Unter den mit der krankhaften Erbanlage behafteten Tieren
fanden sich aber phänotypisch alle Übergänge vom Normalen bis zu
den extremen Formen der eigenartig gebänderten Variation. Die Dominanz war also oft und in ganz verschiedenem Grade unvollständig,
in anderen Fällen fehlte sie überhaupt: die erbbildlich behafteten Tiere
erschienen normal. Es stellte sich heraus, daß der Prozentsatz der
abnormen Tiere in Homozygotenkulturen um so größer war, je feuchter
sie gehalten wurden; in trockenen Medien ließen sich die idiotypisch
abnormen Tiere generationenlang züchten, ohne daß die abnorme
Variation sich manifestierte. Bei einer anderen idiotypischen Variation,
die sich durch Verdoppelungen an den Beinen kennzeichnete, waren
die Unregelmäßigkeiten in der Manifestation ebenso groß. Es stellte
sich mit der Zeit heraus, daß hier die Manifestation abhängig war von
der Temperatur. In der Kälte entstanden 3—6 mal so viel Behaftete
als bei Zimmertemperatur. Unter extrem hohen Wärmegraden waren
auch alle Homozygoten normal.

Diese Beispiele zeigen sehr schön, wie Manifestationsschwankungen
infolge der Beeinflußbarkeit durch Außenfaktoren, also infolge Paravariabilität, zustande kommen können. Es läßt sich vermuten, daß
beim Menschen analoge Vorgänge möglich sind. Der Nachweis derartiger parakinetischer Faktoren stellt freilich die menschliche Vererbungspathologie vor eine schwierige Aufgabe.

Manifestationsschwankungen infolge Mixovariabilität. Manifestationsschwankungen können aber auch infolge der Beeinflußbarkeit einer Krankheitsanlage durch andere Erbanlagen, also infolge Mixovariabilität, zustande kommen. Auch hierfür liefern uns die Versuche mit Drosophilia ein lehrreiches Beispiel. Man entdeckte bei diesen Fliegen eine Erbanlage, welche bewirkte, daß die Flügel an den Enden abgestutzt waren. An der Entfaltung dieser Erbanlage sind außer dem eigentlichen Erbfaktor noch zwei Nebenfaktoren beteiligt, die gewissermaßen als Verstärker dienen. In der Regel wird die Anlage nur manifest, wenn außer dem Hauptfaktor noch einer der Nebenfaktoren vorhanden ist. Ist die Erbanlage für gestutzte Flügel in heterozygotem Zustande vorhanden, so tritt sie nicht in die Erscheinung; ist jedoch eine bestimmte andere Erbanlage anwesend, welche schwarze Färbung des Körpers, der Körperhaare und der Flügelhaare bedingt, so findet man die gestutzten Flügel auch bei heterozygoten Individuen. Es wirken aber auch noch andere Erbeinheiten als Verstärker der Erbanlage für Stutzflügel. Zu diesen verstärkenden Erbanlagen gehört selbst die Geschlechtsanlage, so daß die Stutzflügel leichter bei den Weibchen als bei den nur ein X-Element besitzenden Männchen erscheinen; das Merkmal der gestutzten Flügel kann also als „teilweise geschlechtsbegrenzt" bezeichnet werden.

Daß beim Menschen Manifestationsschwankungen erblicher Krankheiten infolge Mixovariabilität, d. h. infolge der Beeinflussung der krankhaften Erbanlage durch andere Erbanlagen, vorkommen, darf man als sicher annehmen. Denn auf die Mixovariabilität ist im wesentlichen die Erscheinung zurückzuführen, die man als „komplexe Bedingtheit" eines erblichen Merkmals bezeichnet. Eine solche komplexe Bedingtheit liegt z. B. bei der Myopie vor. Die Myopie muß deshalb, wenigstens in einem Teil der Fälle, Manifestationsschwankungen und folglich Unregelmäßigkeiten des Vererbungsganges zeigen; denn die Brechungskraft des Auges ist ja von einer ganzen Reihe verschiedener Faktoren abhängig (Länge der Augenachse, Krümmung der Linse usw.). Normale Eigenschaften, welche aus dem gleichen Grunde nur sehr unregelmäßige Vererbung zeigen, sind die Körpergröße, die Schönheit (die ja durchaus nicht bloß ein subjektiver Begriff ist!), das musikalische Talent, die geistige Begabung. An der familiären Häufung aller dieser Eigenschaften auf Grund ihrer Erblichkeit kann wohl nicht gezweifelt werden. Infolge der stets wechselnden Kombinationen der zahlreichen daran beteiligten Erbfaktoren ist aber der Gang der Vererbung nur in den seltenen Fällen relativ hochgradiger Reinzucht einigermaßen klar zu durchschauen.

Später oder wechselnder Manifestationstermin. Ein weiterer Grund für das Überspringen einzelner Generationen bei dominanten Krankheiten liegt in dem späten oder dem wechselnden Manifestationstermin vieler erblicher Leiden. Wenn z B. eine erbliche Krankheit, wie die HUNTINGTONsche Chorea, erst im 50. Lebensjahr oder noch später ausbrechen kann, so besteht die Möglichkeit, daß die mit

der krankhaften Erbanlage behaftete Person bereits mehrere, später
erkrankende Kinder erzeugt hat und gestorben ist, bevor die Chorea
bei ihr selbst überhaupt in die Erscheinung treten konnte; das betreffende Individuum hat also gewissermaßen die Manifestation seiner
Erbkrankheit nicht mehr erlebt und gilt deshalb in der D-Tafel
fälschlich als frei von dem Erbleiden (Abb. 42). Besonders bei solchen
Leiden, die zur senilen Involution in Beziehung stehen, können derartige
Verhältnisse leicht eintreten. Auch variiert bei diesen Leiden der Zeitpunkt ihres Auftretens oft stark; dies gilt z. B. für den präsenilen
Katarakt, der nicht selten dominant erblich ist, für die Blepharochalasis,
die präsenile Alopecia pityrodes, den Tremor senilis und viele andere

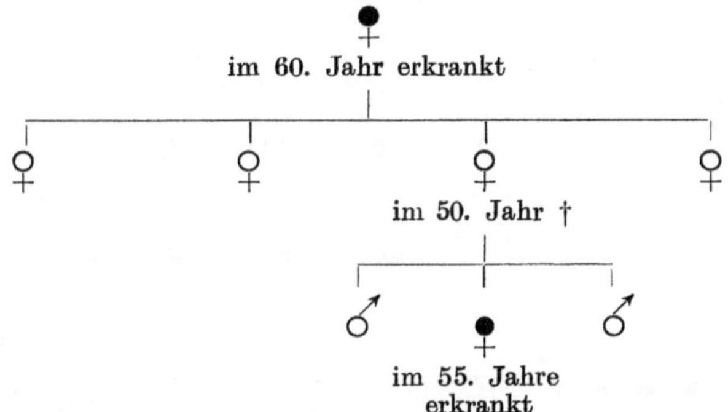

Abb. 42. Idiotypische Chorea nach SCHUPPIUS-GREVES (Ausschnitt).

Affektionen. Durch späten Ausbruch dominanter Krankheiten kann
auch das Zahlenverhältnis der Kranken zu den Gesunden verändert
werden, da die Gefahr besteht, daß man alle jung verstorbenen Individuen, einschließlich derer, welche die krankhafte Erbanlage besaßen
und bei denen sie sich später noch manifestiert haben würde, einfach
als Gesunde zählt.

Manifestationsschwund. Ähnliche Irrtümer können dadurch entstehen, daß bei nicht wenigen erblichen Charakteren die Manifestation
mit zunehmendem Alter nachläßt und womöglich mit der Zeit ganz
verschwindet. Manche Leiden, wie z. B. die Sommersprossen, pflegen
schon in einem verhältnismäßig frühen Alter so stark zurückzugehen,
daß sie bei der älteren Generation leicht übersehen werden; wieder
andere, wie der Epicanthus, sind überhaupt meist nur bei den Säuglingen oder bei den kleinen Kindern deutlich ausgeprägt, so daß sich
später nicht mehr feststellen läßt, ob das Symptom ursprünglich vorhanden gewesen ist. Bei der Taufliege Drosophila entdeckte man ein
erbliches Merkmal (blaßrotes Auge), dessen Träger von den mit einem
anderen Merkmal (purpurfarbenes Auge) versehenen Individuen in der
Jugend ohne weiteres zu unterscheiden waren. Die blaßroten Augen
dunkelten aber bald so stark nach, daß sich eine Unterscheidung der
älteren Fliegen in bezug auf diese beiden Merkmale nicht mehr durch-

führen ließ. Auch das allmähliche Verschwinden der Manifestation einer erblichen Krankheit kann also dazu führen, daß behaftete Individuen als gesund bezeichnet werden und daß folglich ein Überspringen von Generationen resultiert.

Neuauftreten dominanter Krankheiten. Eine weitere Unregelmäßigkeit der Dominanz beim Anblick einer D-Tafel kann vielleicht manchmal dadurch hervorgerufen sein, daß man das Neuauftreten einer krankhaften Erbanlage beobachtet.

An diese Erklärung könnte man z. B. bei der D-Tafel über Syndaktylie denken, die WOLFF veröffentlicht hat (Abb. 43). Hier sollen Eltern und Geschwister des

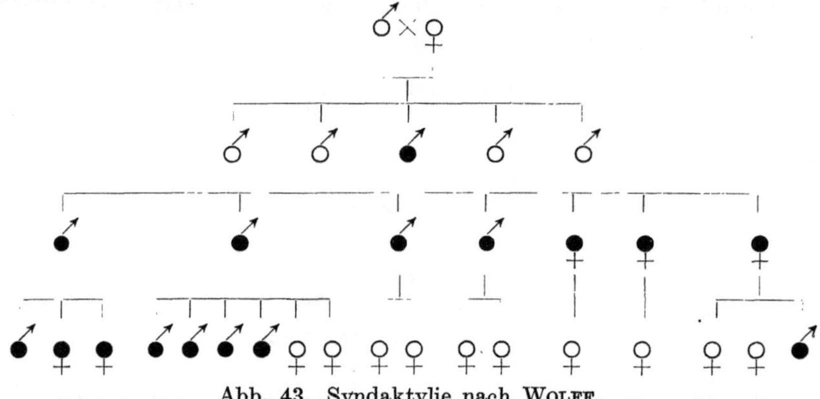

Abb. 43. Syndaktylie nach WOLFF.

ersten behafteten Individuums bestimmt frei gewesen sein; überhaupt soll das Leiden in der ganzen Familie unbekannt gewesen sein. Ganz ähnlich liegt der Fall von JADASSOHN (Abb. 44), in dem berichtet wird, daß der Vater der ersten Behafteten ein Arzt war, der sich über die abnorme Hautbeschaffenheit seiner zweiten Tochter lebhaft wunderte, da alle ihm bekannten Familienmitglieder normal waren.

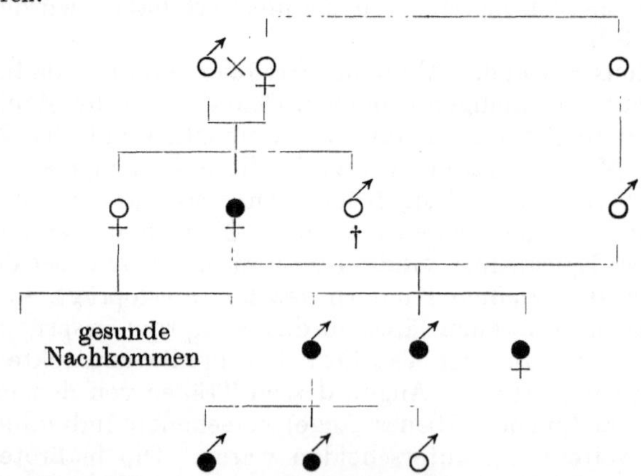

Abb. 44. Hautatrophie mit Pigment- und Verhornungsanomalien
nach JADASSOHN.

Entsprechend könnte man sich auch vorstellen, daß gelegentlich ein solitärer Fall einer dominanten Krankheit zur Beobachtung kommt, nämlich dann, wenn eine krankhafte dominante Erbanlage neu entsteht und das betroffene Individuum, ohne behaftete Nachkommen zu hinterlassen, stirbt. Freilich dürfte so etwas recht selten sein, da wir nach unseren experimentellen Erfahrungen nicht annehmen dürfen, daß das Neuauftreten gerade dominanter Erbanlagen eine häufige Erscheinung ist.

Abweichende Zahlenverhältnisse. Es kann aber auch in solchen Fällen, in denen das Überspringen einer Generation nicht vorkommt, die dominante Vererbung Abweichungen von dem Verhalten zeigen, das sie nach unseren theoretischen Anschauungen befolgen müßte. Es kann nämlich auch bei regelmäßig dominanter Vererbung (wie bei jedem anderen Vererbungsmodus) das Zahlenverhältnis der Kranken zu den Gesunden der theoretischen Erwartung nicht entsprechen. So findet man bei der Zusammenstellung einer größeren Reihe von Stammbäumen aus der Literatur gewöhnlich zuviel behaftete Familienmitglieder. Diese Erscheinung, die bei jedem Vererbungsmodus angetroffen werden kann, erklärt sich ohne weiteres als Folge der sog. literarisch-kasuistischen Auslese (WEINBERG), d. h. aus dem Umstande, daß die Familien mit gehäufter Behaftung eine wesentlich größere Aussicht haben, zur Publikation zu gelangen, als die Familien, in denen das betreffende Leiden weniger konzentriert angetroffen wird. Das Literaturmaterial stellt also gewissermaßen eine Auslese „interessanter Fälle" dar, und hierdurch verschieben sich die Zahlenverhältnisse zugunsten der Kranken.

In der gleichen Richtung wirkt ein anderer Umstand. Ein mit einer dominant erblichen Krankheit behafteter Heterozygot erzeugt mit einer gesunden Frau im Durchschnitt ebensoviel kranke wie gesunde Kinder. Hat er nur wenige Kinder, so kann es vorkommen, daß sie sämtlich gesund sind, wie z. B. die Kinder des einen Behafteten auf Abb. 37. Solche Geschwisterschaften mit nur gesunden Kindern werden aber beim Auszählen der MENDELschen Proportionen leicht übersehen; ja, bei den recessiven Krankheiten, bei denen beide Eltern äußerlich stets gesund sind, können diese gesunden Geschwisterschaften gar nicht als solche, die mitgezählt werden müssen, erkannt werden. Hier muß man also in jedem Falle mehr Kranke finden, als der Erwartung entspricht. Dieser Fehler läßt sich jedoch durch die WEINBERGsche Probandenmethode korrigieren, auf deren Anwendung wir noch zurückkommen werden.

Größere Sterblichkeit der Behafteten. Falsche Zahlenverhältnisse können weiterhin durch alle diejenigen Umstände entstehen, die wir zur Erklärung des Überspringens von Generationen bei dominanten Krankheiten angeführt hatten, also durch fehlerhafte Anamnese, durch Unregelmäßigkeiten der Manifestation infolge Paravariabilität oder infolge Mixovariabilität, durch späten oder wechselnden Manifestationstermin und durch Manifestationsschwund. Als besondere Ursache für falsche Zahlenverhältnisse kommt aber noch ein wichtiger Umstand in Frage, nämlich eine größere Sterblichkeit der behafteten Individuen. Daß Unterschiede in der Letalität normaler Individuen einerseits, mit einer bestimmten pathologischen Erbanlage behafteter Individuen andererseits vorkommen, versteht sich wohl von selbst. BAUR beobachtete, daß bei Kreuzungen von Löwenmäulchen (Antirrhinum) mit aureafarbenen (weißgescheckten) Blättern statt des korrekten Mendelverhältnisses 1 dominant-homozygot : 2 hetereozygot : 1 recessiv-homozygot immer nur das Verhältnis 1 grün : 2 aurea auftrat. Diese sonderbare Erscheinung fand schließlich ihre Aufklärung durch die Entdeckung, daß ursprünglich auch immer eine Anzahl gelbblättriger Pflanzen erzeugt wurde; diese gelben Pflanzen starben aber regelmäßig schon nach wenigen Tagen, da sie infolge ihres Chlorophyllmangels nicht assimilieren konnten. Das wahre Verhältnis war also 1 grün : 2 aurea : 1 gelb. Ähnliche Zahlenverschiebungen findet man bei bestimmten Mäusekreuzungen; hier hat man die Unregelmäßigkeiten damit erklärt, daß von den gelben Mäusen, deren tatsächliche Anzahl hinter der theoretisch zu erwartenden meist stark zurückbleibt, ein Teil der Tiere schon im Mutterleib abstirbt. Diese Erklärung darf man wohl um so mehr anerkennen, als einer alten Erfahrung gemäß gelbe Mäuse mit einer besonders großen Neigung zu Fettsucht und Ascites behaftet sind. Bei der Taufliege (Drosophila) fanden MORGAN und seine Schüler eine ganze Reihe erblicher Anlagen, die mit einer Herabsetzung der Lebensfähigkeit der betreffenden Indidivuen verbunden waren. Die Erbeinheiten, bei denen diese Tendenz besonders hervortrat, bezeichnete MORGAN direkt als „letale Faktoren". Die letalen Faktoren waren z. T. nur für das eine Geschlecht, z. B. nur für die Männchen, letal, wie die Erbanlage, welche eingekerbte Flügel bedingte. Die Anlage, die sich durch Verschmelzung der zweiten Ader mit der Costalader kundtat, war nur für diejenigen Fliegen letal, in denen sie homozygot vorhanden war. Die letale Wirkung mancher Erbeinheiten war in besonders hohem Grade von Außenfaktoren abhängig. Eine Anlage, welche die Länge der Flügel, die Form der Beine und das Vermögen der Weibchen zur Eiablage gleichzeitig betraf, verursachte nur dann eine große Sterblichkeit der Behafteten in den frühesten Entwicklungsstadien, wenn die Raum- und Ernährungsbedingungen, unter denen die Fliegen aufwuchsen, ungünstige waren. Bei günstigen Außenbedingungen konnte man dagegen fast normale Mendelzahlen beobachten. Die schon einmal erwähnte Erbanlage, welche Verdoppelungen an den Beinen bewirkte, war für die Männchen in höherem Grade letal als für die Weibchen; wurden die Fliegen bei niederen Temperaturen gehalten, so gingen mehr von den Behafteten zugrunde als bei Zimmertemperatur.

Daß beim Menschen ähnliche Verhältnisse vorkommen und dann die MENDELschen Proportionen beeinflussen können, unterliegt keinem Zweifel. Als Beispiel sei auf die (allerdings recessiv erbliche) Ichthyosis congenita verwiesen, deren Träger regelmäßig nach Stunden oder Tagen zugrunde gehen. Es wäre deshalb bei diesem Leiden nicht verwunderlich, wenn eine Auszählung des MENDELschen Verhältnisses zu

wenig Kranke in den betreffenden Geschwisterschaften ergeben würde;
denn das Vorhandensein einer Krankheit bei Familienangehörigen, die
schon kurz nach der Geburt gestorben sind, kann von dem die Anamnese
aufnehmenden Arzt leicht übersehen und noch leichter von den Angehörigen verheimlicht werden. Manche erblichen Leiden verkürzen zwar
nicht das Leben, beeinträchtigen aber die Fortpflanzungsfähigkeit. Infolge hiervon werden dann die Fälle, in denen die Behafteten gleichfalls behaftete Eltern haben, seltener sein, als an und für sich zu erwarten
wäre, während der Prozentsatz der Behafteten unter den Kindern und
unter den Geschwistern der Behafteten der gleiche bleibt. Wie sehr auf
diese Weise der Erbgang eines Leidens entstellt werden kann, werden
wir noch später an einem Beispiel zu besprechen haben (Abb. 75).

Die Familie Nougaret. Daß auch bei anscheinend regelmäßig dominanten Leiden Abweichungen in den Zahlenverhältnissen vorkommen,
beweist der berühmte Stammbaum der Hemeralopenfamilie Nougaret
(Abb. 45). Diese umfassendste D-Tafel, die bisher für irgendeine
Krankheit beim Menschen aufgestellt wurde, ist 1838 von Cunier
begonnen und 1907 von Nettleship vervollständigt worden. Sie
umfaßt 2116 Personen, die sämtlich Nachkommen des ersten bekannten
Falles sind, eines 1637 bei Montpellier in Südfrankreich geborenen
Metzgers, und die sich von diesem Stammvater aus über 10 Generationen
erstrecken. Das in dieser Familie anzutreffende Leiden besteht in einer
angeborenen und sich während des ganzen Lebens gleichbleibenden
Unfähigkeit, bei Dämmerlicht zu sehen; Sehschärfe, Gesichtsfeld und
ophthalmoskopischer Befund sind dabei normal. Die Krankheit wird
nur durch Behaftete übertragen, nie wurde eine Generation übersprungen; aber wenn man in sämtlichen Geschwisterschaften, die von einem
hemeralopen Individuum abstammen, das Verhältnis der Kranken
zu den Gesunden auszählt, so erhält man nicht, wie zu erwarten ist,
zur Hälfte Kranke und zur Hälfte Gesunde, sondern 130 Kranke
: 242 Gesunde; es erscheinen also viel zu wenig Kranke, was man bei
der Größe der absoluten Zahlen nicht einfach als Zufall auffassen darf.
Die Ursache für diese Abweichung von der regelmäßig dominanten
Vererbung ist unaufgeklärt. Man hat daran gedacht, daß in einer
Reihe von Fällen das Leiden verheimlicht worden sei; wäre das in einem
größeren Umfange geschehen, dann müßte man aber erwarten, daß
solche scheinbar gesunden Personen als Konduktoren in der Stamm-
tafel erscheinen. Am plausibelsten ist noch die Annahme, daß eine
Reihe von Personen fälschlich als gesund angegeben wurde, da sie
jung starben, bevor ihr Leiden recht zur Beobachtung kam. Aber
auch diese Annahme kann doch wohl kaum eine so große Differenz
erklären, und wir müssen deshalb die Lösung des Rätsels, das uns die
Nougaretsche D-Tafel aufgibt, zukünftigen Forschungen überlassen.

Recessive Vererbung.

Zahlenverhältnisse. Während der dominante Vererbungsmodus
durch sein ununterbrochenes Auftreten in jeder Generation gleichsam

die Erblichkeit $\varkappa\alpha\tau'$ $\dot{\varepsilon}\xi o\chi\dot{\eta}\nu$ repräsentiert, ist es für die recessiven Erbkrankheiten geradezu charakteristisch, daß sowohl Eltern wie sämtliche Kinder des Erkrankten gesund sind. Deshalb wurde die erbliche Bedingtheit dieser Leiden erst spät erkannt, und auch jetzt noch werden sie von zahlreichen medizinischen Autoren nicht als erbliche, sondern nur als „familiäre" Krankheiten bezeichnet. Diese letztere Bezeichnung verdienen sie deshalb, weil sie nicht selten bei Geschwistern, evtl. auch bei Vettern und anderen Seitenverwandten angetroffen werden. Einige Formeln werden uns dieses Verhalten verständlich machen.

Da die recessive Erbanlage bei heterozygotem Vorhandensein von der gesunden überdeckt wird, so sind alle mit einem recessiv erblichen Leiden behafteten Individuen homozygot. Bezeichnen wir die Anlage für Gesundheit mit G, die recessive Krankheitsanlage mit g (womit das Fehlen der Gesundheitsanlage ausgedrückt werden soll), so ist also das heterozygote Gg-Individuum äußerlich gesund und nur das gg-Individuum ist wirklich krank. Heiratet der Kranke einen Gesunden, so müssen sämtliche Kinder zwar mit der krankhaften Erbanlage behaftet, aber äußerlich gesund sein:

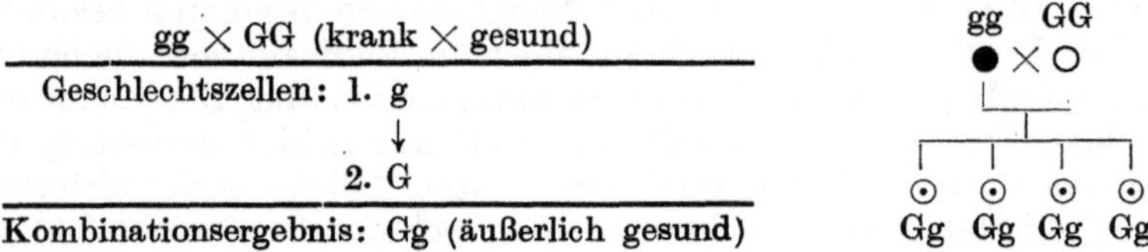

Nur wenn der Kranke einen mit der gleichen Krankheitsanlage behafteten Gesunden heiratet, kann er auch wieder kranke Nachkommen haben:

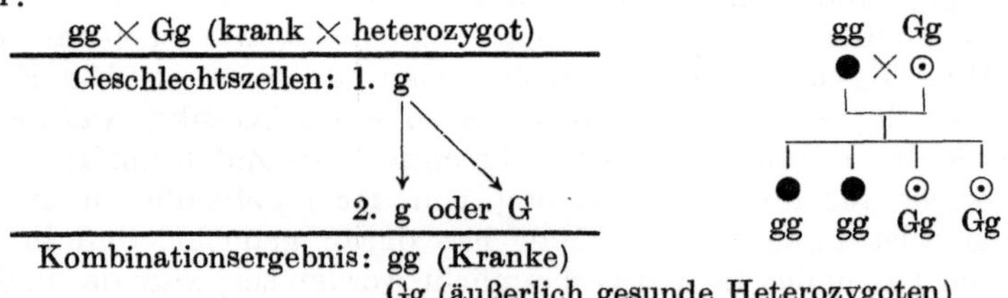

Wenn ein recessiv Kranker überhaupt kranke Nachkommen hat, wird demnach durchschnittlich die Hälfte davon krank sein, genau wie es bei der dominanten Vererbung der Fall ist. Heiraten sich zwei recessiv Kranke, so sind sämtliche Kinder befallen: die Krankheit entsteht gewissermaßen in Reinzucht:

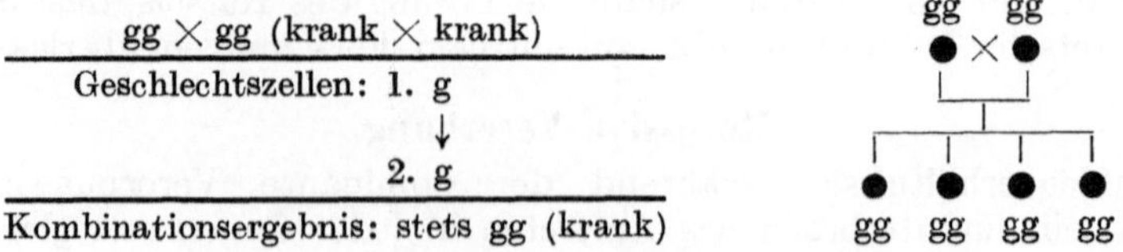

Additional information of this book

(Einführung in die allgemeine und spezielle Vererbungspathologie des Menschen); 978-3-642-90413-4) is provided:

http://Extras.Springer.com

Allerdings ereignen sich solche Fälle selten. Auch die recessiven Erbleiden werden ja im allgemeinen nicht gerade häufig angetroffen, und die Wahrscheinlichkeit, daß ein recessiv Kranker einen mit dem gleichen Leiden Behafteten oder auch nur einen (gesunden) Heterozygoten heiratet, ist deshalb gering. Vielmehr ist der häufigste Fall der, daß die recessiv Kranken Kinder gesunder Eltern sind; dann müssen aber beide Eltern die krankhafte Erbanlage heterozygot enthalten. Denn wenn nur ein Elter heterozygot und der andere auch erbbildlich gesund ist, kann niemals ein krankes Individuum entstehen; es sind dann nur die Hälfte der Kinder wiederum Heterozygoten:

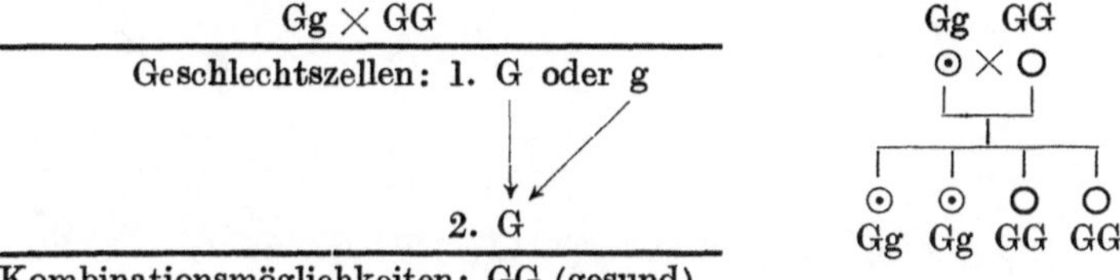

Enthalten dagegen beide Eltern die gleiche krankhafte Erbanlage heterozygot, so ist ein Viertel ihrer Kinder mit der entsprechenden Krankheit behaftet:

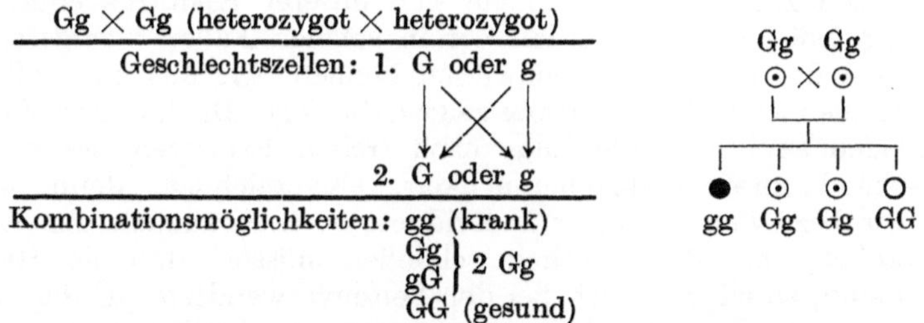

Da nun die Fälle, in denen sich zwei recessiv Kranke heiraten, selten sind, und ebenso die Fälle, in denen ein recessiv Kranker einen Gesunden heiratet, der die Anlage ausgerechnet zu derselben recessiven Erbkrankheit heterozygot in sich enthält, so ist der häufigste Fall der, daß beide Eltern eines mit einer recessiven Erbkrankheit behafteten Patienten gesund sind, und daß folglich in der Geschwisterschaft, zu der er gehört, ein Viertel der Kinder krank ist. Eine recessive Erbkrankheit muß man deshalb überall dort vermuten, wo ein Leiden bei Geschwistern gehäuft vorkommt (durchschnittlich ein Viertel der Geschwister krank), und zwar gerade auch in Familien, in denen sonst dieses Leiden unbekannt ist.

D-Tafeln und A-Tafeln bei recessiven Krankheiten. Da die Aufdeckung des recessiven Vererbungsmodus sehr bald zu der Erkenntnis führte, daß zur Darstellung solcher Vererbung mit der D-Tafel nicht viel anzufangen ist, wandte man der A-Tafel erhöhtes Interesse zu. Aber die A-Tafel ist ebensowenig imstande, uns die Spuren der recessiven Vererbung zu weisen. Allerdings wird man im allgemeinen die Annahme machen können, daß das Leiden, welches ein recessiv Kranker zeigt, auch schon einmal unter seinen Vorfahren aufgetreten ist, wie es Abb. 46 demonstriert; aber die kranken Vorfahren können so viele

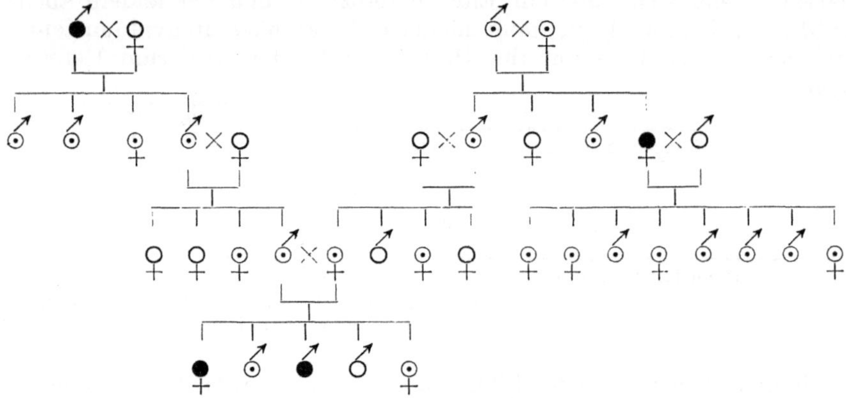

Abb. 46. Recessive Vererbung nach SIEMENS („Rassenhygiene").

Generationen zurückliegen, daß sie sich unserer Kenntnis entziehen. Wenn wir Glück haben, werden wir in solchen Fällen wenigstens in Seitenlinien die Krankheit nachweisen können, wie das ein Fall von Epilepsie aus meiner Beobachtung zeigt (Abb. 47). Die latenten Krankheitsanlagen sind hier allerdings nach freiem Ermessen, wenn auch entsprechend ihrer Wahrscheinlichkeit, eingezeichnet; denn wenngleich wir bezüglich einzelner Individuen, z. B. bezüglich der Eltern der Kranken, mit Bestimmtheit schließen müssen, daß sie Heterozygoten sind, so ist uns doch bei den Seitenverwandten nur das wahrscheinliche Verhältnis der Heterozygoten zu den völlig Gesunden bekannt, nicht aber, welche Person im einzelnen Falle heterozygot und welche auch erblich gesund ist, da sich ja bei den recessiven Krankheiten die Heterozygoten von den Gesunden äußerlich nicht unterscheiden.

Abb. 47 zeigt uns nun, daß der Proband, dessen Eltern äußerlich gesund waren, einen gleichfalls epileptischen Onkel von Mutterseite hatte, und daß sich das Erbleiden auch in der Familie des Vaters nachweisen ließ, da eine Tante des Vaters Epileptikerin war. Von den direkten Vorfahren des Probanden, soweit sich diese feststellen ließen, hat aber keiner an Epilepsie gelitten: die Ahnentafel ist völlig frei von „Belastung" (Abb. 48).

Wir sehen aus diesem Beispiel, daß es bei recessiven Krankheiten nicht immer möglich ist, das Leiden unter den direkten Vorfahren des Probanden, also in seiner A-Tafel, wiederzufinden. Es gibt nun aber auch recessive Krankheiten, bei denen kein einziger Vorfahr des

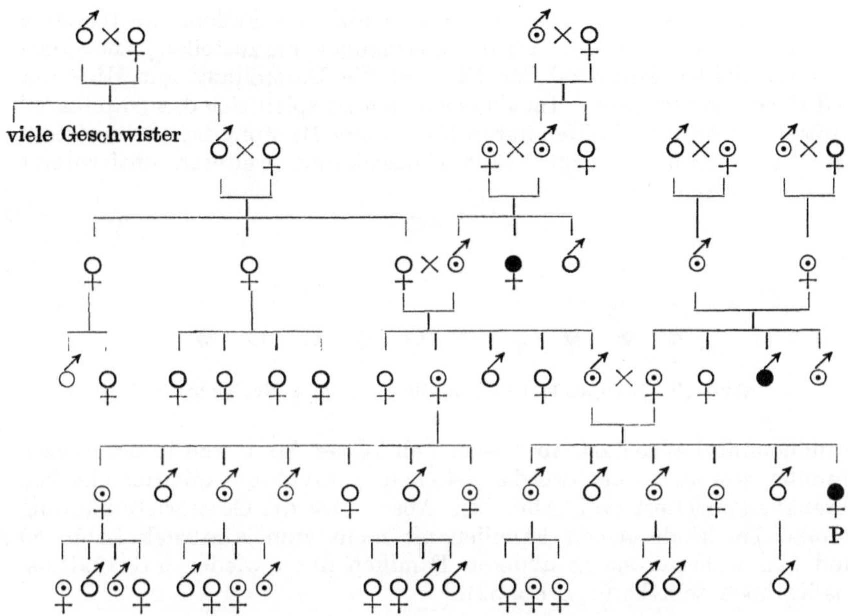

Abb. 47. Idiotypische Epilepsie. (Eigene Beobachtung.)

Probanden die Krankheit auch nur jemals gehabt haben ka nn, weil
nämlich die Krankheit vor dem zeugungsfähigen Alter zum Tode führt.
Solche Krankheiten (wie Ichthyosis congenita, amaurotische Idiotie,
Myoklonusepilepsie) können also, was oft verkannt wird, erblich sein,
trotzdem ein Kranker niemals Kinder erzeugt, weil eben die Vererbung durch die äußerlich gesunden Heterozygoten und nicht, wie
bei den dominanten Erbkrankheiten, durch die Kranken besorgt wird.

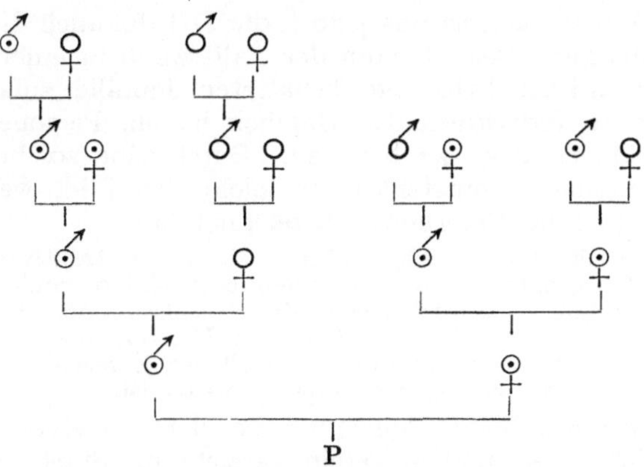

Abb. 48. A-Tafel des Probanden von Abb. 47.

Es gelingt also nur in einer Minderzahl von Fällen, die recessive
Vererbung mit Hilfe der A-Tafel anschaulich darzustellen; bei einem
anderen kleinen Bruchteil der Fälle ist die Darstellung mit Hilfe der
D-Tafel empfehlenswert. Im allgemeinen aber spielt sich das „familiäre“
Auftreten recessiver Leiden nur in Form einer Häufung bei Geschwistern
ab, wie es Abb. 49 zeigt. Eine Einzeichnung weiterer, entfernterer

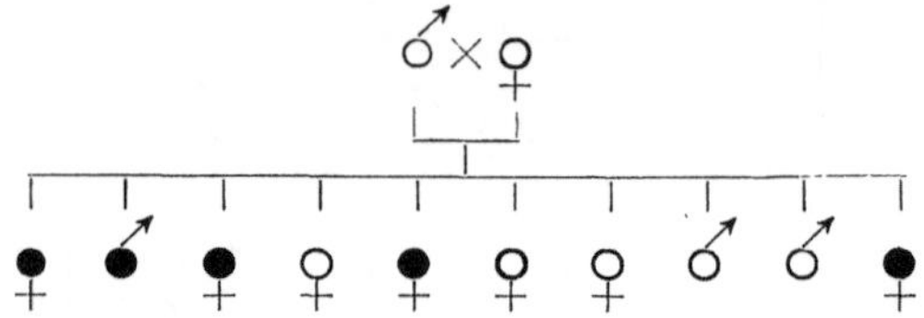

Abb. 49. Ectopia lentis et pupillae. (Eigene Beobachtung.)

Familienmitglieder hätte in diesem Fall keinen Sinn, weil in der ganzen
Familie, soweit sie nachweisbar ist, kein Individuum mit der gleichen
Krankheit existiert (vgl. Abb. 33). Aber selbst die Geschwisterhäufung
kommt bei kinderarmen Familien oft nicht zum Ausdruck (Abb. 50
und 51), während sie in anderen Familien dann wieder unverhältnis-
mäßig hoch sein kann (Abb. 52).

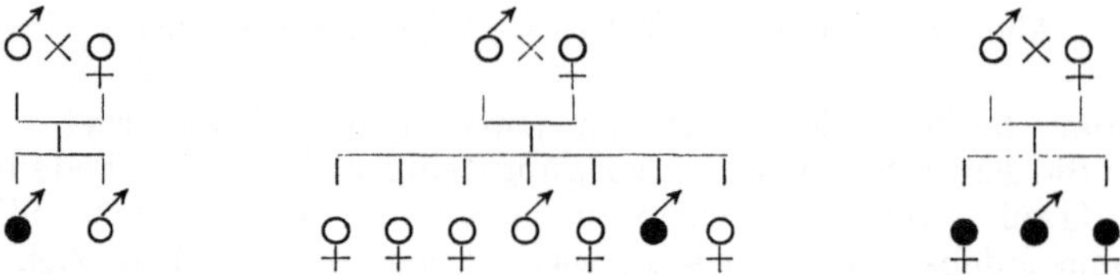

Abb. 50. Albinismus   Abb. 51. Epidermolysis   Abb. 52. Epidermolysis
universalis. (Eigene   bullosa dystrophica. (Eigene   bullosa dystrophica.
  Beobachtung.)   Beobachtung.)   (Eigene Beobachtung.)

Gelegentlich demonstriert uns jedoch die D-Tafel auch die recessive
Vererbung recht gut. Das ist dann der Fall, wenn in einer mit einer
bestimmten recessiven Erbanlage behafteten Familie zufälligerweise
mehrere behaftete Individuen das Unglück haben, Personen mit der
gleichen Krankheitsanlage zu heiraten. Durch eine solche Häufung
von Heterozygotenehen entsteht dann leicht das Bild, welches man
früher als „kollaterale Vererbung“ bezeichnet hat.

Ein Beispiel hierfür sahen wir schon auf Abb. 47. Noch instruktiver ist Abb. 53,
in der man annehmen muß, daß in drei Generationen hintereinander ein heterozygotes Familienmitglied jedesmal wieder eine Person mit der Erbanlage für
Albinismus heiratete. Eine solche Häufung von Heterozygotenehen wird sich
natürlich höchst selten ereignen, und zwar um so seltener, je weniger die betreffende
Erbkrankheit in der Bevölkerung überhaupt verbreitet ist.

Wir müssen deshalb im allgemeinen bei der recessiven Vererbung
auf umfangreichere A- und D-Tafeln verzichten. Statt dessen konzentrieren wir unsere Aufmerksamkeit auf jene kleinste familiäre Ein-

heit, die aus einer Geschwisterschaft (der Geschwisterschaft des Probanden) und ihren Eltern besteht. In diesen Probandengeschwisterschaften muß — wenn beide Eltern gesund sind — ein Viertel der Kinder krank sein, wie das z. B. in dem Material über Myoklonusepilepsie von Lundborg der Fall ist, das sämtliche schwedische Fälle umfaßt. Durch Auszählung einer großen Anzahl derartiger Geschwisterschaften kann man ein recht sicheres Urteil über den Vererbungsgang des betreffenden Leidens gewinnen, vorausgesetzt, daß man beim Auszählen die richtige Methodik verwendet, und daß das Krankheitsbild in all den Familien, welche man summiert, nicht nur äußerlich, sondern auch ätiologisch wirklich das gleiche Leiden ist. Ist außer dem Probanden (und evtl. einem Teil seiner Geschwister) auch noch ein Elter befallen, so muß, wie wir dargelegt hatten (S. 128), nicht nur ein Viertel, sondern die Hälfte der Geschwister des Probanden behaftet sein. Die schärfste Probe auf die Richtigkeit unserer Vermutung, daß eine bestimmte Krankheit recessiv erblich sei, ist dann gegeben, wenn sich zwei Behaftete heiraten, weil dann kein einziges ihrer Kinder gesund sein darf. Freilich sind auch von dieser Regel Ausnahmen möglich, wie der folgende Abschnitt zeigen wird.

Gehäufte Blutsverwandtschaft der Eltern. Zum Zustandekommen einer recessiven Krankheit müssen beide Eltern die betreffende krank-

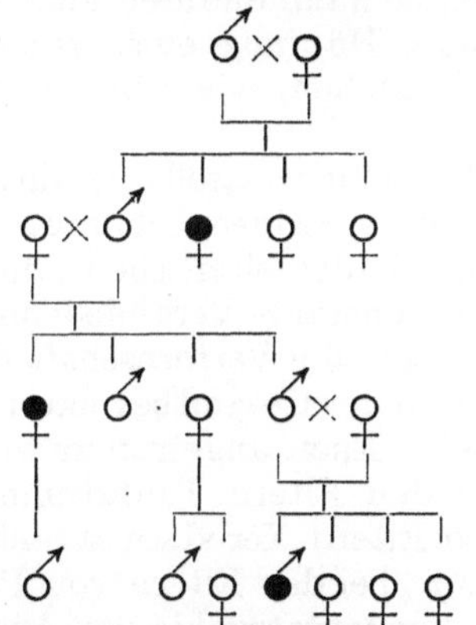

Abb. 53. Albinismus universalis nach Seligmann.

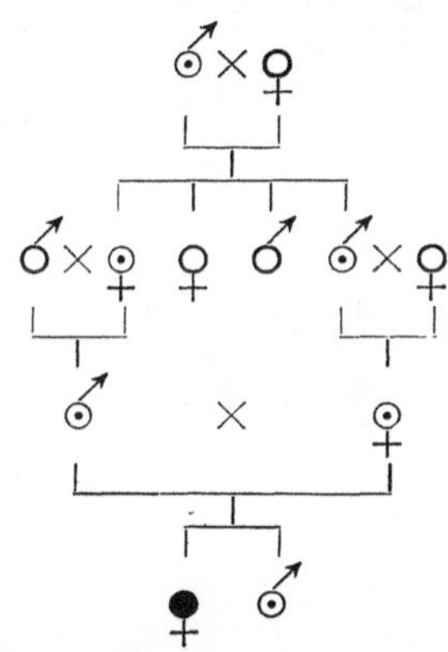

Abb. 54. Idiotypische Taubstummheit. (Eigene Beobachtung.)

hafte Erbanlage besitzen, wenn sie dabei auch äußerlich gesund sind. Für einen Menschen, der eine recessive Krankheitsanlage in sich birgt, wird aber die Wahrscheinlichkeit, einen mit der gleichen Anlage Behafteten zu heiraten, besonders groß sein, wenn er eine Verwandtenehe eingeht. Aus diesem Grunde finden wir bei den recessiv erblichen Krankheiten eine statistische Häufung der elterlichen Blutsverwandtschaft. Abb. 54 zeigt einen Fall meiner Beobachtung, in dem die Eltern des Behafteten Geschwisterkinder waren (die Heterozygoten sind wieder ihrer Wahrscheinlichkeit nach eingezeichnet).

Noch instruktiver ist ein Fall, der das Auftreten der Ichthyosis congenita betrifft (Abb. 55). Bei dieser Krankheit kommt Blutsverwandtschaft der Eltern in etwa 12% der Fälle vor. In unserem Fall hatte eine Frau, die bestimmt die recessive Krankheitsanlage in sich getragen haben muß, mit ihrem Manne fünf gesunde Kinder, von denen der Erwartung nach die Hälfte Heterozygoten waren, wie die Mutter. (Dieses zu erwartende Verhältnis ist in Abb. 55 eingetragen.) Nach dem Tode ihres Mannes, der mit ihr nachweislich nicht blutsverwandt war, gebar sie einem anderen Manne drei illegitime Kinder, die sämtlich mit Ichthyosis congenita behaftet waren. Später stellte sich heraus, daß der Vater dieser kranken Kinder ihr Halbbruder (vom gleichen Vater) war. Demnach muß also auch ihr Vater heterozygot gewesen sein, und sie muß, ebenso wie ihr Halbbruder, die recessive Krankheitsanlage von ihrem Vater empfangen haben. Freilich hätte es der Erwartung entsprochen, daß nicht alle drei, sondern nur ein Viertel der Kinder aus dieser Inzestverbindung mit dem recessiven Erbleiden behaftet gewesen wären. Bei diesen kleinen Zahlen besagt aber eine solche mangelhafte Übereinstimmung mit den theoretisch zu erwartenden Zahlenverhältnissen natürlich wenig (vgl. Abb. 52).

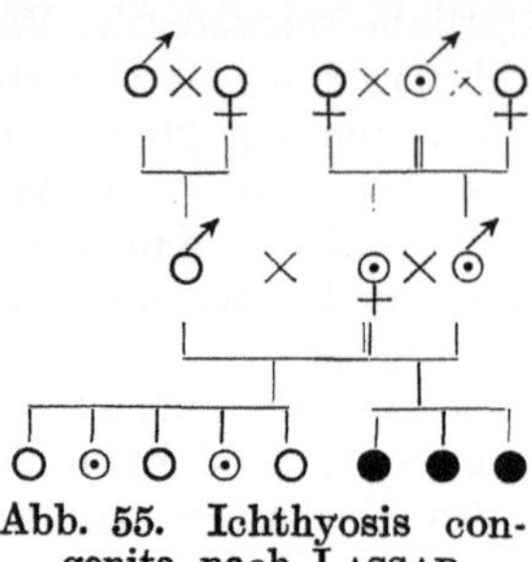

Abb. 55. Ichthyosis congenita nach LASSAR.

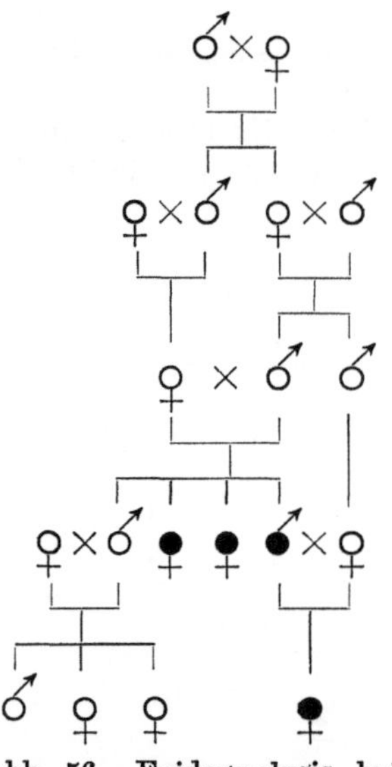

Abb. 56. Epidermolysis bullosa traumatica dystrophica nach SAKAGUCHI.

Erfolgen Verwandtenehen mehrmals hintereinander, so kann dadurch eine besondere familiäre Häufung eines recessiven Leidens entstehen, wie Abb. 56 demonstriert.

Lange Zeit erschien rätselhaft, warum bei den einzelnen recessiven Erbkrankheiten die Häufigkeit der elterlichen Blutsverwandtschaft konstante Verschiedenheiten aufweist; denn die Vetternschaft der Ehegatten, die in der Gesamtbevölkerung in etwa 1% aller Ehen angetroffen wird, findet sich bei den Eltern Taubstummer in 6%, bei den Eltern Xerodermakranker in ungefähr 12%, bei den Eltern von Personen, die an Pigmentatrophie des Auges leiden, in 25% usf. Diese verschiedene Häufigkeit der elterlichen Blutsverwandtschaft bei den einzelnen recessiven Leiden erklärt sich jedoch, wie LENZ gezeigt hat, sehr einfach dadurch, daß bei Leiden, die sehr selten sind, für einen Heterozygoten nur innerhalb seiner Sippe eine größere Wahrscheinlichkeit besteht, auf einen Ehepartner mit der gleichen Anlage zu treffen. Ist dagegen eine recessive Erbanlage in einer Bevölkerung an sich häufig, so wird ein damit Behafteter auch bei der Einheirat in fremde Familien leicht auf ein Individuum mit der gleichen Anlage stoßen. Die Häufigkeit der elterlichen Blutsverwandtschaft bei einer recessiven Krankheit steht also im umgekehrten Verhältnis zu der Häufigkeit der betreffenden Krankheit überhaupt. Ist es aber einmal für eine Krankheit erwiesen, daß Blutsverwandtschaft der Eltern bei ihr häufiger angetroffen wird als in der übrigen Bevölkerung, so ist damit auch die erbliche Bedingtheit der betreffenden Krankheit gesichert; denn abgesehen von der Homozygotisierung recessiver Krankheitsanlagen kennen wir keine pathogene Wirkung der Inzucht. Neben der Häufung einer Krankheit in Geschwisterschaften ist deshalb die gehäufte Blutsverwandtschaft der Eltern das wichtigste Kriterium für den Nachweis recessiver Erblichkeit.

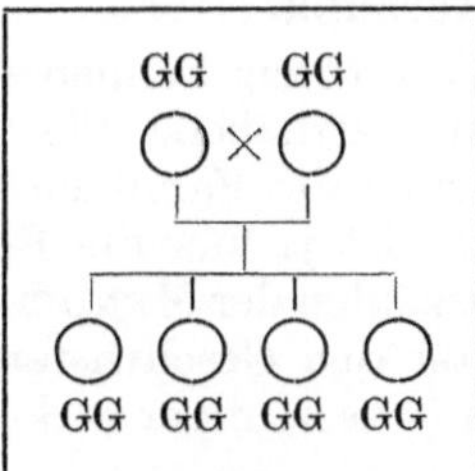
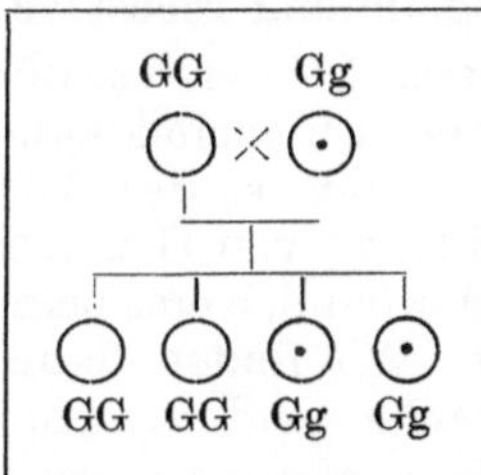
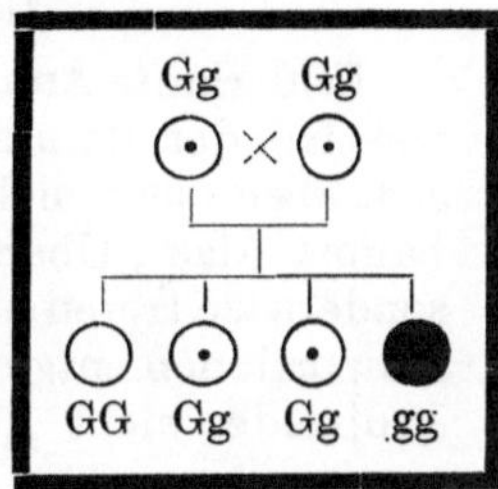
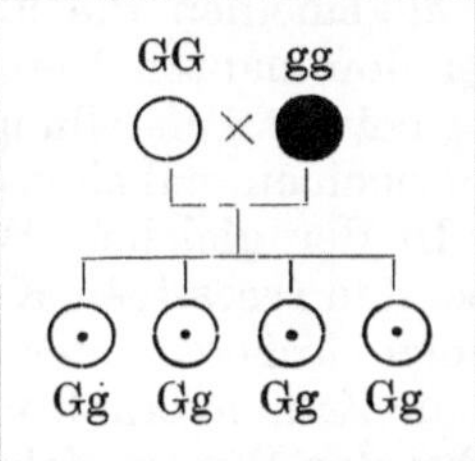
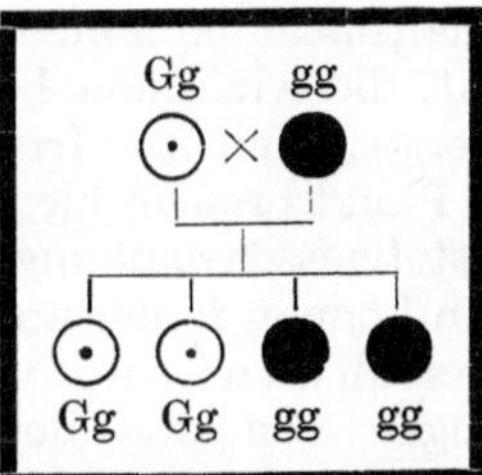
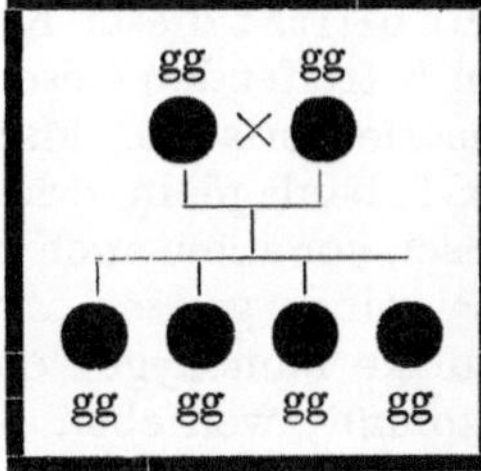

Abb. 57. Übersicht über die recessive Vererbung.

Übersicht. Eine Übersicht über die recessive Vererbung führt zur Hervorhebung folgender Punkte:

Sind beide Eltern (äußerlich) gesund,
so ist $^1/_4$ der Kinder krank.
Ist ein Elter krank,
so ist die Hälfte der Kinder krank.

(Heiraten ausnahmsweise zwei Kranke einander,
   so sind sämtliche Kinder krank.)
Blutsverwandtschaft der Eltern ist gehäuft, besonders bei
   seltenen Leiden.
Proband: gewöhnlich beide Eltern gesund,
   $^1/_4$ der Geschwister krank,
   gewöhnlich sämtliche Kinder gesund.
(Ist ausnahmsweise eins der Eltern krank,
   so ist die Hälfte der Geschwister krank.)

Unregelmäßig recessive Vererbung.

Fehlerhafte Anamnese. Bei der recessiven Vererbung können ebenso
wie bei der dominanten Unregelmäßigkeiten statthaben. Sie zeigen
sich aber meist nicht so offen bei der Betrachtung des Familienstamm-
baums (das „Überspringen“ von Generationen ist ja hier die Regel!),
sondern sie treten uns gewöhnlich erst beim Auszählen der MENDELschen
Proportionen entgegen. Wir finden dann unter den Geschwistern der
Probanden nicht $^1/_4$ Kranke, sondern mehr oder (was häufiger vorkommt)
weniger.

Als Ursache für das Auftreten solcher Unregelmäßigkeiten in den
Zahlenverhältnissen kommen im allgemeinen die gleichen Umstände
in Betracht, die wir schon bei der dominanten Vererbung besprochen
hatten, in erster Linie also Irrtümer bei der Aufstellung der Anamnese.
Auf diesen Punkt braucht hier nicht noch einmal eingegangen zu werden.

Manifestationsschwankungen. In der gleichen Weise wie bei den
dominanten können ferner auch bei den recessiven Krankheiten Manifestationsschwankungen infolge äußerer oder innerer Faktoren
Abweichungen von den normalen Zahlenverhältnissen hervorrufen.
Bei der Dementia praecox z. B., bei der RÜDIN nicht $^1/_4$, sondern nur
$^1/_{16}$ von den Geschwistern der Probanden gleichfalls erkrankt fand,
hat man die Paravariabilität dieser Krankheit dafür verantwortlich
gemacht, daß sie in den betreffenden Geschwisterschaften soviel seltener
auftritt, als es die Theorie verlangt. Man hat also angenommen, daß
die Dementia praecox-Erbanlage in erheblichem Grade von äußeren
Faktoren beeinflußbar sei, vor allem auch in bezug auf ihre Manifestation
überhaupt, so daß bei einer ganzen Anzahl derjenigen Individuen,
die diese Krankheitsanlage homozygot enthalten, das Leiden dennoch
nicht zum Ausbruch kommt, weil eben die dazu notwendigen äußeren
Bedingungen fehlen. Ebenso könnte man sich vorstellen, daß die
Manifestation der homozygoten Dementia praecox-Anlage durch andere
Erbfaktoren beeinflußt wird, daß also durch Mixovariabilität
Manifestationsschwankungen entstehen.

Später oder wechselnder Manifestationstermin. Unstimmige Zahlenverhältnisse können auch dadurch zustande kommen, daß bei gewissen
recessiven Erbleiden der Zeitpunkt ihres Ausbruchs, ihr „Manifestationstermin“, so sehr verschieden ist. Bekannt ist dies ja für
die Dementia praecox, deren Beginn bald in das schulpflichtige Alter

fällt, bald aber sich ins 30. und 40. Lebensjahr hinauszieht. Selbst ein Leiden, das, wie das Xeroderma pigmentosum, mit großer Regelmäßigkeit schon beim Säugling ausbricht, kann ausnahmsweise einmal erst im zweiten Jahrzehnt oder gar noch später zur Manifestation kommen. So sind Möglichkeiten genug vorhanden, welche die Übereinstimmung der theoretisch geforderten Zahlen mit den tatsächlich gefundenen stören können.

Manifestationsschwund. Wie bei den dominanten Krankheiten, muß man auch bei den recessiven an die Möglichkeit denken, daß das erbliche Merkmal nur bei den Kindern manifest ist, mit zunehmendem Alter aber mehr oder weniger vollständig verschwindet.

Größere Sterblichkeit der Behafteten. Auch eine erhöhte S t e r b l i c h k e i t d e r B e h a f t e t e n kann zu falschen Zahlenverhältnissen führen, was schon an dem Beispiel der Ichthyosis congenita dargelegt wurde.

Idiotypische und paratypische Formen der gleichen Krankheit. Scheinbare Unregelmäßigkeiten beim recessiven Erbgang werden aber auch durch den Umstand bewirkt, daß das Symptomenbild vieler Erbkrankheiten auch durch äußere Einflüsse erzeugt werden kann. Vor dieser Fehlerquelle bewahrt uns bei den dominanten Leiden die bei Dominanz zu erwartende starke familiäre Häufung des Übels. Der dominante Erbgang läßt sich daher in der Regel schon an einem einzelnen Stammbaum feststellen (sog. Individualstatistik). Bei recessiver Vererbung sind wir jedoch darauf angewiesen, die Erfahrungen vieler verschiedener Familien zu summieren (Massenstatistik) und dabei auch isoliert auftretende Fälle mit zu verwerten. So kann es leicht geschehen, daß man ätiologisch ganz ungleichartige Dinge, die sich klinisch ähneln, zusammenzählt. Ein erheblicher Bruchteil aller Taubstummen hat z. B. durch Meningitis in frühester Kindheit, ein anderer durch intrauterine Syphilis das Gehör verloren; nach GOTTSTEIN sind 10%, nach KAUP sogar 50% aller Fälle von Taubstummheit nicht erblich bedingt. Wir müssen deshalb die idiotypische Taubstummheit theoretisch von der paratypischen trennen. Praktisch ist das oft schwer, in manchen Fällen aber noch auf Grund der Beschaffenheit des Nachwuchses der Taubstummen möglich.

Abb. 58. Taubstummheit nach FAY.

So ist die Erzeugung gesunder Kinder durch zwei Taubstumme, wie sie uns auf Abb. 58 entgegentritt, nicht etwa ein Beweis dafür, daß die Taubstummheit nicht ein recessives Erbleiden sein kann (weil ja bei recessiven Erbleiden die Kinder zweier Kranker ausnahmslos krank sein müssen!), sondern ein solcher Fall zeigt nur, daß eben einer der beiden mit gesunden Kindern gesegneten Eltern anscheinend gar nicht auf Grund eines erblichen Fehlers taubstumm gewesen ist. In der Tat ergibt die Betrachtung der weiteren Verwandtschaft im vorliegenden Falle (Abb. 59), daß zwar der Mann, welcher die sechs taubstummen Kinder erzeugte, aus einer Taubstummenfamilie stammte, daß aber sein Schwager, welcher der Vater von

vier Kindern mit normalem Gehör wurde, das einzige taubstumme Glied einer
großen Geschwisterreihe ist, so daß man hier von vornherein Grund zu der Annahme
hat, daß es sich bei ihm nur um ein paratypisches, durch irgendeine intrauterin
oder in frühester Kindheit durchgemachte Erkrankung bedingtes Leiden handle.

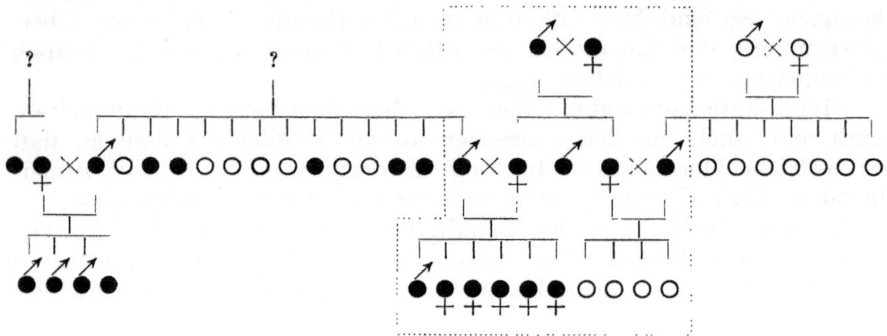

Abb. 59. Taubstummheit nach Fay.

Weiterhin aber zeigt uns ein solcher Fall, daß diejenigen Krankheiten, von
denen wir recessive Erblichkeit vermuten, oft gar keine einheitlichen Krankheiten
sind, sondern nur Symptomenbilder, welche idiotypische und paratypische
Formen in sich vereinigen.

Verschiedene idiotypische Formen der gleichen Krankheit. Ähnliche
Unstimmigkeiten der Zahlenverhältnisse müssen auch dann zustande
kommen, wenn es von einem erblichen Leiden verschiedene idiotypische Formen gibt. Auch dieser Umstand hat eine besonders
große Bedeutung für die Erforschung der recessiven Leiden, weil
wir bei ihnen mehr als bei den dominanten auf Massenstatistik angewiesen
sind. Summieren wir aber Fälle aus verschiedenen Familien, so besteht
nicht nur die Gefahr, daß wir paratypische Formen mit den recessiv
erblichen zusammenzählen, sondern auch, daß wir idiotypische Formen,
die nicht dem recessiven, sondern irgendeinem anderen Modus folgen,
zu den recessiven hinzuaddieren. Dann können natürlich niemals die
für recessive Vererbung erwarteten Zahlenverhältnisse herausspringen.
Ebenso können dann Stammbaumbilder zustande kommen, wie in
Abb. 58. Bestände z. B. die Taubstummheit bei zwei taubstummen
Eltern auf Grund zweier funktionell oder anatomisch ganz verschiedener,
recessiv erblicher Läsionen, so könnte bei den Kindern die recessive
Krankheitsanlage der Mutter durch den vom Vater stammenden
gesunden Paarling, und umgekehrt die auf einen anderen Teil des
Gehörorgans sich beziehende Krankheitsanlage des Vaters durch den
ihr entsprechenden gesunden Paarling der Mutter überdeckt werden.
Auch in diesem Falle hätten zwei taubstumme Eltern lauter gesund
erscheinende Kinder, welche allerdings zwei, zu verschiedenen Erbanlagepaaren gehörende recessive Krankheitsanlagen in heterozygoter
Form in sich bergen würden.

Fehlerhafte statistische Methodik. Unregelmäßigkeiten bei der
Vererbung werden schließlich sehr häufig dadurch vorgetäuscht, daß

bei der Auszählung der MENDELschen Proportionen, d. h. des Verhältnisses der Kranken zu den Gesunden, unzulängliche Methoden angewandt werden. Die Unzulänglichkeit der Methodik kann sich erstens auf die Auswahl des Materials beziehen, an dem man die Auszählung vornimmt, und zweitens auf die Durchführung dieser Auszählung selbst.

Was zuerst das Material betrifft, so hat sich mit der Zeit immer deutlicher gezeigt, daß besonders die Verwendung von Literaturmaterial ihre Bedenken hat. Denn die Autoren pflegen sich besonders leicht in solchen Fällen zu einer Publikation zu entschließen, wo sie in einer Familie ein bestimmtes Leiden in auffälliger Häufung antreffen (sogenannte literarisch-kasuistische Auslese). So versteht es sich von selbst, daß wir in diesen publizierten Familien mehr Kranke finden müssen, als den wahren Durchschnittsverhältnissen entspricht. Trotzdem dieser Fehler durch keine Methode korrigierbar und in seiner Größe schwer abzuschätzen ist, folgt daraus nicht, daß die statistische Bearbeitung von Literaturmaterial wertlos sei. Vor allem behalten die aus dem Literaturmaterial eines Leidens gefundenen Zahlen trotz der literarisch-kasuistischen Auslese einen Vergleichswert gegenüber dem Literaturmaterial anderer Leiden. Auch der Bearbeitung von Literaturmaterial haben wir daher schon manche Erkenntnis zu danken; nur muß man sich immer bewußt bleiben, daß es sich bei diesem Material um eine Auslese in der Richtung auf den „interessanten Fall" hin handelt, und daß die Zahlen dementsprechend, d. h. zugunsten der Kranken, verschoben sind.

Probandenmethode. Auch dann aber, wenn die Materialgewinnung einwandfrei ist, führt die einfache Auszählung der Kranken und der Gesunden noch nicht zu dem gewünschten Ergebnis. Die Gründe hierfür lassen sich leicht an einem Beispiel zeigen:

Sind in den Geschwisterschaften, in denen wir das Verhältnis der Kranken zu den Gesunden auszählen wollen, $^1/_4$ der Geschwister krank (wie es z. B. bei recessiven Erbleiden, falls beide Eltern gesund sind, zu erwarten wäre), so hat in einer Reihe von Zweikinderehen jedes Kind die Wahrscheinlichkeit $^1/_4$, krank zu sein, d. h. in jeder 4. Geschwisterschaft wird das erste bzw. das zweite Kind krank sein. Die Wahrscheinlichkeit, daß beide Kinder krank sind, beträgt $^1/_4 \times ^1/_4 = ^1/_{16}$, wird also unter 16 Geschwisterschaften nur einmal realisiert werden. Wir müssen deshalb in 16 Zweikinderehen folgende Verteilung der Kranken und der Gesunden erwarten (Abb. 60).

In allen Familien beträgt das Verhältnis der Kranken zu den Gesunden 8 ⚥ : 24 ⚥, also 1 : 3. In praxi entgehen aber die Geschwisterschaften 8—16 unserer Zählung, da wir bei ihnen ja das Vorhandensein der gesuchten Krankheitsanlage nicht an dem Befallensein eines Geschwisters erkennen können. Für unsere Statistik stehen uns also nur die Geschwisterschaften mit mindestens einem Behafteten zur Verfügung, und in diesen ist das Verhältnis der Kranken zu den Gesunden 8 ⚥ : 6 ⚥, also 4 : 3, statt 1 : 3. Noch verkehrter wird das Verhältnis, wenn wir nicht alle Behafteten erfassen, wenn also nicht jede behaftete Familie eine gleich große Wahrscheinlichkeit hat, in unser Material hineinzukommen, sondern wenn unser Material, wie es z. B. in der Klinik ist, durch eine Auslese einzelner behafteter Individuen zustande kommt. In diesem Falle haben nämlich die Familien mit mehr Behafteten eine größere Aussicht, von der Zählung erfaßt zu werden, als die Familien mit wenig Behafteten, und zwar würde in unserem Fall die Familie 1 eine doppelt so große Wahrscheinlichkeit haben, in unser Material hineinzugeraten, als jede der Familien 2—7. Es würden also auf 1 Familie mit 2 Kranken nur 3 Familien mit 1 Kranken kommen (statt 6). In einem Material, das, wie die Klinikkranken, durch Individualauslese zustande gekommen ist, würde also unter den gegebenen Voraussetzungen das Verhältnis der Kranken zu den Gesunden 5 : 3 sein, statt 1 : 3.

Dieser Fehler, welcher demnach ein enormes Zuviel an Kranken bewirkt, läßt sich sehr leicht korrigieren mit Hilfe der von WEINBERG angegebenen sog. Geschwister- bzw. Probandenmethode. Es ergibt nämlich eine einfache Überlegung, daß zwar die Probanden einer einseitigen Auslese im Sinne einer Häufung der Kranken unterliegen, daß das aber für ihre Geschwister, für die im übrigen ganz die gleichen Erkrankungswahrscheinlichkeiten bestehen, nicht der Fall ist. Lassen wir also einfach die Probanden fort und zählen wir die Kranken und Gesunden nur unter ihren Geschwistern aus, so erhalten wir in den Familien 1—4 ohne weiteres das für den vorliegenden Fall richtige Verhältnis von 1 ⚥ : 3 ⚥. Die sog. Probandenmethode besteht also in nichts anderem als in einer Zählung der Geschwister der Probanden. Sollten von einer Familie mehrere Probanden vorhanden, d. h. sollten von ihr mehrere Kranke selbständig in die Behandlung gekommen sein, so muß die Familie so oft gesondert ausgezählt werden, als Probanden in ihr vorhanden sind.

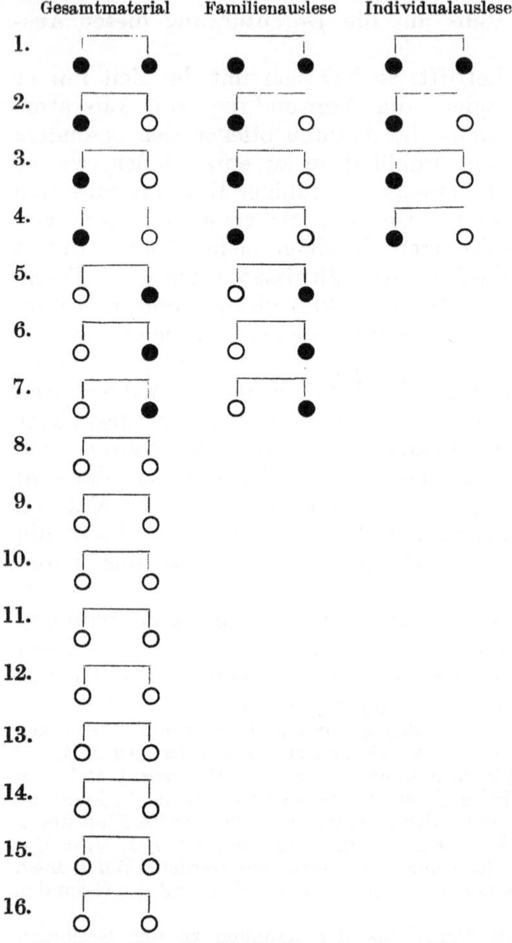

Abb. 60. Wahrscheinliche Verteilung der kranken und gesunden Kinder auf Zweikinderehen bei 25 % Kranken.

Die WEINBERGsche Methode, die natürlich bei den anderen Vererbungsmodi genau so wie beim recessiven anwendbar ist und (wenn Individualauslese vorliegt) angewendet werden muß, ermöglicht uns also auf sehr einfache Weise die Vermeidung eines Fehlers, der große Täuschungen über die wahren Zahlenverhältnisse bewirken kann.

Unvollständige Dominanz und unvollständige Recessivität. Ebenso wie die Dominanz braucht auch die Recessivität nicht vollständig zu sein. Dann wären also die Heterozygoten nicht vollständig gesund, sondern würden eine forme fruste der betreffenden Krankheit oder vielleicht nur einzelne Krankheitssymptome zeigen. In dieser Weise hat man sich z. B. die Tatsache erklärt, daß man bei den Eltern und anderen Nahverwandten der Schizophrenen relativ häufig schizoide Charaktere antrifft. Es versteht sich von selbst, daß sich durch diese Verhältnisse die Grenze zwischen unvollständiger Dominanz und unvollständiger Recessivität verwischt. Hieraus darf man aber nicht den Schluß ziehen, daß nun auch die Grenze zwischen Dominanz und Recessivität verwischt sei. Es kann zwar im einzelnen Fall vorkommen, daß man im Zweifel ist, ob man von unvollständiger Dominanz oder unvollständiger Recessivität reden soll. Eine Anlage aber, die generationenlang sich als dominant erwiesen hat, bleibt dominant und wird nicht etwa plötzlich recessiv, oder wenn sie regelmäßig dominant war, nicht plötzlich unregelmäßig dominant. Wie die ausgedehnten Erfahrungen der experimentellen Vererbungsforschung gezeigt haben, kommt ein solcher willkürlicher Wechsel des Vererbungsmodus nicht vor.

Die Recessivität kann aber nicht nur in dem Sinne unvollständig und unregelmäßig sein, daß die Heterozygoten (sämtlich oder zum Teil) das Merkmal in abgeschwächter Form zeigen, sondern auch in dem anderen Sinne, daß ein Teil der h o m o z y g o t Kranken äußerlich gesund ist. Daß auch diese Art unregelmäßiger Recessivität bei menschlichen Krankheiten vorkommt, ist zu vermuten (vgl. recessiv-geschlechts-begrenzte Vererbung). Zuverlässiges ist aber darüber nicht bekannt.

Dominant-geschlechtsgebundene Vererbung.

Geschlechtsabhängige Vererbung. Einer der größten Erfolge, welchen der Mendelismus der menschlichen Vererbungspathologie bisher gebracht hat, besteht darin, daß er uns in den Stand gesetzt hat, eine A n a l y s e der geschlechtsabhängigen Vererbung anzubahnen. So ist es uns möglich geworden, zwischen Geschlechtsbindung (Geschlechts-koppelung), Geschlechtsbegrenzung und Geschlechtsfixierung erblicher Krankheiten zu unterscheiden.

Zahlenverhältnisse. Bei der geschlechtsgebundenen Vererbung denken wir uns die krankhafte Erbanlage an jene Geschlechtseinheit gebunden, die beim Weibe homozygot, beim Manne heterozygot vorhanden ist, so daß die diesbezügliche Erbformel des Weibes WW, die des Mannes Ww geschrieben werden kann; hierbei bedeutet w das Fehlen der Erbeinheit W, d. h. morphologisch ausgedrückt: der X-Chromosomen. Während das Weib nur Geschlechtszellen mit W hervorbringen kann, erhalten die Spermatosomen des Mannes zur Hälfte die W-, zur anderen Hälfte die w-Einheit. Die Kreuzung zwischen Weib und Mann ergibt daher folgendes Bild:

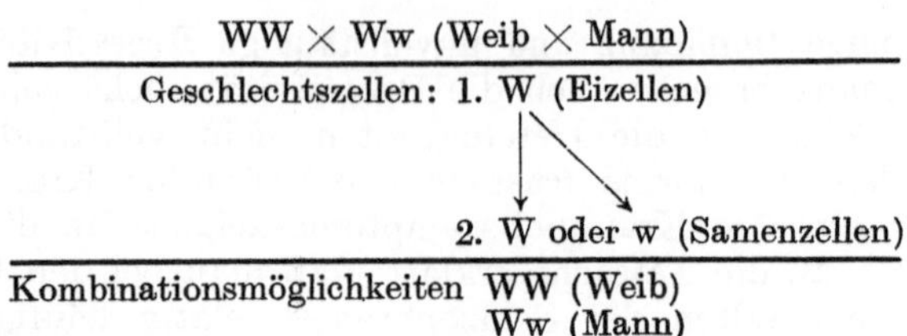

Wir erhalten also zur Hälfte Mädchen-, zur Hälfte Knabengeburten. Dieses Ergebnis steht mit der Sexualproportion, die bei uns 106 Knaben : 100 Mädchengeburten beträgt, wie wir in einem früheren Kapitel gesehen hatten, nur scheinbar in Widerspruch.

Als dominant-geschlechtsgebunden werden nun diejenigen Krankheiten bezeichnet, die durch die pathologische Veränderung einer W-Einheit entstehen und trotz des Vorhandenseins eines gesunden W-Paarlings (d. h. also bei einer WW-Person, kurz: bei einem Weibe) manifest werden. Beim Manne wird die entsprechende pathologische Veränderung sowieso manifest, weil ja hier niemals ein gesunder W-Paarling vorhanden ist, der sie überdecken könnte, falls sie überdeckbar, d. h. recessiv wäre. Es folgt daraus, daß jedes Individuum, welches eine dominant geschlechtsgebundene Krankheit in sich trägt, auch manifest krank ist, daß also, wie bei der gewöhnlichen dominanten Vererbung, die Kranken stets einen gleichfalls kranken Elter haben; der früher als „direkte Vererbung“ bezeichnete Erblichkeitsmodus ist also auch hier typisch.

Sind beide Eltern gesund, so werden demnach auch alle Kinder gesund sein; ist aber ein Elter krank, so liegen die Verhältnisse verschieden. Ist die Mutter der kranke Teil, so erhalten wir (wenn wir die an der W-Erbeinheit bestehende krankhafte Anlage durch einen hochgesetzten Strich andeuten) folgendes Bild:

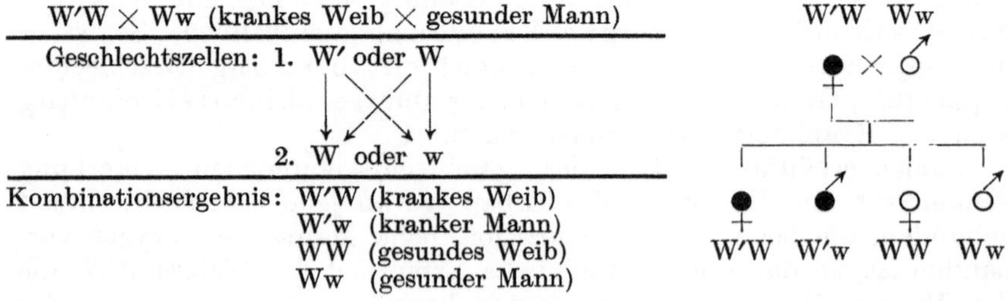

Es sind also genau wie bei der gewöhnlich dominanten Vererbung die Hälfte der Töchter und die Hälfte der Söhne erkrankt.

Ist aber der Vater krank und die Mutter gesund, so liegen die Verhältnisse ganz anders:

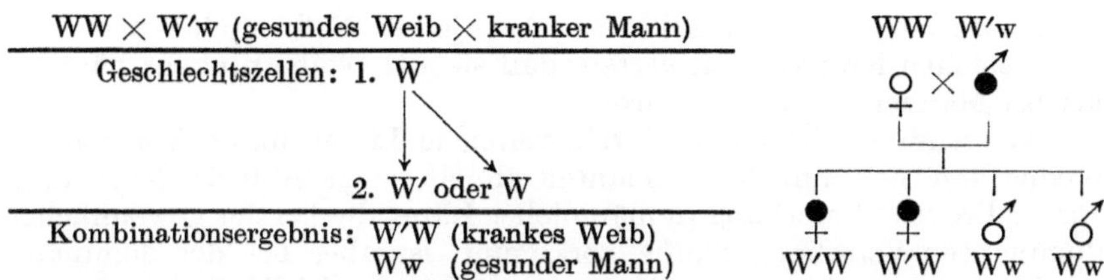

WW × W'w (gesundes Weib × kranker Mann)
Geschlechtszellen: 1. W
2. W' oder W
Kombinationsergebnis: W'W (krankes Weib)
Ww (gesunder Mann)

In diesem Fall sind also sämtliche Töchter krank, sämtliche Söhne
gesund. Denn die Söhne empfangen ja von ihrem Vater immer die
w-Anlage (sonst wären sie ja nicht männlichen Geschlechts!), so daß
ihre W-Anlage stets von der (in diesem Falle gesunden) Mutter stammt.
Diese Verhältnisse haben auch zur Folge, daß dominant-geschlechtsgebundene Krankheiten bei Weibern etwa doppelt so häufig
angetroffen werden als bei Männern (im Höchstfall 1 ♂ : 3 ♀); besitzt
doch das weibliche Geschlecht von der Erbeinheit, an die die geschlechtsgebundene Anlage gekoppelt ist, die doppelte Dosis!

Sind beide Eltern erkrankt, ein Fall, der bei ernsteren Leiden
nur selten vorkommen wird, so ist trotzdem noch die Hälfte der
Söhne gesund (falls nicht die Mutter homozygot krank, also W'W' ist):

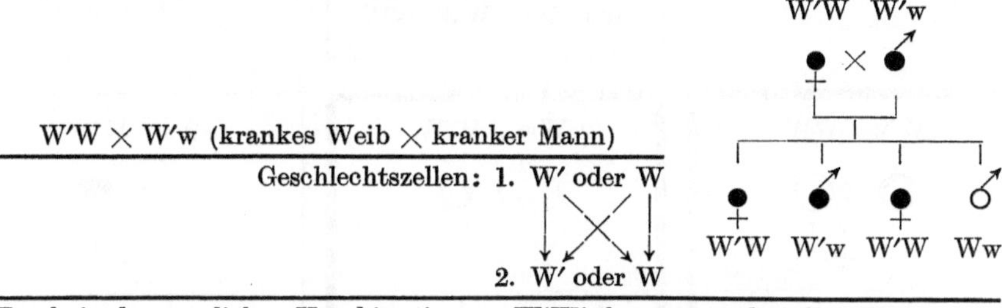

W'W × W'w (krankes Weib × kranker Mann)
Geschlechtszellen: 1. W' oder W
2. W' oder W
Ergebnis der möglichen Kombinationen: W'W' (homozygot krankes Weib)
W'w (kranker Mann)
W'W (krankes Weib)
Ww (gesunder Mann)

D-Tafeln bei dominant geschlechtsgebundenen Krankheiten. Daß
es Erbanlagen gibt, die diesem zuerst von F. LENZ beschriebenen
Vererbungsmodus folgen, ist selbstverständ-
lich; denn die Anlage zur Gesundheit stellt
den recessiv geschlechtsgebundenen Krankheitsanlagen (s. u.) gegenüber eine solche
dominant - geschlechtsgebundene Erbanlage
dar. Eine andere Frage ist die, ob es auch
dominant - geschlechtsgebundene Krankheitsanlagen gibt. Ein sicheres Beispiel hierfür konnte jedenfalls noch nicht aufgefunden
werden, trotzdem man diesen Erbgang für
eine ganze Reihe von Leiden vermutet hat
(manisch-depressives Irresein, Hysterie, Fett-

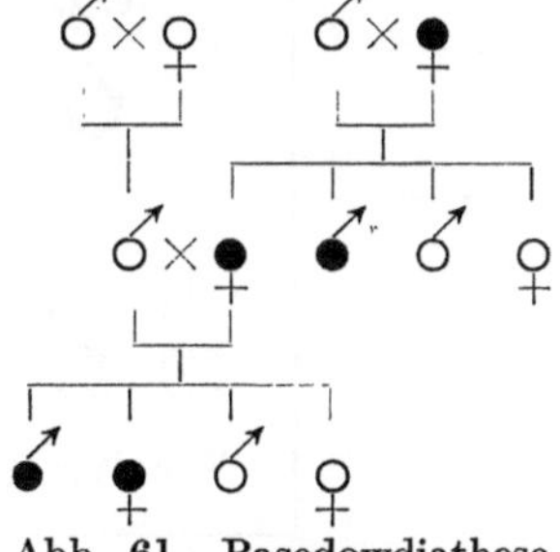

Abb. 61. Basedowdiathese
nach LENZ.

sucht, Basedowsche Krankheit). Auf jeden Fall müßte man von einer solchen Krankheit erwarten, daß sie bei Weibern etwas häufiger als bei Männern gefunden wird.

Wie sehr bei Vererbung durch weibliche Linien dieser Vererbungsmodus dem gewöhnlich dominanten ähnelt, zeigt Abb. 61 (s. S. 143). Eine „direkte" Vererbung in männlicher Linie, die bei der gewöhnlichen dominanten Vererbung häufig vorkommt, ist aber bei der dominant-geschlechtsgebundenen Vererbung unmöglich, da sich ja die geschlechtsgebundene Erbanlage vom Vater zwar auf seine sämtlichen Töchter, niemals aber auf einen seiner Söhne vererbt.

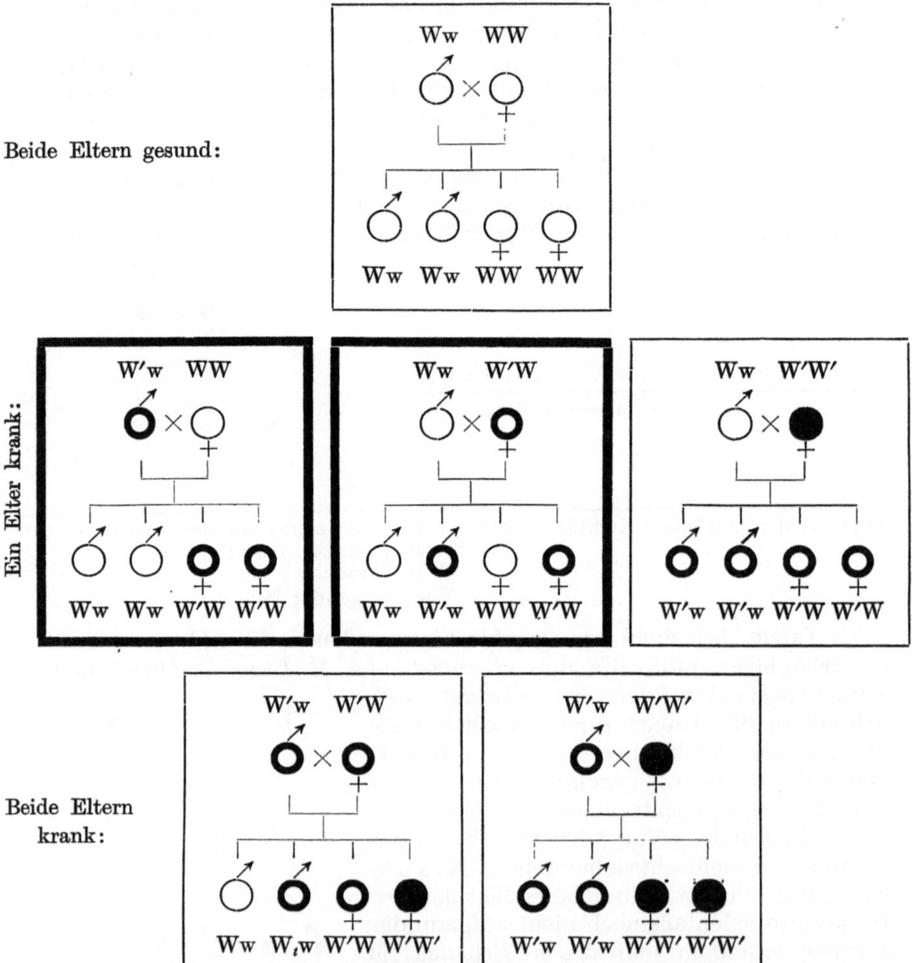

Abb. 62.   Übersicht über die dominant-geschlechtsgebundene Vererbung.

Übersicht. Fassen wir das zusammen, was für die dominant-geschlechtsgebundene Vererbung charakteristisch ist:

Sind beide Eltern gesund,
  so sind sämtliche Kinder gleichfalls gesund.

Ist der Vater krank,
  so sind sämtliche Töchter krank, sämtliche Söhne gesund.

Ist die Mutter krank,
  so ist die Hälfte der Kinder krank.

(Sind beide Eltern krank,
  so sind alle Töchter und die Hälfte der Söhne krank.)

Die Krankheiten sind bei Weibern etwa doppelt so häufig als bei Männern.

Proband: Mutter stets krank, Vater gesund,
  die Hälfte der Geschwister krank,
  sämtliche Töchter krank, sämtliche Söhne gesund.

Probandin: stets ein Elter krank,
  bei Krankheit der Mutter die Hälfte der Geschwister krank,
  bei Krankheit des Vaters sämtliche Schwestern krank,
  sämtliche Brüder gesund,
  die Hälfte der Kinder krank.

Recessiv-geschlechtsgebundene Vererbung.

Zahlenverhältnisse. Die recessiv-geschlechtsgebundenen Krankheitsanlagen haben mit den dominant-geschlechtsgebundenen gemeinsam, daß sie sich von dem kranken Vater nie auf den Sohn, dagegen stets auf sämtliche Töchter vererben. Bei den recessiv-geschlechtsgebundenen Krankheiten wird die krankhafte Variation derjenigen Anlage, die wir mit W′ bezeichnet hatten, durch die gesunde W-Anlage überdeckt, so daß ein heterozygotes Weib (W′W) äußerlich gesund erscheint. Um die Recessivität der krankhaften Variation auch in unserer Formelsprache zum Ausdruck zu bringen, wollen wir den Strich, der die krankhafte recessive Variation andeutet, unten an das W anfügen. Die W,W-Weiber sind also gesund, die W,w-Männer dagegen sind krank (weil hier dem W, kein gesunder W-Paarling gegenübersteht, der den Defekt des W, überdecken könnte). Da die krankhafte Anlage bei Weibern überdeckbar ist, so können aus der Ehe zweier gesunder Eltern kranke Kinder hervorgehen, dann nämlich, wenn die Mutter heterozygot ist:

W,W × Ww (gesundes Weib × gesunder Mann)

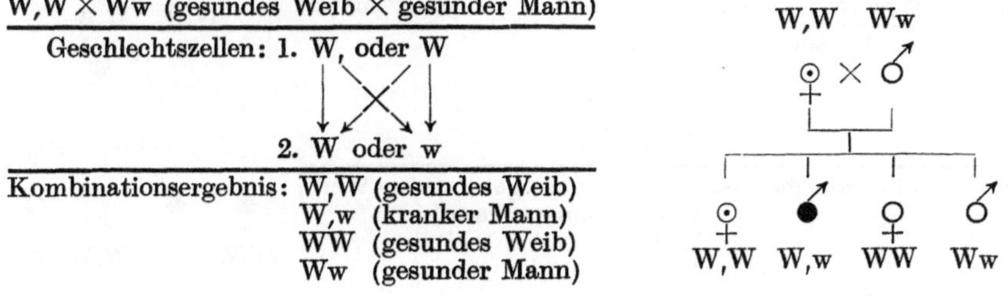

Geschlechtszellen: 1. W, oder W

2. W oder w

Kombinationsergebnis: W,W (gesundes Weib)
  W,w (kranker Mann)
  WW (gesundes Weib)
  Ww (gesunder Mann)

Sind beide Eltern gesund, so sind also beim recessiv-geschlechts-
gebundenen Vererbungsmodus die Söhne zur Hälfte krank, sämtliche
Töchter dagegen (zum mindesten äußerlich) gesund. Es ist also $^1/_4$ der
Kinder krank, genau wie bei der gewöhnlich recessiven Vererbung.

Ist der Vater krank und die Mutter äußerlich gesund, so bestehen
zwei Möglichkeiten: entweder die Mutter ist auch erblich gesund oder sie
ist eine Heterozygote wie in dem eben besprochenen Fall. Ist der Vater
krank und die Mutter erbgesund, so sind sämtliche Kinder gesund, wenn
auch sämtliche Töchter die Krankheitsanlage recessiv in sich bergen:

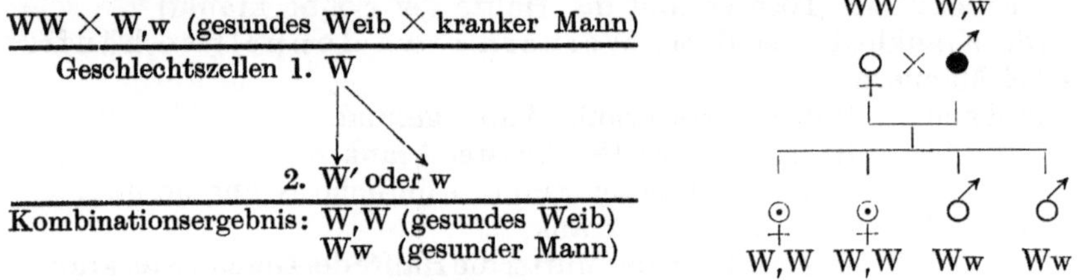

WW × W,w (gesundes Weib × kranker Mann)

Geschlechtszellen 1. W

2. W' oder w

Kombinationsergebnis: W,W (gesundes Weib)
                     Ww (gesunder Mann)

Da die Töchter sämtlich heterozygot sind, so werden bei ihrer Ehe mit
einem gesunden Mann, wie wir soeben gesehen haben, die Hälfte ihrer Söhne
krank sein; die Mütter werden hier also als sog. Konduktoren wirken:

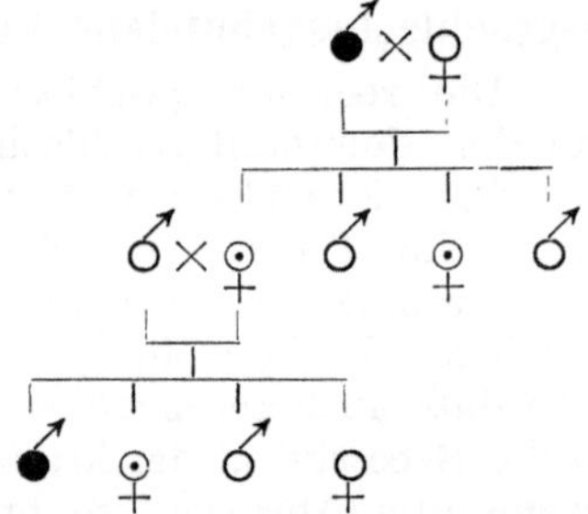

Abb. 63. Recessiv-geschlechtsgebundene Vererbung.

Dadurch kommt es zu einer Übertragung eines Leidens vom Vater
über die (äußerlich gesunde) Tochter auf den Enkel; diese Erscheinung wurde früher als Hornersche Regel bezeichnet.

Nur dann kann ein kranker Mann auch kranke Söhne haben, wenn
er zufällig ein solches Konduktorweib, das die gleiche Krankheitsanlage
führt, heiratet:

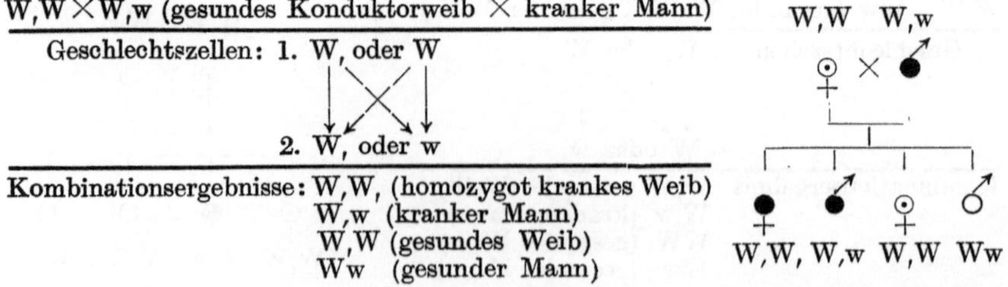

W,W × W,w (gesundes Konduktorweib × kranker Mann)

Geschlechtszellen: 1. W, oder W

2. W, oder w

Kombinationsergebnisse: W,W, (homozygot krankes Weib)
                       W,w (kranker Mann)
                       W,W (gesundes Weib)
                       Ww   (gesunder Mann)

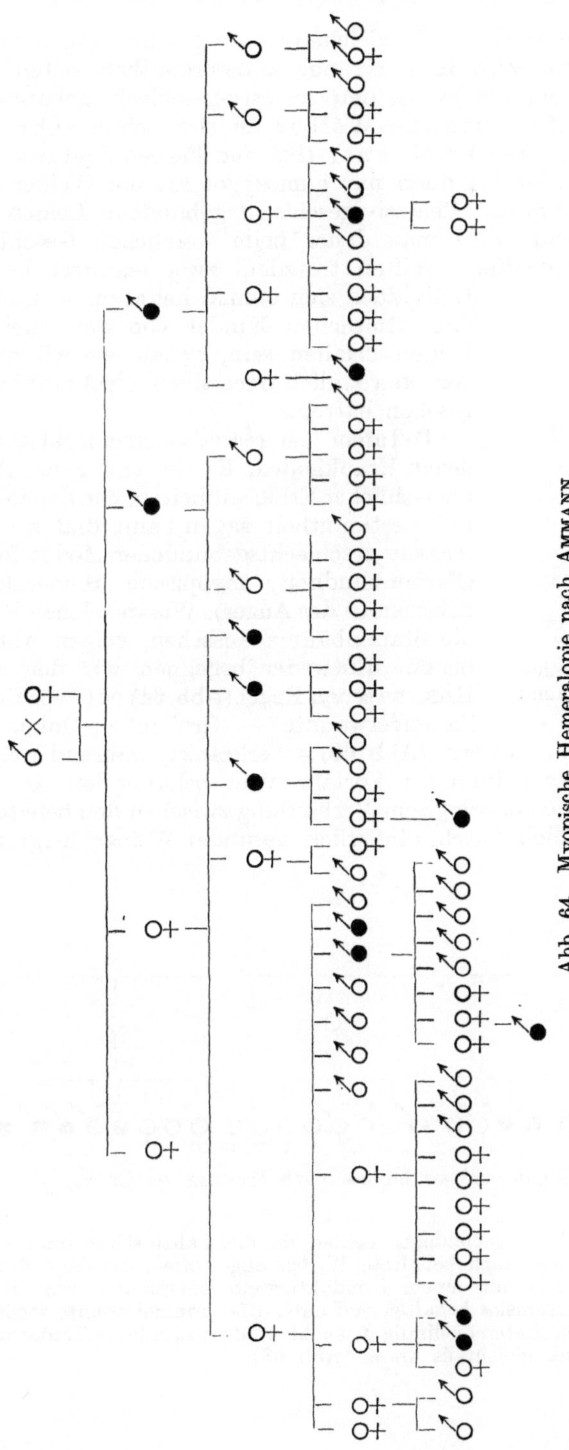

Abb. 64. Myopische Hemeralopie nach Ammann.

Der Fall, daß beide Eltern die gleiche recessiv-geschlechtsgebundene Erbkrankheit haben, wird in praxi nur außerordentlich selten vorkommen, um so mehr als ja bei den recessiv-geschlechtsgebundenen Krankheiten manifest kranke Weiber an sich schon sehr viel seltener sind als kranke Männer (bei der Farbenblindheit z. B. im Verhältnis 1 ♀ : 10 ♂); denn nur homozygot kranke Weiber sind ja auch äußerlich krank. Recessiv-geschlechtsgebundene Leiden, die allgemein selten sind, wird man daher beim weiblichen Geschlecht überhaupt nicht antreffen. Sollten trotzdem zwei manifest kranke Individuen sich einmal heiraten, so müßten ihre sämtlichen Kinder von dem gleichen Leiden befallen sein, genau wie wir es bei den gewöhnlich recessiven Erbkrankheiten gesehen hatten.

D-Tafeln bei recessiv - geschlechtsgebundenen Krankheiten. Es gibt eine ganze Reihe menschlicher Erbkrankheiten, von denen man mit Bestimmtheit sagen kann, daß sie dem recessiv geschlechtsgebundenen Modus folgen (Farbenblindheit, myopische Hemeralopie, Albinismus des Auges). Wie in solchen Fällen die Stammbäume aussehen, zeigen Abb. 64 bis 66. Entweder begegnen wir der alten HORNERschen Regel (Abb. 64) oder wir finden Seitenverwandte — Großonkel, Onkel und Neffe (Abb. 65) bzw. Vettern (Abb. 66) — erkrankt, während uns ein gleichfalls behafteter männlicher Vorfahr nicht bekannt ist. In allen diesen Fällen wird die genealogische Verbindung zwischen den behafteten Männern ausschließlich durch (äußerlich gesunde) Weiber hergestellt.

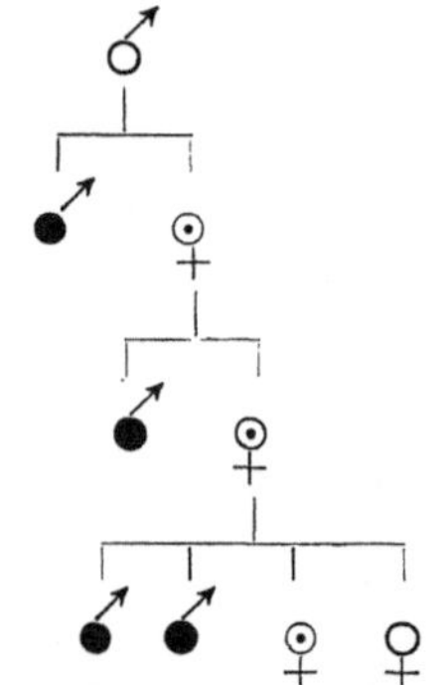

Abb. 65. Friedreichsche Ataxie nach BRANDENBERG.

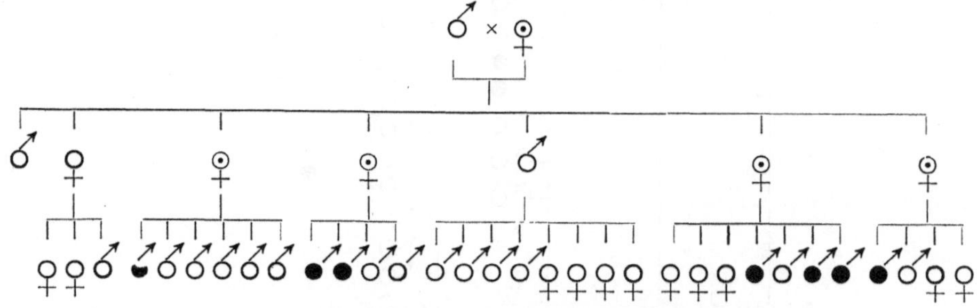

Abb. 66. Epidermolysis bullosa nach MENDES DA COSTA.

Bei recessiv-geschlechtsgebundenen Leiden, die nicht allzu selten sind, werden allerdings ausnahmsweise auch behaftete Weiber angetroffen, die dann der Ehe eines behafteten Mannes mit einem Konduktorweib entsprossen sein müssen und deren Söhne ausnahmslos behaftet sind (Abb. 67) Einmal konnte sogar eine Ehe zwischen zwei Behafteten ausfindig gemacht werden; sämtliche Kinder waren, wie zu erwarten stand, gleichfalls krank (Abb. 68).

Heiratet bei einfach recessiven Leiden einer der Eltern zweimal, so ist es (im Gegensatz zu den dominanten Leiden!) die Regel, daß kranke Kinder nur aus einer dieser Ehen hervorgehen, während die Sprößlinge der anderen Ehe gesund bleiben (vgl. Abb. 55). Dieses Verhalten erklärt sich dadurch, daß dort, wo recessive Erbkrankheiten auftreten, beide Eltern die betreffende Krankheitsanlage besitzen müssen; ein mit der Krankheitsanlage behafteter Elter hat aber bei der Seltenheit der

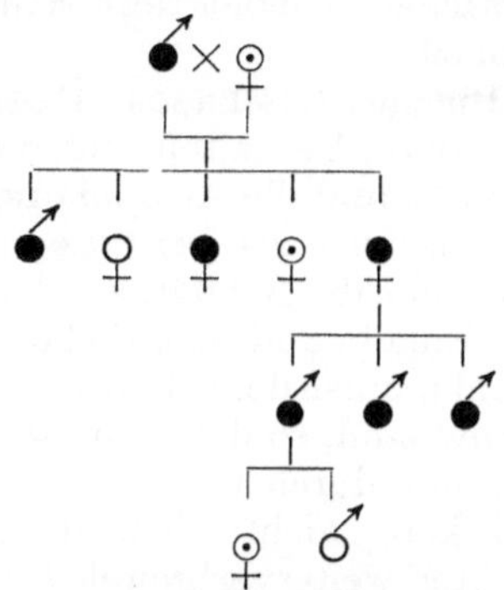

Abb. 67. Farbenblindheit
nach NAGEL.

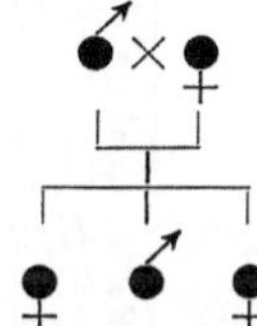

Abb. 68. Farbenblindheit
nach VOGT.

meisten recessiven Erbkrankheiten nur eine äußerst geringe Wahrscheinlichkeit, bei wiederholter Verehelichung in beiden Fällen einen Ehepartner mit der gleichen recessiven Anlage zu bekommen. Im Gegensatz zu diesem Verhalten bei recessiven Krankheiten haben bei der recessivgeschlechtsbegrenzten Vererbung die Söhne eines Konduktorweibes, die zweimal verheiratet ist, in beiden Ehen die gleichen Aussichten, das erbliche Leiden zu erhalten, weil ja die krankhafte Erbanlage hier allein von der Mutter stammt, während die Väter auch idiotypisch gesund sind. Ebenso haben die Töchter eines Konduktorweibes, welches

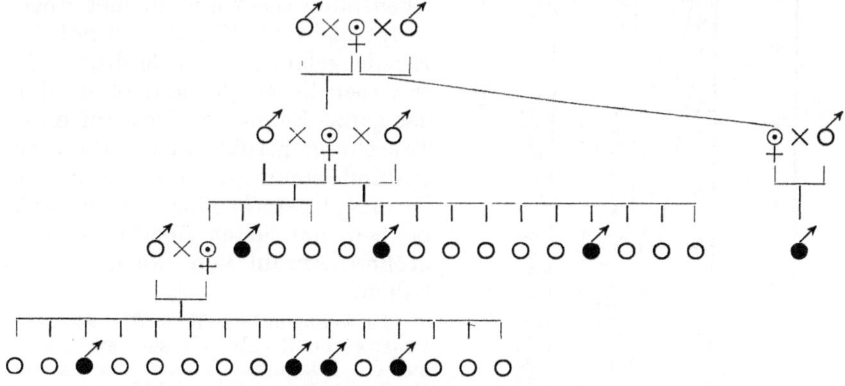

Abb. 69. Anidrosis mit Hypotrichosis und Zahnanomalien
nach WECHSELMANN und LOEWY[1]).

---

[1]) Die genaue Reihenfolge der gesunden und kranken Kinder in den einzelnen Geschwisterschaften ist nicht bekannt.

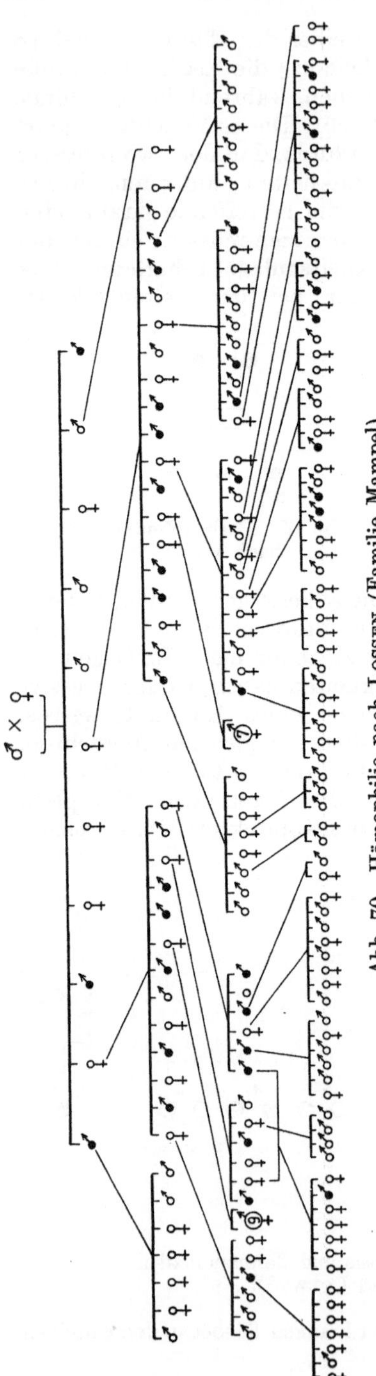

Abb. 70. Hämophilie nach Lossen (Familie Mampel).

zweimal gesunde Männer geheiratet hat, in beiden Ehen ihrer Mutter eine gleich große Aussicht, auch ihrerseits Konduktoren zu sein. Diese Tatsachen demonstriert sehr schön Abb. 69.

Die sog. Lossensche Regel. Ein besonderes Verhalten zeigen die Hämophilie und die Atrophia nervi optici, insofern als bei diesen Leiden nicht nur die Kinder, sondern auch die Enkel und sämtliche weitere Nachkommen der behafteten Männer gesund sind, so daß sich die Krankheit nur durch die Schwestern der Kranken, nicht auch durch ihre Töchter weiterverbreitet (sog. Lossensche Regel). Dadurch wird der Anschein erweckt, daß die behafteten Männer ihre pathologische Erbanlage überhaupt nicht weiterzugeben vermögen, und Fritz Lenz hat infolgedessen, in Analogie zu gewissen Beobachtungen bei Pflanzenkreuzungen, die Vermutung ausgesprochen, daß bei der Hämophilie und der Atrophia nervi optici die mit der pathologischen Anlage behafteten Spermatosomen überhaupt nicht lebensfähig seien und folglich überhaupt nicht zur Kopulation mit der Eizelle gelangten[1]). Allerdings läßt er dabei die Möglichkeit offen, daß das ganze Phänomen bloß auf einer Täuschung beruht, welche dadurch zustande kommt, daß die Behafteten, die oft jung sterben bzw. unvermählt bleiben, nur selten überhaupt eine größere Anzahl von Nachkommen haben.

Diese Eigentümlichkeit (d. h. also: die Lossensche Regel) läßt sich am besten aus der bekannten D-Tafel der Familie Mampel ersehen (Abb. 70). Verfolgt man hier die Nachkommenschaft der hämo-

---

[1]) Die Hämophilie wäre dann also in einem bestimmten Falle gewissermaßen ein Letalfaktor.

philen Männer, so findet man im Gegensatz zum Erbgang der Hemeralopie auf Abb. 64 keinen einzigen Bluter darunter. Die eine scheinbare Ausnahme von dieser Regel (der erste Bluter von links in der untersten Reihe) erklärt sich zwanglos durch die Tatsache, daß hier allem Anschein nach die Mutter ein Konduktor war; denn es handelte sich hier um eine Verwandtenehe, und zwei Brüder der Mutter waren Bluter.

Übersicht. Eine Zusammenfassung ergibt für die recessiv-geschlechts-gebundene Vererbung folgende Charakteristica:

Sind beide Eltern (äußerlich) gesund,
so ist die Hälfte der Söhne (also $^1/_4$ der Kinder) krank.

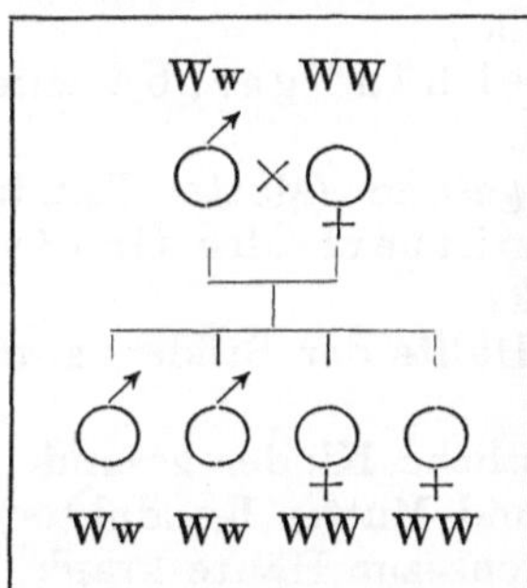
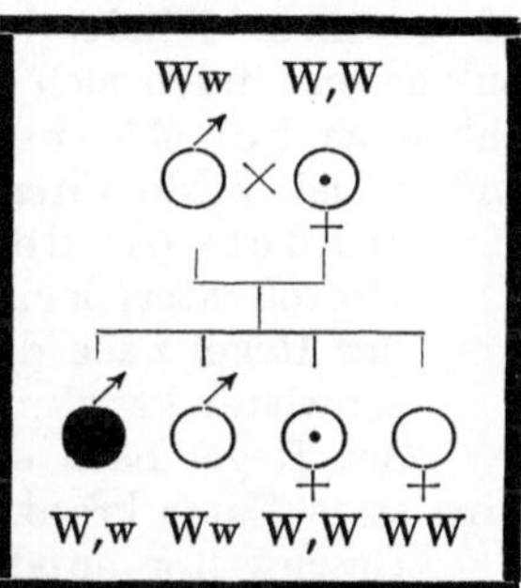
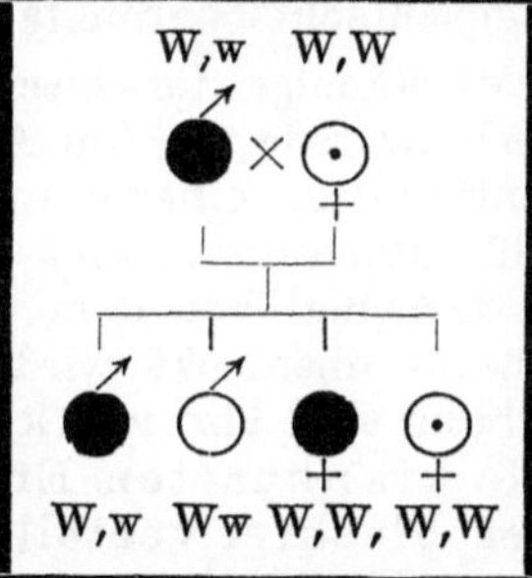
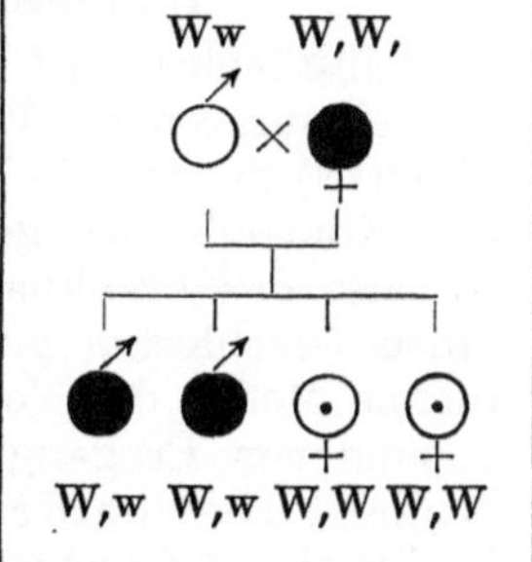
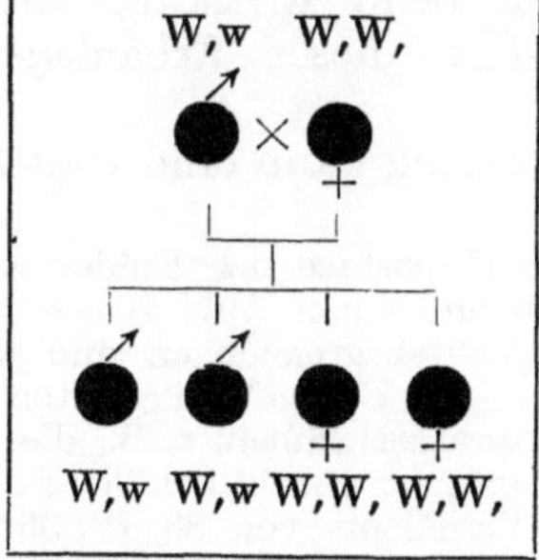

Abb. 71. Übersicht über die recessiv-geschlechtsgebundene Vererbung.

Ist der Vater krank,

so sind sämtliche Söhne gesund, sämtliche Töchter Konduktoren.

(Ausnahmsweise könnte bei einem kranken Vater die Mutter ein Konduktor sein,

dann wäre die Hälfte der Söhne und die Hälfte der Töchter manifest krank.)

(Ist ausnahmsweise die Mutter krank,

so sind sämtliche Söhne krank, sämtliche Töchter gesund.)

(Sind beide Eltern krank,

so sind sämtliche Kinder krank.)

Die Krankheiten finden sich viel häufiger, bei seltenen Leiden sogar ausschließlich bei Männern.

Proband: meist beide Eltern gesund (Mutter Konduktor), besonders oft der mütterliche Großvater (oder Urgroßvater) krank,

der Regel nach die Hälfte der Brüder, also $1/4$ der Geschwister krank,

der Regel nach sämtliche Kinder gesund.

Probandin: stets Vater krank (und Mutter Konduktor),

Geschwister mindestens zur Hälfte krank,

sämtliche Söhne krank, Töchter der Regel nach gesund.

Dominant-geschlechtsbegrenzte Vererbung.

Vollständige und unvollständige Geschlechtsbegrenzung. Von geschlechtsbegrenzter Vererbung rede ich (im Anschluß an Wilson und Morgan) da, wo die Manifestation einer krankhaften Erbanlage unter der Kontrolle des geschlechtsbestimmenden Erbanlagenpaares steht, wo also das krankhafte Merkmal von dem Geschlechtscharakter des einen Geschlechts gleichsam überdeckt wird (hypostatisch ist). Bei diesem Modus der Vererbung sind also im Gegensatz zum geschlechtsgebundenen Erbgang die krankhaften Erbanlagen in gleicher Anzahl über beide Geschlechter verteilt; nur ihre Manifestation ist bei einem Geschlecht erschwert oder unmöglich. Das Wesen dieses Erblichkeitsmodus liegt also nicht in einem besonderen Verhalten der betreffenden Erbanlagen beim Erbgang, sondern lediglich in einer Störung der Manifestation dieser Erbanlagen bei dem einen Geschlecht.

Die Geschlechtsbegrenzung kann eine vollständige oder eine unvollständige sein.

Eine unvollständige Hypostase der Epidermolysisanlage gegenüber dem weiblichen Geschlecht hatte uns schon Abb. 41 gezeigt. Solche unvollständigen bzw. unregelmäßigen Geschlechtsbegrenzungen sind wohl nicht selten, und sind dann schuld an mannigfaltigen Unregelmäßigkeiten der verschiedensten Vererbungsmodi. Bei der Porokeratosis Mibelli z. B., die für ein Musterbeispiel einer dominanten Hautkrankheit gilt, fand mein Schüler Fulde bei den in der Literatur beschriebenen Fällen das Verhältnis von 88 ♂ : 35 ♀. Dieser Unterschied ist so groß, daß man wohl annehmen muß, die Manifestation der Porokeratosisanlage kommt beim weiblichen Geschlecht relativ seltener zustande als beim männlichen.

Zahlenverhältnisse. Aber es existiert bei manchen Merkmalen auch eine vollständige Begrenzung auf eins der beiden Geschlechter. Schon früher hat man ein solches Verhalten bei Tieren nachweisen können. Wenn man z. B. Dorset-Schafe, bei denen beide Geschlechter gehörnt sind, mit den hornlosen Suffolks kreuzt, so sind alle männlichen Lämmer gehörnt, alle weiblichen hornlos. Die Hornanlage der Dorsets erweist sich also, wenn sie heterozygot vorhanden ist, als hypostatisch gegenüber dem weiblichen Geschlecht, während sie beim männlichen Geschlechte sich ungestört manifestieren kann. Bezeichnen wir die Anlage zur Hornbildung mit H, ihr Fehlen mit h, so hat ein Dorset-Bock die Formel HHWw, ein Suffolk-Mutterschaf die Formel hhWW. Die Kreuzung ergibt folgendes Bild:

HHWw × hhWW (gehörntes Männchen × hornloses Weibchen)

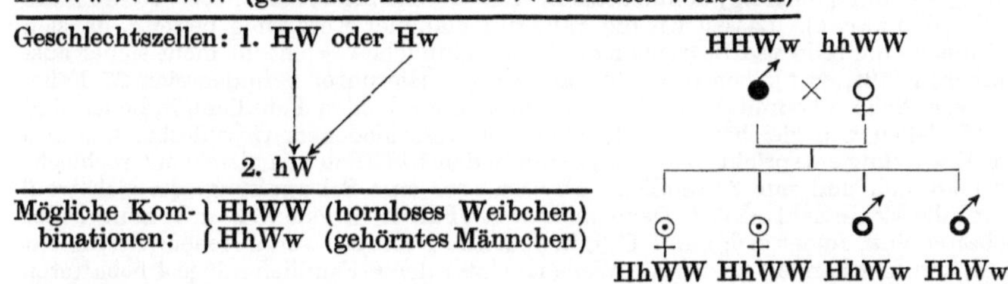

Kreuzt man nun diese Heterozygoten untereinander, so erhält man alle vier Typen, nämlich gehörnte und hornlose Männchen und gehörnte und hornlose Weibchen. Denn die in bezug auf die Hornanlage homozygoten Tiere (HHWW, HHWw und hhWW, hhWw) sind ja im vorliegenden Falle (den Ausgangsrassen entsprechend) gehörnt bzw. ungehörnt, gleichgültig welches Geschlecht vorliegt. Nur bei heterozygotem Vorhandensein der Hörneranlage wird diese durch das Vorhandensein der WW-Anlage an ihrer Entfaltung verhindert.

Vortäuschung dominant - geschlechtsbegrenzter Vererbung. Entsprechende oder ähnliche Verhältnisse kommen aber auch bei der Vererbung menschlicher Krankheiten vor. Am einfachsten ist ihr Nachweis bei der dominanten Vererbung. Vermag sich ein eigentlich dominantes Leiden bei einem Geschlecht, z. B. beim weiblichen, nicht zu manifestieren, so wird sich die Krankheit direkt vom Vater auf den Sohn übertragen oder über die äußerlich gesunde Tochter auf den Enkel. Innerhalb des befallenen Geschlechts muß sich das Leiden wie eine gewöhnliche Dominante verhalten, während das andere Geschlecht als Konduktor fungiert.

Die älteren Stammbäume, welche als Belege für eine dominant-geschlechtsbegrenzte Vererbung beim Menschen dienen könnten, weisen allerdings mancherlei Mängel auf. Vor allem ist häufig die Zahl der behafteten Familienmitglieder zu klein, um auch nur einen Wahrscheinlichkeitsschluß zu gestatten. Denn da bei nicht geschlechtsabhängigen dominanten Leiden das gleichmäßige Befallensein von

Männern und Weibern ja den Gesetzen der Wahrscheinlichkeit unterliegt, so müssen — wenn es sich um kleine Zahlen handelt — auch gewöhnlich dominante Krankheiten in einem bestimmten Bruchteil der Fälle nur bei Männern bzw. nur bei Weibern auftreten. Finden sich z. B. in einer Familie nur 2 Behaftete, so werden diese, selbst wenn keinerlei Geschlechtsabhängigkeit vorliegt, in einem Viertel der Fälle beide von männlichem, in einem weiteren Viertel beide von weiblichem Geschlecht sein. Finden sich nur 4 Behaftete in jeder Familie, so werden in jeder achten Familie Personen nur vom gleichen Geschlecht befallen sein. Durch solche Beobachtungen darf man sich also nicht dazu verleiten lassen, eine Geschlechtsbegrenzung in Erwägung zu ziehen.

So kennen wir z. B. von der RECKLINGHAUSENschen Krankheit, die sich häufig als (unregelmäßig) dominantes Leiden zu vererben scheint, etwa 75 familiäre Fälle (HOEKSTRA). Lassen wir die Fälle mit maligner Entartung beiseite, da sich bei ihnen eine teilweise Begrenzung auf das männliche Geschlecht nicht sicher ausschließen läßt, so bleiben etwa 60 Fälle übrig. Hierunter befinden sich 27 Fälle, in denen 2 Familienmitglieder behaftet sind; diese beiden Familienmitglieder sind in 15 Fällen von gleichem, in 12 Fällen von verschiedenem Geschlecht, was also der Erwartung entspricht. Allerdings sind in den 15 Fällen von gleichem Geschlecht 12 männlich und nur 3 weiblich. Das ist aber eine Schwankung, die sich wohl durch die kleine Zahl erklärt. Denn unter den 12 Fällen, in denen 3 Familienmitglieder behaftet sind, findet sich nur 1 Fall, in dem alle 3 Kranke von gleichem Geschlecht sind, und hier handelt es sich um Weiber. Unter den 6 Familien mit je 4 behafteten Personen gibt es eine, in der nur Männer befallen wurden. Dagegen sind 2 Familien bekannt, in denen alle 5 Behafteten Weiber waren. In einer weiteren Familie sind alle 6 Behafteten männlichen Geschlechts.

Dieses Beispiel läßt uns erkennen, in welcher Weise eine geschlechtsbegrenzte Vererbung in einzelnen Familien vorgetäuscht werden

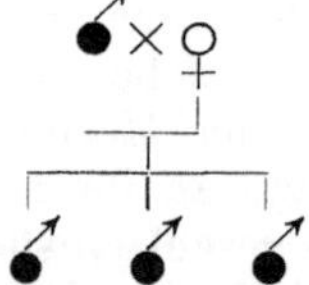

Abb. 72. RECKLINGHAUSENsche Krankheit nach HUMBERT und NAVILLE.

kann und vorgetäuscht werden muß, wenn man bei Krankheiten, die häufig familiär auftreten, die betreffenden Familien einseitig ausliest (Abb. 72 u. 73). Daraus ergibt sich aber die Notwendigkeit, mit der Diagnose geschlechtsbegrenzter Vererbung, besonders bei Stammbäumen

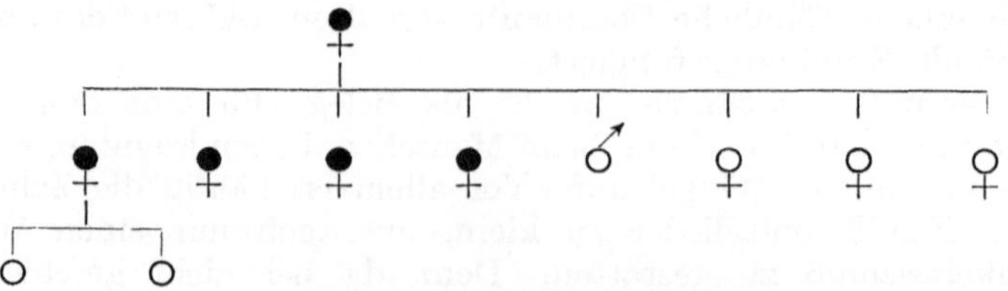

Abb. 73. RECKLINGHAUSENsche Krankheit nach KÖNIGSDORF.

mit kleiner oder nur mäßiger Anzahl behafteter Familienmitglieder, vorsichtig zu sein. Dies gilt natürlich in erhöhtem Maße, wenn, wie in den angeführten Beispielen, in der betreffenden Familie das eine Geschlecht zufälligerweise sowieso schon stark überwiegt. Jedoch gibt es auch Leiden, bei denen die Annahme einer geschlechtsbegrenzten Vererbung entschieden das Gegebene ist.

Dominant - geschlechtsbegrenzte Vererbung beim männlichen Geschlecht. Das ist — mit Begrenzung auf das männliche Geschlecht — vor allem bei der H y p o s p a d i e der Fall. Hier liegen ja die Verhältnisse schon deshalb ganz anders als bei der RECKLINGHAUSEN schen Krankheit, weil die Hypospadie eine Entwicklungsstörung des männlichen Genitales ist, also nur bei Männern vorkommen kann. Manche Autoren kennen freilich auch eine Hypospadie bei Weibern, und sie verstehen darunter ein vollständiges Fehlen der hinteren Harnröhrenwand. Es wird aber bestritten, daß die Bezeichnung dieser Mißbildung als weibliche Hypospadie überhaupt berechtigt sei.

Die typische Hypospadie ist also ein nur bei Männern anzutreffendes Leiden. Die Annahme einer recessiv - geschlechtsgebundenen Vererbung wird hinfällig, wenn wir sehen, wie oft das Leiden vom Vater auf den Sohn vererbt wurde. In der Familie von STRONG wurde die Vererbung vom Vater auf den Sohn sogar bis durch 5, in der von LINGARD bis durch 6 Generationen verfolgt (Abb. 74). Leider sind beide

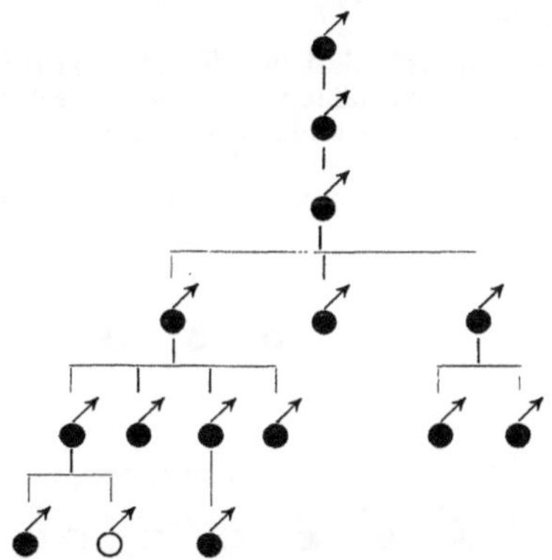

Abb. 74. Hypospadie nach LINGARD (Ausschnitt).

Stammbäume dadurch sehr unvollständig, daß die weibliche Deszendenz nicht mit aufgenommen ist. Aber auch die Übertragung des Leidens durch gesunde Weiber ist mehrfach beobachtet. Besonders die Familie von HEUERMANN hat dadurch eine gewisse Berühmtheit erlangt (Abb. 75).

Der Stammbaum HEUERMANNS enthält zwar nur 3 Behaftete; doch ist ausdrücklich angegeben, daß die Hypospadie schon früher in jeder Generation aufgetreten und immer durch die gesunden Frauen auf einen Teil ihrer Söhne vererbt worden sei. Daß die Vererbung vom

Vater auf den Sohn hier fehlt, hat seine Ursache offenbar in der Form der Mißbildung, die in der von HEUERMANN beschriebenen Familie so hochgradig war, daß sie die Fortpflanzung der behafteten Männer

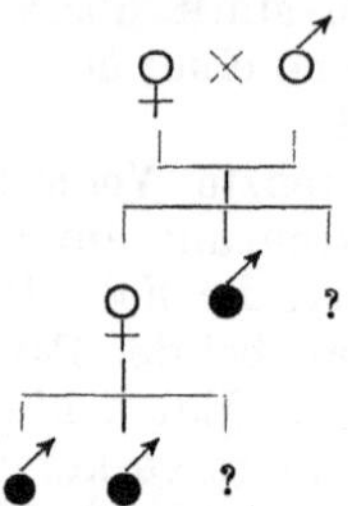

Abb. 75. Dominant-geschlechtsbegrenzte Vererbung beim männlichen Geschlecht (Hypospadie nach HEUERMANN).

stark erschwerte, wenn nicht gar unmöglich machte. Auf diese Weise kommt eine Form des familiären Auftretens zustande, welche dem familiären Auftreten recessiv-geschlechtsgebundener Krankheiten zum Verwechseln ähnlich sein kann (vgl. Abb. 65), und welche zeigt, daß auch solche Krankheiten, die zu frühem Tod oder Fortpflanzungsunfähigkeit führen, „erblich" sein können, und zwar auf die verschiedenste Weise (recessiv, recessiv-geschlechtsgebunden, dominantgeschlechtsbegrenzt usf.).

Schließlich sei noch erwähnt, daß bei der Hypospadie gelegentlich auch die Übertragung durch gesunde männliche Personen beschrieben wurde (Abb. 76). Doch haben wir hierin wohl nichts anderes zu sehen als eine der bei dominanten Erbkrankheiten des Menschen so überaus häufigen Manifestationsschwankungen; das Problem der geschlechtsbegrenzten Vererbung wird dadurch nicht eigentlich berührt.

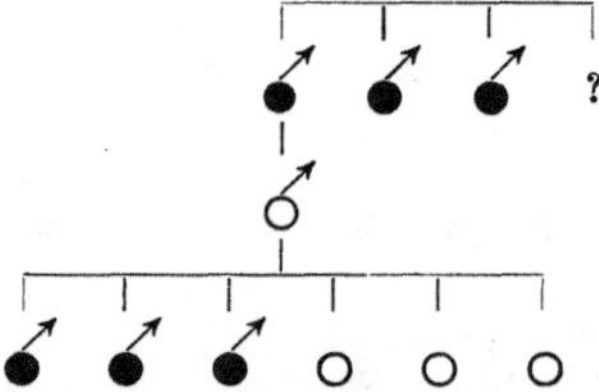

Abb. 76. Dominant-geschlechtsbegrenzte Vererbung mit Manifestationsschwankung (Hypospadie nach RIGAUD).

Dominant-geschlechtsbegrenzte Vererbung beim weiblichen Geschlecht. Dominant-geschlechtsbegrenzte Vererbung kommt aber nicht nur beim männlichen, sondern auch beim weiblichen Geschlecht vor. Das zeigen die Beobachtungen, die in neuerer Zeit über die Erblichkeit des sporadischen Kropfes gemacht worden sind. In dem ersten über die Erblichkeit dieses Leidens publizierten Stammbaum sind in ununterbrochener Folge 6 Generationen hindurch weibliche Personen, die alle in kropffreier Gegend gelebt haben, von dem Leiden befallen

(Abb. 77). Männer, die bei einfach dominantem Erbgang zum Teil hätten erkranken müssen, sind in der Familie zahlreich vorhanden. Die Annahme, daß es sich hier um einen bloßen Zufall handelt, ist bei der relativ hohen Zahl der Behafteten nicht wahrscheinlich.

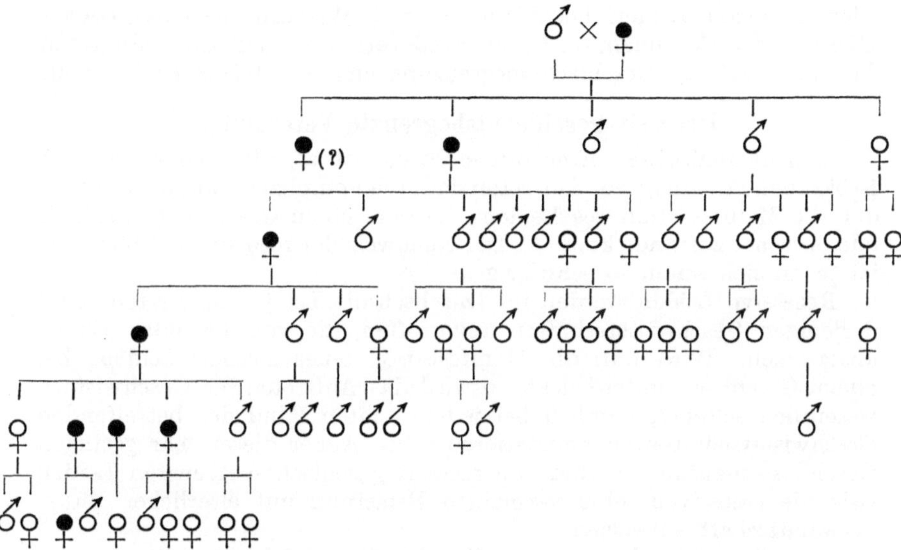

Abb. 77. Idiotypischer sporadischer Kropf. (Eigene Beobachtung.)

Eine gewisse Unvollständigkeit des Stammbaums muß nur darin gesehen werden, daß in ihm die Übertragung des Leidens durch einen äußerlich gesunden Mann von seiner behafteten Mutter auf seine Tochter nicht beobachtet werden konnte. Diese Lücke wird aber durch den Stammbaum einer anderen Familie ausgefüllt (Abb. 78). Auch hier waren nur Weiber befallen. Zweimal wurde das Leiden aber durch

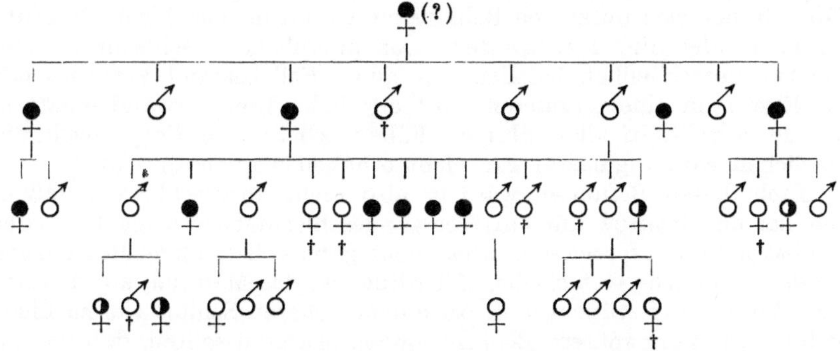

Abb. 78. Idiotypischer sporadischer Kropf nach BLUHM.

einen äußerlich gesunden Mann auf die nächste Generation übertragen.

Ob geschlechtsbegrenzte Vererbung bei menschlichen Krankheiten
selten oder häufig ist, läßt sich schwer sagen, da bisher zu wenig auf
diesen Erbgang geachtet wurde. Da eine verhältnismäßig große Anzahl
aller erblichen Leiden bei Männern und Weibern in verschiedener
Häufigkeit vorkommen, darf man wohl vermuten, daß zum mindesten
die unregelmäßige Geschlechtsbegrenzung eine erhebliche Rolle spielt.

Recessiv-geschlechtsbegrenzte Vererbung.

Zahlenverhältnisse. Eine offene Frage ist es, ob auch recessive
Erbkrankheiten in ihrem Auftreten dadurch kompliziert werden können,
daß die Manifestation des Leidens bei dem einen Geschlecht ausbleibt
oder seltener zustande kommt. Der Nachweis der recessiven Erblichkeit
ist ja an sich schon so schwierig.

Recessive Leiden werden im Durchschnitt bei jedem vierten Kind
derjenigen Geschwisterschaften angetroffen, die von gesunden Eltern
abstammen. Wird nun die Manifestation eines solchen Leidens bei
einem Geschlecht unterdrückt, so wird das Auftreten bei Geschwistern
wesentlich seltener, nämlich bei jedem achten Kind der betreffenden
Geschwisterschaften zu konstatieren sein. Außer dieser sehr geringen
Geschwisterhäufung würden die recessiv-geschlechtsbegrenzten Leiden
(wie die recessiven) eine vermehrte Belastung mit elterlicher Blutsverwandtschaft aufweisen.

Recessiv-geschlechtsbegrenzte Krankheiten. Solche Verhältnisse nun
liegen möglicherweise bei der Hydroa vacciniforme (evtl. auch
beim idiotypischen Klumpfuß und bei der Luxatio coxae congenita)
vor. Das familiäre Auftreten der Hydroa ist so selten, daß es noch
jetzt in fast allen üblichen Lehrbüchern bestritten wird. Bei genauer
Durchsicht der Literatur konnte ich aber trotzdem 8 Fälle von Auftreten der Hydroa bei Geschwistern auffinden, denen sich ein eigener
Fall bei zwei Brüdern als neunter anreiht. Da bis 1919 noch nicht
100 Fälle veröffentlicht waren, wird das Leiden also immerhin in etwa
10% der publizierten Fälle bei Geschwistern angetroffen. In diesen
Fällen finden sich unter den Behafteten, soweit ihr Geschlecht bekannt
ist, 12 Brüder und 1 Schwester. Das männliche Geschlecht ist hier
also fast ausschließlich befallen. In einem Fall bestand Vetternschaft
der Eltern, in einem anderen wird elterliche Blutsverwandtschaft in
Abrede gestellt, in allen übrigen Fällen scheint die Frage nach der
elterlichen Konsanguinität gar nicht erhoben worden zu sein.

Nach diesen Befunden wäre es also nicht ausgeschlossen, daß es
sich bei der Hydroa um ein recessiv-geschlechtsbegrenztes Erbleiden
handelt mit ausgesprochener, aber nicht ganz vollständiger Begrenzung
auf das männliche Geschlecht. Allerdings ist das Material, auf das sich
diese Vermutung stützen muß, zu einem sicheren Schluß viel zu klein.
Selbst aber wenn spätere Beobachtungen erweisen sollten, daß das bis
jetzt vorliegende Material nicht repräsentativ war, so kann es doch

schon heute dazu dienen, die Verhältnisse eines Erbgangs zu demonstrieren, für den ein sicheres Beispiel noch nicht existiert.

Polyid-geschlechtsbegrenzte Vererbung.

Es ist theoretisch ohne weiteres einleuchtend, daß auch solche Leiden, die nicht monohybrid dominant oder recessiv, sondern in komplizierterer Weise erblich bedingt sind, in ihrer Manifestation von der Geschlechtsanlage abhängig sein können. In dieser Hinsicht ist mir schon früher das Epithelioma adenoides cysticum BROOKE aufgefallen, eine kleine, multipel auftretende, vornehmlich im Gesicht lokalisierte Geschwulst, die einerseits sicherlich komplizierte Erblichkeitsverhältnisse zur Grundlage hat und die andererseits viel häufiger bei Weibern als bei Männern angetroffen wird. Einfach dominante Erblichkeitsverhältnisse lassen sich deshalb ausschließen, weil die Zahl der behafteten Personen in den bisher beobachteten familiären Fällen (mit Ausnahme eines ganz unklaren Falles, den SUTTON bei Negern sah) sich auf nicht mehr als 2 oder 3, einmal angeblich auf 4 belief; für recessive Vererbung liegt gar kein Anhaltspunkt vor, da kranke Geschwister mit sicher gesunden Eltern, soweit ich die Literatur einsehen konnte, nie beobachtet worden sind und elterliche Blutsverwandtschaft nirgends angegeben ist; recessiv-geschlechtsgebundene Vererbung ist wegen der Bevorzugung des weiblichen Geschlechts ausgeschlossen; dominant-geschlechtsgebundene wäre im Prinzip möglich, ist aber aus dem gleichen Grunde wie die einfach dominante unwahrscheinlich.

Andererseits ist aber auch an der Geschlechtsabhängigkeit des Epithelioma BROOKE, besonders in den familiären Fällen, ein Zweifel wohl kaum möglich. Man kann sagen, daß der Regel nach Mutter und Tochter befallen sind, gelegentlich auch Mutter und 2 Töchter, ausnahmsweise Bruder und Schwester. Das familiäre Auftreten des Epithelioma BROOKE ist demnach gerade so, wie wir es bei einer polyidgeschlechtsbegrenzten Krankheit erwarten müßten. Und wenn auch bei dem Epithelioma BROOKE ebenso wie bei der Hydroa das bis jetzt vorliegende Material zu einer sicheren Schlußfolgerung nicht ausreicht, so illustriert doch dieses Material recht gut, wie sich das familiäre Auftreten bei einem Leiden, das polyid-geschlechtsbegrenzt ist, gestalten müßte.

Geschlechtsfixierte Vererbung.

Zahlenverhältnisse. Viel erörtert wurde die Frage, ob es eine besondere Vererbung durch den Mannesstamm gebe, denn eine solche Vererbung würde zur Folge haben, daß sich die betreffenden Erbanlagen in ihrer Verteilung über die Familienmitglieder genau so verhielten, wie es auf Grund unserer namensrechtlichen Gebräuche der Familienname tut.

Theoretisch würde eine solche Vererbung „in der Namenslinie" denkbar sein, wenn an der w-Erbeinheit eine Anlage w′ aufträte, die über den W-Paarling dominiert:

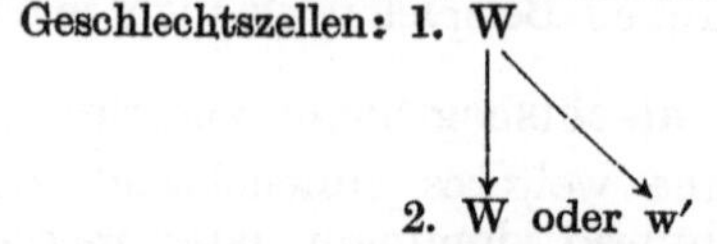

WW × Ww′ (gesundes Weib × kranker Mann)

Geschlechtszellen: 1. W

2. W oder w′

Kombinationsergebnis: WW (gesundes Weib)
Ww′ (kranker Mann)

Sämtliche Söhne eines behafteten Vaters würden also in diesem Falle mit der gleichen Krankheit behaftet sein, das weibliche Geschlecht wäre von Krankheit wie von Krankheitsanlage in jedem Falle frei. Das Leiden würde sich also wie ein sekundäres männliches Geschlechtsmerkmal, oder noch besser: wie das männliche Geschlecht selbst vererben. Ich bezeichne diesen Modus als geschlechtsfixierte Vererbung.

Geschlechtsfixierung bei Tieren. Daß ein derartiger Vererbungsmodus tatsächlich vorkommt, scheint eine Beobachtung zu beweisen, die an einem Fisch, Lebistes reticulatus, durch J. SCHMIDT gemacht wurde. Die Männchen dieses Fisches haben zum Teil einen Pigmentfleck in der Rückenflosse, der sich auf sämtliche männliche Nachkommen, niemals aber auf einen weiblichen vererbt und der folglich nach SCHMIDTS Vermutung an dem Y-Chromosom (das der w-Erbeinheit entspricht) haftet.

Geschlechtsfixierung beim Menschen. Ob Geschlechtsfixierung auch beim Menschen vorkommen kann, ist allerdings fraglich. Soweit wir wissen, scheint ja beim Menschen ein morphologisches Substrat für die w-Einheit, also ein Y-Chromosom, überhaupt nicht zu existieren (vgl. Abb. 17). Eine über W dominante Anlage an einer w-Einheit könnte also offenbar erst dann entstehen, wenn zuvor ein Y-Chromosom entstände.

Noch problematischer ist die Frage, ob ein analoger Erbgang auch mit Fixierung an das weibliche Geschlecht möglich ist. In den seltenen Fällen, in denen bei Pflanzen und Insekten so etwas gefunden wurde, handelte es sich überhaupt nicht um eigentliche Vererbung, sondern um Übertragung durch das Plasma der Eizelle. Auch beim Menschen müßte man für analoge Erscheinungen jedenfalls eine andere als die oben dargelegte Erklärung suchen, denn diese ermöglicht ein Verständnis der geschlechtsfixierten Vererbung nur beim heterozygoten Geschlecht, also nur bei Männern.

Beobachtungen, die für geschlechtsfixierte Vererbung von menschlichen Krankheiten sprechen würden, sind hin und wieder publiziert worden, dürfen aber nur mit großer Vorsicht aufgenommen werden. Muß man sich doch bei der Betrachtung von Stammbäumen stets vor Augen halten, welchen außerordentlich geringen Wert besonders bei schwieriger erkennbaren Krankheiten Aufzeichnungen haben, die auf Grund anamnestischer Erhebung an einer, in bezug auf ihre Zuverlässigkeit nicht genauer bekannten Person angefertigt worden sind. Daß durch unzuverlässige Anamnesen selbst geradezu Schwindelstammbäume in die medizinische Literatur hineingekommen sind, muß durchaus als wahrscheinlich bezeichnet werden.

So erhielt z. B. SUTTON von einem Patienten, einem Neger, der an Epithelioma adenoides cysticum BROOKE (s. oben) litt, die Mitteilung, daß seine sämtlichen

Verwandten durch drei Generationen mit dieser
Anomalie behaftet seien, so daß man auf Grund
von Suttons Publikation zu dem Stammbaum
kommen müßte, der in Abb. 79 wiedergegeben ist.
Ein solcher Stammbaum schlägt aber allem, was
wir bis jetzt über Erblichkeit wissen, ins Gesicht; er
steht im schärfsten Widerspruch zu unseren theoretischen Vorstellungen, die sich doch sonst an einem
sehr großen Erfahrungsmaterial ausgezeichnet bewährt haben.

Wäre er richtig, so würde er in gewisser Weise
eine Revision der gesamten modernen Vererbungslehre notwendig machen. Und das alles wegen der
unkontrollierten Aussage eines Negers!

Die Mitteilung Suttons lehrt jedenfalls, wie
vorsichtig wir mit einer weitreichenden theoretischen
Auswertung einzelner Fälle aus der menschlichen
Vererbungspathologie sein müssen.

Dennoch existiert allerdings in bezug auf
die geschlechtsfixierte Vererbung ein Stammbaum, der bemerkenswert erscheint, da das
Befallensein sämtlicher Männer durch vier
Generationen hindurch hier die eigene Familie
des Autors betrifft, und da der Autor ausdrücklich angibt, daß er die Weiber ebenso
wie die Männer selbst untersuchen konnte.
Es handelt sich um einen von Schofield
bekanntgegebenen Fall von Syndaktylie; die
zweite und dritte Zehe jedes Fußes waren
durch eine Schwimmhaut verbunden, der
Knochen war unbeteiligt (Abb. 80).

Trotzdem kann man natürlich an einem
einzelnen Stammbaum eine so grundsätzliche
Frage, wie es die nach der geschlechtsfixierten
Vererbung ist, nicht entscheiden. Die Frage
nach der geschlechtsfixierten Vererbung ist
aber durch einzelne Stammbäume wie den
von Schofield unwiderruflich aufgeworfen
worden, und wenn uns auch bis jetzt über
die Existenz dieses Vererbungsmodus beim
Menschen jede sichere Kenntnis fehlt, so erscheint es doch gerechtfertigt, an die Möglichkeit eines solchen Erbganges zu denken
und darauf hinzuweisen.

Übersicht über die geschlechtsabhängige Vererbung.

Stellen wir die Analyse der geschlechtsabhängigen Vererbung, soweit sie bis jetzt
möglich ist, in einer Tabelle zusammen

(Abb. 81), so läßt sich leicht erkennen, an wie vielen Stellen unser Wissen noch Lücken aufweist. Aber es läßt sich auch ersehen, daß die bisherigen Bemühungen um eine Analyse der Geschlechtsabhängigkeit nicht vergeblich gewesen sind.

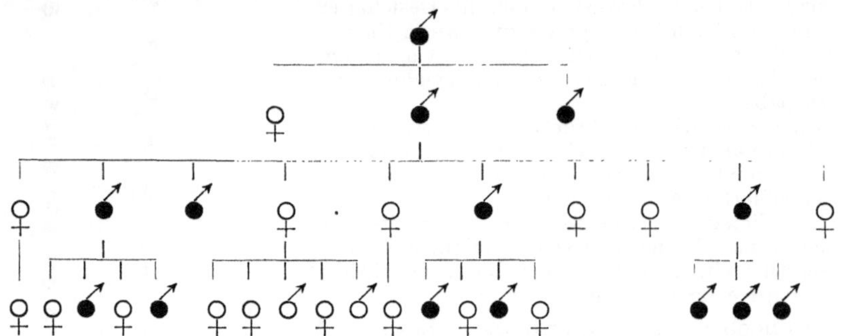

Abb. 80. Geschlechtsfixierte Vererbung (Syndaktylie nach SCHOFIELD).

Polyphäne Vererbung.

Die Erscheinungen der Polyphänie. Beispiele dafür, daß eine krankhafte Erbanlage gleichzeitig mehrere phänotypische Erscheinungen bewirkt, gibt es auch in der menschlichen Vererbungspathologie. In gewissem Sinne trifft das schon für die dominant- bzw. recessivgeschlechtsgebundenen Krankheiten zu. Denn hier ist ja die pathologische Erscheinung von der gleichen Erbeinheit abhängig, die das Geschlecht bestimmt, die also die primären und sekundären Geschlechtsmerkmale hervorruft. Es gibt aber in der menschlichen Vererbungspathologie auch Fälle, in denen eine idiotypische Anlage gleichzeitig mehrere pathologische Symptome bedingt. Das ist z. B. bei der recessiv-geschlechtsgebundenen Hemeralopie der Fall, da dieses Leiden mit Myopie kompliziert zu sein pflegt. Daß bei Albinismus universalis Augenstörungen die Regel sind, wurde schon erwähnt.

Ein weiteres Beispiel polyphäner (vielmerkmaliger) Vererbung zeigt Abb. 69, auf der Anidrosis, Hypotrichosis und Zahnanomalien in Korrelation miteinander angetroffen werden, sowie ein Fall aus meiner Beobachtung (Abb. 82). Hier fanden sich bei Mutter und Sohn übereinstimmend Keratosis follicularis besonders an Knien und Ellbogen, Keratosis plantaris circumscripta, Pachonychien und Lingua plicata. Ob die Lingua plicata nur eine zufällige Komplikation ist, läßt sich bei der extremen Seltenheit des gesamten Krankheitsbildes freilich nicht sagen.

In manchen Fällen kann man darüber im Zweifel sein, ob die Auffassung als polyphäne Vererbung berechtigt ist. Erbt sich z. B. in einer Familie Keratosis palmaris et plantaris zusammen mit Hyperidrosis palmarum et plantarum fort, so kann man sagen, beide Leiden seien doch nur Symptome einer einheitlichen Affektion oder das eine sei gar nur eine Folge des anderen. Schwieriger ist schon eine derartige Erklärung, wenn die verschiedenen Anzeichen eines erblichen Leidens an differenten Körperteilen lokalisiert sind, wie in Abb. 69 bzw. in solchen Fällen, in denen Hypotrichose des Kopfes mit Nageldystrophien in

Abb. 81. Versuch einer Analyse der geschlechtsabhängigen Vererbung bei menschlichen Krankheiten.

11*

Korrelation miteinander vererbt werden. Aber auch hier kann man noch einwenden, daß es sich eigentlich nur um ein pathologisches Merkmal handele, etwa um eine „Schwäche" der Epidermis, die sich an den verschiedenen Anhangsgebilden der Haut zugleich manifestiert. Es gibt jedoch in der Pathologie auch Beispiele von polyphäner Ver-

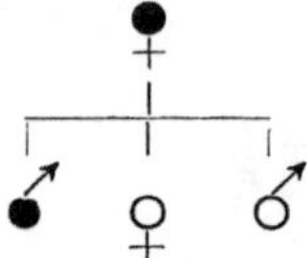

Abb. 82. Keratosis follicularis, Keratosis plantaris, Pachonychien und Lingua plicata. (Eigene Beobachtung.)

erbung sensu strictiori, d. h. von einem Vererbungstypus, bei dem uns ein näherer genetischer Zusammenhang zwischen den verschiedenen, in Kombination miteinander vererbten Anomalien rätselhaft bleibt, bei dem also eine Kombination wirklich verschiedener Krankheiten vorzuliegen scheint. Das gilt z. B. für eine Familie, in der neben der Ectopia lentis et pupillae bei allen Behafteten auch Herzfehler vorhanden waren. Sehr anschaulich ist auch das Beispiel von MORGAN, der bei seiner Taufliege eine Weißäugigkeit fand, mit der eine geringere Widerstandskraft und eine geänderte Fruchtbarkeit untrennbar verbunden war. Die Auffassung solcher Fälle als polyphäne („vielmerkmalige") Vererbung ist also nach dem derzeitigen Stande unserer Kenntnis die einzig gegebene.

Die Polyphänie (Vielmerkmaligkeit) tritt uns äußerlich entgegen als Korrelation zweier mehr oder weniger verschiedener erblicher Krankheiten. Nur wenn diese Korrelation nicht auf uns bekannten wechselseitigen entwicklungsgeschichtlichen (morphogenetischen) und physiologischen (nervösen, hormonalen usw.) Zusammenhängen beruht, nur wenn es sich also nicht um Symptome einer einheitlichen Krankheit handelt, liegt wirkliche Polyphänie vor. Ob beim Menschen außerdem noch eine (vorübergehende) Korrelation durch Anlagenkoppelung anzutreffen ist, wie sie z. B. bei der Taufliege gefunden wurde, ist unbekannt.

Will man den Begriff der Polyphänie näher umgrenzen, so scheint es mir am zweckmäßigsten, ihn als die idiotypische Korrelation von Merkmalen zu definieren. Bevor wir aber feststellen, inwieweit eine Korrelation, welche erbliche Krankheiten miteinander verbindet, idiotypischer Natur ist, müssen wir die Frage beantworten, ob überhaupt und in welchem Ausmaß eine Korrelation besteht. Es gilt deshalb, die Korrelation der einzelnen Krankheiten untereinander zu erforschen, wie es in großzügiger Weise durch v. PFAUNDLER und v. SEHT geschehen ist.

Berechnung der Korrelation. Will man die Korrelation zweier Zustände feststellen, so berechnet man ihren Korrelationskoeffizienten k, der dann, wenn die beiden Zustände stets zusammentreffen, $+1$, dann, wenn sie niemals zusammentreffen (wenn also eine negative Korrelation besteht) -1 ist. Auf 194 in der Literatur beschriebene Fälle von Epidermolysis bullosa verteilen sich z. B. die Narben und die Nageldystrophien in folgender Weise:

	Narben	Keine Narben	Zusammen
Nageldystrophien	80 *(a)*	34 *(b)*	114 *(a + b)*
Keine Nageldystrophien	11 *(c)*	69 *(d)*	80 *(c + d)*
Zusammen	91 *(a + c)*	103 *(b + d)*	194 *(a+b+c+d)*

Der Korrelationskoeffizient berechnet sich dann nach folgender Formel:

$$k = \frac{a \cdot d - b \cdot c}{\sqrt{(a + b)\,(c + d)\,(a + c)\,(b + d)}},$$

ist also
$$= \frac{80 \cdot 69 - 34 \cdot 11}{\sqrt{114 \cdot 80 \cdot 91 \cdot 103}} = \frac{5146}{\sqrt{85\,481\,760}} = \frac{5146}{\text{ca. } 9245} = \text{ca. } 0{,}55.$$

Der mittlere quadratische Fehler der kleinen Zahl berechnet sich nach der Formel von Pearson $m = \dfrac{1 - k^2}{\sqrt{n}}$, wobei n die Gesamtzahl der Fälle ist. Wir erhalten deshalb in unserem Beispiel $m = \dfrac{1 - 0{,}55^2}{\sqrt{194}} = \dfrac{0{,}7}{\text{ca. } 14} = \text{ca. } 0{,}05$. Das Ergebnis heißt demnach: $k = 0{,}55 \mp 0{,}05$ oder, wenn man den dreifachen mittleren Fehler nimmt: $k = 0{,}55 \mp 0{,}15$; das besagt aber, daß man etwa 370 gegen 1 wetten kann, daß die wahre Korrelation zwischen Narben und Nageldystrophien bei der Epidermolysis innerhalb der bezeichneten Fehlergrenze liegt.

Die Korrelation in der Vererbungspathologie. Noch exakter, aber wesentlich umständlicher ist die Berechnung der Korrelation mit Hilfe des Bravais-Pearson schen Korrelationskoeffizienten. Es fragt sich jedoch, ob sich die Anwendung so genauer Korrelationsmethoden bei der Erforschung von Erblichkeitsverhältnissen lohnt. Früher hat man vielfach geglaubt, die Erblichkeit dadurch nachweisen und sogar in ihrer Intensität bestimmen zu können, daß man die Korrelation einzelner Merkmale bei Verwandten, besonders bei Eltern und Kindern feststellte. Solche Berechnungen führen aber in der Erblichkeitslehre kaum jemals zu zuverlässigen Ergebnissen, da die Korrelation zwischen Verwandten noch sehr viel andere Ursachen haben kann als gerade Erblichkeit. Gleiche Umwelt, gleiche Ausleseverhältnisse und eventuell gleiche Idiokinese können ebenfalls hohe Korrelationen zwischen Verwandten bedingen. Die Korrelationsberechnung ist also zu einem Nachweis der Erblichkeit nur mittelbar geeignet. Ebenso bleibt, wenn wir die Korrelation von Krankheiten erforscht haben, die Hauptfrage noch zu lösen, nämlich die Frage, inwieweit diese Korrelation auf Polyphänie, auf Abhängigkeit von einer gemeinsamen Erbanlage beruht. In Gemeinschaft mit anderen Methoden der Erblichkeitsforschung wird aber die Korrelationsberechnung ihren Platz behaupten.

Die Korrelation in der Zwillingspathologie. Der Korrelationsberechnung wurde in jüngster Zeit noch ein Anwendungsgebiet erschlossen, auf dem sie, wie ich glaube, eine unmittelbare Bedeutung für die Erblichkeitsforschung erlangen kann: das ist die Zwillingspathologie. Bei den homologen Zwillingen bedeutet das Fehlen der Korrelation tatsächlich Nichterblichkeit, und ich zweifle nicht, daß es auf diesem Wege allmählich gelingen wird, die Paravariabilität der erblichen Krankheiten genauer kennen zu lernen, ja vielleicht geradezu zu messen. Andererseits bedeutet allerdings eine vollständige Korrelation bei eineiigen Zwillingen nicht ohne weiteres Erblichkeit; auch hier wird man aber noch in vielen Fällen zu einem Ergebnis kommen können, wenn man, wie ich gezeigt habe, Kontrollen an nichthomologen Zwillingen macht. Denn ein umweltbedingtes Merkmal, das bei homologen Zwillingen immer gemeinsam vorhanden ist, muß auch bei nichthomologen fast ausnahmslos gemeinsam vorhanden sein (z. B. Masern), da die Umwelt bei homologen und bei nichthomologen Zwillingen etwa in gleichem Maße übereinstimmt. Jedes erbliche Leiden muß dagegen, falls es nicht sehr häufig ist, bei zweieiigen Zwillingen in mindestens der Hälfte der Fälle den einen Zwilling verschont lassen; so läßt sich die Erblichkeit solcher Krankheiten, die bei homologen Zwillingen eine vollkommene Korrelation aufweisen, durch die Feststellung des Fehlens einer solchen Korrelation bei den nichthomologen Kontrollfällen beweisen. Es erscheint also durchaus möglich, daß die Korrelationsrechnung als Bestandteil der Zwillingspathologie noch einmal eine größere Bedeutung für die Vererbungswissenschaft erlangt.

Polyide Vererbung.

Polyidie im engeren Sinne. Daß es normale Eigenschaften, die von mehreren Erbanlagepaaren zugleich abhängen, auch beim Menschen gibt, darf als sichergestellt gelten. Eine solche polyide[1] (vielanlagige) Vererbung liegt z. B. bei der Hautfarbe des Negers vor (vgl. S. 50). Wie wir aus den Erfahrungen der experimentellen Vererbungsforschung schließen müssen, scheinen jedoch Krankheiten, die von mehreren, selbständig mendelnden, pathologischen Erbanlagepaaren zugleich abhängen, kaum vorzukommen. Sollte das aber doch einmal der Fall sein, so würde sich die Vererbung eines solchen Leidens selten direkt gestalten, würde also dem recessiven Modus ähneln. Die familiäre Häufung würde natürlich um so geringer sein, je mehr autonome Erbanlagenpaare zur Entwicklung der betreffenden Krankheit zusammenkommen müssen, und je seltener diese Komponenten an sich schon sind. Verhältnismäßig noch am leichtesten zu durchschauen wären solche Fälle, in denen das Erbleiden von nur zwei Erbanlagepaaren abhängt; auch dann könnte man aber eine stärkere familiäre Häufung nur erwarten, wenn die krankhafte Erbanlage jedes einzelnen Paares schon bei Heterozygotie zur Entfaltung kommt, also dominant ist. Die manifest kranken Individuen würden dann etwa die Formel KkLl haben, während die Kkll- und die kkLl-Individuen äußerlich

---

[1] Id = Erbanlage.

gesund wären. Unter diesen günstigsten Voraussetzungen würden etwa $^1/_4$ der Kinder der Behafteten gleichfalls behaftet sein, und dementsprechend wäre in etwa der Hälfte der Fälle zu erwarten, daß auch ein Elter behaftet ist. Verhielte sich dagegen die pathologische Erbanlage jedes einzelnen Paares recessiv, so wäre nur bei $^1/_{16}$ der Kinder gesunder Eltern die betreffende Krankheit zu erwarten[1]).

Dieses Verhältnis ist bei Achondroplasie (WEINBERG), Epilepsie (WEINBERG), Taubstummheit (HAMMERSCHLAG, LUNDBERG), und besonders von RÜDIN bei der Dementia praecox gefunden worden, und man hat deshalb in Erwägung gezogen, ob nicht z. B. die Dementia praecox ein „dihybrides“, d. h. zweianlagiges Leiden sei.

Für diese sonderbaren Zahlenverhältnisse gibt es aber noch so viele andere Erklärungsmöglichkeiten, daß man die Zweianlagigkeit der Dementia praecox als sehr fraglich, ja wohl als unwahrscheinlich bezeichnen muß.

Polyidie im weiteren Sinne. Wenn es derartige Fälle gäbe, würde es jedoch schwer sein, sie von solchen Leiden zu trennen, bei denen die krankhafte Erbanlage gleichfalls von anderen, jedoch nicht pathologischen Erbeinheiten in ihrer Manifestation beeinflußt wird. Diese Erscheinung, die offenbar nicht selten schuld ist an den Manifestationsschwankungen der nach den verschiedensten Modi erblichen Krankheiten, kann im weiteren Sinne auch noch zur polyiden Vererbung gerechnet werden. In diesem weiteren Sinne ist die vielanlagige Vererbung von Krankheiten verhältnismäßig häufig; kann doch sogar der dominant- und der recessiv-geschlechtsbegrenzte Erbgang als ein Spezialfall dieses Modus aufgefaßt werden, da ja die dominant-geschlechtsbegrenzte Eigenschaft in ihrer Manifestation gleichzeitig von der sie bedingenden spezifischen Erbanlage und von der Geschlechtsanlage abhängig ist.

Polyide Krankheiten. Die Polyidie, also die gleichzeitige Abhängigkeit eines Leidens von mehreren verschiedenen Erbanlagepaaren, müssen wir vor allem da als Hilfshypothese heranziehen, wo Erblichkeit offenbar vorliegt, die Art des familiären Auftretens aber eine ausgesprochene Regellosigkeit zeigt. Derartig undurchsichtige Verhältnisse treffen wir bei relativ zahlreichen Leiden, besonders bei Hemmungsbildungen und sog. Atavismen an. Der Vererbungsgang solcher Affektionen müßte durchsichtiger sein, wenn hier die Manifestation nicht einerseits vielleicht von Außenfaktoren, andererseits aber von gleichzeitig wirkenden Erbfaktoren beeinflußbar wäre.

Hierher gehört wahrscheinlich ein großer Teil jener Fälle, in denen ein Leiden nur wenige Mitglieder einer sonst völlig gesunden Familie, dabei aber nicht nur Geschwister, sondern auch Elter und Kind befällt.

Als Beispiel diene ein Fall aus meiner Beobachtung (Abb. 83). Die Eltern der Mutter unseres Probanden waren höchstwahrscheinlich frei von der Anomalie;

---

[1]) Diese Zahlen schwanken bei polyiden Merkmalen natürlich stets entsprechend der allgemeinen Häufigkeit der betreffenden Erbanlagen. Je häufiger diese einzelnen Komponenten des polyid bedingten Leidens sind, desto häufiger wird auch das Leiden familiär auftreten. Ist bei einem zweianlagig bedingten Merkmal die eine Anlage allgemein verbreitet, so nähern sich die Zahlenverhältnisse denen bei einfacher (dominanter, recessiver usw.) Vererbung.

auch die Geschwister der Mutter und ihr jüngstes Kind weisen keine Besonderheiten auf. Solche Fälle werden, wegen des Auftretens der Krankheit bei Vorfahren und Nachkommen, oft voreilig als „dominant" bezeichnet. Allerdings läßt sich im

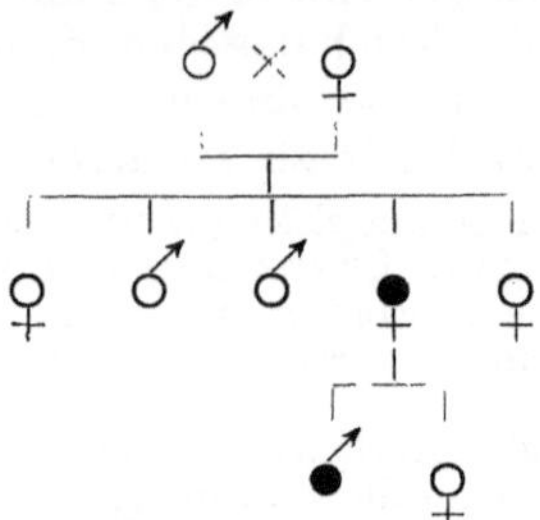

Abb. 83. Naevi chondrosi (doppelseitige Aurikularanhänge.)
(Eigene Beobachtung.)

einzelnen Fall kaum mit Sicherheit ausschließen, daß einfach dominante Vererbung mit Überspringen einiger Generationen vorliegt. Die unregelmäßige Dominanz, bei der die Unterdrückung der Manifestation bei einzelnen Individuen mehr durch Außenfaktoren als durch andere Erbfaktoren geschieht, ist daher von der polyiden Vererbung nicht immer scharf zu trennen, wird aber in der Regel mehr behaftete Familienmitglieder aufweisen.

Ein erheblicher Teil derartiger Fälle wird aber wohl analog den bekannten Erscheinungen direkter Vererbung bei extremer Begabung aufgefaßt werden müssen. Hier, wie z. B. bei der musikalischen Begabung der Familie Bach, beim mathematischen Talent der Familie Bernoulli oder bei der Erfinderbegabung der Weddinger Linie der Familie Siemens (Abb. 84) (Arch. f. Rassen- u. Gesellschaftsbiol. 1916/17, Bd. 12, S. 162) haben wir es doch offenbar nicht mit gewöhnlicher, von einer Erbanlage abhängiger Dominanz zu tun, sondern mit viel komplexeren Dingen; wahrscheinlich handelt es sich um Mixovariationen. Entsprechend unserer alltäglichen Erfahrung erwarten wir ja in solchen Fällen durch zwei oder selbst drei Generationen sich forterbender Sonderbegabung auch durchaus nicht eine Weitervererbung der extremen Variation auf die Enkel und Urenkel, wie wir es bei der Brachydaktylie, der Epidermolysis bullosa simplex und den anderen sicher dominanten Leiden tun würden. Auch bei direkter Vererbung pathologischer Merkmale sollten wir deshalb in Zukunft mit dem Prädikat „dominant" vorsichtiger sein; denn gelegentlich kann eine direkte Vererbung auch dort auftreten, wo eine Abhängigkeit des betreffenden Merkmals von nur einer Erbanlage durchaus unwahrscheinlich ist.

Heterophäne Vererbung.

Heterophänie im weiteren Sinne. Von heterophäner, verschiedenmerkmaliger (transformierender, heteromorpher, genereller) Vererbung kann man in solchen Fällen sprechen, in denen sich eine Erbanlage bei den einzelnen damit behafteten Individuen einer Familie in verschiedener Weise phänotypisch manifestiert. So liegt gewissermaßen eine „heterophäne" Vererbung schon dort vor, wo die mit einer krank-

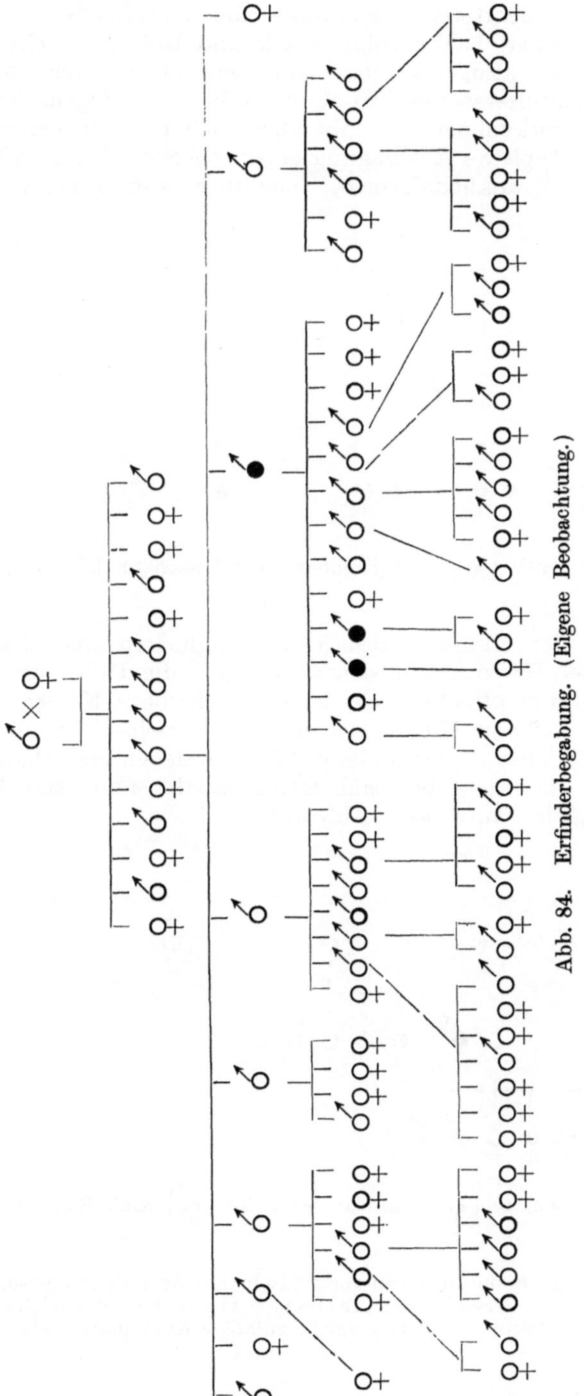

Abb. 84. Erfinderbegabung. (Eigene Beobachtung.)

haften Erbanlage behafteten Individuen die betreffende erbliche
Krankheit bald stärker, bald weniger stark und bald gar nicht ausgeprägt zeigen, dort also, wo infolge Paravariabilität oder infolge
Mixovariabilität Manifestationsschwankungen bis zu völligem Fehlen
der Manifestation vorkommen. Es gibt aber auch Fälle, in denen die
verschiedene phänotypische Ausprägung einer erblichen Anlage scheinbar verschiedene Krankheitsformen, scheinbar also qualitative

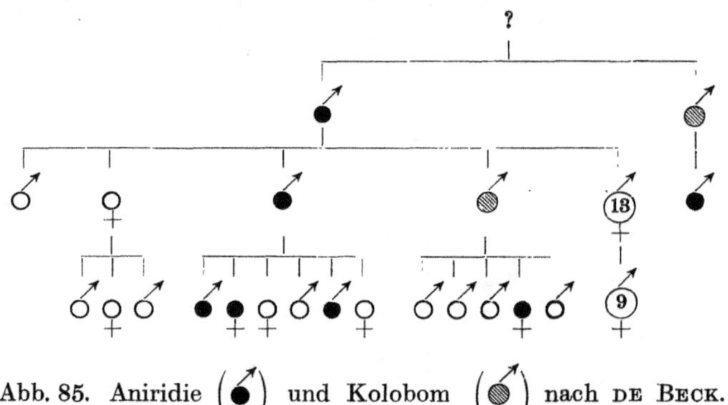

Abb. 85. Aniridie (●) und Kolobom (◍) nach DE BECK.

Unterschiede bei den einzelnen behafteten Mitgliedern einer Familie
bewirkt. In dieser Weise lassen sich z. B. schon die Fälle auffassen,
in welchen auf Grund offenbar der gleichen Erbanlage Kolobom der
Iris mit Aniridie bei den Mitgliedern ein und derselben Familie ab-
wechselt (Abb. 85); ebenso jene anderen Fälle, in denen die behafteten
Individuen bald Hasenscharte, bald Gaumenspalte und bald beide
Mißbildungen zugleich aufweisen (Abb. 86).

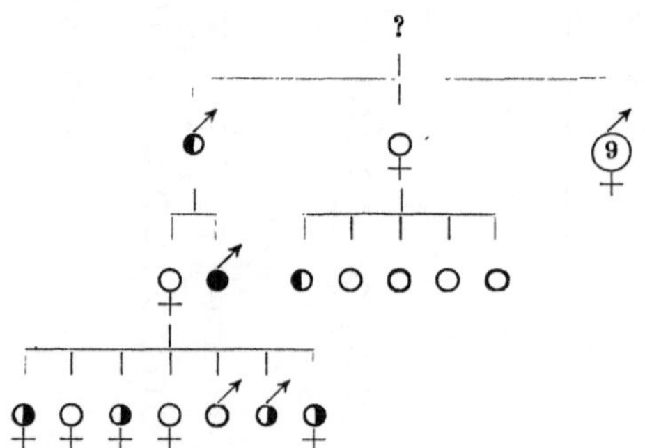

Abb. 86. Hasenscharte (◑) und Gaumenspalte (◐) nach RAYLAY.

Solche Vorkommnisse sind nicht zu verwechseln mit dem allerdings seltenen
Zusammentreffen zweier verschiedener selbständiger Erbkrankheiten
bei ein und derselben Person. Liegt eine solche zufällige Kombination ätiologisch

verschiedener Leiden vor, so wird in den folgenden Generationen mehr oder
weniger rasch eine Trennung und isolierte Weitervererbung der beiden Leiden
erfolgen (Abb. 87).

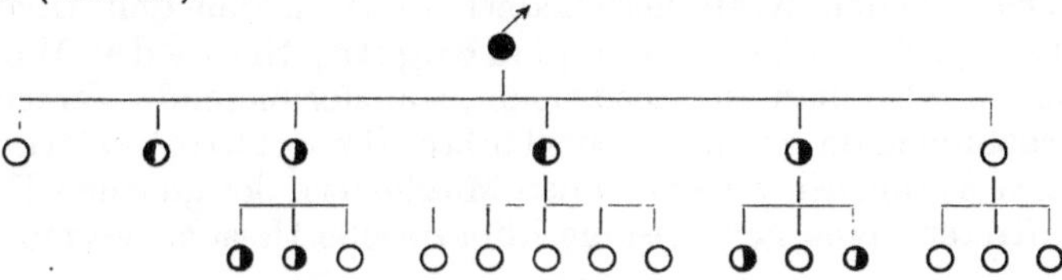

Abb. 87. Hypertrichosis $\left(\begin{smallmatrix}\text{♂}\\\text{♀}\end{smallmatrix}\right)$ und Fehlen bzw. Überzahl von Schneidezähnen $\left(\begin{smallmatrix}\text{♂}\\\text{♀}\end{smallmatrix}\right)$ nach MICHELSON.

Noch sicherer sind solche Fälle zur heterophänen Vererbung zu
rechnen, in denen die verschiedenen Grade der phänotypischen Manifestation eines anscheinend einheitlichen Krankheitsprozesses sich an
verschiedenen Körperteilen und Organen abspielen. Ein Beispiel hierfür
bildet der an die tuberöse Gehirnsklerose sich angliedernde Symptomenkomplex. Man findet nämlich nicht nur bei den an tuberöser Sklerose
leidenden Individuen, sondern auch unter ihren im übrigen gesunden
Verwandten verschiedene besondere Formen von Naevi, das sog Adenoma
sebaceum oder geschwulstartige Mißbildungen in Herz und Nieren.
So wurde in einem Fall der Großvater an Nierengeschwülsten operiert,
der Vater litt an tuberöser Hirnsklerose, Nierengeschwülsten (multiplen
Mischtumoren), gehäuften Naevi und Adenoma sebaceum, die Tochter
gleichfalls an Hirnsklerose, Naevi, Adenom und Nierentumor (Angio-
fibrom [Abb. 88]).

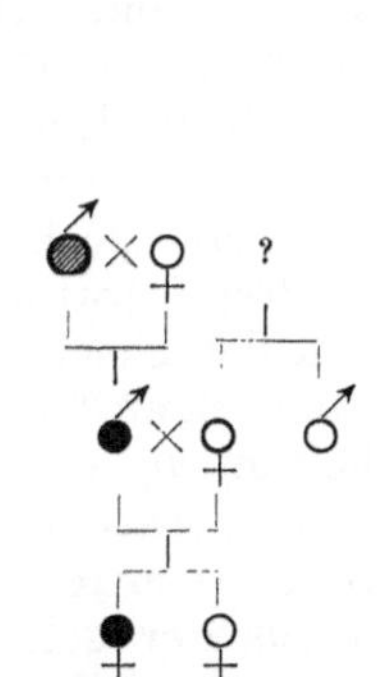

Abb. 88. Tuberöse
Sklerose nach BERG.

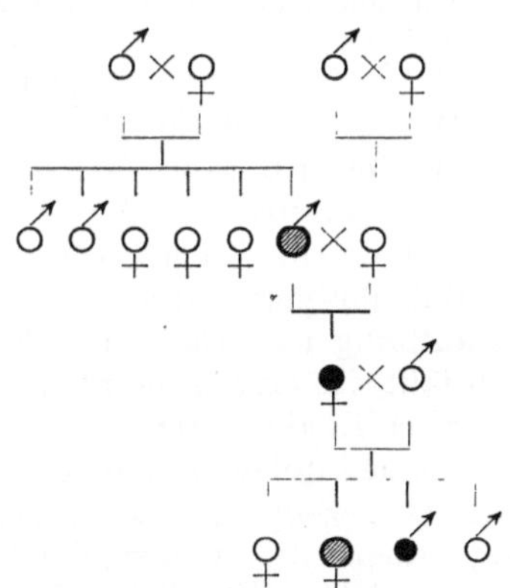

Abb. 89. Tuberöse Sklerose.
(Eigene Beobachtung.)

In einem Falle meiner Beobachtung waren beim Großvater und bei einer
Schwester des Probanden gehäufte Naevi (Fibromata pendula colli) zu konstatieren,
während die Mutter ein stark entwickeltes Adenoma sebaceum mit Halsfibromen
zeigte. Der Proband litt vorübergehend an Krämpfen, hatte gleichfalls zahlreiche
gestielte Fibrömchen am Halse, leichten Schwachsinn und Adenoma sebaceum, so
daß die Diagnose der tuberösen Sklerose gesichert war (Abb. 89).

Heterophänie im engeren Sinne. Derartige Fälle, in denen wir Gründe zu der Annahme haben, daß ein einheitlicher erblicher Prozeß zu klinisch verschiedenen Krankheitsbildern führt, bilden den Übergang zu der heterophänen Vererbung im engsten Sinne des Wortes. Denn bisher wandte man die Ausdrücke „transformierende Vererbung" u. dgl. vornehmlich da an, wo man glaubte, für wirklich differente Krankheiten, die bei verschiedenen Mitgliedern der gleichen Familie gehäuft auftreten, eine gemeinsame idiotypische Ursache vermuten zu dürfen.

Ob diese Hypothese in einzelnen Fällen berechtigt ist, läßt sich vorläufig noch nicht mit Bestimmtheit sagen. Besonders suchte man mit ihr die Tatsache zu erklären, daß Gicht, Diabetes und Fettsucht so häufig bei verschiedenen Mitgliedern der gleichen Familien angetroffen werden. Man stellte sich dann die Sache so vor, daß diesen drei Krankheiten die gleiche Erbanlage zugrunde liegt, und daß sich dieselbe je nach den gerade wirkenden Außenfaktoren und je nach den gerade vorhandenen anderen Erbanlagen bei den einzelnen behafteten Individuen bald als Gicht, bald als Diabetes und bald als Fettsucht oder schließlich als eine Kombination dieser Leiden manifestiert. Entsprechende Stammbäume wurden schon mehrfach veröffentlicht.

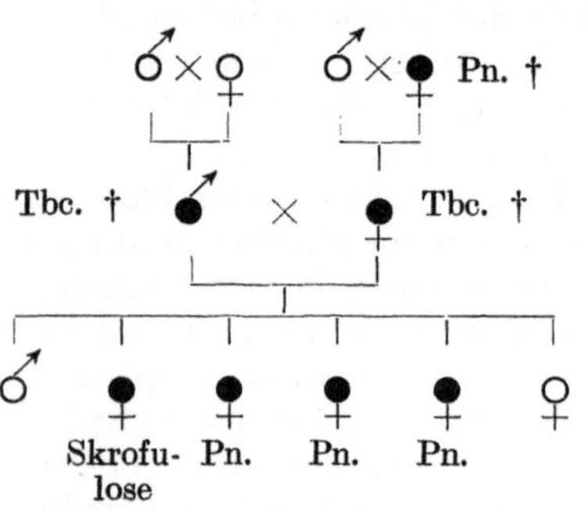

Abb. 90. Pneumonie und Tuberkulose.

Die heterophäne Vererbung ist für viele komplizierte und rätselhafte Dinge eine höchst wohlfeile Erklärungsart. Aus diesem Grunde ist mit ihr schon viel Mißbrauch getrieben worden. Ich möchte nur einen von einem amerikanischen Autor veröffentlichten Stammbaum anführen (Abb. 90). Die Pneumonie ist bekanntlich eine so häufige Erkrankung, daß ihr gelegentliches Auftreten bei drei Schwestern nicht besonders auffällig ist. Daß sich Tuberkulose in der gleichen Familie nachweisen läßt, ist erst recht nicht verwunderlich, denn die Schwindsucht gehört ja zu den verbreitetsten Krankheiten, die es überhaupt gibt. Auch ist sie infolge ihrer Kontagiosität, wie eine statistische Arbeit von WEINBERG gezeigt hat, bei Ehegatten häufiger anzutreffen, als der Erwartung entspricht. Konstruiert man also aus der gelegentlichen Kombination solcher alltäglicher Erkrankungen in einer Familie gleich komplizierte vererbungsbiologische Zusammenhänge, so dient man damit kaum dem Fortschritt der Vererbungspathologie, sondern man läuft Gefahr, einen gräßlichen Dilettantismus zu züchten, der für alle außergewöhnlichen Fälle sofort mit einer Reihe billiger „Hilfshypothesen" zur Hand ist.

Nicht selten wird die Existenz einer heterophänen Vererbung überhaupt bestritten. Doch ist dies wohl nur als eine Zurückweisung der mehrfach vertretenen Auffassung zu verstehen, nach welcher die Erbanlagen selbst eine immerwährende Umwandlung mit nachfolgender Wiederherstellung ihrer ursprünglichen Form erleiden sollen. An dieser fehlerhaften Auffassung tragen wohl Ausdrücke wie „transformierende Vererbung" einen Teil der Schuld. Eine solche Transformierung der Erbanlagen ist aber nach allem, was uns die experimentelle Vererbungsforschung gelehrt hat, einfach undenkbar. Es empfiehlt sich deshalb, die Bezeichnung „heterophäne" Vererbung anzuwenden, in der schon terminologisch zum Ausdruck kommt, daß hier das, was wechselt, eben der Phänotypus ist. Eine „hetero-ide" Vererbung wäre dagegen eine contradictio in adjecto, denn die Vererbung, die Idiophorie, ist ja ein Vorgang, welcher die idiotypischen Einheiten nicht verändert, sondern im Gegenteil in ihrer ursprünglichen Form durch die Reihe der Generationen erhält; die Veränderung des Idiotypus geschieht allein durch die Idiokinese, die „Erbänderung".

Die Ursache der heterophänen Vererbung ist also keine Wandlung der Erbanlagen, sondern wir müssen die Gründe dieses Vererbungstypus in Wandlungen der Entfaltungsbedingungen einer bestimmten Erbeinheit suchen. Wir müssen uns also eine Erbanlage vorstellen, die in außergewöhnlich hohem Grade und in eigenartiger Weise paravariabel oder mixovariabel ist. Wir fassen daher unter der Bezeichnung „heterophäne Vererbung" vorläufig alle jene, meist noch unklaren Fälle zusammen, in denen bei verschiedenen Individuen mit einer vermutlich gleichen Krankheitsanlage die phänotypische Manifestation dieser Anlage qualitativ verschiedene Resultate gibt.

Verschiedene Vererbungsmodi bei einer Krankheit.

Verschiedene idiotypische Formen einer Krankheit. Eine besonders interessante und bisher noch zu wenig beachtete Erscheinung liegt darin, daß viele menschliche Erbkrankheiten nicht einem einheitlichen Vererbungsmodus folgen, sondern daß die anscheinend gleiche erbliche Krankheit in der einen Familie sich bezüglich ihrer Vererbung anders verhält als in der anderen Familie. Diese Erscheinung ist so außerordentlich häufig, daß ihr eine prinzipielle Bedeutung zuerkannt werden muß. Als Beispiel sei nur der Albinismus genannt, der dominant und recessiv, die Hemeralopie, die dominant und recessiv-geschlechtsgebunden, die Ectopia lentis et pupillae, die recessiv und dominant auftreten kann.

Solche Beobachtungen könnten den Gedanken nahelegen, daß die dominante und die recessive Erbanlage in vielen Fällen sehr nahe verwandte, eventuell wesensgleiche Dinge sind. Dagegen spricht aber mit Entschiedenheit der Umstand, daß die in ihrem Erbgang verschiedenen Krankheiten auch in ihrem Symptomenbild meist nicht wirklich identisch, sondern nur ähnlich sind. Liegt aber dennoch einmal Identität vor, so läßt sich natürlich nie sagen, ob nicht ein genaueres Studium der Symptomatologie des betreffenden Leidens noch klinische und histologisch-anatomische Unterschiede aufdecken würde, ob also nicht

die besagte Identität nur eine scheinbare ist. Wie offen aber die
klinischen Unterschiede häufig zutage treten, ist an den angeführten
Beispielen gut zu erkennen; ist doch der dominante Albinismus meist
nur lokalisiert (Scheckung), während der recessive der Regel nach
universell ist. Die recessiv-geschlechtsgebundene Hemeralopie ist mit
Myopie kombiniert, die dominante nicht. Bei der dominanten Ectopia
lentis et pupillae findet man gleichzeitig Herzfehler, bei der häufigeren,
wahrscheinlich recessiven Form besteht keine interne Komplikation.

Übrigens hat ja auch die experimentelle Vererbungsforschung gezeigt, daß sehr
ähnliche Mißbildungen idioplasmatisch in völlig verschiedener Weise bedingt sein
können. Kaninchen z. B. können weiß sein, weil die mit A bezeichnete, oder weil
die mit X bezeichnete Erbanlage fehlt. Auch hier entsteht also das gleiche phänotypische Merkmal auf Grund ganz verschiedener idiotypischer Strukturdifferenzen.

Idiotypische und paratypische Formen einer Krankheit. Daß Krankheiten, die äußerlich ähnlich oder gar identisch erscheinen, nicht selten
wesensverschieden sind, wird aber auch durch die Tatsache bewiesen,
daß ähnliche oder gleiche Symptomenbilder recht häufig in einem
Teil der Fälle erblicher Natur, in einem anderen Teil die Folge äußerer
Einwirkungen sind. Dies ist z. B. beim Kropf der Fall, da wir Gründe
genug zu der Annahme haben, daß der endemische Kropf eine Infektions-
oder Intoxikationskrankheit ist, während es andererseits sicher Formen
des sporadischen Kropfes gibt, die idiotypisch bedingt sind (Abb. 77
und 78). Das gleiche gilt für Coloboma iridis und für Mikrophthalmus.
Von diesen oft ausgesprochen erblichen Leiden konnte PAGENSTECHER
durch Naphthalinverfütterung an trächtige Kaninchen bei deren Nachkommen paratypische, nämlich nichterbliche Formen erzeugen. Auch
von der Taubstummheit gibt es, wie schon erwähnt wurde, idiotypische
und paratypische Formen und für die Epilepsie gilt bekanntermaßen
dasselbe, was schon die Abtrennung der „genuinen Epilepsie" von den
anderen Epilepsieformen andeutet; freilich braucht auch die genuine
Epilepsie noch lange kein ätiologisch einheitliches Krankheitsbild
zu sein.

Bei nicht wenigen Krankheiten zeigen die Erblichkeitsverhältnisse
ein besonders wirres und vielgestaltiges Bild Das ist z. B. bei der
Epidermolysis bullosa traumatica der Fall. Klinisch trennen wir eine
Epidermolysis simplex von einer Epidermolysis dystrophica, welche
sich von der ersteren Form besonders durch ihre Neigung zu Narben-
bildung und zu Verkümmerung und Abfall der Nägel unterscheidet.
Die Simplexformen vererben sich nun im allgemeinen dominant, ein
wesentlicher Teil der Dystrophicaformen, wie ich an anderer Stelle
gezeigt habe (Arch f. Dermatol. Bd. 132, S. 206), wahrscheinlich recessiv
Aber es scheint auch dystrophische Fälle zu geben, die dominant,
und möglicherweise auch solche, die recessiv-geschlechtsgebunden
vererben (Abb. 66). Und unter den Simplexfällen herrschen bezüglich
der Regelmäßigkeit der Dominanz große Verschiedenheiten, was schon
die Abb. 36 und 41 demonstrierten. Schließlich kann man nun auch
noch Fälle von Epidermolysis finden, die ihre Entstehung anscheinend

einem äußeren Einfluß verdanken (z. B. Arsen- oder Jodoformgebrauch), und die jede Spur von Erblichkeit vermissen lassen.

Aus diesen Tatsachen müssen wir die Lehre ziehen, daß wir niemals glauben dürfen, durch Feststellung der Erblichkeit einer bestimmten Krankheit innerhalb einer bestimmten Familie nunmehr den Erblichkeitsmodus dieses Leidens ein für allemal gesichert zu haben. In anderen Familien kann sich das scheinbar gleiche Leiden in seiner Vererbung wesentlich anders verhalten, denn oft oder wohl gar in der Mehrzahl der Fälle sind die sogenannten „Krankheiten" nichts Einheitliches, sondern nur Symptomenkomplexe, unter denen sich ganz verschiedene idiotypische und auch paratypische Leiden verbergen, welche also ihrem ätiologischen Wesen nach ganz verschiedene pathologische Prozesse klinisch in eine Gruppe zusammenfassen.

Allgemeine Richtlinien für das Sammeln und die Beurteilung von vererbungswissenschaftlichem Material.

Wenn man über die Vererbungsverhältnisse bei einer Krankheit Klarheit erhalten will, so ist es nötig, nicht nur solche Fälle in den Kreis der Beobachtung zu ziehen, bei denen das betreffende Leiden in besonders auffälliger familiärer Häufung vorkommt, sondern alle Fälle in gleicher Weise und mit gleicher Gewissenhaftigkeit zu registrieren. Durch das Auswählen der „interessanten Fälle", d. h. der Fälle mit besonders großer Erkrankungshäufigkeit, entsteht ein falsches Bild von den tatsächlichen Verhältnissen; wir erhalten dadurch ein einseitig ausgelesenes Material, in dem im Verhältnis zu den Gesunden zu viel Kranke gefunden werden.

Sucht man zur Aufstellung einer großen D-Tafel zu gelangen, was bei dominanten, recessiv - geschlechtsbegrenzten und ähnlichen Vererbungsmodi stets unser Ziel sein wird, so ist es von großer Wichtigkeit, die anscheinend normalen Zweige der Familie mit derselben Sorgfalt zu durchforschen wie die anderen.

Bei recessiven Leiden würde man aber, wie wir sahen, auch durch die genaueste Durchforschung der entfernteren Verwandtschaft meist keinen Schritt vorwärts kommen. Hier muß man deshalb seine Aufmerksamkeit auf Eltern und Geschwister des Probanden konzentrieren. Nicht unwichtig ist es, dabei festzustellen, ob die Eltern noch leben bzw. ob sie der Proband noch gekannt hat, weil man hierdurch ein gewisses Urteil über die Sicherheit der anamnestischen Angaben gewinnen kann. Auch die Erkundung des sozialen Milieus, dem der Proband entstammt, kann wegen des „pater semper incertus" von Interesse sein. Bei Leiden, die nicht angeboren sind, muß auch die Stellung des Probanden und überhaupt der befallenen Individuen innerhalb der Geschwisterreihe verzeichnet werden, weil dann, wenn z. B. der Proband das jüngste Kind ist, das Freisein der Geschwister viel mehr ins Gewicht fällt, als wenn er das älteste Kind ist, und man infolgedessen einen späteren Ausbruch desselben Leidens bei den Geschwistern mit viel größerer Wahrscheinlichkeit erwarten kann. Aus entsprechenden

Gründen ist das Alter der noch lebenden Geschwister sowie das Todesalter der verstorbenen stets von Wichtigkeit. Nie sollte man bei der
Aufstellung einer D-Tafel oder auch nur einer Geschwisterschaft unterlassen, den Probanden, der die Veranlassung zur Erforschung der
Familie gegeben hat, besonders kenntlich zu machen.

Eine wichtige Forderung, die sich aber nur selten erfüllen läßt,
besteht darin, alle Familienmitglieder, besonders die auf Krankheit
verdächtigen, persönlich zu untersuchen, um möglichst unabhängig
zu werden von der Anamnese. Die Verwendung von Anamnesen ist
überhaupt nur bei solchen Leiden zulässig, deren Feststellbarkeit durch
Laien ohne weiteres möglich ist. Muß man sich auf anamnestische
Angaben verlassen, so sollte man wenigstens versuchen, die Angaben
des Probanden durch die Angaben anderer Familienmitglieder zu
kontrollieren.

Ein Punkt, der leider noch oft übersehen wird, ist die Frage nach
der Blutsverwandtschaft der Eltern; diese Frage sollte niemals
unterlassen werden, wo eine Vererbung nach dem recessiven oder
einem ähnlichen Modus nur irgendwie in Betracht kommt.

Im übrigen sind natürlich solche Aufzeichnungen erwünscht, die
in jedem Punkte möglichst genau und erschöpfend sind. Wo es
angängig ist, sollte Geschlecht und Alter aller verzeichneten Personen angegeben werden. Bei Krankheiten, die nicht angeboren sind,
ist der Zeitpunkt ihres ersten Auftretens von besonderer Wichtigkeit. Erwünscht sind auch Angaben über die anthropologischen Verhältnisse, die Rassenzugehörigkeit und die Herstammung der behafteten
Individuen, da zwischen diesen Dingen und manchen erblichen Krankheiten offenbar Beziehungen bestehen. So werden z. B. bei den
Juden Xeroderma pigmentosum, Dementia praecox und Diabetes melitus angeblich besonders häufig gefunden (was sich aber vielleicht
nicht durch eine sog. „Degeneration" der Juden, d. h. durch eine
größere Häufigkeit der betreffenden recessiven Erbanlagen, sondern
einfach durch die größere Häufigkeit der näheren und entfernteren
Verwandtschaftsehen, also durch eine häufigere Manifestierung, erklärt).
Von der Epidermolysis bullosa traumatica — wenigstens der Simplexform — wurde bis vor kurzem behauptet, daß sie nur bei Deutschen
bzw. bei Personen deutscher Abstammung anzutreffen sei; und wenn
auch neuerdings Fälle bei Japanern und sogar bei Negern beschrieben
worden sind, so bleibt doch vorläufig die Tatsache bestehen, daß das
Leiden bei Deutschen besonders häufig beobachtet wurde. Freilich
ließe sich diese Tatsache vielleicht auch dadurch erklären, daß man
der Epidermolysis bisher in Deutschland, dem Lande ihrer Entdeckung,
größere Aufmerksamkeit geschenkt hat als anderswo. Ob hierdurch
die ganze Differenz in der Häufigkeit des Leidens bei Deutschen und
bei Nichtdeutschen erklärt werden kann, bleibt allerdings zweifelhaft.

Die Gründlichkeit, welche bei der Aufstellung vererbungsbiologisch
interessierender Verwandtschaftstafeln erwünscht ist, erfordert Zeit
und Geld. Denn ein Stammbaum, der den Erbgang eines Leidens

demonstriert, wird natürlich an Wert sehr dadurch gewinnen, wenn sämtliche lebende Personen, die er enthält, vom Autor in Augenschein genommen und nicht nur auf Grund der stets unzuverlässigen familienanamnestischen Angaben verzeichnet sind. Aus diesem Grunde würde besonders dann bei uns ein wirklicher Fortschritt im Sammeln vererbungspathologischen Materials erzielt werden, wenn es gelänge, nach amerikanischem Muster „field-workers" (etwa: vererbungswissenschaftliche Hilfsarbeiterinnen) an unseren großen Kliniken anzustellen, d. h. Personen, welche die Erforschung bestimmter Familien, die ihnen bezeichnet werden, von Berufs wegen betreiben. Denn der Arzt wird kaum Zeit haben, die hierzu meist notwendigen Reisen selbst auszuführen.

Ist man zur Aufstellung eines größeren Stammbaums gelangt, so erfolgt die vererbungswissenschaftliche Beurteilung desselben nach den Prinzipien, die in den Abschnitten über die einzelnen Vererbungsmodi dargelegt sind. Einige allgemeine Gesichtspunkte lassen sich jedoch aufstellen, wenn es sich um die Beurteilung einer größeren Zahl von Geschwisterschaften handelt. Vor allem ist dann das Verhältnis der kranken zu den gesunden Geschwistern zu bestimmen, eventuell unter Anwendung der Probandenmethode. Natürlich dürfen nur·vollzählig bekannte Geschwisterschaften verwertet werden. Wo es irgend möglich ist, dürfen nur gleichartige Kreuzungen zu gemeinsamer statistischer Auswertung zusammengelegt werden; es muß also das Verhältnis der Kranken zu den Gesunden in den Geschwisterschaften, in denen beide Eltern behaftet, in denen nur ein Elter behaftet, in denen beide Eltern gesund sind, getrennt ausgezählt werden. Dabei sind diejenigen Fälle, in denen beide Eltern behaftet sind, von besonderer Wichtigkeit, allerdings auch besonders selten.

Sodann wird man die Häufigkeit des Leidens unter den Eltern, sowie unter den Kindern der Behafteten prüfen. Besonders achtet man noch auf das Überspringen einer Generation, und auf die Erkrankungsverhältnisse in Mehrehen, also unter Halbgeschwistern.

Von großer Wichtigkeit ist es, daß man auf (eineiige und zweieiige) Zwillinge achtet, wo solche vorhanden sind, und darauf, ob Verhältnisse vorliegen, auf deren Grund man die Neuentstehung des betreffenden Leidens annehmen kann (vgl. S. 124).

Sind die Häufigkeitsbeziehungen der Kranken zu den Gesunden in dieser Weise nach Möglichkeit geklärt, so folgt die Bearbeitung des Verhältnisses der Geschlechter, am besten getrennt unter den Behafteten und den Nichtbehafteten. Bei der Feststellung des Geschlechtsverhältnisses unter den Behafteten empfiehlt es sich oft, die primär erfaßten Fälle von den sekundären (behaftete Geschwister der Patienten) zu trennen, da auf die ersteren oft eine Auslese einwirkt (atheromkranke Frauen kommen z. B. seltener zum Chirurgen als atheromkranke Männer, weil sich die Atherome durch das lange weibliche Haar besser verdecken lassen).

Schließlich hat man die Häufigkeit und den Grad der **Blutsverwandtschaft** unter den Eltern der Behafteten festzustellen.

Notwendig erscheint es mir ferner, auf die **allgemeine Häufigkeit** des Leidens zu achten, auf den **Zeitpunkt der Manifestation** (evtl. zur Berechnung der Erlebenswahrscheinlichkeit), auf die Einzelheiten, besonders die **Atypien** des klinischen Bildes, auf die **Kombination mit anderen Leiden**, auf die **Beziehungen zu bestimmten anthropologischen Merkmalen** und schließlich darauf, ob das gleiche oder ein ähnliches **Symptomenbild auch auf Grund äußerer Einflüsse** entstehen kann.

8. Diagnostik erblicher Krankheiten.

Fehlen äußerer Ursachen. Über die allgemeine Diagnostik erblicher Krankheiten läßt sich nicht viel sagen. Vor allem werden wir bei solchen Leiden die entscheidende Ursache im Idiotypus suchen, bei denen es uns unmöglich ist, die Erscheinungen als Folgen äußerer Momente zu erklären. Jedoch kann dieser Beweis per exclusionem, der sich auf das Fehlen erkennbarer äußerer Ursachen gründet, nach zwei Seiten hin Täuschungen hervorrufen. Erstens kann man die Wirksamkeit äußerer Momente da zu erblicken meinen, wo die Entscheidung doch bei den Erbanlagen liegt. Manche erblichen Anlagen werden ja überhaupt erst durch äußere, wenn auch durchaus gewöhnliche und unvermeidbare Reize ausgelöst. So entsteht z. B. das Xeroderma pigmentosum meist im Anschluß an den ersten längeren Aufenthalt im Freien oder besonders im Anschluß an die erste Sonnenbestrahlung; trotzdem ist die Erblichkeit dieser Krankheit ganz ausgesprochen. Zweitens beweist das Fehlen äußerer Ursachen noch nicht das Vorliegen eines idiotypischen Leidens, weil dieses Fehlen häufig nur ein scheinbares ist, nämlich nur ein Nichtkennen dieser äußeren Faktoren. Es hat doch Zeiten gegeben, in denen uns auch bei der Malaria, dem Typhus, der Lungentuberkulose „äußere Ursachen" unbekannt waren, und wir wissen, daß die Autoren, die aus diesem Grunde die Erblichkeit z. B. der Tuberkulose behaupteten, sich im Irrtum befanden. So könnten uns die Fortschritte der Forschung auch bei anderen Krankheiten, bei denen uns vorläufig äußere Ursachen unbekannt sind, noch solche Ursachen erschließen; besonders könnte uns die Entdeckung weiterer Infektionserreger über die Nichterblichkeit selbst solcher Krankheiten aufklären, deren familiäres Auftreten immer wieder den Verdacht der idiotypischen Bedingtheit erregt. Viele Ärzte glauben z. B. heutzutage an die Erblichkeit des endemischen Kretinismus, und die Psoriasis galt noch vor gar nicht langer Zeit geradezu als das Paradigma einer erblichen Hautkrankheit; vielleicht wird es mit diesen Annahmen nicht anders gehen wie mit dem Glauben an die Erblichkeit der Tuberkulose, dem ja in früheren Zeiten selbst die hervorragendsten Ärzte gehuldigt haben. Andererseits ist freilich die Auffindung eines Infektionserregers noch nicht ein

Beweis dafür, daß das Erblichkeitsmoment bei der Ätiologie eines bestimmten Leidens in den Hintergrund treten müsse. Kann auch eine Infektionskrankheit als solche wohl kaum jemals als erblich bezeichnet werden, so kann doch die Entstehung eines mikrobiellen Leidens in weitem Maße abhängig sein von einer idiotypischen, erblichen Disposition der Krankheitsträger. Auch Infektionskrankheiten können eben als „idiodispositionelle Krankheiten" in den Rahmen der Vererbungspathologie hineingehören. So ist die Frage nach der idiotypischen Schwindsuchtsdisposition immer noch eine offene. Daß es idiotypische individuelle Verschiedenheiten in der Resistenz gegenüber der Tuberkuloseinfektion gibt, steht freilich theoretisch außer allem Zweifel; es folgt das einfach aus der Tatsache der Variabilität. Ob aber diese idiotypischen Verschiedenheiten groß genug sind, um praktische Bedeutung zu erlangen, oder ob sie durch die Momente der Exposition und der paratypischen Dispositionsänderungen (Allergie, Immunität) überlagert und verdeckt werden, ist ein Problem, dessen befriedigende Lösung noch aussteht. Als Beispiel einer Infektionskrankheit, bei der die Infektion gegenüber der Disposition eine auffallend geringe Rolle spielt, möchte ich die Pityriasis versicolor nennen. Der Erreger dieser Dermatose, das Mikrosporon furfur, ist ein offenbar sehr verbreiteter Pilz. Trotzdem wird nur ein relativ kleiner Teil aller Menschen von ihm befallen; bei diesen Erkrankten aber leistet er oft jeder Therapie Widerstand und zeigt so gut wie keine Kontagiosität für die Umgebung; bei Ehegatten wird das Leiden nicht häufiger angetroffen, als seiner allgemeinen Verbreitung entspricht. Allerdings ist es noch ganz unaufgeklärt, ob die Disposition, die der Pityriasis versicolor zugrunde liegt, idiotypischer Natur ist. Daß ich einen Fall bei Vater und Tochter sah, kann Zufall sein.

Ähnlich wie bei der Pityriasis versicolor liegen die Verhältnisse bei der Psoriasis und beim Lichen ruber, bei denen es sich ja wahrscheinlich gleichfalls um Infektionskrankheiten handelt. Nur darf man bei diesen Leiden wohl jetzt schon annehmen, daß idiotypische Momente für die ihnen zugrunde liegende Disposition von Bedeutung sind; denn beide Krankheiten, besonders aber die Psoriasis, sind gar nicht selten bei Blutsverwandten beobachtet, während gleichzeitige Erkrankungen von Ehegatten selten sind. Das Vorhandensein von „äußeren Ursachen" enthebt uns also nicht in jedem Falle der Notwendigkeit vererbungspathologischer Forschung.

Andererseits kann das Fehlen der äußeren Krankheitsursachen nie mehr geben als den Verdacht, daß eine Krankheit idiotypisch bedingt sei. Denn es gibt nicht wenige Affektionen, für die uns zwar eine äußere Ursache unbekannt ist, bei denen wir jedoch auch für die Annahme einer idiotypischen Bedingtheit nicht die geringsten Anhaltspunkte haben, so daß die Ätiologie solcher Leiden vorläufig völlig rätselhaft bleibt. Als Beispiel verweise ich nur auf den chronischen Pemphigus oder auf die Vitiligo.

Familiäres Auftreten. Der Verdacht, daß ein Leiden erblich ist, kommt uns ferner angesichts des familiären Auftretens einer Krankheit. Aber auch das familiäre Auftreten kann uns nach zwei Seiten hin Täuschungen aussetzen. Einesteils können wir in vielen Fällen bei einer erblichen Krankheit ein familiäres Auftreten gar nicht erwarten (z. B. bei einer recessiven Krankheit, wenn die Geschwisterzahl klein ist, besonders aber bei den polyiden Krankheiten), andernteils wird auch bei Leiden, bei denen das Moment der Erblichkeit stark in den Hintergrund tritt oder völlig bedeutungslos ist, familiäre Häufung gefunden. Solche familiäre Häufung trifft man vor allem bei Infektionskrankheiten, und dies ist der Grund dafür, daß man früher viele von ihnen für ausgesprochen erblich gehalten hat, so z. B. die Tuberkulose, die Lepra und den Favus, der deshalb auch heute noch den Namen Erbgrind trägt. Aber überhaupt bei allen Erscheinungen, die an und für sich nicht selten sind, muß ja der Zufall hie und da auch eine familiäre Häufung bewirken. So ist z. B. auch der Tod auf dem Schlachtfeld in „familiärer Häufung" beobachtet worden; ich entsinne mich einer Familie, von der der Vater und sämtliche fünf Söhne fielen. Auch seltenere Ereignisse können durch Zufall in einer Familie gehäuft werden; ich kannte eine Familie, die aus drei Söhnen bestand, von denen zwei an Schädelbruch gestorben waren, was doch bei uns sicher eine seltene Todesart ist; der eine war von seiner Amme fallen gelassen worden, der andere stürzte als Leutnant mit dem Pferde. Bei diesen Beispielen freilich ist die äußere Ursache so in die Augen springend, daß trotz des familiären Auftretens niemand an Erblichkeit denkt. Aber es gibt Fälle genug, in denen man nicht recht weiß, ob man die familiäre Häufung als Ausdruck von Erblichkeit oder als Zufall auffassen soll; das letztere hat immer eine um so größere Wahrscheinlichkeit für sich, je häufiger die Krankheit an und für sich ist. So darf man wohl die mehrfach beschriebene familiäre Häufung bei der Struma endemica als ein Spiel solchen „Zufalls" (und eventuell auch noch als Folge einer Kontaktkontagiosität dieses Leidens) ansehen — Abb. 91 könnte geradezu als Musterbeispiel recessiver Erblichkeit angesehen werden! —, und vielleicht gilt das gleiche von einem Stammbaum mit Facialisparese, in dem auch der Ehegatte eines Familienmitgliedes, also ein gar nicht blutsverwandter Mann, von dem Leiden betroffen war (Abb. 92). Ein hierher gehöriges Beispiel wurde auch schon auf Abb. 90 mitgeteilt.

MENDEL sche Zahlenverhältnisse. Ein überzeugenderer Beweis für Erblichkeit als durch bloßes familiäres Auftreten kann dann gegeben sein, wenn bei familiärem Auftreten das Verhältnis der Kranken zu den Gesunden die MENDELschen Zahlenverhältnisse zeigt. Freilich darf man auch diesem Kriterium nicht zu sehr trauen. Denn die Feststellung dieser Zahlenverhältnisse gelingt, selbst wenn sie vorhanden sind, meist nur mangelhaft, und bei einer kleinen Individuenzahl können sie, wo sie fehlen, vorgetäuscht werden; durch BAUR wurde an dem Beispiel der infektiösen Chlorose der Malvaceen gezeigt, daß sogar ansteckende Krankheiten den Anschein des Mendelns erwecken können.

Auftreten bei Zwillingen. Führt die Beobachtung der familiären
Häufung eines Leidens und ihre statistische Bearbeitung nicht zum
Ziel, so gibt es zum Nachweis der Erblichkeit noch eine Methode, die
eine viel unmittelbarere und exaktere Auskunft verspricht, wenn die
Beschaffung eines genügend großen Materials gelingt: die Zwillings-

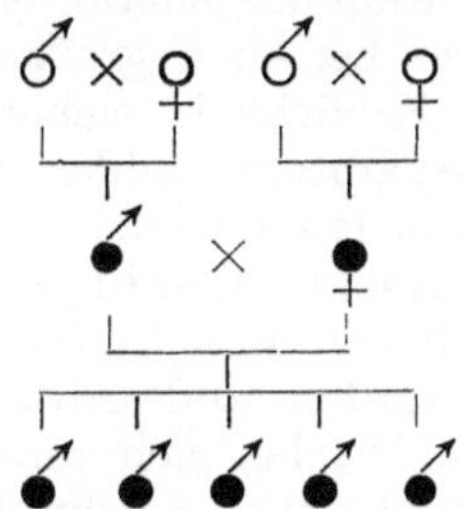

Abb. 91. Endemischer Kropf
nach SCHITTENHELM und WEICHARDT.

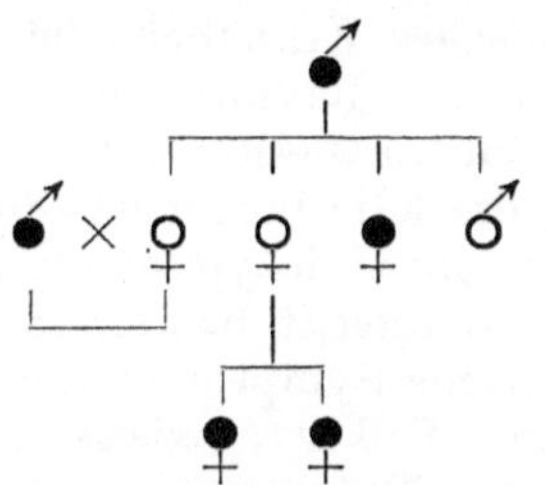

Abb. 92. Fazialisparese
nach SIMMONDS.

pathologie. Besonders wenn man, wie ich gezeigt habe, Untersuchungen
nicht homologer Zwillinge als Kontrolle heranzieht, dürfte von der zwillingspathologischen Forschung noch viel zu erwarten sein. Für den Nachweis der Erblichkeit stark polyider Merkmale kommt sie als Methode
allein in Betracht.

Auftreten bei Rassen. Häufigkeitsunterschiede eines Leidens bei
verschiedenen Rassen gelten vielfach als Indizien der Erblichkeit, sind
aber meist wenig brauchbar, da verschiedene Rassen auch unter verschiedener Umwelt zu leben pflegen. Für Häufigkeitsunterschiede bei
den beiden Geschlechtern gilt meist dasselbe, doch liegen hier in manchen
Fällen die Verhältnisse etwas günstiger, weil die Umwelt erst im zweiten
Jahrzehnt anfängt, wesentlich zu differieren (Beruf).

Blutsverwandtschaft der Eltern. Ein besonderes Kennzeichen
der Erblichkeit eines Leidens ist die Häufigkeit der Blutsverwandtschaft zwischen den Eltern der Behafteten. Freilich spielt dieses
Kriterium nur bei denjenigen Krankheiten eine Rolle, die dem recessiven
Vererbungsmodus folgen, und auch hier nimmt seine Bedeutung ab
entsprechend der Häufigkeit, mit der das Leiden an und für sich in
einer Bevölkerung angetroffen wird. Sein praktischer Wert bleibt
aber dennoch groß, weil die ernsteren recessiven Krankheiten zwar
z. T. gewiß nicht gerade selten sind (z. B. Dementia praecox, idiotypische Epilepsie), aber doch immer noch selten genug, um einen
viel größeren Prozentsatz blutsverwandter Eltern zu bedingen, als dem
sonstigen Durchschnitt entspricht. Das gehäufte Auftreten von Blutsverwandtschaft unter den Eltern von Individuen, die mit einer bestimmten Krankheit behaftet sind, ist übrigens ein besonders sicheres
Zeichen von Erblichkeit dieser Krankheit. Die idiotypische Bedingtheit eines Leidens muß als bewiesen gelten, sobald eine Häufung der
elterlichen Blutsverwandtschaft statistisch sichergestellt ist.

Krankheitsverlauf. Ferner kann der Verlauf einer Krankheit in vielen Fällen zur Diagnose ihrer erblichen Natur herangezogen werden. Viele erbliche Leiden sind angeboren, andere wieder fallen dadurch auf, daß sie (zum mindesten bei den Mitgliedern derselben Familie) nahezu in dem gleichen Alter beginnen, oft ist eine allmähliche Entwicklung bis zu stabilem Stehenbleiben besonders charakteristisch.

Klinisches Krankheitsbild. Schließlich sind bei einer großen Reihe idiotypischer Krankheiten, bei denen die Erblichkeit sichergestellt und allgemein anerkannt ist, ganz bestimmte Symptomenbilder bekannt, so daß die klinische Erscheinung so manchen Leidens uns sofort gestattet, ihre idiotypische Bedingtheit zu erkennen. Allerdings können, wie wir dargelegt hatten (S. 174), viele erblichen Krankheiten durch paratypische Symptomenbilder nachgeahmt werden, und selbst wo das nicht der Fall ist, existieren gewöhnlich zahlreiche, sich verschieden vererbende Unterarten des Leidens, die es wohl auch in Zukunft nicht immer gestatten werden, aus dem klinischen Krankheitsbilde den Modus der Vererbung zu diagnostizieren. Immerhin wird ein weiteres Studium der erblichen Krankheiten unsere Kenntnisse gewiß auch nach dieser, die Diagnostik betreffenden Richtung hin noch erheblich erweitern.

9. Ätiologie erblicher Krankheiten.

Idiokinese.

Die Ursachen der erblichen Krankheiten. Wie wir unterscheiden müssen zwischen der Erblichkeit einer Anlage und der Erblichkeit einer Eigenschaft, so müssen wir auch die Ätiologie der erblichen Anlage zu einer Krankheit und die Ätiologie der erblichen Krankheit selbst gut auseinander halten. Die Frage nach der Ätiologie einer erblichen Krankheit ist beantwortet, sobald wir den Nachweis der Erblichkeit des betreffenden Leidens erbracht und den Modus dieser Erblichkeit festgestellt haben. Denn die krankhafte Erbanlage ist doch als die entscheidende Ursache jeder erblichen Krankheit anzusehen.

Die Ursache der erblichen Krankheitsanlagen. Die Ätiologie dieser krankhaften Erbanlage ist aber, wie gesagt, eine ganz andere Frage, die uns zurückführt auf das Problem der Ursache der Erbanlagen überhaupt. Die experimentelle Erblichkeitsforschung hat uns nun auch über die Entstehung der Erbanlagen neue Kenntnisse gebracht, so daß auch dieses besonders schwierige Problem schon manches von dem Dunkel verloren hat, das noch vor wenigen Jahren über ihm lagerte.

Idiokinese bei Pflanzen und Tieren. Schon DARWIN hatte klar erkannt, daß gelegentlich immer wieder völlig neue Anlagen an der Erbmasse der lebenden Organismen entstehen müssen, wenn man überhaupt die Deszendenztheorie, d. h. die Lehre von der Abstammung der höher organisierten Lebewesen von niedriger organisierten, aufrecht erhalten wollte, und er hat diese Tatsache als Variabilität (des Idiotypus) bezeichnet und erklärt, daß diese Idiovariabilität die Voraussetzung seiner Selektionstheorie sei. „Die Wirksamkeit der Selektion", sagt er in seinem Buch über das Variieren der Tiere und Pflanzen, „hängt unbedingt von der (Idio-) Variabilität der organischen Wesen ab. Ohne (Idio-) Variabilität kann nichts erreicht werden." DARWIN erkannte auch bereits, daß diese Idiovariabilität nicht ursachlos sein kann, und er sagte deshalb in vollständiger Übereinstimmung mit dem Gesetze der Kausalität in seiner „Entstehung der Arten": „Für jede unbedeutende individuelle Verschiedenheit muß es ebenso wie für stärker ausgeprägte Änderungen, welche gelegentlich auftreten, irgendeine bewirkende Ursache geben." Diese Ursache, für die unmittelbar oder mittelbar irgendwelche Umweltfaktoren verantwortlich gemacht werden müssen, bezeichnet man nun, wie bereits erwähnt, als Idiokinese (Erbänderung). Durch die Idiokinese entstehen also neue Erbanlagen, sowohl solche, die die Anpassung vermehren, als auch solche, die die Anpassung vermindern, und durch die Selektion werden sodann die ersteren erhalten und verbreitet, die letzteren ausgemerzt. So wird durch die Selektion der angepaßten unter den neuauftretenden Idiovariationen sowohl das Zustandekommen der generellen Anpassung als auch überhaupt die Phylogenese der Organismen vorstellbar. Das Zusammenwirken von Idiokinese und Selektion genügt also vollständig zu einem prinzipiellen Verständnis der Stammesentwicklung aller Lebewesen.

Die Erforschung der Idiokinese steckt noch in ihren ersten Anfängen. Doch ist es schon einer ganzen Reihe von Forschern gelungen, das Auftreten neuer Idiovariationen an sicher reinem Tier- und Pflanzenmaterial zu beobachten, und einigen Experimentatoren ist es sogar geglückt, durch verschiedene äußere Einflüsse bei Infusorien und Insekten willkürlich neue Variationen zu erzeugen, deren Charakter als Idiovariationen durch den experimentellen Nachweis ihrer Erblichkeit sichergestellt werden konnte.

TOWER z. B. experimentierte mit verschiedenen Rassen des Kartoffelkäfers (Leptinotarsa decemlineata). Setzte er die Puppen seiner Käfer einer geringen Erhöhung oder Erniedrigung der Temperatur aus, so zeigten die daraus hervorgehenden Käfer vermehrte Pigmentbildung. Einwirkung sehr hoher Temperatur (35°) auf die Puppen bewirkte dagegen, daß die später ausschlüpfenden Käfer auffallend bleich, pigmentarm waren; sehr niedrige Temperaturen hatten genau die gleiche Wirkung. Soweit waren die Ergebnisse TOWERS nicht weiter auffallend, denn der erzielte Pigmentreichtum bzw. Pigmentmangel erwies sich nicht als erblich, und solche paratypischen Hitze- und Kälteaberrationen sind bei Insekten, besonders bei Schmetterlingen, schon lange bekannt. Setzte TOWER jedoch nicht die Puppen, sondern die fertig ausgebildeten Käfer den erhöhten Temperaturen aus, so veränderten sich die Käfer, wie zu erwarten stand, zwar in keiner Weise, ihre Nachkommen boten aber verschiedene Arten von Pigmentvariationen dar, die sich durch das Züchtungsexperiment sämtlich als erblich erwiesen. Die auf die Käfer einwirkenden ungewöhnlichen Außenverhältnisse hatten also Idiovariationen bei den Nachkommen hervorgerufen. Wurden die Weibchen der Kartoffelkäfer nur in der ersten Zeit der Periode, in welcher sie ihre Eier legen, unter abnormen Temperaturen, später jedoch wieder unter normalen Bedingungen gehalten, so zeigten sich auch nur die aus den ersten Eiportionen hervorgehenden Tiere erblich verändert, während der Rest der Eier völlig normale Tiere lieferte. Bei den Eltertieren war demnach durch die hohe Temperatur weder eine sichtbare noch auch eine unsichtbare erbliche Veränderung entstanden; nur ihre reifenden Geschlechtszellen, die sich offenbar gerade in einer „sensiblen Periode" befanden, hatten eine Variation ihres Idioplasmas erfahren.

Idiokinese beim Menschen. Die neuauftretenden Idiovariationen, als deren Ursache sich in den Versuchen Towers bestimmte Außenfaktoren nachweisen ließen, haben ebenso wie die von zahlreichen Autoren gelegentlich beobachteten neuen Idiovariationen mit Anpassung nichts zu tun. Im Gegenteil stellten sie wohl ausnahmslos eine Verminderung der Anpassung dar. Von Morgan und seinen Schülern z. B. wird ausdrücklich hervorgehoben, daß viele der bei ihren Versuchen mit der Taufliege (Drosophila ampelophila) beobachteten neuen Idiovariationen die Lebensfähigkeit der Individuen — oft auch ihre Fortpflanzungsfähigkeit — deutlich herabsetzten, nicht wenige wirkten in jedem Falle letal, so daß homozygote Individuen überhaupt nicht zu erhalten waren. Infolgedessen war die Fortzüchtung der neuen Formen oft überaus mühsam und erwies sich in einer ganzen Reihe von Fällen überhaupt als undurchführbar. In der überwiegenden Mehrzahl aller bisher beobachteten Fälle von Idiokinese handelte es sich also um ein Neuauftreten pathologischer Erbanlagen. Um so mehr hatte man Veranlassung, sich die Meinung zu bilden, daß auch die menschlichen Krankheitsanlagen durch entsprechende Außenfaktoren entstehen könnten. Schon von altersher suchte man ja auf diese Weise die primäre Entstehung krankhafter Erbanlagen zu erklären. Freilich waren diese Erklärungsversuche oft reichlich phantastisch und naiv. Als Ursache der Erbanlage für Hämophilie in der Bluterfamilie Mampel schuldigte man z. B. einen Schreck an, den die Mutter des ersten Bluters während ihrer Schwangerschaft erlitten haben sollte; die Erbanlage für Epidermolysis in der von Blumer veröffentlichten Familie glaubte man auf einen Coitus inter menses zurückführen zu müssen, dessen sich die Eltern des ersten Epidermolytikers angeblich schuldig gemacht hatten. Als besonders beliebter Prügelknabe, der zur Erklärung alles Unerklärlichen herhalten mußte und auch jetzt noch vielfach herhalten muß, ist die Lues zu nennen; es existiert wohl kaum eine Mißbildung, gleichgültig ob erblich oder nicht erblich, die seit Fourniers Zeiten nicht von diesem oder jenem Autor als Folge einer elterlichen Syphilis angesehen worden wäre.

Die Zeiten, in denen man das „Versehen" der Schwangeren, einen „unreinen" Beischlaf und ähnliche Dinge als idiokinetische Faktoren betrachtet wissen wollte, sind nun freilich vorbei. Dagegen pflegt man eine ganze Reihe anderer Schädlichkeiten chemischer, biologischer und physikalischer Natur für die Entstehung neuer krankhafter Erbanlagen verantwortlich zu machen; ich nenne davon nur Alkohol und Blei, Syphilis und Tuberkulose, Röntgenstrahlen und Tropenklima (speziell für die weiße Rasse). Daß hier sehr viel übertrieben worden ist, unterliegt wohl keinem Zweifel. Vor allen

Dingen pflegt man auch heute noch alle gesundheitlichen Schäden,
die sich bei dem Nachwuchs von Alkoholikern, Syphilitikern, Tuberkulösen, Tropeneuropäern usw. zeigen, ohne weiteres mit voller Selbst-
verständlichkeit als erblich anzusprechen, wofür auch der immer noch
gebrauchte Ausdruck „hereditäre Syphilis" Zeugnis ablegt. Es besteht
aber die Möglichkeit, daß die Minderwertigkeiten z. B. von Alkoho-
likerkindern, soweit sie sich nicht einfach durch die idiotypische
Minderwertigkeit der trinkenden Eltern, also einfach durch Vererbung
erklären, vorwiegend paratypischer Natur sind. Besonders JOHANNSEN
und der schwedische Pathologe SJÖVALL haben nachdrücklichst darauf
hingewiesen, daß eine direkte Schädigung der Nachkommenschaft durch
den Alkohol, falls es gelänge, sie nachzuweisen, durchaus nicht durch
eine Schädigung des Idioplasmas bedingt sein muß. Gelang es doch
WHITNEY beim Rädertierchen (Hydatina senta) durch Alkoholisierung
Variationen zu erzeugen (Erhöhung der Empfindlichkeit gegen Kupfer-
salze, Verminderung der parthenogenetischen Fortpflanzungstätigkeit),
die zwar noch auf mehrere Generationen nachwirkten, sich aber dennoch
als nur paratypisch (bzw. paraphorisch) erwiesen, da sie schließlich von
selbst wieder verschwanden. Vorläufig ist ja noch nicht einmal sicher,
ob überhaupt unter den Kindern von Trinkern, Syphilitikern usw.
eine größere Anzahl von Minderwertigen vorkommen, als sich infolge
der wahrscheinlich häufigen idiotypischen Minderwertigkeit der Eltern,
der eventuellen Ansteckung und dem oft proletarischen Milieu von
selbst versteht. Die daraufhin angestellten Untersuchungen haben,
soweit sie zuverlässig sind, bezüglich idiokinetischer Wirkung von
Alkohol und Syphilis beim Menschen bis jetzt ein negatives Resultat
ergeben (WAUSCHKUHN, MEGGENDORFER). Immerhin liegen experimentelle Tatsachen vor, die für Alkohol und Röntgenlicht zu beweisen
scheinen, daß durch sie unter besonders gewählten Versuchsbedingungen
(die Alkoholisierung war z. B. so stark, wie sie beim Menschen gar nicht
möglich ist!) auch das Erbplasma Änderungen erfahren kann. Jedoch
darf man sich von dem Mechanismus einer solchen Idiokinese nicht so
primitive Vorstellungen machen, wie sie z. B. in alkoholgegnerischen
Schriften gewöhnlich zu finden sind; vor allem darf man nämlich gar
nicht erwarten, daß eine idiokinetische Beeinflussung, wenn sie einmal
stattgefunden hat, sich der Regel nach schon gleich bei den Kindern in
Form einer neuen idiotypischen Eigenschaft äußern werde. Allen exakten
Beobachtungen sowie allen experimentellen Erfahrungen nach verhalten
sich nämlich die meisten neuauftretenden Idiovariationen recessiv,
können also in der Generation, in der sie entstehen, noch gar nicht
erkannt werden. Bei MORGANS Versuchen mit der Taufliege z. B.
waren $^4/_5$ aller beobachteten neuen Idiovariationen recessiv, nur $^1/_5$
dominant; und selbst das muß noch zu hohe Werte für die dominanten
Idiovariationen ergeben, weil recessive natürlich leichter übersehen
werden. In TOWERS Versuchen mit dem Kartoffelkäfer entstanden
überhaupt nur recessive Idiovariationen. Wir müssen also annehmen,
daß auch beim Menschen durch idiokinetische Faktoren in erster Linie

recessive Krankheitsanlagen entstehen. Entsteht jedoch eine solche Krankheitsanlage z. B. bei einem Trinker, so wird sein Kind äußerlich gesund sein, weil ja die krankhafte recessive Anlage von dem gesunden Paarling, den das Kind von der Mutter empfangen hat, überdeckt wird. Auch die Enkel werden aber gesund erscheinen, wenngleich die Hälfte von ihnen in ihrem Erbbilde heterozygot krank ist, und erst wenn einer dieser Heterozygoten einen Ehepartner heiratet, der zufällig die gleiche Krankheitsanlage in sich trägt, kann man erwarten, daß die Anlage, und zwar nur bei $^1/_4$ der Nachkommen dieser Ehe, sich endlich manifestiert. Die Wahrscheinlichkeit für einen mit einer neuentstandenen seltenen Krankheitsanlage behafteten Trinkernachkommen, eine Frau mit der gleichen Krankheitsanlage zu heiraten, ist natürlich dann am größten, wenn er eine Verwandte heiratet, die gleich ihm von dem betreffenden Trinker abstammt. In dem günstigsten derartigen Falle, d. h. bei einer Heirat zwischen Vetter und Cousine, würde die durch den Alkohol verursachte recessive Krankheitsanlage folglich vier Generationen brauchen, bis sie sich endlich manifestieren kann (Abb. 93). Bei den Nachkommen eines Alkoholisten, der zur Zeit Friedrichs des Großen gelebt hat, würde also erst heute die Möglichkeit gegeben sein, daß die durch den Alkohol hervorgebrachte neuartige recessive Krankheitsanlage homozygot und damit manifest wird. Selbst dieser Fall kommt aber nur bei der Nachkommenschaft aus nahen Verwandtenehen in Betracht, so daß man, wenn heutigentags eine neue (recessive) Erbkrankheit außerhalb von Verwandtenehen auftritt, die Annahme machen müßte, daß der idiokinetische Faktor, der die krankhafte Erbanlage hervorgerufen hat, etwa zur Zeit der Reformation oder noch früher wirksam gewesen ist.

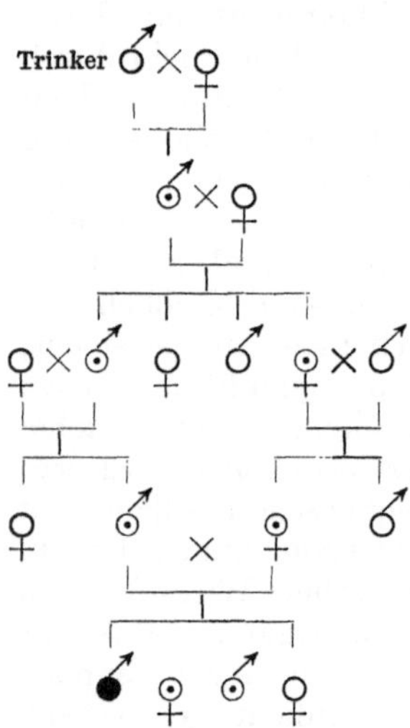

Abb. 93. Erste Entstehung und erste Manifestierung einer recessiven Krankheitsanlage (nach LENZ).

    Anders würden die Dinge nur dann liegen, wenn eine recessive Variation bei ihrem Neuentstehen gleich als homozygotes Erbanlagenpaar aufträte. Das Neuauftreten homozygoter Idiovariationen ist aber unseren experimentellen Erfahrungen nach sehr viel seltener als das Neuauftreten heterozygoter Variationen.

    Häufigkeit der Idiovariationen. Selbst dann also, wenn der Alkohol sicher ein idiokinetischer Faktor ist, würde die populäre Vorstellung, daß sich die erbliche Minderwertigkeit nun gleich an den Kindern des Säufers erkennen lassen müßte, naiv sein; so etwas könnte man nur bei der Entstehung dominanter oder recessiv-homozygoter Erbanlagen erwarten, und solche Erbanlagen stellen unseren experimentellen Erfahrungen nach nur einen kleinen Bruchteil aller neuen Idiovariationen dar. Wie häufig nun überhaupt in der Natur und beim Menschen das Auftreten neuer Idiovariationen ist, darüber läßt sich noch nichts Sicheres sagen. Anscheinend kann man es weder als häufig noch auch als besonders selten bezeichnen. In BAURS Antirrhinummaterial wurden neue Idiovariationen ungefähr einmal unter 500 Pflanzen gefunden. TOWER berechnete die Idiovariationen, die bei seinem Kartoffelkäfer spontan, d. h. ohne Anwendung abnormer Temperaturen u. dgl., entstanden waren, auf eine unter 6000 Tieren. MORGAN und seine Schüler beobachteten bei ihren Versuchen mit Drosophila zwar eine große Reihe von neuauftretenden Erbvariationen; als aber MORGAN solche künstlich erzeugen wollte, indem er seine Fliegen den verschiedensten abnormen Milieufaktoren aussetzte, konnte er unter 30 000 Individuen kein einziges mit einer neuen erblichen Abweichung entdecken. Gleichgültig aber, ob sich das Neuentstehen von Erbanlagen etwas mehr oder etwas weniger oft ereignet; sicher ist, daß bei jeder Art gelegentlich immer wieder neue Erbvariationen auftreten können und auftreten müssen.

Die „Artfestigkeit", von der man in der medizinischen Literatur oft liest, ist deshalb ein ganz verfehlter Begriff; wäre er das nicht, so würde eine Stammesentwicklung der Lebewesen nicht möglich sein, und die Deszendenztheorie wäre nicht eine durch zahllose Indizien wohlbewiesene Lehre, sondern eine unsinnige Hypothese.

Idiokinese und Selektion. Aber die Idiokinese existiert ohne Zweifel. Und da nun die Angepaßtheit eines lebenden Wesens eine sehr komplizierte Sache ist, die durch das Auftreten eines neuen Erbmerkmals viel leichter gestört als vervollkommnet werden kann, so folgt daraus, daß die übergroße Mehrzahl aller neuauftretenden Idiovariationen die Erhaltungswahrscheinlichkeit der betreffenden Individuen herabsetzen muß, medizinisch ausgedrückt: daß die übergroße Mehrzahl aller neuauftretenden Idiovariationen pathologisch ist. Daß dem so ist, haben auch, wie bereits dargelegt, alle bisherigen Beobachtungen und Experimente bestätigt. Aus diesem Grunde muß jede Rasse zu jeder Zeit einer (wenn auch ganz allmählichen) Vermehrung erblicher Krankhaftigkeit, also einer langsamen „Degeneration" entgegengehen, wenn nicht die reinigende Macht der Selektion durch Ausmerzung der kranken und durch Förderung der Fruchtbarkeit der gesunden Individuen eingreift. Die dauernde Gesunderhaltung einer jeden Rasse ist folglich nur denkbar durch eine fortgesetzte Wirksamkeit der Selektion im allgegenwärtigen Daseinskampfe. Wenn wir also auch die idiokinetischen Faktoren im einzelnen und die Art ihrer Wirksamkeit noch nicht genauer kennen, so dürfen wir uns doch das Zustandekommen neuer Krankheitsanlagen nicht anders vorstellen als eben durch den Vorgang der Idiokinese, weil diese Erklärungsart die einzige ist, die sich mit dem Gesetz der Kausalität und mit unseren vererbungsbiologischen Erfahrungen vereinbaren läßt, und die uns vor dem abstrusen Glauben an eine aus eigener

Kraft fortschreitende oder durch „Vererbung erworbener Eigenschaften“ zustande kommende Degeneration bewahrt. Freilich kann die Idiokinese offenbar nur an einzelnen Individuen, bald hier, bald dort eine neue krankhafte Erbanlage hervorbringen, so daß innerhalb einer Bevölkerung eine größere Zahl krankhafter Erbanlagen auf diesem Wege nur sehr langsam, im Laufe von Jahrhunderten oder gar von Jahrtausenden entstehen könnte, wenn dies von der Idiokinese allein abhängig wäre. Die Idiokinese kann daher eigentlich nur als die Ursache individueller idiotypischer Krankhaftigkeit bezeichnet werden; zu einer allgemeineren Verbreitung idiotypischer Krankheiten ist dagegen allein die Selektion fähig, und zwar eine gewissermaßen „umgekehrte“ Selektion, d. h. eine Auslese, die die Vermehrung der Kranken begünstigt und die Fortpflanzung der Gesunden hemmt. Diese verhängnisvolle Form der Selektion hat PLOETZ als Kontraselektion bezeichnet, und wir können deshalb sagen, daß die Kontraselektion die Ursache genereller idiotypischer Krankhaftigkeit ist. So kommt man schließlich dazu, in der Kontraselektion die einzige entscheidende Ursache der Degeneration, d. h. der Häufung krankhafter Erbanlagen, zu erkennen; denn gerade die Häufung wird eben durch die Kontraselektion und nicht durch die Idiokinese bewirkt.

Selektion.

Fekundative Selektion. Es ist DARWINS unsterbliches Verdienst, als erster die entscheidende Bedeutung der Selektion für die Umwandlung der Rassen und Arten erkannt und überzeugend dargelegt zu haben. Selektion ist aber nicht, wie vielfach noch angenommen wird, identisch mit Tötung des Individuums. Ein frühzeitiger Tod ist nur eines der Mittel der Selektion. Das Wesen der Selektion liegt allein in dem Umstande, daß das ausgemerzte Individuum in der nächsten Generation nicht durch eine genügende Anzahl von Nachkommen vertreten ist, in denen die Bestandteile seines Idiotypus noch über seinen Tod hinaus erhalten werden. Jede Auslese ist also letzten Endes eine Fruchtbarkeitsauslese (fekundative Selektion).

Eliminatorische und elektive Selektion. Man unterscheidet nun eine eliminatorische Auslese von einer elektiven. Das Wesen der Elimination (Ausmerzung) beruht auf einer Hemmung der Fruchtbarkeit der betreffenden Individuen, das Wesen der Elektion (Auswahl) auf einer Förderung dieser Fruchtbarkeit.

Was für einen enormen Einfluß auf die Gestaltung der späteren Generationen schon ganz geringfügige Unterschiede in der durchschnittlichen Fruchtbarkeit zweier erblich verschiedener Gruppen haben müssen, kann man sich durch eine einfache Berechnung klar machen. Wenn sich die durchschnittliche Kinderzahl zweier unter den gleichen Verhältnissen lebender und mit gleicher Individuenzahl vertretener Rassen wie 3 : 4 verhält, so bildet schon nach einer Generation die weniger fruchtbare Rasse nur noch 43% statt 50% der Gesamtbevölkerung, nach drei Generationen nur noch 30%; nach zehn Generationen ist sie auf den nur noch schwer nachweisbaren Anteil von 7% herabgesunken. Innerhalb größerer Zeiträume genügen schon die geringfügigsten Verschiedenheiten in der Fruchtbarkeitsrate, um wesentliche Änderungen in den Mengenverhältnissen zweier idiotypisch verschiedener Gruppen zu bewirken. Verhielte sich die durchschnittliche Kinderzahl zweier gleich stark vertretener Rassen z. B. wie 3,3 : 3,4, d. h. also wie 1 : 1,03, so würde sich nach $23^1/_2$ Generationen die fruchtbarere Rasse gegenüber der anderen bereits verdoppelt haben

Wie diese theoretisch so leicht darstellbaren Fruchtbarkeitsverschiebungen in Wirklichkeit aussehen, läßt sich leicht an einem Beispiel zeigen. Der englische Statistiker PEARSON berechnete, daß in England die Hälfte der gesamten nächsten Generation von nur 12% der augenblicklichen Gesamtbevölkerung erzeugt wird. In der dritten Generation machen die Nachkommen jener 12% schon 78% der Gesamtbevölkerung aus, in der vierten Generation 96%. Das fortschreitende Aussterben der oberen Gesellschaftsschichten kann demnach nicht zweifelhaft sein. Es muß ja auch schon aus der geringen durchschnittlichen Kinderzahl dieser Kreise geschlossen werden (vgl. Abb. 24), da ja infolge des Umstandes, daß viele Kinder jung sterben oder ledig bleiben, nach den Berechnungen von FAHLBECK, GRASSL u. a. 3,3—3,6 Kinder pro Ehe im Durchschnitt nötig sind, um unter unseren Verhältnissen eine Bevölkerungsgruppe bloß auf der Höhe ihrer augenblicklichen Zahl zu erhalten. Ein konsequent durchgeführtes Zweikindersystem würde ein Volk schon in 80 Jahren auf die Hälfte seines Bestandes vermindern (GROTJAHN).

Die Selektion kann nur wirksam sein, wo Individuen mit idiotypischen Verschiedenheiten vorhanden sind. Innerhalb eines idiotypisch einheitlichen Materials, also innerhalb eines Biotypus, bleibt die Selektion ohne Erfolg, weil die phänotypischen Verschiedenheiten der einzelnen Individuen, die hier ausgelesen werden, ja nur paratypischer Natur sind. Wir haben diese Tatsache an JOHANNSENS Versuchen mit Bohnen schon früher erläutert (S. 84). Wählen wir aus einem Bohnen-Biotypus, bei dem die Gewichte der einzelnen Bohnen infolge der verschiedenartigen Gunst der Umweltfaktoren zwischen 30 und 50 cg schwanken, die größten Bohnen zur Weiterzucht aus, so werden wir dennoch an den späteren Generationen immer wieder das gleiche durchschnittliche Gewicht von 40 cg antreffen, vorausgesetzt natürlich, daß die Aufwuchsbedingungen (Düngung, Klima usw.) bei den Eltern- und Nachkommengenerationen die gleichen sind. Ebenso erfolglos würde die Selektion sein, die wir innerhalb eines zweiten Bohnen-Biotypus treiben wollten, dessen Samengewichte zwischen 20 und 40 cg schwanken, und dessen durchschnittliches Bohnengewicht infolgedessen 30 cg beträgt. Bilden wir jedoch aus diesen beiden Bohnen-Biotypen ein Gemisch, ein erblich nicht einheitliches Bohnen-„Volk" („Population"), so würde die Wirkung der Selektion eine sehr gründliche sein. Setzt sich unser Bohnenvolk zu gleichen Teilen aus den genannten Biotypen zusammen, so würde das Durchschnittsgewicht aller unserer Bohnen in der Mitte zwischen 30 und 40 cg liegen, es würde also 35 cg betragen. Wählen wir aber zur Aussaat nur diejenigen Samen, die weniger als 30 cg wiegen, so haben wir unter dem Saatmaterial nur Bohnen des Biotypus II; die nächste Generation wird also ein Durchschnittsgewicht von nur 30 cg haben. In Populationen, d. h. in idiotypisch verschieden zusammengesetztem Material, wirkt also die Selektion als eine Sortierung von Biotypen und kann als eine solche einen weitgehenden sofortigen Erfolg haben. Der Erfolg kann aber auch unwiderruflich sein. Denn

würden wir es in unserm Beispiel unterlassen haben, Bohnen von dem
Biotypus I zu einer späteren Aussaat zurückzulegen, so würde es ab-
solut kein Mittel geben, unsere durchschnittlichen Bohnengewichte (bei
Gleichbleiben der Außenverhältnisse) wieder von 30 auf 35 cg (das
Durchschnittsgewicht unserer Population) oder gar auf 40 cg (das
Durchschnittsgewicht des Biotypus I) heraufzubringen; die willkürliche
Erzeugung bestimmter Erbanlagen steht ja nicht in unserer Macht.

Die Populationen, welche wir bei den höheren Organismen antreffen, bestehen nun freilich nicht aus einer größeren Reihe von
Biotypen, deren jeder innerhalb des großen Gemisches sein Eigenleben
führt. Die ursprünglich gewissermaßen vorhanden gewesenen Biotypen
haben sich vielmehr nach allen Richtungen hin miteinander gekreuzt,
und die mannigfaltigen Erbeinheiten, durch die sie sich unterschieden,
wurden durch diese Zeugungsgemeinschaft kaleidoskopartig durcheinandergewürfelt. Die Wirkung der Selektion bleibt aber auch in diesen
bunten „mendelnden Populationen" im Prinzip die gleiche. Gilt für ein
mendelndes Gemisch, auf das keine Selektion einwirkt, das „Gesetz
von der konstanten Zusammensetzung einer Population sich frei
kreuzender und gleich angepaßter Individuen", so wirkt die Selektion,
die ja in Wirklichkeit nie fehlt, auch hier als Aussortierung bestimmter
idiotypischer Stämme und kann auch hier durch das Aussterben bestimmter Erbanlagen in kurzer Zeit unwiderrufliche Resultate erzielen.
So können durch konsequente Elimination bestimmter Merkmale (z. B.
der höheren Grade geistiger Begabung, der Unternehmungslust, der
Arbeitsenergie) in kurzer Zeit auch einer menschlichen Population un-
wiederbringliche Werte verloren gehen.

Die Unwiderruflichkeit der Selektionswirkung versteht sich bei allen dominanten und epistatischen Merkmalen von selbst. Sobald diese Merkmale infolge
einer zur Erhaltung ungenügenden Fruchtbarkeit ihrer Träger eliminiert sind, ist
es mit ihnen auf immer vorbei: sie sind für alle Zeiten verschwunden, wenn nicht
der recht unwahrscheinliche Fall eintritt, daß diese gleichen Anlagen durch Idiokinese wiederum neu entstehen und durch konsequente Selektion aufs neue verbreitet werden. Aber auch die Elimination recessiver und hypostatischer Merkmale führt rasch zu einem Seltenerwerden und schließlich, wenn auch langsam, zu
einem Verschwinden der betreffenden Charaktere, weil durch die Ausmerze der
Homozygoten die durchschnittliche Zahl aller in der Bevölkerung vorhandenen
Anlagen des betreffenden Merkmals vermindert wird.

Durch die Selektion wird also stets auch eine durchschnittliche
Änderung des Ausgangsmaterials bewirkt, auf Grund deren
die der Elimination verfallenen Merkmale nur immer seltener in die
Erscheinung treten können, bis sie schließlich völlig verschwinden.

Degeneration. Im Zusammenhange mit diesen Tatsachen erscheint das
Problem der sog. Degeneration in einem ganz neuen Lichte. In der älteren medizi-
nischen Literatur kann man über den Begriff der Degeneration den phantastischsten
Anschauungen begegnen, deren Schatten sich bis in die Gegenwart hinein erstrecken.
Solche unnaturwissenschaftlichen Anschauungen knüpften sich vor allem an die
Lehren gewisser französischer Ärzte an, welche in der Degeneration ein aktives,
über gewissen Familien wirkendes Verhängnis sahen.

(Anteposition.) Derartige fatalistische Betrachtungsweisen wurden u. a.
genährt durch die Beobachtung der sog. Anteposition oder Antezipation.

Hiervon spricht man dann, wenn ein erbliches Leiden bei den Personen der jüngsten Generationen in einem früheren Lebensalter auftritt als bei den Eltern oder Großeltern. Abb. 94 zeigt einen derartigen Stammbaum; die eingetragenen Ziffern geben an, in welchem Alter die Krankheit bei der betreffenden Person auftrat. Diese Anteposition, die viel Kopfzerbrechen hervorgerufen hat, wurde durch die neuere Vererbungsforschung als ein bedeutungsloses Kunstprodukt entlarvt. Sie kommt dadurch zustande, daß die Personen der älteren Generationen unbewußt nach dem Gesichtspunkt eines späten Eintritts der betreffenden Krankheit ausgelesen sind. Denn solche Personen, bei denen die Krankheit in jungen Jahren einsetzt, haben eben im allgemeinen keine Aussicht, Kinder zu erzeugen, und infolgedessen als Eltern oder Großeltern in einem zur Demonstration der Erbblichkeit aufgestellten Stammbaum zu figurieren.

Wenn wir aber die Degeneration naturwissenschaftlich auffassen wollen, dann müssen wir versuchen, ihr Zustandekommen unter Zuhilfenahme naturwissenschaftlicher Begriffe und nicht mit mystischen Spekulationen zu erklären. Derjenige naturwissenschaftliche Begriff aber, welcher hier in erster Linie und wohl allein in Betracht kommt, ist, wie wir gesehen hatten, der Begriff der Kontraselektion. Wir sehen uns deshalb vor die Frage gestellt, ob bei uns infolge kontraselektorischer Auslesewirkungen die Prozentzahl erblicher Krankheiten und erblicher Minderwertigkeiten in fortschreitender Zunahme begriffen ist.

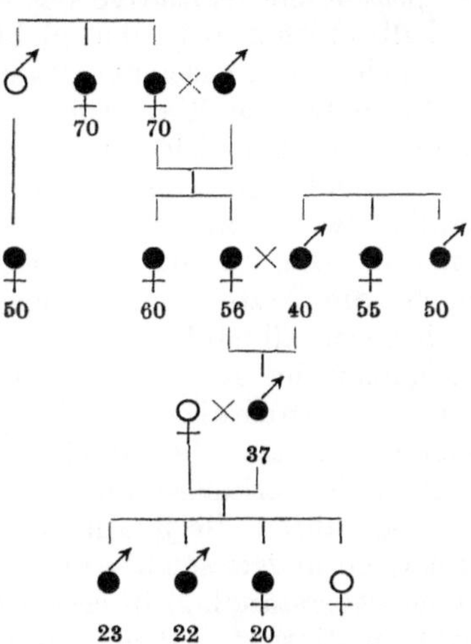

Abb. 94. Diabetes mellitus nach v. NOORDEN.

Die Frage nach der Zunahme erblicher Krankhaftigkeit hat, besonders von psychiatrischer Seite, schon eine umfangreiche Literatur hervorgerufen, ohne daß sie bisher mit Sicherheit entschieden werden konnte. Gerade deshalb aber dürfen wir annehmen, daß eine Vermehrung der erblich bedingten Krankheiten, falls sie wirklich bestehen sollte, keinen großen Umfang erreicht; denn sonst würde sie sich doch wohl kaum dem überzeugenden Nachweise entzogen haben. Nun drohen aber Entartung und Rassenverfall in erster Linie gar nicht von einer Vermehrung der groben Krankheiten, sondern von einer Verminderung jener überdurchschnittlichen geistigen Befähigung, durch die sich einst die Griechen und Römer und jetzt die Völker des europäisch-amerikanischen Kulturkreises vor den anderen Rassen auszeichnen. Schon von DARWIN wissen wir ja, daß es die Auslese der unbedeutend besser Veranlagten und die Beseitigung der ebenso unbedeutend weniger gut Veranlagten ist und nicht die Erhaltung bzw. Ausmerzung scharf markierter und seltener Ausnahmeformen, welche zur Verbesserung oder, im umgekehrten Fall, zur Verschlechterung einer Spezies führt. Wenn nun auch, wie gesagt, eine Zunahme der eigentlichen Krankheiten höchst fraglich ist, so darf man doch andererseits als sicher hinstellen, daß sich bei uns die geringen und geringsten Formen erblicher Minderwertigkeit der Begabung und des Charakters, die im allgemeinen noch nicht als krankhaft angesehen werden, infolge der sozialen Kontraselektion fortgesetzt vermehren. Aber gleichgültig, ob die Entartung mehr durch Krankheit oder mehr durch Leistungsunfähigkeit droht: wer sollte in höherem Maße die Pflicht haben, ihr entgegenzutreten, als der Ärztestand? Freilich, die persönliche Initiative des einzelnen Arztes genügt hier nicht, und deshalb dürfen wir uns nicht scheuen, uns auch gesellschaftlicher, staatlicher und gesetzgeberischer Mittel zu bedienen.

Gesundheitspolitik. Die letzten Jahrzehnte haben uns schon an zahlreichen Beispielen gezeigt, daß sich die Heilkunde, wenn ihr an einer wirklichen Durchführung ihrer Indikationen gelegen ist, sehr häufig dazu gezwungen sieht, politische Mittel anzuwenden. ,,Der enge Zusammenhang zwischen ärztlicher Kunst und Volkswohlfahrt macht die Ärzte von vornherein zu aktiven Politikern'' (Tandler). So hat sich allmählich der Zustand herausgebildet, daß man ein ganzes Teilgebiet der inneren Politik geradezu als medizinische Politik oder Gesundheitspolitik bezeichnen kann. Die Säuglings- und Jugendfürsorge, die Bekämpfung der Infektionskrankheiten, z. B. Pocken, Tuberkulose und Syphilis, die Verhütung von Arbeits- und Berufsgefahren, die Kranken- und Unfallversicherung, das Ernährungs- und Wohnungswesen haben staatliche Regelung erfahren, und hier waren es selbstverständlich in erster Linie die Ärzte, die die politischen Maß- nahmen diktiert haben. Genau so wie für die Gesundheit und Leistungsfähigkeit der gegenwärtigen Generation ist aber der Ärztestand verantwortlich für die Gesundheit und Tüchtigkeit der kommenden Geschlechter, und er darf sich deshalb nicht scheuen, auch eine Beeinflussung der sozialen Auslese durch staatliche Mittel zu versuchen, wenn die soziale Auslese erst einmal als Ursache eines drohenden Volksverfalls erkannt ist. Denn die Beseitigung von Krankheiten und Schwächen ist eine Angelegenheit der medizinischen Wissenschaft, gleichgültig, ob der Arzt dem Apotheker ein Rezept, oder ob er dem Staatsmann ein Gesetz diktiert. Sagte doch schon Virchow, die ganze Politik sei nichts anderes als ,,Medizin im großen''; galt doch schon ihm als ,,letzte Aufgabe der Medizin die Konsti- tuierung der Gesellschaft auf physiologischer Grundlage''. Die Kenntnis der Ausleseverhältnisse beim Menschen ist deshalb ein Teilgebiet der Heilkunde, und dieses Teilgebiet verlangt infolge seiner großen theoretischen und praktischen Tragweite größere Aufmerk- samkeit, als es bisher in der ärztlichen Literatur gefunden hat.

Kontraselektion. Da das Wesen der Selektion, wie wir gesehen hatten, allein in den Unterschieden der Fruchtbarkeit idiotypisch verschiedener Gruppen gesehen werden muß, so macht es selektionistisch keinen Unterschied, ob ich ein Individuum totschlage, ob ich durch Kastrierung oder Asylierung seine Reproduktion verhindere oder ob

ich es durch sozial-wirtschaftliche Verhältnisse veranlasse, Geburtenverhütung zu treiben. **Das Verhältnis der Fruchtbarkeit der
erblich Gesunden und Begabten zu derjenigen der erblich
Kranken und Minderbegabten ist es letzten Endes allein,
was über die idiotypische Gesundheit und die Begabung
der zukünftigen Generationen entscheidet.**

Diesem Satz zufolge muß man aber denjenigen Rassen, welche die Träger
der gegenwärtigen europäisch-amerikanischen Kultur sind, eine infauste Prognose
stellen. GALTON drückte die Sache so aus, daß bei uns die Fortpflanzung der
Bevölkerung hauptsächlich von solchen Personen besorgt werde, „die sich wenig
um ihre Zukunft kümmern und die wenig strebsam sind. So verschlechtert sich
die Rasse allmählich, indem sie mit jeder Generation weniger tüchtig für hohe
Zivilisation wird, wenn auch die äußere Erscheinung einer solchen sich noch
erhält, bis die Zeit kommt, wo das ganze politische und soziale Gebäude einstürzt".
„Unsere Nation", sagt er weiter, „hat aufgehört, in demselben Maße Intelligenz
hervorzubringen, wie wir es vor 50—100 Jahren taten. Der geistig hervorragendere
Teil der Nation pflanzt sich nicht mehr in demselben Verhältnis fort wie früher;
die weniger fähigen und weniger energischen Klassen sind fruchtbarer als die wert-
volleren." Aus diesem Grund spricht auch WALLACE von dem fortschreitenden
Aussterben „jener intelligenten Voraussicht, die für die Zukunft sorgt", und
H. STANLEY sagt: „Wir haben vor uns das traurige Schauspiel, daß die große
Masse des Nachwuchses sich aus den untersten Klassen rekrutiert, da die obersten
Klassen zum Teil entweder gar nicht (bzw. zu spät) heiraten oder doch keine (bzw.
zu wenig) Kinder haben... Eine solche Sachlage ist für jede Gesellschaft mit
großer Gefahr verbunden. In der demokratischen Zivilisation unserer Tage bedeutet sie einfach ihren Selbstmord." DARWIN schließlich deutet in seiner „Geschlechtlichen Zuchtwahl" das therapeutische Programm an, indem er schreibt:
„Alle sollten sich der Kindererzeugung[1]) enthalten, die ihren Kindern die äußerste
Armut nicht ersparen können; denn die Armut ist nicht nur ein großes Übel,
sondern sie trägt auch zu ihrer eigenen Vergrößerung bei, da sie zur Unbedacht-
samkeit im Kindererzeugen führt. Andererseits werden die minderwertigen Glieder
der Gesellschaft die besseren zu verdrängen suchen, wenn sich die Klugen des
Kindererzeugens enthalten, die Unbedachten aber Kinder erzeugen." Und so
kommt GALTON zu dem Schluß: **„Wenn überhaupt eine Heilung möglich
ist, so kann sie nur durch eine Umgestaltung in der relativen Fruchtbarkeit der einzelnen Bevölkerungsgruppen herbeigeführt werden."**

Kontraselektion zwischen den sozialen Ständen. Diese auf England
gemünzten Auslassungen gelten aber in gleicher Weise auch für den
Kontinent. **Ist es doch eine vielfach durch die Statistik belegte
Tatsache, daß bei uns, wie bei allen Völkern des europäisch-
amerikanischen Kulturkreises, die Kinderzahl infolge der
willkürlichen Geburtenbeschränkung im Durchschnitt umgekehrt proportional ist zu der sozialen Stellung der Eltern.**

In Paris fiel z. B. um 1890 die Zahl der ehelichen Geburten von 140 (auf 1000
Frauen) in sehr armen Distrikten auf 69 in sehr reichen (BERTILLON), etwa 20 Jahre
später, also kurz vor dem Kriege, von 108 auf 35 (CLÉMENTEL), in Wien von 200
auf 71, in Berlin von 222 auf 122, in München gar von 207 auf 49. In den französischen Provinzen sank die Fruchtbarkeit von 120 (auf 1000 Frauen) in den
Departements mit armer Bevölkerung auf 82 in den wohlhabenden Departements
(GOLDSTEIN). Nach einer anderen Berechnung belief sich die Geburtenzahl in den

---

[1]) DARWIN sagt eigentlich „Ehe"; doch entspricht dieser Ausdruck heutzutage nicht mehr dem Sinn seiner Worte, da wir uns unterdessen daran gewöhnt
haben, Heiraten und Kindererzeugen nicht ohne weiteres als identische Begriffe
anzusehen.

Departements mit etwa 1 Fr. Mobiliar- und Fenstersteuer pro Kopf auf 236 und fiel mit steigendem durchschnittlichem Steuerertrag systematisch ab, um in den Departements mit 5—6 Frs. der genannten Steuer nur noch 132 zu betragen (Tallquist). Für Kopenhagen berechnete Westergaard die Verhältniszahlen von 409 Geburten bei den Maurergesellen zu 258 Geburten bei den sozial besonders angesehenen Klassen (Beamte, größere Kaufleute u. dgl.), in den dänischen Provinzstädten und Landdistrikten fand er ganz entsprechende Unterschiede. Für Holland wurden ähnliche Zahlen von Verrijn Stuart publiziert: In Rotterdam und Dordrecht fielen die Kinderzahlen in den Ehen von mindestens 25jähriger Dauer von 5,6 in den reichen bis auf 4,2 in den armen Wohlstandsgruppen, in 40 holländischen Landgemeinden von 5,2 bis auf 4,5. Die entsprechende Berechnung für Kopenhagen ergibt eine durchschnittliche Kinderzahl von 5,3 für die Handarbeiter und von nur 4,6 für Beamte, Kaufleute, Lehrer; auch die Ärzte gehören zu denjenigen Berufsständen, welche den biologischen Kampf ums Dasein nicht mehr bestehen können, wie die Zahlen von Rubin und Westergaard ausweisen. In England berechnete eine im Jahre 1913 eingesetzte Kommission die auf 1000 verheiratete Männer unter 55 Jahren kommenden Geburtenzahlen in der Oberschicht und im oberen Mittelstande auf 119, im unteren Mittelstande auf 132, im Arbeiterstande auf 183. Die besonders geringe Fruchtbarkeit speziell der Begabten zeigt die vielbesprochene Statistik von Steinmetz, nach der die holländischen Hochschullehrer, höchsten Staatsbeamten und Künstler eine besonders unzulängliche, hinter dem Durchschnitt des Landes weit zurückbleibende Fruchtbarkeit aufweisen:

Durchschnittliche Kinderzahl der Familien:	
Niederste Wohlstandsklasse	5,4
Durchschnitt aller Wohlstandsklassen .	5,2
Höchste Wohlstandsklasse	4,3
Künstler	4,3
Höchste Staatsbeamte und Generäle . .	4,0
23 Gelehrte und Künstler ersten Ranges	2,6

Kontraselektion zwischen den sozialen Ständen.

Entsprechendes lehrt die Statistik von Bertillon, nach der 445 der berühmtesten Franzosen nur etwa 1,5 Kinder pro Ehe hatten; die gleiche Zahl fand Catell bei 1000 amerikanischen Gelehrten und Webb bei englischen Industriellen, während zur selben Zeit die Kinderzahl der englischen Handarbeiter sich auf ca. 5 belief. Einen kasuistischen Beitrag zu dieser Frage bildet auch ein Aufsatz über meine eigene Familie, in dem gezeigt werden konnte, daß dieses ausgebreitete und wohl in allen seinen Mitgliedern sozial angesehene Geschlecht nur noch eine Fruchtbarkeit von 2,8 Kindern pro Ehe aufweist und damit hinter dem Durchschnitt des Landes (vor dem Kriege) erheblich zurückbleibt (Abb. 24). In einer recht umfassenden Weise wurde die Unfruchtbarkeit der sozial hochstehenden Familien durch Theilhaber dargelegt, der das Aussterben der fast durchwegs sozial hochgestellten deutschen Juden statistisch belegen konnte. Auch eine englische Arbeit von Elderton und Pearson führte zu dem Resultat, daß die Zahl der Kinder, welche ein Mensch zu erzeugen pflegt, im umgekehrten Verhältnis steht zu seinem sozialen Wert.

Es spielt sich bei uns also derselbe Vorgang ab, der dem Untergang der alten Kulturvölker vorausgegangen ist, und dem die Proletarier ihren Namen verdanken (proles, Brut; proletarius, Nachkommenschaftserzeuger). Und man kann es wohl kaum für ein post hoc, ergo propter hoc halten, wenn heutzutage die Rassenhygiene den geistigen Verfall der alten Kulturvölker mit diesen Fruchtbarkeits-

verhältnissen in einen kausalen Zusammenhang bringt. Freilich wäre
es ein offenkundiger Unsinn, wenn man behaupten wollte, daß ein
Mann, der den gebildeten Ständen angehört, darum erblich klüger,
energischer, leistungsfähiger, vorausschauender sein müßte, als ein
Mann mit schwieligen Fäusten. „Die Begabung ist kein Monopol einer
Gesellschaftsklasse" (CUNNINGHAM). Daß aber im Durchschnitt
starke idiotypische Unterschiede zwischen den einzelnen Ständen und
Berufsgruppen bestehen, kann nicht bezweifelt werden. Denn es läßt
sich nicht gut vorstellen, daß der gesellschaftliche und der wirtschaftliche Erfolg im Leben (und überhaupt auch schon
die Berufswahl!) von den großen ererbten Begabungsunter-
schieden, die ja sicher bestehen, schlechtweg unabhängig
sein soll.

So sind wohl alle maßgebenden Autoren, die sich mit diesen Problemen beschäftigt haben, zu der Überzeugung gekommen, daß in der Unterfruchtigkeit der
geistig führenden und überhaupt der gebildeteren Stände unser Verhängnis liegt.
Ich nenne nur Namen wie DARWIN, WALLACE, GALTON, DE CANDOLLE, AMMON,
PLOETZ, SCHALLMAYER, STEINMETZ, v. GRUBER, ERWIN BAUR. Auf induktivem
Wege wurde die Tatsache eines größeren Durchschnittsmaßes angeborener Begabung in den höheren Ständen besonders gesichert durch die Untersuchungen
von EUGEN FISCHER, NICEFORO, PFITZNER, RÖSE, MATIEGKA, HARTNACKE,
W. PETERS und W. STERN, durch die jeder Zweifel an einer gewissen Korrelation
zwischen sozialer Lage und Erbwert behoben worden ist (Literatur bei PLOETZ:
„Sozialanthropologie").

Kontraselektion zwischen den Berufsgruppen. Das Verhängnis
der Kontraselektion wird aber dadurch noch viel bedrohlicher, daß
nicht nur die einzelnen Stände in dem angedeuteten Sinne verschieden
fruchtbar sind: auch innerhalb jedes einzelnen Standes haben
diejenigen Berufsgruppen, in denen an die Leistungsfähigkeit des
einzelnen durchschnittlich höhere Ansprüche gestellt werden, geringere
Kinderzahlen als die übrigen.

Als Beispiel verweise ich auf die Tatsache, daß auf einen verheirateten höheren
Beamten der bayerischen Staatseisenbahn 1,9, auf einen mittleren 2,1, auf einen
unteren 3,4 Kinder kommen. Bei der Deutschen Reichspost- und Telegraphen-
verwaltung wurden ganz entsprechende Verhältniszahlen gefunden, nämlich 1,7,
1,9 und 2,4. In Kopenhagen verhält sich die Kinderzahl der Maurermeister zu
der der Maurergesellen wie 3,5 zu 4,1; in den dänischen Provinzstädten fand man
für die Kinderzahl der Schustermeister und der Schustergesellen Verhältniszahlen
von 3,9 zu 4,2; in den Landdistrikten verhielten sich die Kinderzahlen der Häuschen-
besitzer zu denen der bloßen Feldarbeiter wie 3,9 zu 4,3 (WESTERGAARD). In England berechnete die erwähnte Kommission, daß auf 1000 gelernte Arbeiter 153,
auf 1000 ungelernte 213 Geburten kamen. BERGER zählte in Preußen auf je 1000
Landwirte, die selbständig oder in Verwalterposten waren, 155, auf je 1000 Land-
arbeiter 238 Geburten. Derartige Erscheinungen lassen sich aber durchgehend
beobachten.

Ganz allgemein sind also die höheren Beamten durchschnittlich
kinderärmer als die mittleren, die mittleren kinderärmer als die kleinen;
die selbständigen Handarbeiter sind durchschnittlich kinderärmer als
die Fabrikarbeiter, die ansässigen Bauern kinderärmer als die Land-
arbeiter, die gelernten Arbeiter kinderärmer als die ungelernten.
Überall stehen die Kinderzahlen im umgekehrten Verhältnis zum

Wohlstand und ganz besonders zur Bildung. Die Fähigkeit, sich Wohlstand und Bildung zu verschaffen, muß also bei jeder folgenden Generation seltener werden als bei der vorhergehenden. Denn es ist doch undenkbar, daß eine das ganze Volk durchsetzende Selektion, welche bewirkt, daß überall die durchschnittlich (!) leistungsfähigeren Bevölkerungsgruppen einen zahlenmäßig geringeren Nachwuchs stellen als die übrigen, ohne Einfluß auf die durchschnittliche Beschaffenheit der kommenden Geschlechter bleibt! Sie muß vielmehr eine Abnahme des Leistungsfähigkeits- und Begabungsdurchschnitts, einen Rassenverfall, eine Entartung des Volkes zur Folge haben.

Ausdehnung und Unwiderruflichkeit der Selektionswirkung. Hiergegen kann man auch nicht etwa geltend machen, daß eine solche ungünstige Selektion schon lange bei uns bestünde. Gewiß sind auch schon früher wertvolle Adels- und Bürgerfamilien durch Zölibat, Kinderarmut und Kriege mehr als andere Familien dezimiert worden. Aber hier war es doch im Höchstfalle eine kleine Oberschicht, die ausstarb, so daß die Gesamtheit der Bevölkerung nur wenig davon berührt wurde. Was die heutzutage wirkende Selektion dagegen gefährlich macht, das ist die ungeheuere Breite ihrer Basis; es ist der Umstand, daß die ganze bessere Hälfte, ja vielleicht das ganze bessere Dreiviertel unseres Volkes keine zur Erhaltung genügende Fruchtbarkeit mehr aufbringt. In diesem Sinne ist die Überkreuzung der sozialen und der biologischen Auslese bei uns eine ausgesprochen moderne Erscheinung. Daher können wir uns auch nicht mehr mit der Hoffnung trösten, daß aus den tieferen Schichten des Volkes immer wieder von neuem befähigte Naturen in genügender Zahl hervorgehen werden. In diesen tieferen Schichten ist ja, wie wir gesehen hatten, die gleiche Kontraselektion wirksam. Zudem hat uns die moderne Vererbungsforschung gelehrt, daß man nicht ungestraft Selektion treiben darf, da jede, längere Zeit hindurch in einer bestimmten Richtung wirkende Auslese mit absoluter Notwendigkeit auch die Zusammensetzung des Ausgangsmaterials verändert (S. 190).

Die Proletarisierung unseres Nachwuchses. Die Erscheinung, welche ich als die Proletarisierung unseres Nachwuchses bezeichnet habe (Arch. f. Rassen- u. Gesellschaftsbiol. 1916/17, Bd. 12, S. 43), kann also mit Recht als die eigentliche Ursache einer rasch fortschreitenden Vermehrung der erblichen Minderwertigkeiten bei uns angesehen werden[1]). Die Proletarisierung des Nachwuchses ist also das entscheidende Moment in der Frage nach der Ätiologie des Rassenverfalls bei den europäisch-amerikanischen Völkern der Gegenwart. Auf die Frage nach der Ursache unseres drohenden Untergangs gibt es deshalb, ebenso wie auf die Frage nach der Ursache des Untergangs der antiken Kulturvölker nur eine klare naturwissenschaftliche Antwort; und die lautet, daß die entscheidende Ursache des „Völkertodes", die entscheidende Ursache der „Degeneration" in nichts anderem liegt als in dem Aussterben der besten, leistungsfähigsten Familien (bzw. Erbstämme), d. h. also in der ganz ungenügenden Menschenproduktion innerhalb der führenden Klassen.

---

[1]) Unter „Proletarisierung des Nachwuchses" ist aber nicht nur die Tatsache zu verstehen, daß das Proletariat sich viel stärker vermehrt als die sozial und wirtschaftlich besser gestellten Volksteile, sondern daß eine Kontraselektion auch innerhalb des Proletariats und innerhalb der bessersituierten Schichten besteht.

Kontraselektion zwischen den Völkern. Die Kontraselektion spielt sich aber nicht nur innerhalb der Völker ab, indem durch die willkürliche Kleinhaltung der Kinderzahl diejenigen Familien sich mehr und mehr austilgen, die sich durch höhere Leistungsfähigkeit, Berufstüchtigkeit, Intelligenz, Tatkraft, Selbstbeherrschung und Voraussicht auszeichnen; auch zwischen den Völkern ist eine Fruchtbarkeitsauslese wirksam, welche die kulturfähigen Stämme langsam verschwinden und durch weniger bewährte ersetzen läßt. Die Yankees und Franzosen nehmen an Zahl ab, die Deutschen, Skandinavier und Engländer zeigten schon vor dem Kriege einen rapid fortschreitenden Rückgang ihrer Fruchtbarkeit; die Länder mit starken asiatischen Einschlägen dagegen, die Polen, Tschechen, Russen, Ungarn und Südslaven drängen infolge ihrer starken Vermehrung überall mit Erfolg nach Westen. Die Unterschiede in der durchschnittlichen Fruchtbarkeit der einzelnen europäischen Nationen zielen also auf eine Verdrängung und schließliche Austilgung der kulturfähigsten Völker hin, d. h. derjenigen, die mit den letzten Resten der schöpferisch besonders begabten nordischen Rasse am stärksten untermischt sind.

Kontraselektion zwischen den großen Rassen. Aber nicht nur in den Kampf der Völker, auch in den Erhaltungskampf der großen Rassen greift die Fruchtbarkeitsauslese machtvoll ein. Vor den Toren Europas harrt das gewaltige Heer der gelben Rasse, die in ihrem Ahnenkultus ein kräftig wirkendes Hindernis gegen das Umsichgreifen der Geburtenverhinderungssitte besitzt. Durch ihre ungehemmte Vermehrung vermag sie eine wuchtige Expansionskraft zu gewinnen und über die Grenzen Asiens zu fluten, um das Erbe Europas in Besitz zu nehmen; angesichts solcher Ausblicke kann man der Zukunft der weißen Rasse, die ihre Geburtenziffern von Jahr zu Jahr verkleinert, gewiß keine gute Prognose stellen. Vielmehr scheint sich durch die folgerechte fekundative Kontraselektion zwischen den großen Rassen ein weltgeschichtliches Schauspiel vorzubereiten, das selbst den schmachvollen Verfall des „ewigen Rom“ in Schatten stellt: der „Untergang des Abendlandes“. Denn wie einst die Kultur der alten Griechen, so wird auch die europäisch-amerikanische Kultur, die das Gesicht der weißen Rasse zeigt, mit ihren Trägern dahinschwinden. Wir haben also wenig Grund, auf unsere Kultur stolz zu sein, solange sie auf so schwachen Füßen steht; solange sie, statt die Existenz unserer Enkel und die Fortentwicklung ihres Erbes zu sichern, unsere Nachkommen, in ihrer Leistungsfähigkeit geschwächt und an Zahl vermindert, der mongolischen Gefahr ausliefert. Wenn wir nicht Sorge tragen für eine ausreichende Vermehrung der begabtesten Zweige der weißen Rasse, dann trifft uns in seiner ganzen Schwere der vorwurfsvolle Zuruf NIETZSCHES: „Überstolzer Europäer des 19. Jahrhunderts, du rasest! Dein Wissen vervollständigt nicht die Natur, sondern tötet nur deine eigene.“

10. Therapie erblicher Krankheiten.

Therapie.

Man unterscheidet seit alters her eine symptomatische Therapie von einer kausalen.

Symptomatische Therapie. Die s y m p t o matische Therapie erblicher Krankheiten hat keinerlei Anregung aus der modernen Vererbungsforschung erhalten: Die Myopie und die Ectopia lentis werden wie früher durch die entsprechenden Augengläser nach Möglichkeit korrigiert; die Hypospadie und der erbliche sporadische Kropf werden wie früher chirurgisch angegangen; die Hämophilie und das Xeroderma pigmentosum stellen uns wie früher vor den Anblick immerwährender Lebensgefahr bzw. eines frühzeitigen Todes, ohne daß wir viel helfen können. Die Fortschritte der modernen Erblichkeitsforschung geben uns keine neuen symptomatisch-therapeutischen Waffen.

Kausale Therapie. Anders aber steht es mit der ka u salen Therapie erblicher Leiden. Der vertiefte Einblick, den uns der Mendelismus in das Wesen und den Charakter der Erbmasse verschafft hat, läßt uns mit viel größerer Klarheit, als das früher möglich war, die Wege erkennen, die zu einer ursächlichen Heilung erblicher Mängel führen müssen.

Die kausale Therapie erblicher Krankheiten kann nur das eine Ziel haben, die Causa morbi, also die krankhafte Erbanlage zu beseitigen. Nun lassen sich aber, wie wir gesehen haben, alle Einflüsse, durch welche lebende Wesen getroffen und irgendwie verändert werden können, in drei große Gruppen einteilen, nämlich in parakinetische, idiokinetische und selektive Faktoren. Die Beseitigung krankhafter Erbanlagen kann deshalb, theoretisch betrachtet, nur auf dem Wege der Parakinese, der Idiokinese oder der Selektion erfolgen.

1. Parakinese.

Die großen experimentellen Erfahrungen der Mendelforschung haben gezeigt, daß eine Veränderung der Erbanlagen durch die gewöhnlichen Milieufaktoren, welche Gestalt und Funktion der Lebewesen fortwährend beeinflussen, nicht stattfindet. So ist es uns nicht mehr erlaubt anzunehmen, daß eine Myopie bei den Nachkommen weniger ausgeprägt sein wird, wenn der behaftete Elter durch Vermeiden der Nahearbeit und durch sachgemäße Korrektion seine Augen schont; daß die Epidermolysis bullosa bei den Kindern weniger stark auftreten wird, wenn der behaftete Elter durch größtmögliche Vermeidung aller Insulte die Blaseneruptionen bei sich in Schranken hält. Aus demselben Grunde mußte auch der Glaube verlassen werden, daß die großen personalhygienischen Fortschritte, welche uns die soziale Gesetzgebung vor dem Kriege gebracht hatte, von günstigem Einfluß auf die idiotypische Beschaffenheit unseres Nachwuchses hätten sein können. Andererseits freilich brauchen wir auch nicht zu fürchten, daß die ungünstige Wandlung, die uns Krieg und Revolution in bezug auf unsere hygienischen Verhältnisse gebracht haben, notwendig zu einer Entartung führen müsse. Von dem Augenblick an, in dem die sog. Vererbung erworbener Eigenschaften als Irrtum erkannt wurde, war es klar, daß die persönliche Hygiene ohne gesetzmäßigen Einfluß auf die erbliche Beschaffenheit der Nachkommen bleibt, daß durch körperliche Erziehung — so wichtig diese aus anderen Gründen auch sein mag — die Rasse nicht gehoben werden kann. Die von medizinischen Autoren auch jetzt noch viel vertretene Ansicht, nach welcher die Personalhygiene der Eltern zum Teil gleichzeitig eine Erbhygiene („Konstitutionshygiene") der Kinder und daher in weiterem Sinne gleichzeitig eine Rassenhygiene darstellt, ist also falsch. Eine solche Ansicht ist unvereinbar mit den experimentellen Erfahrungen, die uns zeigten, daß die Erfolge, welche wir durch irgendwelche Maßnahmen am Individuum erzielen, nur paratypische, nebenbildliche Änderungen bewirken, während für die Vererbung, die Idiophorie, nur idiotypische, erbbildliche Charaktere in Betracht kommen.

Fortpflanzungshygiene. Zu den die Individuen parakinetisch beeinflussenden Faktoren gehört auch der wesentlichste Teil dessen, was man als Fortpflanzungshygiene bezeichnet. Da die Sterblichkeit besonders der jüngsten Kinder einer Geschwisterreihe durchschnittlich größer ist, als die der ältesten Kinder (mit Ausnahme des Erstgeborenen), so glaubte man eine relative Gesundung der Rasse erzielen zu können, wenn es gelänge, die höheren Geburtennummern ausfallen zu lassen. Auch erhob man die verschiedensten „rassenhygienischen Forderungen auf die angebliche Beobachtung hin, daß die Kinder besonders junger oder besonders alter Eltern oft erblich minderwertig waren. Alle diese fortpflanzungshygienischen Dinge haben aber höchstens für die Personalhygiene Interesse. PLOETZ konnte nachweisen, daß die größere Sterblichkeit der jüngsten Kinder einer Geschwisterschar lediglich äußeren Faktoren zuzuschreiben ist, da sie in den Familien der Fürstenhäuser auch bei sehr hohen Kinderzahlen fehlt. Und die Annahme, daß die Erbwerte bei Früh- und Spätzeugungen verschieden sein sollen, schlägt allen Tatsachen der Vererbungsforschung ins Gesicht. Höchstens ließe sich denken, daß bei älteren Individuen häufiger Gelegenheit zur Einwirkung idiokinetischer Faktoren vorhanden gewesen ist. Auf einer solchen vagen Vermutung lassen sich aber keine Häuser bauen. Eine erbliche Gesundung der Menschen ist also durch die Fortpflanzungshygiene nicht zu erhoffen.

2. Idiokinese.

Wir kommen deshalb zu der Frage, ob es nicht Möglichkeiten gibt, den Idiotypus, das Erbbild, selbst direkt zu verändern. So empfahl LOSSEN derartige Versuche durch wenig intensive Röntgenbestrahlung der Keimdrüsen in Bluterfamilien zu machen, um die angeblich dominante Krankheitsanlage „in eine recessive umzuwandeln".

Solche phantasiereichen Ideen erinnern doch aber wohl etwas zu stark an die Erschaffung des Homunkulus. Denn wenn auch, wie wir gesehen hatten (S. 183), einzelnen Forschern die künstliche Erzeugung idiotypischer Variationen bei Insekten gelungen ist, so gingen diese neuauftretenden Idiovariationen natürlich nicht in einer bestimmten, vom Experimentator gewünschten Richtung vor sich. Im Gegenteil, durch diese Versuche wurde die Zahl der Probleme, vor welche uns die Idiokinese stellt, in gewisser Beziehung noch vergrößert. TOWER konnte z. B. beobachten, daß der scheinbar gleiche äußere Einfluß nicht selten bei den Nachkommen der ihm ausgesetzten Tiere ganz verschiedene neue Erbanlagen erzeugte; umgekehrt ereignete es sich wiederholt, daß ganz verschiedene äußere Einflüsse (z. B. das eine Mal Kälte, das andere Mal Wärme) bei den Nachkommen verschiedener Tiere die gleichen Idiovariationen hervorriefen. MORGAN gelang es bei 30 000 Fliegen überhaupt nicht, eine Idiovariation zu erzeugen, trotzdem er in dieser Absicht die allerverschiedensten Außeneinflüsse anwandte: täglich mehrmalige Betäubung mit Äther, extreme Temperaturen, ultraviolettes Licht, Radium- und Röntgenstrahlen, Salze, Zucker, Säuren, Alkalien[1]). Unsere Unkenntnis über die Natur und Wirkungsweise der idiokinetischen Faktoren tritt aber in ein noch grelleres Licht, wenn wir uns daran erinnern, daß von zahlreichen Autoren das Auftreten neuer Idiovariationen bei solchen Pflanzen und Tieren beobachtet wurde, die einfach unter den gewöhnlichen Umweltbedingungen aufwuchsen. Bei TOWERS Versuchen war schon auffällig, daß zur idiokinetischen Wirkung nicht immer extreme Lebenslagen notwendig waren, sondern daß gelegentlich schon Temperaturerhöhungen von 5—6⁰ dazu genügten. Auch hier wurden außerdem Erbänderungen, wenngleich selten, bei den Nachkommen von Individuen gefunden, die durchaus nicht irgendwelchen veränderten Außenbedingungen exponiert gewesen waren. Das Auffallendste aber ist, daß diese „spontanen" Idiovariationen in ihren Erscheinungen im allgemeinen völlig mit den durch extreme Lebenslagefaktoren künstlich erzeugten übereinstimmten.

Homologe Idiovariationen. Überhaupt wurde ein mehrmaliges Auftreten der gleichen Erbvariation von den verschiedensten Forschern beobachtet. Bei der Taufliege entstand eine Erbanlage, die sich durch leuchtend rote Augen manifestierte, mehrmals neu, z. B. das eine Mal in einer purpuräugigen, ein anderes Mal in einer sepiaäugigen Reinkultur. BAUR fand bei seinem Löwenmäulchen, daß diese Neigung zu bestimmten Idiovariationen bei einzelnen Familien besonders groß war, da die gleiche Erbabweichung mehrmals in derselben Löwenmäulchensippe neu entstand. Übrigens beobachtet man ja überhaupt bei allen näher verwandten Organismen das Auftreten „homologer" Idiovariationen. Die typische Variabilität der domestizierten Tiere und Pflanzen bietet hierfür ein anschauliches Beispiel. Wir finden

---

[1]) In anderen Versuchsreihen ist ihm die Erzeugung einiger neuer Idiovariationen durch Radiumbestrahlung gelungen.

Albinismus bzw. Scheckung in der gleichen Weise bei Pferden, Kühen, Schweinen, Hunden, Katzen, Kaninchen, Ratten und weiterhin bei Hühnern, Tauben und selbst Pflanzen (Malvaceen). Bei den Mäusen treffen wir im großen und ganzen die gleichen Farbenvariationen an, wie z. B. bei den Kaninchen; wir kennen weiße, gelbe, hell- und dunkelbraune, blaue, schwarze, schwarzlohfarbige und wildfarbige Tiere dieser beiden Arten. Bei den Pflanzen liegen die Dinge nicht anders; fast alle häufiger kultivierten Laubbäume haben ihre Trauerrassen, Pyramidenrassen, schmalblättrige, geschlitztblättrige, krausblättrige und rotblättrige (z. B. Blutbuche, Bluteiche) Rassen. Ein „homologes Idiovariieren" ist also eine sehr verbreitete Erscheinung. Es folgt aus solchen Beobachtungen, daß manche Chromosomen bzw. manche Chromomeren besonders stark zu einer Änderung ihrer Konstitution auf Grund äußerer Einwirkungen neigen.

Das Auftreten einer Idiovariation ist also nicht allein von der Art der gerade vorhandenen idiokinetischen Faktoren abhängig, sondern auch davon, wie das zu beeinflussende Idioplasma auf die Einwirkung dieser Faktoren reagiert. Bei Individuen der gleichen Art, der gleichen Rasse oder der gleichen Familie schlagen also die Idiovariationen nicht selten die gleiche Richtung ein, selbst wenn die idiokinetischen Faktoren uns verschieden erscheinen.

Man darf sich aber durch diese Tatsache nicht zu der Ansicht verführen lassen, daß das Auftreten der Idiovariationen nun doch, zum Teil wenigstens, wirklich spontan, d. h. ohne äußere (idiokinetische) Ursache auf Grund eines in der Natur der Lebewesen vorhergesehenen Planes erfolgen könne. Das wäre eine Ansicht, die jeder naturwissenschaftlichen Auffassung Hohn spräche. Von vornherein wäre es ja absurd, in der Natur einen planmäßigen Zweck zu vermuten, der bei nicht durch die Selektion kontrollierter Wirksamkeit alle Arten im Laufe der Zeit zugrunde richten müßte, da ja, wie wir gesehen hatten, die überwiegende Mehrzahl der neuen Idiovarianten pathologisch ist. Die zuweilen beobachtete Wiederholung der gleichen Idiovariation selbst unter scheinbar verschiedenen Bedingungen erklärt sich wohl einfach dadurch, daß das Idioplasma wie alles Lebende natürlich nur zu einer beschränkten Anzahl von Reaktionen fähig ist. Wir sehen ja auch nicht höhere Zwecke darin, daß gleiche Exantheme zuweilen durch die Wirkung ganz verschiedener toxischer Stoffe entstehen. Und auch der Umstand, daß einzelne Teile des Idioplasmas offenbar besonders leicht durch die idiokinetischen Faktoren affiziert werden, daß also einzelne Chromomeren besonders labil sind, braucht uns nicht seltsam zu erscheinen; zeigen doch auch die einzelnen Knochen des Körpers, oft ohne daß wir wissen warum, eine sehr verschiedene Neigung zu Frakturen, ohne daß wir daraus das Recht ableiten, in der erhöhten Disposition einzelner Teile das Wirken immanenter Zwecke zu erkennen.

Auf alle Fälle lehrt uns aber die Neigung einzelner Idioplasmastämme zu bestimmten Variationen recht eindringlich, was für ein ungeheuer schwieriges und dunkles Gebiet die Idiokinese vorläufig für uns noch ist. Bei diesem Stande der Dinge wäre es doch wirklich abenteuerlich anzunehmen, daß der Arzt in absehbarer Zeit es fertigbringen könnte, willkürlich eine bestimmte Erbanlage in einer bestimmten von ihm gewünschten Richtung abzuändern.

Idiokinese und Umwelt. Von manchen Autoren wird die Ansicht vertreten, daß günstige personalhygienische Umweltverhältnisse bei den Nachkommen günstige, d. h. die Anpassung vermehrende Idiovariationen hervorrufen, während ein für das Individuum selbst ungünstiges Milieu besonders solche idiokinetische Faktoren enthalten soll, die ungünstige, also pathologische Bildungen an der Erbmasse der Nachkommen bewirken. Derartige Anschauungen widersprechen aber jeder Erfahrung. So sind z. B. Riesenformen durchaus nicht immer der Gunst der Umwelt zu verdanken, wie man an den Feuerländern und an den nordafrikanischen Massaïnegern erkennen kann. Umgekehrt schützt selbst das Domestikationsmilieu, das doch die Erhaltung des einzelnen Individuums besonders erleichtert, nicht vor der Entstehung von Idiovariationen, die ganz allgemein (wenn auch nicht für das Domestikationsmilieu selbst) als pathologisch bezeichnet werden können (Albinismus, Krummbeinigkeit der Dackel, Zwergrassen). Auch bei den Tier- und Pflanzenexperimenten zeigte sich ja, daß das Zustandekommen einer Idiovariation ganz unabhängig davon ist, ob und wie die sie verursachende äußere Einwirkung zugleich auch den individuellen Organismus ändert, in dem sich die Erbsubstanz befindet. Zudem ist ja die überwiegende Mehrzahl aller neuauftretenden Idiovariationen sowieso pathologisch. Die Ansicht, daß eine für das Individuum günstige Umwelt auch eine Verbesserung der Erbwerte bewirken müßte, widerspricht also unbedingt den Tatsachen; wir müssen vielmehr annehmen, daß jede Umwelt idiokinetische Faktoren enthalten kann, und daß diese Faktoren in jeder Umwelt die Neigung haben, zu pathologischen Resultaten zu führen.

Selbst wenn es aber gelingen sollte, die Idiokinese so zu beeinflussen, daß hier und da günstige Idiovariationen entständen, so würde damit zwar für die betreffenden Individuen ein erfreulicher Erfolg zu verzeichnen sein, der Allgemeinheit, der Rasse wäre damit jedoch kaum gedient. Denn eine Verbesserung der Rasse kann, wenn man nicht mit Zeiträumen rechnet, die sich über zahllose Generationen erstrecken, ebensowenig durch Idiokinese allein zustandekommen wie die Degeneration, weil Veredelung und Entartung einer Rasse durch die Häufung außergewöhnlich wertvoller bzw. minderwertiger Erbanlagen zum Ausdrucke kommen, und weil eine solche Häufung, wenigstens innerhalb historischer Zeiträume, allein durch die Selektion bewirkt werden kann. Man müßte denn an eine Idiokinese denken, die plötzlich zahlreiche oder alle Individuen einer Rasse in einer bestimmten Richtung idiotypisch verändert; mit einer solchen Annahme befände man sich aber wiederum im Reiche luftigster Spekulationen.

Ausschaltung der Idiokinese. Eine willkürliche Verbesserung der Erbanlagen eines Volkes durch bewußte Leitung der idiokinetischen Faktoren ist also vorläufig nichts als ein müßiges Spiel der Phantasie. Etwas ganz anderes ist die von vielen Autoren erhobene Forderung, alle Einflüsse, von denen man idiokinetische Wirkung vermuten darf, nach Möglichkeit von den noch zeugungsfähigen Menschen überhaupt fern zu halten. Theoretisch ist diese Forderung nicht unbegründet; denn da die überwiegende Mehrzahl aller neuentstehenden Idiovariationen die Anpassung vermindert, so würde die möglichste Ausschaltung der Idiokinese einen Schutz vor der Entstehung neuer Krankheitsanlagen bedeuten. Praktisch aber könnten wir auf diesem Wege nur vorwärts kommen, wenn wir die wichtigsten idiokinetischen Faktoren des Menschengeschlechts kennen würden. Wie traurig es aber hiermit vorläufig noch bestellt ist, wurde schon früher geschildert. Was wir bisher über die einzelnen idiokinetischen Faktoren beim Menschen wissen, ist eigentlich doch nur das berühmte: Ich weiß, daß ich nichts weiß. Vielfach ist man allerdings auch bis zu dieser Erkenntnis noch nicht vorgedrungen, und immer wieder entstehen aus diesem Mangel in Gemeinschaft mit phantasiereichen Hypothesen umfassende Menschheitsverbesserungsvorschläge, die geeignet sind, die Rassenhygiene bei allen nüchternen Köpfen zu diskreditieren.

Vor allem wird oft die vorläufig ganz unbeweisbare Meinung vertreten, daß in einem für den Phänotypus ungünstigen Milieu idiokinetische Faktoren häufiger anzutreffen seien als unter günstigen Lebensbedingungen. Mit Hilfe dieser Hypothese konnte man, auch ohne eine „Vererbung erworbener Eigenschaften", das Leben in den Großstädten, den Mangel an körperlicher Bewegung, die Abhetzung im Beruf, die „Reizüberschüttung", die Über- bzw. Unterernährung, den Pauperismus, das Massenelend und ähnliche Dinge bezichtigen, an der Entstehung immer neuer krankhafter Erbanlagen schuld zu sein. Man stellte sich also vor, daß ein Milieu, welches viele ungünstig wirkende parakinetische Faktoren enthält, regelmäßig auch mit gehäuften idiokinetischen Faktoren erfüllt sei. In dieser Richtung kommen wir aber um so weniger über eine vage Vermutung hinaus, als man auch gerade ein für das Individuum besonders günstiges Milieu oft für die Häufung idiokinetischer Faktoren verantwortlich gemacht hat. Ein solches günstiges Milieu, in dem die Erhaltung und Pflege jedes einzelnen Individuums besonders gesichert erscheint, stellt ja das Domestikationsmilieu dar, und man hat vielfach geglaubt, die enorm große Idiovariabilität der domestizierten Pflanzen und Tiere (einschließlich des Menschen) auf die vermehrte Idiokinese innerhalb dieses Milieus zurückführen zu müssen. Wie ich an anderer Stelle gezeigt habe[1]), kann allerdings die besonders große erbliche Verschiedengestaltigkeit der domestizierten Rassen auch rein selektionistisch erklärt werden, d. h. durch die im Zustande der Domestikation veränderten Ausleseverhältnisse, und ohne die Hypothese, daß die idiokinetischen Faktoren im Domestikationsmilieu besonders zahlreich seien. Entschieden sind aber alle diese Dinge noch viel zu wenig induktiv erforscht, um zur Begründung praktischer Forderungen dienen zu können.

Ebenso unbekannt wie die Häufung der idiokinetischen Faktoren in diesem oder jenem Milieu sind die für den Menschen in Betracht kommenden idiokinetischen Faktoren im einzelnen. Daß der Alkohol, das Röntgenlicht und die Syphilis beim Menschen idiokinetisch wirken können, darf man vermuten; daß diese Wirkung aber — wie es besonders vom Alkohol behauptet worden ist — häufig und intensiv genug erfolge, um eine praktische Bedeutung für die idiotypische Beschaffenheit unseres Nachwuchses zu haben, ist eine Ansicht, die wenig Wahrscheinlichkeit für sich hat, und die sich zudem oft, wie im vorigen Kapitel (S. 186) gezeigt wurde, auf höchst naive biologische Vorstellungen gründet. Alkohol und Syphilis sind so große soziale

---

[1]) Siemens: Über die Bedeutung von Idiokinese und Selektion für die Entstehung der Domestikationsmerkmale. Zeitschr. f. angew. Anat. u. Konstitutionsl. Bd. 4, S. 278. 1919.

Übel, daß man nicht nötig hat, sich bei ihrer Bekämpfung auf unwahrscheinliche rassenhygienische Gründe zu stützen.

Selbst aber, wenn es möglich wäre, alle idiokinetischen Faktoren wegzuzaubern, so wäre damit praktisch so gut wie nichts gewonnen. Wir sahen ja, daß die Bedeutung der Idiokinese für die Umwandlung von Rassen innerhalb historischer Zeiträume verhältnismäßig gering ist; daß sie deshalb als Ursache für eine Entartung, d. h. für eine Zunahme genereller idiotypischer Krankhaftigkeit, praktisch gar nicht in Betracht kommen kann. Durch Verhütung· jeglicher Idiokinese würde also höchstens erreicht, daß die quantitativ sicher minimale Zunahme erblicher Krankhaftigkeit, die aufs Schuldkonto der idiokinetischen Faktoren gesetzt werden kann, aufhört. Für eine positive Gesundung würde auf diese Weise nichts gewonnen. Vor allem aber würde das rasche Fortschreiten der Entartung, welches die Kontraselektion durch die Vermehrung der schon vorhandenen krankhaften Idiovariationen bewirken kann, durch das Aufhören der Idiokinese gar nicht berührt werden. Die Bemühungen, die Idiokinese willkürlich zu beeinflussen oder möglichst vollständig auszuschalten, sind deshalb ohne aktuelle Bedeutung für die Rassenhygiene. Die Rassenhygiene muß vielmehr, wenn sie erfolgreich kausale Therapie erblicher Minderwertigkeit treiben will, ihre ganze Stoßkraft auf die Lenkung der Ausleseverhältnisse konzentrieren. Denn allein die Selektion ist dazu imstande, innerhalb weniger Generationen die idiotypische Zusammensetzung einer Bevölkerung wesentlich zu verändern.

3. Selektion.

Ist es uns also einerseits nicht möglich, durch Behandlung der erblichen Krankheit einen Einfluß auf die Krankheitsursache, nämlich die krankhafte Erbanlage auszuüben, und wird es uns andererseits wohl niemals glücken, durch Leitung der Idiokinese an die krankhafte Erbanlage selbst heranzukommen und sie zu verändern, zu sanieren, so steht uns als dritter und letzter Weg zur Beseitigung krankhafter Erbanlagen nur noch die Selektion offen: die Beseitigung der krankhaften Erbanlage muß dadurch erfolgen, daß man die Träger dieser Erbanlage aus dem Fortpflanzungsprozeß der Rasse ausschaltet, indem man sie durch soziale Mittel hindert, Kinder zu erzeugen.

Auch dieser Weg hat allerdings seine Bedenken. Erstens gibt es im allgemeinen kein erbkrankes Individuum, bei dem, wenn es einen gesunden Ehepartner heiratet, nicht mindestens die Hälfte der Kinder die Wahrscheinlichkeit hätte, von dem betreffenden Erbleiden frei zu sein (nur die seltenen Homozygoten bei dominanten Leiden haben ausschließlich kranke Kinder). Zweitens pflegen gerade bei denjenigen erblichen Krankheiten, die wegen ihrer Schwere und relativen Häufigkeit besonders große praktische Bedeutung haben (z. B. Dementia praecox, idiotypischer Schwachsinn, idiotypische Taubstummheit), sämtliche Kinder des Erkrankten, wenn er in eine gesunde Familie einheiratet, gesund zu sein, da es sich hier im allgemeinen um recessive Affektionen handelt. Schließlich sind bei einer sehr großen Anzahl sicher erblich bedingter Leiden die Vererbungsmodi noch so wenig erforscht, daß der gewissenhafte Arzt sich scheuen wird, Schicksal zu spielen, wo er doch selbst noch im Dunkeln tappt.

Immerhin darf man nicht übersehen, daß bei einzelnen Krankheiten unsere Kenntnisse genügend geklärt sind, um uns das Recht und sogar die Pflicht zu gewissen Indikationen zuzusprechen. So mußten wir den Begriff der Belastung einer Revision unterziehen, da es Individuen gibt, die, sofern sie äußerlich gesund sind, auch bei schwerster familiärer Belastung in ihren Erbwerten vollständig normal sein müssen. Dies ist bei allen klar dominanten Krankheiten der Fall. Die schwerste Belastung besagt hier also nicht das geringste. Die Ehe eines Patienten mit einem solchen, zwar selbst gesunden, aber aufs stärkste belasteten Individuum kann man also unbedenklich gestatten, da die größte Wahrscheinlichkeit dafür besteht, daß alle Kinder und alle weiteren Nachkommen von dem Familienleiden frei sein werden.

Ist also in solchen Fällen die Vererbungsprognose der gesunden Individuen trotz ihrer „Belastung" sehr gut, so werden doch die behafteten stets die Wahrscheinlichkeit haben, zur Hälfte gleichfalls behaftete Kinder zu bekommen, wenn sie auch noch so große Sorgfalt auf die Auswahl ihres Ehegatten verwenden. Die „Blutauffrischung" ist hier infolgedessen eine vergebliche Mühe, und die Heirat einer Kusine würde, wenn diese nur äußerlich gesund ist, die Aussichten für die Kinder in bezug auf die Familienkrankheit nicht im geringsten verschlechtern.

Verhinderung von Verwandtenehen. Die Ausmerzung der gesunden Familienmitglieder wäre bei dominanten Krankheiten also eine unnütze Härte. Ganz anders liegen aber die Selektionsverhältnisse bei den recessiv erblichen Leiden. Die Entstehung dieser Leiden ist, wie schon früher ausgeführt wurde, erfahrungsgemäß besonders häufig bei den Sprößlingen aus Verwandtenehen. Man hat deshalb in einer Einschränkung solcher Ehen eine Möglichkeit der kausalen Therapie erblicher Krankheiten erblicken wollen. Dieser Weg ist aber schon deshalb bedenklich, weil durch solche Ehen möglicherweise auch eine Homozygotisierung erwünschter erblicher Anlagen bewirkt wird; solche Vermutung legen besonders die in der Tierzucht gemachten Erfahrungen nahe. Abgesehen hiervon kann man die Ehe zwischen einem recessiv Kranken und einem völlig Gesunden aber auch darum nicht als ursächliche Therapie erblicher Leiden bezeichnen, weil die Kinder aus solchen Verbindungen zwar äußerlich sämtlich gesund, in ihrem Erbbilde aber sämtlich mit der krankhaften Erbanlage behaftet sind, so daß es nur eine Frage der Zeit ist, wann diese Erbanlage durch Zusammentreffen mit einer gleichen bei der Zeugung wiederum zur Entstehung eines homozygoten und somit das alte Familienübel von neuem zeigenden Individuums führt. Durch die Heirat von recessiv Kranken mit Gesunden bzw. durch die Verhinderung von Verwandtenehen innerhalb recessiv belasteter Familien wird also die Manifestierung der erblichen Krankheit bloß um einige Generationen hinausgeschoben. Die Inzucht dagegen beschleunigt die Manifestation und somit, falls es sich wirklich um ein ernstes Leiden handelt, die Ausmerzung der Krankheit. Durch die Inzucht reinigt sich also die Rasse von recessiv erblichen Schlacken. Die Inzucht hat demnach keineswegs eine Rassenverschlechterung im Gefolge, wie viele medizinische Autoren meinen. Im Gegenteil! Dem Interesse des Individuums entspricht es allerdings, durch die Verbindung mit einem auch erblich gesunden Ehepartner die eigene krankhafte Erbanlage bei den Kindern übertünchen zu lassen; und der Arzt hat deshalb ein Recht, vor Verwandtenehen innerhalb recessiv belasteter Familien zu warnen. Im Interesse der Rasse liegt es aber nicht, daß pathologische Erbanlagen durch gesunde überdeckt, sondern daß sie ausgemerzt werden.

Erbhygienische Eheberatung. Nach dem Gesagten gibt es Fälle genug, wo eine erbhygienische Eheberatung von seiten des rassenhygienisch vorgebildeten Arztes am Platze wäre und infolge des geradezu mittelalterlich anmutenden Aberglaubens, der noch allgemein über Belastung, Vererbung und Inzucht herrscht, von Segen sein würde. Hierdurch könnte nun zwar einzelnen Personen genützt, niemals aber eine allgemeine günstige Selektionswirkung auf die Rasse ausgeübt werden. Solche umfassenden Wirkungen kann man nur von staatlichen Gesetzen erwarten, die auf die Fruchtbarkeitsverhältnisse größerer Bevölkerungsgruppen Einfluß gewinnen.

Rassenhygiene. Die kausale Therapie erblicher Krankheit und erblicher Minderwertigkeit kann, theoretisch gesprochen, auf zweierlei Art selektionistisch gehandhabt werden: 1. dadurch, daß man die Fortpflanzung der Kranken und Minderwertigen hemmt (Elimination), 2. dadurch, daß man die Fortpflanzung der Gesunden und Befähigten fördert (Elektion). Beide Wege haben ihre Anhänger und Fürsprecher gefunden. Die Bestrebungen, die das Ziel haben, eine möglichste Sterilisierung der Kranken und Minderwertigen herbeizuführen, kann man unter dem Namen eliminatorische (geburtenhemmende) Rassenhygiene zusammenfassen; sie ist in den Ländern englischer Zunge besonders populär. Ihr steht die elektive (geburtenfördernde) Rassenhygiene gegenüber, die vor allem eine Hebung der Fruchtbarkeit der Tüchtigen bezweckt.

Eliminatorische (geburtenhemmende) Rassenhygiene. Die Forderungen der eliminatorischen Rassenhygiene zielen vor allem auf eine Unfruchtbarmachung erblich Kranker und erblich Minderwertiger hin und auf rassenhygienisch indizierte Eheverbote. Die Unfruchtbarmachung soll aber nicht, wie noch vielfach angenommen wird, durch Kastration erfolgen, sondern durch den leichten Eingriff der Vasektomie (bei Frauen durch die Salpingektomie, die allerdings keine kleine Operation ist) oder durch Röntgenbestrahlung der Keimdrüsen, welch letzteres Verfahren jedoch nur eine vorübergehende Sterilisierung bewirkt. Daß Versuche dieser Art nicht einfach von der Hand zu weisen sind, wird wohl schon durch die Tatsache belegt, daß in Deutschland gegenwärtig z. B. schätzungsweise 200 000—300 000 Schwachsinnige und etwa 30 000 Geisteskranke verheiratet sein sollen. Außer Sterilisierung könnten auch Eheverbote dazu beitragen, die Fruchtbarkeit der Minderwertigen herabzudrücken; denn wenn auch durch Eheverbote nicht die Erzeugung illegitimer Kinder verhindert werden kann, so bewirken sie doch eine entschiedene Hemmung der Fruchtbarkeit derjenigen Individuen, die durch die Verbote betroffen werden. Freilich hat in Deutschland die Forderung der Eheverbote wenig An-

klang gefunden aus den Gründen, die oben dargelegt wurden (S. 205);
man beschränkt sich bei uns daher meist auf die Forderung obligater
Gesundheitszeugnisse vor der Eheschließung, von denen man hofft,
daß sie das rassenhygienische Gewissen der Bevölkerung schärfen und
den Heiratskandidaten veranlassen werden, auch die Gesundheit
seines Ehepartners mehr als es bisher üblich war, zu berücksichtigen.
Doch haben namhafte Rassenhygieniker auch gegen solche Gesundheitszeugnisse Bedenken geäußert, vor allem, weil sich dadurch gerade gewissenhafte Personen leicht von der Eheschließung könnten abhalten
lassen, während die leichtsinnigen, die in der Überzahl sind, sich doch
nicht daran kehren.

Elektive (geburtenfördernde) Rassenhygiene. Es ist nun ein weit
verbreiteter Irrtum, daß dort, wo sich erbliche Krankheit oder Minderwertigkeit vermehrt, die eliminatorische Rassenhygiene, d. h. also die
Verhinderung der Kranken und Minderwertigen an der Fortpflanzung
genügen würde, um eine Gesundung herbeizuführen. In Wirklichkeit
bietet uns aber die Tatsache einer Ausmerzung der Kranken noch gar
keinerlei Gewähr für die Fortexistenz der Gesunden. Während wir mit
der Ausmerzung der Kranken beschäftigt sind, könnten uns ja ohne
unser Zutun auch die Gesunden und die Begabten infolge ungenügender
Fruchtbarkeit dahinschwinden. Die Statistik des Geburtenrückgangs
beweist sogar, daß diese Gefahr schon vor dem Kriege bestand; um
wieviel mehr besteht sie jetzt, nach dem Zusammenbruch! Eine wirksame kausale Therapie erblicher Krankheit und erblicher Minderwertigkeit ist deshalb nur auf dem Wege der elektiven Rassenhygiene
zu erwarten, d. h. die kranken und untüchtigen Erbstämme müssen
in erster Linie dadurch beseitigt werden, daß man den gesunden und
tüchtigen zu einer ausreichenden Vermehrung verhilft. So hat schon
GALTON den klaren Satz ausgesprochen: „Das Ziel der Rassenhygiene ist die Herbeiführung möglichst vieler Einflüsse,
welche die nützlichsten Klassen des Gemeinwesens veranlassen können, einen größeren Anteil zu der Erschaffung
der nächsten Generation beizutragen" als die übrigen Klassen.
Es ist deshalb auch kein stichhaltiger Einwand gegen die Forderungen
der Rassenhygiene, wenn man sagt, daß heutzutage eine Vermehrung
unseres Volkes überhaupt unerwünscht sei. Denn die Rassenhygiene
kann niemals eine Vermehrung als solche wünschen, sondern
immer nur die Vermehrung der durchschnittlich tüchtigeren
und leistungsfähigeren Menschengruppen.

Rassenhygienische Geburtenpolitik.

Die Geburtenpolitik. Die entscheidende Ursache für die ganz
ungenügende Fruchtbarkeit der wertvollsten Bevölkerungsgruppen bei
uns liegt nun aber in der willkürlichen Beschränkung der ehelichen Kinderzahl. Dieser immer hemmungsloser um sich greifenden
Sitte kann man deshalb nicht durch irgendeine „Bevölkerungs"politik
wirksam entgegentreten, sondern allein durch eine Politik, die eine

Vermehrung der ehelichen Geburten in allen sozial wertvollen Kreisen anstrebt. Der Kernpunkt der elektiven Rassenhygiene liegt deshalb in einer rassenhygienischen „Geburtenpolitik"[1]).

Die Gründe dafür, warum bei uns gerade diejenigen Berufsgruppen am energischsten die Geburtenverhütung betreiben, die ein nach den verschiedensten Richtungen hin ausgesiebtes Menschenmaterial darbieten, sind anerkanntermaßen zu einem großen Teile wirtschaftlicher Natur. Freilich gibt es in allen Ständen auch Menschen genug, die aus Mangel an Familiensinn, aus Genußsucht, aus plumpem Individualismus und Materialismus die Kleinhaltung ihrer Familie betreiben, aber es ist eine alltägliche Erfahrung, daß die Zahl derjenigen Männer und Frauen, die nur oder vornehmlich unter dem Zwange der wirtschaftlichen Lage und aus Verantwortlichkeitsgefühl dem bereits geborenen Kinde gegenüber auf weiteren Nachwuchs verzichten, in den geistig führenden Berufen bei uns sehr groß ist. Es ist deshalb die erste Aufgabe der Rassenhygiene der Gegenwart, solchen Familien eine genügende Reproduktion wirtschaftlich möglich zu machen. Diese Aufgabe nun läßt sich erfüllen trotz des finanziellen Bankrotts, in dem wir uns befinden. Die wirtschaftlichen Beweggründe zur Geburtenverhütung ziehen ihre Nahrung nämlich im wesentlichen nicht, wie meist fälschlich angenommen wird, aus einem Mangel an Existenzmitteln für eine größere Kinderschar. Im Gegenteil: gerade der Mittelstand und die höheren Stände, in denen doch die Existenzmittel reichlicher als bei der übrigen Bevölkerung vorhanden sein müssen, weisen ja die kleinsten Geburtenziffern auf. Die wirtschaftlichen Beweggründe zur Geburtenbeschränkung sind deshalb vornehmlich in dem Umstand zu suchen, daß die kinderreichen Familien genötigt sind, ihre Lebensansprüche im Verhältnis zu den kinderreichen Familien desselben Berufsstandes herabzuschrauben. Dieser Unterschied in der wirtschaftlichen Lage zwischen den kinderreichen und den kinderarmen Familien ein und desselben Berufsstandes spielt aber in den höheren Ständen eine viel größere Rolle als im Proletariat, weil die Aufzuchtskosten der Kinder mit der sozialen Stellung der Familie im allgemeinen rascher ansteigen als die Einnahmen des Vaters. Im Proletariat fehlt außerdem vielfach überhaupt die Einsicht in die wirtschaftliche Bedeutung der Geburtenverhütung, die Kenntnis ihrer Methoden und die Energie und Selbstdisziplin, die zu ihrer Durchführung nötig sind.

Auf Grund dieser Tatsachen scheinen zur Entkräftung der wirtschaftlichen Motive, die zur Geburteneinschränkung treiben, alle Maßnahmen geeignet, die einen Lastenausgleich zwischen Kinderreichen und Kinderarmen (bzw. Kinderlosen) innerhalb eines Berufsstandes herbeiführen. Es ist also zur Bekämpfung des Geburtenrückganges der Tüchtigen nicht nötig, aus dem vielgeplagten Staat

---

[1]) SIEMENS: Bevölkerungspolitik oder Geburtenpolitik? Die Grenzboten Bd. 77, H. 27. 1918.

eine neue Art von Unterstützung, Prämie oder Rente herauszupressen, sondern es genügt eine relativ stärkere Belastung der Kinderarmen und Kinderlosen, welche so groß sein muß, daß die Beschränkung der Kinderzahl auf 2 oder gar 1 keinen wesentlichen wirtschaftlichen Vorteil vor den kinderreicheren Berufsgenossen mehr gewährt. Es versteht sich von selbst, daß eine solche erhöhte Belastung der Kinderarmen gleichzeitig auf der anderen Seite eine entsprechende Entlastung der Kinderreichen bedeutet. Die Förderung eines solchen Lastenausgleichs ist deshalb nicht nur eine Forderung der Rassenhygiene, sondern auch eine ganz selbstverständliche Forderung der sozialen Gerechtigkeit. Denn diese Gerechtigkeit verlangt, daß die schwersten Lasten auf die stärksten Schultern verteilt werden. Die wirtschaftliche Leistungsfähigkeit eines Menschen steht aber in allen Ständen und Berufen im umgekehrten Verhältnis zu seiner Kinderzahl.

Rassenhygienische Finanzpolitik. Auf die Vorschläge, die zur Herbeiführung eines Lastenausgleichs zwischen großen und kleinen Familien gemacht worden sind, kann im Rahmen dieses Lehrbuches der Vererbungspathologie natürlich nur ganz aphoristisch eingegangen werden; ausführlicher habe ich diese Dinge in meinen „Grundzügen der Rassenhygiene" dargestellt. Der genannte Lastenausgleich kann erstens dadurch herbeigeführt werden, daß in Zukunft bei den direkten Abgaben nicht, wie bisher, allein berücksichtigt wird, welches Einkommen in einem Haushalt zusammenfließt bzw. wieviel Vermögen vorhanden ist, sondern auch wieviel Personen davon erhalten werden müssen. Die Abgaben sollten demnach möglichst in so viel gleichen Teilen eingezogen werden, als Familienmitglieder davon zehren. Zweitens kann der gewünschte Lastenausgleich dadurch gefördert werden, daß bei der Besoldung (vorerst besonders der Beamten) der Familienstand noch viel mehr als bisher berücksichtigt wird. Die Gehaltsempfänger sollten neben ihrem Grundgehalt einen im Verhältnis zu diesem möglichst hohen Familienzuschuß erhalten, der nach der Kinderzahl abzustufen ist. Gehaltserhöhungen sollten bis auf weiteres ausschließlich den Familienzuschuß betreffen. Weiterhin sollte, da die Rücksicht auf die Erbteilung häufig ein Grund zur Geburtenverhütung ist, festgesetzt werden, daß ein Teil der Hinterlassenschaft einer Person, die weniger als 4 (oder 5) Kinder hinterläßt, zugunsten der übrigen Nahverwandten bzw. des Staates auszuscheiden ist. Dieser Anteil dürfte nicht zu klein bemessen werden. Läßt sich eine solche Umgestaltung unseres individualistischen Erbrechtes zu einem organischen nicht durchführen, so sollte wenigstens die Erbschaftssteuer nach geburtenpolitischen Gesichtspunkten ausgebaut werden. Und zwar sollte die Besteuerung beim Erbgang von den Eltern auf die Kinder um so höher sein, je weniger Kinder die Eltern hinterlassen, in je weniger Erbanfälle also der Nachlaß zerfällt. Familien mit 4 und mehr Kindern sollten von jedem Verlust beim Erbgang durch Abgabe an den Staat unbedingt verschont bleiben.

Rassenhygienische Siedlungspolitik. Schließlich sollte, um den fortschreitenden Geburtenrückgang bei den Bauern aufzuhalten, der Staat eine großzügige rassenhygienische Siedlungspolitik betreiben. Diese Siedlungspolitik müßte aber nach geburtenpolitischen Gesichtspunkten durchgeführt werden. Es sollten deshalb in Zukunft neue Siedlungen nach den Vorschlägen von FRITZ LENZ und MAX v. GRUBER nur als unkündbare und unteilbare „bäuerliche Lehen" abgegeben werden, auf denen ein untilgbarer, je nach der Kinderzahl teilweise oder ganz erlassener Bodenzins lastet und deren Erblichkeit an die Bedingung geknüpft ist, daß der Lehensbesitzer eine noch näher zu bestimmende, zur Erhaltung der Familie ausreichende Kinderzahl großgezogen hat.

Rassenhygienische Ethik. Solche wirtschaftlichen Reformen können natürlich nur dann den gewünschten Erfolg haben, wenn sie Hand in Hand gehen mit einer sittlichen Erneuerung unseres Volkes durch Pflege einer generativen Ethik. Der bald egoistische, bald altruistische Materialismus, dem heute so viele verfallen sind, sowie der eigensüchtige Individualismus, der für die Kultur der „Persönlichkeit" besinnungslos das Erbe der Welt opfert, müssen einem neuen Geiste Platz machen, dem rassenhygienischen Geiste, der sein Genügen findet in der Unterordnung der eigenen Person unter jenes hohe, außerpersönliche Ziel, das das Fortbestehen unserer Familie und unserer Rasse nebst ihrer Kultur zum Inhalt hat. Wenn uns die Arbeit auf dieses Ziel hin zu einem Vergnügen und zum idealen Zweck unseres Lebens wird, dann müssen aus solchem Willen zur Gattung heraus auch die Kraft und die Vernunft entstehen, die nötig sind, um die geburtenpolitischen Maßnahmen großzügig durchzuführen.

Rassenhygiene als Lehrfach. In erster Linie aber hängt die Durchführbarkeit der rassenhygienischen selektionistischen Forderungen von dem Maße der Einsicht ab, zu dem man die öffentliche Meinung und besonders die Masse der Gebildeten bringen kann. Die erste Bedingung der Erhaltung unserer Rasse auf ihrer jetzigen Höhe ist deshalb die tatkräftige Verbreitung solider rassenhygienischer Kenntnisse. Bisher waren es fast ausschließlich Ärzte, die in Deutschland die wissenschaftliche Führung der Rassenhygiene in Händen hielten; aber sie alle waren auf diesem Gebiet Autodidakten. Noch haben die Rassenhygiene und die ihr zugrunde liegende Vererbungs- und Selektionslehre nicht den ihr gebührenden Platz in Schule und Hochschule gefunden. Das rassenhygienische Verständnis und Interesse ist selbst in Akademikerkreisen noch erschreckend gering, wenn man bedenkt, daß doch die Rassenhygiene eine Wissenschaft ist, von deren Ausbau und praktischer Ausnutzung die künftige Existenz unserer Enkel und Kinder im wahrsten Sinne des Wortes abhängt. Es muß deshalb als die erste und dringendste Forderung der Rassenhygiene bezeichnet werden, daß an allen deutschen Hochschulen Lehrstühle für Rassenhygiene errichtet werden, und daß die Rassenhygiene samt ihren Grundlagen, der Vererbungs- und der

Selektionslehre, als Pflichtfach für die Hörer aller Fakultäten bzw. als Prüfungsfach bei allen nur irgend in Betracht kommenden Examinas eingeführt wird. Nur wenn die Durchsetzung dieser Forderung bald gelingt, dürfen wir hoffen, daß einmal eine Zeit kommt, in der wir nicht wie jetzt gezwungen sind, tatenlos zuzusehen, wie die gesündesten, leistungsfähigsten und wertvollsten Elemente unseres Volkes durch die grausame Torheit biologisch unsinniger Gesetze und Wirtschaftsformen vom Erdboden vertilgt werden.

D. Spezielle Vererbungspathologie des Menschen.

In den letzten Jahren ist das Interesse an der Erblichkeitslehre in der Medizin gewaltig angewachsen. Über eine ganze Reihe erblicher Leiden besitzen wir schon umfangreiche Zusammenstellungen des in der Literatur zerstreuten Materials und sorgfältige statistische Untersuchungen, die uns vielfach weitgehende Aufklärung über die idiotypische Bedingtheit der betreffenden Krankheiten gebracht haben. Über die spezielle Vererbungspathologie der Menschen läßt sich deshalb heute schon sehr viel schreiben. Hier aber kommt es nur darauf an, das Wichtige und Wesentliche dem Leser zugänglich zu machen; auf die Kennzeichnung dessen, was noch problematisch und unsicher ist, wurde dabei Wert gelegt.

Wollte man methodisch vorgehen, so müßte man bei jedem Leiden auf folgende Punkte eingehen: allgemeine Häufigkeit, Häufung in einzelnen Rassen, in einzelnen Familien, bei Zwillingen, Verhältnis der Geschlechter, eventuelle äußere Ursachen, Kombination mit anderen Leiden, vergleichende Pathologie. Bei den meisten erblichen Krankheiten sind jedoch unsere Kenntnisse noch ganz lückenhaft. Meist liegen nur einzelne familienpathologische Daten vor, zwillingspathologische selten, sichere rassenpathologische fast nie. Die spezielle Vererbungspathologie des Menschen ist also noch auf den Stil des Aphorismus angewiesen.

Es gibt, wenn man von Traumen, Vergiftungen und Infektionen absieht, nur wenig Krankheiten, die nicht gelegentlich einmal familiär beobachtet wurden, oder von denen nicht erbliche Bedingtheit behauptet worden ist. Eine Einführung in die spezielle Vererbungspathologie des Menschen wird deshalb Vollständigkeit schwer erreichen können, und das auch nur dann, wenn ihr ein unbeschränkter Raum zur Verfügung steht. Es konnte mir aber nicht daran liegen, mein Buch mit unsicheren oder vereinzelt gebliebenen Angaben zu belasten. Wirkliche Vollständigkeit habe ich deshalb nicht angestrebt, wohl aber eine Vollständigkeit in dem Sinne, daß alle vererbungspathologisch wirklich wichtigen Arbeiten herangezogen wurden. Sollte der Leser hierbei Lücken bemerken, würde ich ihm für einen Hinweis sehr dankbar sein.

Daß der Abschnitt über die Hautkrankheiten etwas ausführlicher als die anderen ausgearbeitet ist, möge man mir nachsehen; es hat das seinen Grund darin, daß ich als Dermatologe nur auf diesem Gebiet größere eigene Erfahrung besitze.

Ein Einteilungsprinzip, welches die erblichen Krankheiten ihrer inneren Zusammengehörigkeit nach ordnen würde, gibt es nicht. Die Einteilung nach der Art der Vererbung führt zu einem ganz unübersichtlichen Bilde, zumal nicht wenige Krankheiten sich bald nach dem einen, bald nach dem anderen Modus vererben; in ein solches System würde man außerdem die zahlreichen Krankheiten nicht einreihen können, die zwar sicher erblich sind, deren Vererbungsmodus aber noch nicht genügend erforscht ist. Vor allem wissen wir aber auch noch gar nicht, ob diese Einteilung der erblichen Krankheiten in dominante, recessive, geschlechtsgebundene usw. wirklich der inneren Zusammengehörigkeit dieser Leiden entspricht, ob z. B. die dominante Epidermolysis und die dominante Hemeralopie wirklich im Grunde einander näher verwandt sind, als die dominante Epidermolyse und die recessive Epidermolyse. Ich habe deshalb die von rein praktischen Erwägungen geleitete Art der Darstellung, die ich in der ersten Auflage gewählt hatte, beibehalten; ich habe also die erblichen Krankheiten eingeteilt in fünf große Gruppen (Haut, Augen, Nerven, Innere, Knochen) und habe innerhalb dieser Gruppen die einzelnen Leiden, um ihre Auffindbarkeit möglichst zu erleichtern, einfach nach dem Alphabet geordnet. So wird es, wie ich glaube, leicht sein, sich über Dinge, die einen besonders interessieren, rasch zu unterrichten.

11. Krankheiten der Haut und der angrenzenden Schleimhäute.

Acanthosis nigricans. Selten, meist Folge einer bösartigen Geschwulst der inneren Organe, 2 mal bei 2 Geschwistern als angeborenes Leiden beobachtet (Miescher).

Adenoma sebaceum. Teilerscheinung der tuberösen Sklerose des Gehirns (s. d.).

Acne. Von der Acne vulgaris und der Rosacea wurde familiäres Auftreten oft behauptet. Sicheres ist nicht bekannt.

Albinismus. Wir unterscheiden nach der Ausbreitung einen universellen und einen lokalisierten Albinismus, nach der Intensität des Farbstoffmangels einen totalen und einen partiellen. Der Albinismus universalis totalis vererbt sich recessiv. Er wird besonders oft bei Geschwistern angetroffen, deren Eltern gesund, jedoch häufig blutsverwandt sind; in Nordamerika fand man die Blutsverwandtschaft der Eltern in 33% der Fälle (Davenport, Pearson, Nettleship und Usher). Aus den Ehen zweier Albinos gehen fast ausschließlich wieder Albinos hervor. Bei Juden soll der allgemeine Albinismus häufiger sein als bei Nichtjuden (Seyfarth). Bemerkenswert ist, daß analog dem menschlichen Albinismus auch der universelle totale Albinismus der Tiere sich meist recessiv verhält. Allerdings zeigt der universelle Albinismus des Menschen im Gegensatz zu dem der Tiere alle Übergänge zum unvollständigen (partiellen) Albinismus und zum Albinismus localisatus. Auch zeigt der menschliche universelle Albinismus mit gesetzmäßiger Häufigkeit Kombinationen mit Störungen der Augen (Nystagmus, Amblyopie, Hyperopie oder Myopie mit Astigmatismus), angeblich auch mit Störungen des Nervensystems und mit erhöhter Anfälligkeit für die verschiedensten Krankheiten. Nur bei Katzen soll der allgemeine Albinismus zuweilen mit Irispigmentierung verschiedenen Grades und sogar mit Taubheit verbunden sein.

Die Fälle von partiellem und lokalisiertem Albinismus zeigen einen großen Formenreichtum. Bald besteht ein universeller Albinismus, bei dem aber die Pigmentbildung nicht völlig erloschen ist, bald ist die Haut total albinotisch, während die Augen gut pigmentiert sind; alle diese Fälle werden als Leucismus bezeichnet. Auch der Leucismus mag sich in einem wesentlichen Teil seiner Formen recessiv verhalten, in anderen scheint er unregelmäßig dominant zu sein (JABLONSKI); doch sind hier unsere Kenntnisse noch ungenügend.

Sehr vielgestaltig ist auch, sowohl in klinischer wie in vererbungsbiologischer Beziehung, der Albinismus localisatus. In Form der Scheckung konnte dieses Leiden mehrfach durch mehrere Generationen verfolgt werden, z. B. bei den Schecken aus dem Nyassaland durch 5 Generationen. Die Ausdehnung der Scheckflecken weist bei den einzelnen behafteten Familienmitgliedern in gewissen Grenzen Unterschiede auf, doch sind immer wieder die gleichen Gegenden bevorzugt (Bauch, Scheitel-Stirn). Ob die Scheckung bei farbigen Rassen häufiger ist, wie oft behauptet wurde, oder nur leichter zur Kenntnis gelangt, ist ungewiß. In Analogie zu den dominanten Fällen von Scheckung beim Menschen steht die Scheckung vieler Haustiere, z. B. der Kaninchen, die sich gleichfalls dominant verhält. Doch braucht durchaus nicht jeder Fall von menschlicher Scheckung auf einer dominanten Erbanlage zu beruhen.

Regelmäßige Dominanz bis durch 6 Generationen beobachtete man auch bei jenen Formen von lokalisiertem Albinismus, die als weißer Fleck oder als weiße Haarlocke (meist an der Stirn) in die Erscheinung treten (Poliosis circumscripta). In einem dieser Fälle (PEARSON, NETTLESHIP und USHER) schien sich die weiße Locke recessiv-geschlechtsgebunden zu vererben. Übrigens ist nicht jeder depigmentierte Fleck, der seit Geburt besteht, erblich bedingt. Bei meinen Zwillingsuntersuchungen hat sich gezeigt, daß solche Flecke — offenbar gar nicht selten — paratypischer Natur sind, wenn wir auch ihre Ursachen noch nicht kennen. Wir sollten daher mit dem Ausdruck „lokalisierter Albinismus" zurückhaltender sein und, soweit wir ätiologisch differenzieren können, nur solche depigmentierten Flecke, die idiotypisch bedingt sind, als Albinismus, die nichterblichen aber als Naevi depigmentosi bezeichnen. Vgl. Albinismus des Auges.

Alopecia praesenilis. Möglich ist das Vorkommen dominant-geschlechtsbegrenzter Vererbung. Sicheres nicht bekannt.

Angiokeratom. Gelegentlich bei Geschwistern beobachtet (DUBOIS).

Anidrosis. In 5 Familien, in denen das Leiden mit mangelhafter Behaarung, mangelhafter Bezahnung und ozänöser Sattelnase vergesellschaftet war, beruht es offenbar auf einer recessiv-geschlechtsgebundenen Erbanlage (SIEMENS) (Abb. 69). Doch sind auch solitäre Fälle, und zwar auch beim weiblichen Geschlecht beschrieben, die folglich anderer Ätiologie sein müssen. Auch gibt es paratypische Fälle universeller Anidrosis (nach Naphthalin- und Formalinintoxikation).

Aplasia pilorum intermittens, s. Moniletrichosis.

Atherome. Man unterscheidet echte (Epidermoide) und falsche (Follikularcysten) Atherome. Die Epidermoide vererben sich unregelmäßig dominant (Abb. 32), die Follikularcysten sind, mit Ausnahme einer besonderen Form (Sebocystomatosis multiplex), nichterblich (SIEMENS).

Atrophia cutis. Eine besondere Form diffuser Hautatrophie, die mit Linsenstar kombiniert war, wurde im Walsertal in 3 Familien bei Geschwistern mit blutsverwandten Eltern angetroffen (ROTHMUND). Recessivität ist also wahrscheinlich.

Eine auf Ellbogen, Knie und Endphalangen beschränkte Hautatrophie konnte durch 4 Generationen verfolgt werden, wobei 19 Personen behaftet, 21 frei waren (SEIFERT). Hier lag also offenbar ein dominantes Leiden vor.

Die als Poikiloderma vascularis atrophicans bezeichnete lokalisierte Hautatrophie wurde 2 mal bei Geschwistern beobachtet (BETTMANN, JANOVSKY).

Eine Atrophie der Handflächen, bei der auch Fingerrücken und Aponeurosen beteiligt waren, wurde 1 mal bei Mutter und Tochter beschrieben (AUDRY-DALOUS).

Auricularanhänge (Naevi chondrosi). Halsanhänge wurden 2 mal, einseitige Ohranhänge 5 mal, doppelseitige Ohranhänge 1 mal (Abb. 83) bei 2 bis 4 nahen Verwandten angetroffen (SIEMENS).

Blepharochalasis, s. Dermatochalasis palpebrarum.

Bullosis spontanea pemphigoidea Siemens. Ein pemphigusähnlicher, aber nicht so bösartig verlaufender Blasenausschlag wurde in 3 klinisch nicht übereinstimmenden Fällen bei Geschwistern bzw. bei Onkel und Neffe beobachtet. Vgl. Pemphigus.

Canities praecox, Canities tarda. Frühzeitiges bzw. verspätetes Ergrauen wurde zuweilen bei Vorfahren und Nachkommen beobachtet, scheint also in einzelnen Fällen auf einer dominanten Anlage zu beruhen. Methodische Untersuchungen fehlen.

Cutis laxa. Meist solitär, gelegentlich bei mehreren Familienangehörigen beobachtet.

Cutis verticis gyrata. Gelegentlich bei mehreren Familienangehörigen beobachtet (SPRINZ). Soll bei Kretinen häufig sein (PAULSEN).

Dariersche Krankheit. Etwa in der Hälfte der Fälle familiär, aber noch niemals durch mehr als 3 Generationen beobachtet (SPITZER). — Ein der Darierschen Krankheit ähnlicher, als Epidermodysplasia verruciformis bezeichneter Fall, wurde bei dem Sprößling einer Vetternehe beschrieben (LEWANDOWSKY-LUTZ).

Dermatitis herpetiformis Duhring. Die Ursache dieses gutartigen rezidivierenden polymorphen Blasenausschlags ist völlig dunkel. In einem Fall konnte das Leiden bei 12 Personen in 3 Generationen beobachtet werden (SIEMENS), war hier also offenbar dominant erblich.

Dermatochalasis. Auffallende Schlaffheit der Haut der Augenlider (Blepharochalasis) wird manchmal schon in jugendlichem Alter gefunden, ohne daß familiäre Belastung nachweisbar ist. Bei der präsenilen Form des Leidens kommt unregelmäßig dominante Vererbung vor. Einmal wurde Dermochalasis palpebrarum bei 4 Personen in 4 Generationen angetroffen (LAFON-VILLEMONTE). In einem anderen Fall wurde das Leiden in Kombination mit Dermochalasis der linken Halsseite bei 4 Personen in 3 Generationen beobachtet; einmal Übertragung durch einen Gesunden (GRAF).

Ekzem. Dermatitiden, die Teilerscheinung der exsudativen Diathese sind, können mit dieser erblich sein; sind sie Anzeichen einer besonderen Überempfindlichkeit, so können sie familiär auftreten, wenn die Überempfindlichkeit familiär auftritt. Überempfindlichkeit der Haut gegen Terpentinersatz (GALEWSKY) bzw. gegen Quecksilber (vgl. Idiosynkrasie) wurde bei Vater und Sohn beobachtet.

Elefantiasis congenita (chronisches Ödem, MILROYsche Krankheit). Bis durch 5 Generationen beobachtet (BULLOCH). Unregelmäßig dominant.

Epheliden. Die Sommersprossen galten bisher für dominant erblich (HAMMER, MEIROWSKY). Daß sie idiotypisch bedingt sind, ist sicher. Ich sah sie bei zahlreichen homologen Zwillingspaaren im wesentlichen stets in übereinstimmender Intensität und Lokalisation. Einfache Dominanz kann aber nicht vorliegen, da nichthomologe Zwillinge nur sehr selten so hochgradige Übereinstimmung zeigen (SIEMENS).

Epidermolysis bullosa. Die Neigung zu Blasenbildung auf geringfügige mechanische Reize hin tritt klinisch unter recht verschiedenen Formen auf. Im Vordergrund steht die sog. einfache und die sog. dystrophische (mit Narben und Nagelveränderungen abheilende) Form. Die einfache Epidermolyse ist in ihren typischen Fällen meist ausgesprochen dominant (Abb. 36); die Vererbung wurde bis durch 7 Generationen verfolgt. In 26 Familien fand ich 185 Kranke:172 Gesunden. Überspringen von Generationen kommt gelegentlich vor, möglicherweise etwas häufiger bei Weibern (Abb. 41). Das Leiden wurde verhältnismäßig häufig bei Deutschen beobachtet.

Die dystrophische Epidermolyse ist nur selten in mehreren Generationen einer Familie angetroffen worden, dagegen 20mal bei Geschwistern; 6mal waren die Eltern blutsverwandt. Ein wesentlicher Teil der Fälle scheint daher recessiv erblich zu sein (SIEMENS) (Abb. 51 u. 52). Ein Fall, der auch klinisch atypisch (mit Hypotrichosis kombiniert) und bei dem die mechanische Genese der Blasen zweifelhaft war, verhält sich offenbar recessiv-geschlechtsgebunden (Abb. 66).

Die vielfach anzutreffende Angabe, daß die Epidermolyse oft mit Verhornungsanomalien kombiniert sei, ist unzutreffend.

Epitheliom. Die Bedeutung der Erbanlagen für die Entstehung des Hautkrebses scheint in den meisten Fällen ganz zurückzutreten. Nur als Begleiterscheinung des Xeroderma pigmentosum ist die Carcinomatose der Haut recessiv erblich.

Ein Lentigo malignus der Augenlider wurde einmal bei Vater und Tochter beobachtet (VALUDE-DUDOS), desgleichen ein Basalzellen-Epitheliom im Gesicht (RUSCH).

Epithelioma adenoides cysticum Brooke. Diese multipel über die Mitte des Gesichts verstreuten Knötchen wurden mehrmals bei 2 bis 4 Personen einer Familie beobachtet; meist waren Mutter und Tochter befallen. Es könnte also polyid-geschlechtsbegrenzte Vererbung vorliegen.

In einem Fall, den SUTTON bei Negern sah, sollen nach Angaben des Patienten sämtliche 77 Mitglieder der Familie 3 Generationen hindurch befallen gewesen sein (Abb. 79). Diese Angabe ist unglaubwürdig.

Follikularcysten s. Atherome.

Granulosis rubra nasi Jadassohn. Gelegentlich familiär, besonders bei Geschwistern beobachtet. Zuweilen in familiärer Kombination mit Hyperidrosis nasi (MIROLUBOW). Ich selbst sah einen Patienten, dessen Bruder eine sehr auffällige Hyperidrosis nasi hatte; 2 Schwestern o. B.

Hidrocytom. Familiäres Vorkommen behauptet (MIROLUBOW).

Hydroa aestivale (vacciniforme). Das Leiden wurde 1 mal bei Vater und Sohn, in 9 Fällen bei Geschwistern beobachtet (SIEMENS). Das männliche Geschlecht war etwa im Verhältnis 10 : 1 bevorzugt. Man muß daher an recessiv-geschlechtsbegrenzte Vererbung denken, vorausgesetzt, daß das bis jetzt vorliegende Material einigermaßen repräsentativ ist (Abb. 33).

Auch die Sommerprurigo, die gleichfalls auf einer Überempfindlichkeit der Haut gegen Licht beruht, wurde gelegentlich familiär angetroffen.

Hyperidrosis palmaris et plantaris. Daß die gewöhnlichen Formen von Schweißhand und Schweißfuß dominant erblich seien, wurde oft behauptet, ohne daß zuverlässige Unterlagen existieren. Daß die Hyperidrosis der Hände und Füße als erbliches Leiden vorkommt, ist aber sicher, da sie zuweilen in fester Korrelation zu anderen erblichen Hautkrankheiten steht, z. B. zur dominanten Keratosis palmaris et plantaris.

Hyperthelie. Gelegentlich bei mehreren Mitgliedern einer Familie beobachtet.

Hypertrichosis. Die familiären Fälle von übermäßiger Behaarung weisen klinisch die größten Unterschiede auf. In manchen Fällen scheint es sich um Teilerscheinung einer erblichen Störung der inneren Sekretion zu handeln. Die meisten Fälle von Hypertrichosis sind nicht familiär. DRESEL hält die Hypertrichosis für ein recessives Erbleiden; für einen Teil der Fälle kann das zutreffen. Zuverlässiges wissen wir nicht. Gelegentlich Kombination mit Störungen der Zahnentwicklung.

Vgl. Lanuginosis.

Hypotrichosis. Die mangelhafte Behaarung ist in einem Teil der Fälle erblich bedingt. Sie wurde bis durch 6 Generationen verfolgt. Es handelt sich wohl gewöhnlich um unregelmäßige Dominanz (FISCHER). GOSSAGE zählte in 6 Familien Haarloser bzw. Haararmer 26 Kranke : 10 Gesunden. Gelegentlich scheint die familiäre Hypotrichosis Symptom einer erblichen Störung der inneren Sekretion zu sein. Nicht selten sind die Nägel auch abnorm, z. B. bei dem durch 6 Generationen verfolgbaren Fall von NICOLLE-HALIPRÉ, bei dem einzelne Behaftete die Nageldystrophie isoliert aufwiesen. In einigen auch klinisch abnormen Fällen lag recessiv-geschlechtsgebundener Erbgang vor (vgl. Anidrosis, Keratosis follicularis lichenoides). Gelegentlich wurden auch Störungen in der Zahnentwicklung beobachtet.

Auch bei den sog. Nackthunden ist die Hypotrichosis mit Gebißdefekten kombiniert.

Vgl. Lanuginosis und Anidrosis.

Ichthyosis congenita. Auftreten bei Geschwistern wurde etwa in jedem 9. Fall, Blutsverwandtschaft der Eltern in 12% der Fälle festgestellt. Es liegt danach offenbar recessive Erblichkeit vor (Abb. 55).

Das gleiche gilt für die Erythrodermie ichthyosiforme congénitale, die klinisch als eine abgeschwächte Form der Ichthyosis congenita aufgefaßt werden kann. Unter 42 Fällen wurde 7 mal Auftreten bei Geschwistern, 4 mal elterliche Blutsverwandtschaft beobachtet (SIEMENS).

Ichthyosis vulgaris. Das Leiden ist in $^1/_4$ der Fälle bei Vorfahren und Nachkommen, bei fast einem weiteren Viertel bei Geschwistern beobachtet (GASSMANN). Zuweilen konnte man es bis durch 4 und 5 Generationen verfolgen (HELLER, LEVEN). In den 4 größten Stammbäumen zählte ich 35 Kranke : 33 Gesunden. Überspringen von Generationen ist häufig. Es kommt also unregelmäßig dominante Vererbung bei der Ichthyosis vor. In Ichthyotikerfamilien sollen oft Personen mit abortiver Ausprägung des Leidens angetroffen werden. Methodische Untersuchungen fehlen. Bei 2 homologen Zwillingspaaren fand ich die Ichthyosis in ganz übereinstimmendem Grade. Es ist zu vermuten, daß nicht alle Fälle idiotypisch einheitlich sind. THIBIERGE will in einigen Fällen Blutsverwandtschaft der Eltern konstatiert haben. Eine von der Ichthyosis vulgaris verschiedene universelle Verhornungsanomalie, die nur in der englischen Familie Lambert angetroffen wurde, vererbte sich möglicherweise dominant-geschlechtsbegrenzt, da sie 9—10 Männer in 4 Generationen befiel.

Die Angabe, daß Ichthyosis bei Phthisikern 8 mal so häufig sei als bei Nichttuberkulösen (RIVERS), bedarf der Nachprüfung.

Keloide. Sie sollen idiotypisch wesentlich mitbedingt sein. Manche Negerstämme sollen eine besonders große Disposition zur Keloidbildung nach Verletzungen haben, die von ihnen zu „kosmetischen‟ Zwecken ausgenützt wird. Zuverlässiges ist nicht bekannt.

Einmal wurden teils keloidartig gewucherte Narben bei Mutter und Kind beobachtet, die bei beiden schon bei der Geburt vorhanden gewesen waren (FRUHINSHOLZ).

Keratosis follicularis acneiformis. Ein der sog. Keratosis follicularis contagiosa Brooke verwandtes Krankheitsbild, das mit Keratosen der Handflächen und Fußsohlen und mit Nagelveränderungen einhergeht, wurde von mir als eigener familiärer Krankheitstyp beschrieben. Er wurde einmal bei 2 von 8 Geschwistern (JADASSOHN und LEWANDOWSKY), von mir bei Mutter und Sohn beobachtet. Die Art der Vererbung ist offenbar kompliziert (Abb. 82).

Keratosis follicularis lichenoides. Fast ein Drittel aller Behafteten soll gleichfalls behaftete Verwandte haben (DARIER). Systematische Untersuchungen fehlen und sind schwer möglich, da das Leiden im Laufe des Lebens an Intensität stark wechselt; der Höhepunkt seiner Ausbildung fällt in die Entwicklungsjahre. Sicher ist nur die erbliche Bedingtheit des Leidens, da ich es an zahlreichen homologen Zwillingen fast in gleicher Ausprägung antraf.

Eine besondere, mit Degeneratio corneae, Hypotrichosis und Unterkiefer-Hypoplasie kombinierte Form der lichenoiden Follikularkeratose wurde von LAMERIS in einer Familie durch 5 Generationen verfolgt. Es war hier durch eine recessiv-geschlechtsgebundene Erbanlage bedingt (SIEMENS).

Keratosis palmaris et plantaris. Die Verhornung der Hand- und Fußflächen beruht in vielen Fällen auf einer regelmäßig dominanten Erbanlage. Die Vererbung wurde bis durch 5 Generationen verfolgt. In den typischen Fällen wurde Überspringen von Generationen noch nicht beobachtet. In 28 Familien fand GOSSAGE 222 Behaftete : 184 Normalen. Ausnahmsweise wurde Korrelation mit anderen Störungen beschrieben, z. B. mit Hypotrichosis, Nagelveränderungen, Trommelschlegelfingern (vgl. diese), in einigen anderen Fällen Korrelation mit Keratosis follicularis aeneiformis (vgl. diese). In einem Fall (BALLANTYNE-ELDER) bestand möglicherweise Dominanz mit Begrenzung auf das weibliche Geschlecht.

Es ist nicht ausgeschlossen, daß auch recessive Formen existieren. Ich sah das Leiden bei 2 von 8 Geschwistern, deren Eltern frei waren, JADASSOHN erwähnt 2mal behaftete Geschwister, die von blutsverwandten Eltern (Geschwisterkindern) abstammten. Eine besondere Form der Keratosis palmaris (mit grubigen Vertiefungen und häufigem Übergreifen auf Hand- und Fußrücken, Knie und Ellbogen), die auf der Insel Meleda endemisch sein soll (Mal de Meleda), vererbt sich nicht regelmäßig dominant. In den wenigen bekannten Stammbäumen haben die Behafteten stets gesunde Kinder, erst die Enkel sind zu einem Teil wieder behaftet (GASSMANN).

Keratosis pilaris (Lichen pilaris), s. Keratosis follicularis lichenoïdes.

Lanuginosis. Die übermäßige Behaarung mit Wollhaaren („Hundemenschen") wurde zuweilen familiär angetroffen, z. B. bei einem Burmesen aus dem Hinterland von Ava, seiner Tochter und seinen 2 Enkeln. Nicht selten bestanden gleichzeitig Störungen der Zahnentwicklung (MENSE).

Leucismus, s. Albinismus.

Leukonychie. Ungewöhnliche Weißfärbung der Nägel wurde mehrmals bei Vater und Sohn, 1 mal in regelmäßig dominanter Vererbung in 4 Generationen beobachtet (K. W. BAUER). In diesem Fall waren 18 Personen behaftet, 10 frei. Die Behafteten litten, mit Ausnahme von zweien (Vater und Sohn), gleichzeitig an multiplen Atheromen der Kopfhaut.

Lichen ruber. Der Lichen ruber, der gewöhnlich für eine Infektionskrankheit gehalten wird, wurde 16 mal bei Geschwistern, 9 mal bei Elter und Kind, 1 mal bei Onkel und Nichte und 5 mal bei Ehegatten beobachtet (GALEWSKY). Möglicherweise gibt es eine idiotypische Disposition zu Lichen ruber.

Lingua plicata (dissecata, scrotalis). Familiäres Auftreten mehrfach behauptet. Methodische Untersuchungen fehlen. Soll bei Kretinen häufig sein (PAULSEN).

Lipome. Multiple Fettgeschwülste wurden zuweilen in mehreren Generationen einer Familie als unregelmäßig dominantes Erbleiden beobachtet (PETRÉN). In einem Fall soll eine Begrenzung auf das männliche Geschlecht vorhanden gewesen sein (BLASCHKO).

Milien. Kleine Horncysten sind sicher oft paratypischer Natur, z. B. als Folgen abgeheilter Blasenausschläge und in Narben. Bei homologen Zwillingen sah ich mehrfach einzelne Milien bei einem Zwilling, während der andere frei war. Multiple Milien in der Umgebung der Augen wurden gelegentlich familiär beobachtet (JADASSOHN). Methodische Untersuchungen fehlen.

Moniletrichosis (Aplasia pilorum intermittens). Perlschnurhaare sind bis durch 5 Generationen beobachtet. In den 3 größten Familien zählte GOSSAGE 31 Kranke : 30 Gesunden. Überspringen von Generationen kommt gelegentlich vor. Das Leiden ist also in einem Teil seiner Fälle unregelmäßig dominant. Solitäre Fälle sind relativ häufig.

Die Moniletrichosis steht in einer noch ungeklärten Beziehung zur Keratosis follicularis lichenoïdes.

Naevi. Die Muttermäler wurden bisher für idiotypische Bildungen gehalten (MEIROWSKY und LEVEN, MEIROWSKY und BRUCK). Meine Zwillingsuntersuchungen haben aber gezeigt, daß die gewöhnlichen Muttermäler nichterblicher Natur sind. Allerdings existiert eine gewisse idiotypische Disposition zur Naevusbildung; diese ist aber in ihrem Ausmaß gering.

Bezüglich der Gefäßmäler vgl. Teleangiektasien.

Nagelleiden. Hyperkeratosis der Nägel wurde einmal bei 6 Personen in 3 Generationen beobachtet (EBSTEIN), anscheinend also dominant. KÖHLER beschrieb Onychogryphose der Großzehennägel bei 4 Weibern in 4 aufeinanderfolgenden Generationen. Gelegentlich trat auch die Hyperkeratosis subungualis in mehreren Generationen einer Familie auf (WILSON).

Vgl. Keratosis follicularis acneïformis.

Anonychie bzw. Onychoatrophie wurden gelegentlich bei Geschwistern bzw. durch 2 Generationen beobachtet, isolierte Anonychie des Daumens bei Bruder und Schwester (EBSTEIN, SPRINZ).

Koilonychie wurde 1 mal durch 3 Generationen, 1 mal durch 2 Generationen und 1 mal bei 2 Brüdern festgestellt.

Bei einer Frau, ihren 2 Brüdern und ihrem Sohn wurde alljährlicher Nagelwechsel beschrieben. Eine Onycholysis partialis semilunaris sah FRIEDMANN bei 2 Schwestern.

Vgl. auch Leukonychie und Trommelschlegelfinger.

Ödem, s. Quinckes Ödem und Elefantiasis congenita.

Ozaena. Nicht selten familiär. Vielleicht in manchen Fällen infektiös. Sicher ätiologisch nicht einheitlich. Häufiger beim weiblichen Geschlecht. In Kombination mit Anidrosis von einer recessiv-geschlechtsgebundenen Erbanlage abhängig (vgl. Anidrosis).

Einmal wurde ein chronischer atrophisierender Katarrh der oberen Luftwege bei Vater und 2 Söhnen beobachtet (BRANDENBERG).

Pemphigus. Ursache völlig unbekannt. 2 mal wurde Blutsverwandtschaft der Eltern festgestellt (BETTMANN). Bei Juden angeblich häufiger. Angeborener Pemphigus wurde 1 mal bei einem Kind beschrieben, dessen Vater 2 Geschwister an demselben Leiden verloren haben soll (MAUTNER). Vgl. Bullosis spontanea pemphigoidea.

Poliosis circumscripta, s. Albinismus.

Porokeratosis Mibelli. (Kreis- und guirlandenförmige Keratosen mit atrophischem Zentrum.) Das Leiden ist oft familiär, bis durch 4 Generationen, beobachtet. In den 14 größten Familien fanden sich 50 Kranke zu 89 Gesunden. Männer werden wesentlich häufiger befallen (88 ♂ : 35 ♀) Es scheint sich also um ein unregelmäßig dominantes Leiden mit teilweiser Begrenzung auf das männliche Geschlecht zu handeln (FULDE).

Psammom des Hinterkopfes. Von JADASSOHN bei mehreren Kindern nichtbehafteter Eltern beobachtet.

Pseudokolloidmilium. Einmal bei 2 Brüdern beobachtet (BOSELLINI).

Pseudoxanthoma elasticum. Mehrfach bei Geschwistern beschrieben (BETTMANN, WITH).

Psoriasis. Die Schuppenflechte wird sehr häufig, etwa in einem Drittel der Fälle (LESSER), in familiärer Häufung angetroffen. Da es sich bei ihr möglicherweise um eine Infektionskrankheit handelt, muß man annehmen, daß es eine (vielleicht unregelmäßig dominante) idiotypische Disposition zu Psoriasis gibt.

Rothaarige sollen besonders häufig an Psoriasis leiden (?).

Quinckes Ödem (angioneurotisches Ödem). In einer Reihe von Fällen familiär, bis durch 5 Generationen, beobachtet (BULLOCH, CASSIRER, QUINCKE). Überspringen von Generationen kommt vor. In einem wesentlichen Teil der Fälle also durch eine unregelmäßig dominante Erbanlage bedingt. Gelegentlich mit Migräne (GÄNSSLEN) oder mit Tetanie (BOLTEN) kombiniert.

In manchen Familien besteht eine besondere Neigung zu bestimmten Lokalisationen, so in der Familie MENDELS zu der gefährlichen Lokalisation am Kehldeckel, wodurch 6 von den 9 behafteten Personen infolge Erstickung ums Leben kamen.

Raynaudsche Krankheit. Zuweilen bei Geschwistern oder bei Elter und Kind, 1 mal bei Großvater und Enkel (CASSIRER), 1 mal bei 4 Personen in 2 Generationen (GROTE) beobachtet.

Recklinghausensche Krankheit (Neurinomatosis). Häufig familiär, durch mehrere Generationen beobachtet. Unter denjenigen Fällen, welche zu maligner Entartung geführt haben, sind die Männer auffallend bevorzugt; man fand nämlich 14 ♂ : 3 ♀ (HOEKSTRA). Es könnte unregelmäßige Dominanz (mit Geschlechtsbegrenzung bei den malignen Fällen) vorliegen; doch gestattet das Material noch keinen zuverlässigen Schluß.

Rutilismus. Die Rothaarigkeit ist idiotypisch bedingt. Bei zahlreichen homologen Zwillingen fand ich selbst in der Tönung der Haare vollkommene Übereinstimmung. Rot soll gegenüber Schwarz einfach recessiv sein (HAMMER). Ich glaube aber, daß es sich um kompliziertere Verhältnisse handelt; auf jeden Fall scheint es unabhängig vom melanotischen Pigment vererbt zu werden (DAVENPORT).

Scheckung, s. Albinismus.

Schleimdrüsenhypertrophie im Munde. Über familiäres Auftreten nichts Zuverlässiges bekannt (HECHT).

Sklerodermie. Mehrmals bei Geschwistern, einmal bei Mutter und Kindern beobachtet. In einem Fall waren die Eltern der erkrankten Geschwister blutsverwandt (CASSIRER).

Sommerprurigo, s. Hydroa.

Syringom. Wie beim Epithelioma Brooke sind auch hier gelegentlich wenige Personen einer Familie, meist Mutter und Tochter, befallen. Polyid-geschlechtsbegrenzte Vererbung ?

Teleangiektasien. Die teleangiektatische Wangenröte fand ich ebenso wie die Teleangiektasien zwischen den Schultern bei homologen Zwillingen fast immer in Übereinstimmung. Sie sind im wesentlichen idiotypisch bedingt. Für die teleangiektatische Wangenröte wurde Dominanz vermutet (HAMMER). Bei den Teleangiektasien im Nacken (UNNAscher Naevus) scheint nach meinen Zwillingsbefunden die erbliche Anlage gleichfalls eine große Rolle zu spielen. Multiple Teleangiektasien auf Gesicht und Schleimhäuten wurden mehrfach durch mehrere Generationen verfolgt. In 12 Familien fanden sich 40 Kranke : 76 Gesunden. Betrachtet man das in diesen Familien häufige Nasenbluten als Äquivalent der Teleangiektasien, so erhält man 66 Kranke : 50 Gesunden. Männer und Weiber sind gleich häufig befallen (HENLE). Es liegt also unregelmäßig dominante Vererbung vor. Als Teilerscheinung des Xeroderma pigmentosum vererben sich die Teleangiektasien einfach recessiv.

Einzeln vorhandene kleinere und größere Gefäßmäler wurden nur ausnahmsweise bei wenigen Familienmitgliedern gefunden (HENLE). Daß sie gewöhnlich paratypischer Natur sind, zeigen meine Zwillingsuntersuchungen.

Trommelschlegelfinger. Zuweilen familiär beobachtet, einmal z. B. bei Vater und 2 Kindern, von mir bei Vater und Sohn (Großeltern, 6 Söhne, 1 Tochter, 7 Enkelkinder frei) (EBSTEIN, LEWY). Es scheint also unregelmäßig dominante Vererbung vorzukommen. Die Mehrzahl der Fälle ist aber wohl nicht idiotypisch bedingt, sondern Folgeerscheinung von Bronchiektasen, Lungentuberkulose, BASEDOWscher Krankheit usw. In einem durch 5 Generationen verfolgbaren Fall waren die Trommelschlegelfinger mit Veränderungen der Fingerknochen verbunden sowie mit Nageldystrophie, Keratosis palmaris et plantaris und Hypotrichosis (H. FISCHER).

Urticaria chronica cum pigmentatione. Bei 3 Brüdern und dem Kind des einen beobachtet (KYRLE).

Varicen. Krampfadern (auch Hämorrhoiden) sollen oft familiär auftreten. Systematische Untersuchungen fehlen.

Verrucae seniles. Wurden gelegentlich schon in verhältnismäßig frühen Altersstufen familiär beobachtet. Sicheres ist nicht bekannt.

Vitiligo. Ursache rätselhaft. Nur sehr selten familiär beobachtet (PEARSON-NETTLESHIP-USHER, BETTMANN), einmal bei 5 Schwestern (ULLMANN).

Xanthomatose. Die Einlagerung von Cholestearinfettsäureestern in die Haut (Cholesterosis cutis) ist nicht selten die Folge anderer Krankheiten (Diabetes, Leberleiden). Sie ist aber, und zwar besonders in Fällen ohne innere Komplikation, oft familiär bei Vorfahren und Nachkommen oder bei Geschwistern beobachtet (MORICHAU-BEAUCHANT). GOSSAGE fand in den 7 größten Stammbäumen 34 Kranke : 35 Gesunde. Überspringen von Generationen ist häufig, einmal wurden sogar zwei Generationen übersprungen. In einem Teil der Fälle besteht also offenbar unregelmäßige Dominanz. Daß auch andere Vererbungsmodi vorkommen, ist wahrscheinlich, da die familiären Fälle auch klinisch außerordentlich verschieden sind (SCHMIDT).

Die Behauptung, daß den dominanten Fällen stets hämolytischer Ikterus (vgl. diesen) zugrunde liege, ist unbewiesen und nicht wahrscheinlich.

Xeroderma pigmentosum. Das Leiden wird in etwa $1/_3$ der Fälle bei Geschwistern, ganz selten bei Vorfahren und Nachkommen angetroffen. In einer Reihe von Geschwisterschaften fand DRESEL 32 Kranke : 89 Gesunden. In 11—12% der Literaturfälle ist Blutsverwandtschaft der Eltern angegeben. Das Xeroderma muß daher als recessives Erbleiden angesehen werden.

Bei Juden soll es besonders häufig sein.

Zähne. Überzahl bzw. Fehlen von Schneide- oder Backzähnen wurde gelegentlich familiär beobachtet, mehrmals vor allem das Fehlen der oberen äußeren Schneidezähne (GÄRTNER), einmal das Fehlen von Backzähnen bei 6 Personen in 3 Generationen in Verbindung mit Hypertrichosis (MICHELSON). Das symmetrische Fehlen von Zähnen ist aber in einem Teil der Fälle nicht idiotypisch bedingt, denn ich fand es gelegentlich bei einem homologen Zwilling, während der andere frei war.

Diastema (Trema) soll dominant erblich sein (KANTOROWICZ). Ich sah es aber mehrfach bei einem homologen Zwilling, dessen Zwillingsgeschwister frei war. Trotzdem scheint es auch idiotypische Formen zu geben. Zuverlässiges ist nicht bekannt.

12. Krankheiten der Augen und Ohren.

Ablatio retinae. Mehrfach familiär beobachtet (SALZMANN), als Begleit- oder Folgeerscheinung hochgradiger familiärer Kurzsichtigkeit sogar bis durch 3 Generationen (GROENOUW).

Acusticusatrophie, s. Otosklerose.

Albinismus des Auges. Es gibt klinisch und ätiologisch sehr verschiedene Formen. Als Teilerscheinung des allgemeinen Albinismus vererbt sich der Albinismus des Auges einfach recessiv. Der isolierte Albinismus des Auges dagegen befällt ausschließlich Männer; er vererbt sich der Regel nach recessiv-geschlechtsgebunden (NETTLESHIP).

Amaurose. Erblich bedingt als Teilerscheinung der amaurotischen Idiotie. Vgl. diese.

Amblyopie. Gelegentlich bei einzelnen Gliedern derselben Familie beobachtet (GROENOUW). Erblichkeitsmodus unsicher; ätiologisch nicht einheitlich. Als Begleiterscheinung des Nystagmus mit diesem recessiv-geschlechtsgebunden erblich. Vgl. Nystagmus.

Angiomatosis retinae. In 3 Fällen familiär angetroffen (TRESLING).

Aniridie. Das Fehlen der Regenbogenhaut ist schon in einer ganzen Reihe von Familien Generationen hindurch angetroffen worden (GROENOUW, CLAUSEN). Es entsteht also oft auf Grund einer dominanten Erbanlage. Zuweilen besteht eine familiäre Kombination mit Kolobom der Iris.

Anophthalmus. Wurde zuweilen bei Geschwistern beobachtet, manchmal auch bei Kindern blutsverwandter Eltern (CECHETTO). Recessive Erblichkeit ist daher wahrscheinlich.

In manchen Geschwisterschaften hat ein Teil der Behafteten Anophthalmus, ein anderer Teil Mikrophthalmus (MC MILLAN). Auch beim sog. Anophthalmus fehlt ja der Augapfel fast niemals vollständig, sondern ist nur außerordentlich, oft mikroskopisch klein (GROENOUW).

Astigmatismus. Anomalien der Hornhautkrümmung sind meist idiotypisch bedingt (STEIGER). In manchen Fällen scheint dominante Vererbung vorzuliegen; in einer jüdischen Familie wurde das Leiden durch 5 Generationen verfolgt (SPENGLER).

Atrophia nervi optici (Neuritis optica). Sehnervenschwund kann durch parakinetische Faktoren entstehen (Infektionen, Intoxikationen). Sehr oft aber wird Erblichkeit beobachtet, und zwar meist nach Art der Hämophilie (vgl. S. 70). Es liegt also ein recessiv-geschlechtsgebundenes Erbleiden vor, bei dem aber kranke Weiber fehlen und die Nachkommen kranker Männer sämtlich gesund bleiben (FLEISCHER). Die recessiv-geschlechtsgebundene Atrophia nervi optici konnte bis durch 6 Generationen einer Familie verfolgt werden (BARTH). Offenbar verhält sich aber ein Teil der Fälle idiotypisch anders. Denn unter den mit Sehnervschwund Behafteten befinden sich etwa 14% Personen weiblichen Geschlechts (HORMUTH), auch hat KÖNIG in 6% der Fälle elterliche Blutsverwandtschaft angetroffen (GROENOUW). Es kann also auch recessive Formen geben.

Nur selten ist das Leiden mit anderen Störungen (z. B. Spasmen, Blasenschwäche, Imbezillität) kombiniert (BEHR, TAKASCHIMA) oder überhaupt die Folge erblicher Nervenleiden, z. B. hereditärer Ataxie (FRENKEL). Zuweilen tritt es als eine Begleiterscheinung des Turmschädels auf und kann dann mit diesem wohl auch dominant erblich sein. Vgl. Turmschädel.

Die angeborene Form der Sehnervenatrophie wurde in einer ganzen Reihe von Fällen bei Geschwistern beobachtet (GROENOUW). Über Blutsverwandtschaft der Eltern scheint nichts bekannt zu sein. Recessive Erblichkeit ist also noch nicht sicher.

Blepharitis ciliaris. Wird gelegentlich in familiärer Häufung angetroffen. Systematische Untersuchungen fehlen.

Chorioiditis. Entzündungen der Aderhaut sind nur selten familiär beobachtet, und zwar teils bei Geschwistern, teils bei Elter und Kind (GROENOUW). Die einzelnen Fälle zeigen klinisch große Verschiedenheiten.

In einer jüdischen Familie wurden in 4 Generationen 24 Knaben blind geboren. Die beiden untersuchten Fälle hatten eine Uveïtis mit hinteren Synechien und Atrophie der Bulbi (FILATOW); es waren also anscheinend intrauterine Augenentzündungen vorhergegangen. Der Art des familiären Auftretens nach beruhte das Leiden offenbar auf einer recessiv-geschlechtsgebundenen Krankheitsanlage.

Zuweilen ist eine mehr oder weniger ausgeprägte Chorioiditis Begleiterscheinung einer Retinitis pigmentosa und kann dann mit dieser erblich sein. Vgl. Retinitis pigmentosa.

Cornea plana, s. Mikrophthalmus.

Dakryocystitis. Tränensackeiterung wurde mehrmals familiär beobachtet, 1 mal durch 3 Generationen, 1 mal bei 4 Geschwistern (SCHNYDER).

Degeneratio corneae. Es gibt sehr verschiedene Formen genuiner Hornhauttrübung, die familiär auftreten können. Knötchenförmige, gitterige und fleckige Trübungen fand FLEISCHER in so starker familiärer Häufung, daß dominante Vererbung wahrscheinlich ist. Die Form der Trübung stimmte bei allen Behafteten der gleichen Familie überein (FLEISCHER, TRITSCHELLER). Zuweilen wurde das Leiden von gesunden Personen auf ihre Kinder übertragen; die Dominanz ist also nicht immer regelmäßig. In manchen Familien sind die Erblichkeitsverhältnisse überhaupt undurchsichtig (BACHSTETZ). Einmal wurden 2 Brüder mit bandförmiger Hornhauttrübung beobachtet. Gelegentlich waren die Eltern der Behafteten blutsverwandt (GROENOUW). Ein mit Keratosis follicularis kombinierter Fall verhielt sich recessiv-geschlechtsgebunden (vgl. Keratosis foll. lichenoïdes).

Auch angeborene Hornhauttrübungen wurden mehrmals bei Geschwistern und einmal bei 4 Personen in 2 Generationen beobachtet (GROENOUW).

Degeneration der Macula lutea. Auch von diesem Leiden gibt es sehr verschiedene klinische Formen; die Behafteten einer Familie zeigen aber stets die gleiche Form (BEHR). Solitäres Auftreten ist nicht selten

(Becker); in mehreren Fällen waren Geschwister befallen, in 2 dieser Fälle bestand Blutsverwandtschaft der Eltern (Groenouw). Einmal wurde das Leiden in Kombination mit sekundärer Farbenblindheit durch 2 oder 3 Generationen beobachtet (Clausen). Die Degenerationsprozesse der Macula sind also idiotypisch ebensowenig einheitlich wie klinisch. Ein Teil ist wohl recessiv; gelegentlich scheint unregelmäßig dominante Vererbung vorzukommen.

Dichromasie, s. Rotgrünblindheit.

Distichiasis. Mehrfach familiär beobachtet (Groenouw). Zuweilen anscheinend dominant.

Traquair beobachtete Fehlen der Wimpern und des intermarginalen Saumes beider Unterlider bei Vater und Sohn (nach Groenouw).

Drusen am Sehnervenkopf. Von Lauber bei Mutter und 2 Töchtern beobachtet (Groenouw).

Ectopia lentis. Die unkomplizierte angeborene Verlagerung der Linse ist in einer ganzen Reihe von Fällen in starker familiärer Häufung beobachtet, und zwar bis durch 4 Generationen (Groenouw). Es gibt also dominante Erbanlagen, die dieses Leiden bedingen.

Die mit Pupillenverlagerung kombinierte Form, die Ectopia lentis et pupillae, wurde schon mindestens 13mal bei mehreren Kindern gesunder Eltern beschrieben (Siemens). In 2 solitären Fällen bestand elterliche Blutsverwandtschaft. Nur in einem, auch klinisch atypischem Fall (Kombination mit Herzfehlern!) fand sich das Leiden bei 14 Personen in 4 Generationen (Strebel-Steiger). Hier liegt also (unregelmäßige) Dominanz vor. Für die Mehrzahl der Fälle ist der Verdacht auf recessive Erblichkeit gerechtfertigt (Siemens).

Auch solche Linsenluxationen, die während des Lebens spontan auftreten, wurden familiär beobachtet, und zwar 2mal bei 2 Schwestern, 1mal bei Vater und Tochter (Groenouw).

Embryontoxon, s. Osteopsathyrosis.

Epicanthus. Die Erblichkeitsverhältnisse des Epicanthus sind ungeklärt. Gelegentlich wurde er bei Geschwistern bzw. bei Elter und Kind beobachtet, in einem Fall (Brückner) könnte recessiv-geschlechtsgebundene Vererbung vorliegen, da 4 Brüder und 2 Onkel mütterlicherseits behaftet sind.

In Kombination mit Ptosis wurde der Epicanthus in einer Reihe von Familien bis durch 5 Generationen hintereinander angetroffen (Groenouw).

Epitheliom. Ein Epitheliom der Binde- und Hornhaut wurde 1mal bei Vater und Sohn im gleichen Lebensalter beobachtet (Puccioni).

Farbenblindheit, s. Rotgrünblindheit.

Farbenblindheit, sog. totale (Day-blindness, mit zentraler Schwachsichtigkeit und Nystagmus). Über Auftreten bei Geschwistern wird in einer ganzen Reihe von Fällen berichtet. Blutsverwandtschaft der Eltern wurde 7mal festgestellt (Groenouw). Die Tagblindheit ist danach als recessives Erbleiden anzusprechen.

Gerontoxon. Ein präseniler Greisenbogen wurde gelegentlich durch mehrere Generationen einer Familie verfolgt, kann also auf Grund einer dominanten Erbanlage entstehen.

Glaukom. Sowohl die akute (entzündliche) als auch die chronische Form dieses Leidens finden sich häufig bei zahlreichen Mitgliedern in mehreren Generationen einer Familie; doch findet man bei den Behafteten derselben Familie auch immer die gleiche Form des Glaukoms (GROENOUW). Die Glaukome beruhen also in vielen Fällen auf einer dominanten Erbanlage.

Vom Glaukom ist oft behauptet worden, daß man es in jüdischen Familien häufiger antreffe als in nichtjüdischen.

Glioma retinae. Nicht selten bei Geschwistern, in einzelnen Fällen auch bei Elter und Kind gefunden (GROENOUW). Vererbungsmodus unsicher.

Hemeralopie. Von der Nachtblindheit sind mehrere idiotypisch verschiedene Formen bekannt, von denen die eine in einer französischen Familie durch 10 Generationen verfolgt werden konnte (NETTLESHIP). Sie vererbt sich regelmäßig dominant (vgl. S. 127). Von der anderen, mit Myopie kombinierten Form der Nachtblindheit sind mehrere Stammbäume bekannt, die das Leiden als recessiv-geschlechtsgebunden erkennen lassen (Abb. 64). Als Teilerscheinung der Retinitis pigmentosa vererbt sich die Nachtblindheit einfach recessiv. (Vgl. Retinitis pigmentosa.) Auch abgesehen hiervon kann es möglicherweise eine recessive Form der Nachtblindheit geben, da das Leiden zweimal bei mehreren Kindern gesunder Eltern und ein paarmal bei Sprößlingen aus Verwandtenehen angetroffen wurde (GROENOUW).

Heterochromie. Verschiedene Färbung beider Augen wurde 2 mal bei einem Elter und einem Kinde beobachtet (GROENOUW), 1 mal sogar bei 9 Personen in 5 Generationen (BELL, nach GOSSAGE); bei allen 9 Personen war das linke Auge das hellere. Die Heterochromie der Iris scheint also auf Grund einer unregelmäßig dominanten Erbanlage vorkommen zu können. In vielen Fällen ist sie sicher paratypischer Natur. Ich untersuchte eineiige Zwillingsschwestern, von denen die eine eine leichte Heterochromie hatte; die Mutter versicherte mir, daß das Auge bei Geburt ganz hellblau gewesen und erst im Laufe der Jahre dem anderen in der Farbe ähnlich geworden sei.

LUTZ fand, daß unter 23 mit Heterochromie Behafteten 19 mal die Eltern verschiedene Augenfarbe hatten. Die Tatsache einer Kreuzung hell- und dunkeläugiger Individuen genügt aber nicht, um die Entstehung der Heterochromie zu erklären, da der Regel nach bei Rassenkreuzungen keine Differenzen in den beiden Körperhälften der Nachkommen auftreten.

Zuweilen besteht eine Verschiedenfarbigkeit der Iris nur insofern, als das eine Auge einen oder mehrere dunkle Sektoren aufweist. Auch diese Eigenheit braucht nicht idiotypisch bedingt zu sein. Ich sah sie bei einem Knaben, dessen homologer Zwillingsbruder frei war.

Das hellere Auge der mit Heterochromie Behafteten erkrankt relativ häufig an chronischer Iritis.

Bei Katzen besteht oft Taubheit auf der Seite des helleren Auges. Die Heterochromie der Katzen konnte fortgezüchtet werden (BOND).

Heterotopie des Nervus opticus und der Fovea centralis. Gelegentlich familiär beobachtet, z. B. bei Mutter und Sohn (TRIEBENSTEIN).

Hornhauttrübung, s. Degeneratio corneae.

Hydrophthalmus. Verhältnismäßig oft bei Geschwistern, selten in mehreren Generationen einer Familie beobachtet (GROENOUW). Über Blutsverwandtschaft der Eltern wird oft berichtet, mindestens in 10% der Fälle. Das Leiden scheint also meist auf einer recessiven Erbanlage zu beruhen.

Es ist manchmal schwer, Hydrophthalmus und Megalocornea auseinanderzuhalten (KESTENBAUM). Vgl. Megalocornea.

Hyperopie. Die Übersichtigkeit ist mehrfach in mehreren Generationen der gleichen Familie beobachtet. Es scheint also dominante Erbanlagen zu geben, die Hyperopie bedingen.

Irideremie, s. Aniridie.

Iridozyklitis. Einmal bei 3 von 7 Geschwistern beobachtet (BAUER).

Katarakt. Linsentrübungen können in sehr verschiedenen Formen und in sehr verschiedenen Altersstufen auftreten. Die meisten idiotypischen Formen scheinen sich dominant zu verhalten (HARMAN). BATESON zählte in 9 Familien 148 Kranke : 155 Gesunden. Dominant sind oft nicht nur die angeborenen Starformen, sondern auch die präsenilen und der Altersstar. Die Erforschung des Erbgangs ist freilich beim Altersstar schwer, weil nur ein Teil der Familienmitglieder das Manifestationsalter des Leidens erreicht.

Im allgemeinen stimmt die Form und der Manifestationstermin bei allen Behafteten der gleichen Familie überein.

Linsentrübungen sind zuweilen Folgen oder Teilerscheinungen anderer Leiden (Tetanie, Diabetes). Bei der myotonischen Dystrophie ist Katarakt häufig und tritt manchmal Generationen hindurch als isoliertes Symptom, gewissermaßen als forme fruste des Leidens auf. (Vgl. myotonische Dystrophie.) In einem Fall bestand Star bei 2 Geschwistern mit Mikrophthalmus, die gesunde, aber blutsverwandte Eltern hatten (HIRSCHBERG). In 3 anderen Fällen mit Blutsverwandtschaft der Eltern war das Leiden mit Hautatrophie kombiniert (vgl. Atrophia cutis). Danach scheint es auch recessive Starformen zu geben. ANDRASSY fand in einer Starfamilie gehäuftes Auftreten von Knochenerkrankungen und psychischen Abnormitäten.

Keratitis nodularis, s. Degeneratio corneae.

Keratoglobus. Einmal bei Geschwistern beobachtet (HARLAN).

Keratokonus. Gelegentlich bei Geschwistern beobachtet; einmal waren die Eltern Geschwisterkinder (GROENOUW). Recessive Erblichkeit ist also nicht unwahrscheinlich.

Kolobom der Iris. Oft familiär beschrieben, bis durch 5 Generationen in einer Familie; kann also auf Grund einer dominanten Erbanlage auftreten. In den betreffenden Familien findet man manchmal auch einzelne Individuen, die statt des Iriskoloboms eine Aniridie aufweisen (vgl. Abb. 85). Zuweilen haben die Kolobomkranken gleichzeitig andere Augenleiden, z. B. Kolobom der Chorioidea, Astigmatismus, Amblyopie, Star (GROENOUW).

Von mehreren Autoren wurde auch schon versucht, mit Iriskolobom behaftete Tiere fortzuzüchten (v. HIPPEL, v. SZILY, KOYANAGI, HOCHSTETTER). Ein klarer Einblick in die Vererbungsverhältnisse des Koloboms bei Tieren konnte dadurch noch nicht erzielt werden.

Kolobom der Macula. Einmal bei Vater und Sohn beobachtet (CLAUSEN).

Kolobom des Opticus. Von WEYERT in einer Familie durch 3 Generationen verfolgt (GROENOUW).

Kryptophthalmus. Einmal bei 2 Geschwistern, einmal bei Mutter und Kind, einmal bei 5 Personen in 4 Generationen beschrieben. In einem Fall waren die Eltern Geschwisterkinder (GROENOUW). Das Leiden, das ja auch klinisch keine Einheit darstellt, scheint also gelegentlich auf einer unregelmäßig dominanten, in anderen Fällen vielleicht auf einer recessiven Erbanlage zu beruhen.

Bei Mäusen konnte Kryptophthalmus durch 3 Generationen verfolgt werden (ASAYAMA).

Labyrinthschwerhörigkeit, s. Schwerhörigkeit.

Lider. Eine Fetthernie der Lider wurde einmal bei Mutter und Tochter beobachtet (GROENOUW).

Maculaatrophie, s. Degeneration der Macula.

Megalocornea (Megalophthalmus). In mehreren Familien als recessiv-geschlechtsgebundenes Erbleiden beobachtet (KAYSER, GROENHOLM). Ob alle Fälle idiotypischer Megalocornea diesem Vererbungsmodus folgen, ist zweifelhaft, da das Leiden einmal auch bei Vater und Sohn angetroffen wurde (KAYSER).

Membrana pupillaris persistens. Mehrmals bei Geschwistern beobachtet, teilweise in Verbindung mit anderen Augenleiden. Allerdings sind Reste der fötalen Pupillarmembran sehr häufig (16—63%).

APETZ beobachtete ein freibewegliches Pigmentklümpchen in der vorderen Augenkammer bei Großmutter, Mutter und Tochter. Vielleicht handelte es sich um abgerissene Teilchen einer Pupillarmembran (GROENOUW).

Mikrophthalmus. Häufig mit anderen Anomalien der Augen verbunden. Auftreten bei Geschwistern verhältnismäßig häufig beobachtet, in einem Fall aber auch direkte Vererbung durch 3 Generationen (GROENOUW). In einer Familie, in der Kombination mit Uveïtis bestand, lag offenbar ein recessiv-geschlechtsgebundenes Erbleiden vor (vgl. Chorioiditis). Blutsverwandtschaft der Eltern wurde mindestens in 7 Fällen festgestellt. In einem dieser Fälle bestand Kombination mit Linsentrübungen (vgl. Katarakt).

Nach diesen Befunden scheint ein wesentlicher Teil der Mikrophthalmiefälle auf einer recessiven Erbanlage zu beruhen. Die übrigen Fälle verhalten sich idiotypisch nicht einheitlich, teils recessiv-geschlechtsgebunden, teils anscheinend dominant. Vgl. auch Anophthalmus.

Ungeklärt und anscheinend gleichfalls nicht einheitlich sind auch die Erblichkeitsverhältnisse bei der Cornea plana (Rübel, Friede).

Myopie. Die Kurzsichtigkeit ist keine biologische Einheit. Während man früher glaubte, daß die meisten Fälle dieses Leidens durch äußere Einflüsse (Nahearbeit) entstehen, haben die Untersuchungen der letzten Zeit die entscheidende Bedeutung der Erbanlagen sichergestellt (Steiger). Daß der Nahearbeit eine Rolle als auslösendes Moment zukommt, ist möglich, aber nicht erwiesen.

Viele Formen von Myopie scheinen auf einer dominanten Erbanlage zu beruhen (Fleischer, Crzellitzer). Das gilt besonders für die schweren Formen. Daß man gelegentlich beide Eltern normalsichtig findet, braucht nicht dagegen zu sprechen, sondern kann die Folge von unregelmäßiger Manifestation sein. Dafür, daß auch recessive Vererbung bei der Kurzsichtigkeit vorkommt, treten Elschnig und Clausen ein, doch sind bei konjugaler Myopie nicht alle Kinder myop (Clausen). Laquer fand unter 242 Fällen von Myopie über 9,0 Dioptrien in 13% der Fälle elterliche Blutsverwandtschaft (nach Groenouw). In 2 Familien bestand offenbar recessiv-geschlechtsgebundene Vererbung; in der einen Familie (Oswald), in der das Leiden durch 5 Generationen verfolgt werden konnte, war es mit Strabismus kombiniert (Groenouw). Dem gleichen Vererbungsmodus folgt auch diejenige idiotypische Kurzsichtigkeit, welche mit Hemeralopie vergesellschaftet ist. Vgl. Hemeralopie.

Die Myopie ist beim männlichen Geschlecht häufiger als beim weiblichen. Ob sich dieser Unterschied durch idiotypische Verhältnisse (recessiv-geschlechtsgebundene oder geschlechtsbegrenzte Vererbung) oder dadurch erklärt, daß die Beschäftigung der Männer (längere Schulzeit und Beruf) die Manifestation der Anlage mehr begünstigt, ist noch nicht sicher zu entscheiden.

Kinder mit Refraktionsanomalien zeigen im Durchschnitt etwas andere Gesichtsmaße als Normalsichtige (Krusius).

Neuritis optica, s. Atrophia nervi optici.

Nystagmus. Das Augenzittern ist ein Symptom, welches bei sehr verschiedenen erblichen Leiden auftreten und daher sehr verschiedenen Erbgang zeigen kann. In einem Teil der Fälle ist es paratypischer Natur (z. B. Nystagmus der Bergleute).

Der idiotypische Nystagmus ist recessiv als Teilerscheinung des allgemeinen Albinismus, als Symptom der Retinitis pigmentosa und der totalen Farbenblindheit; als Begleiterscheinung des auf das Auge beschränkten Albinismus und als Symptom der Aplasia axialis vererbt er sich recessiv-geschlechtsgebunden. Der reine Nystagmus, der gewöhnlich mit Kopfwackeln einhergeht (Nettleship, Apel), ist der Regel nach dominant.

Zuweilen ist das Augenzittern ein Symptom familiärer Nervenleiden (familiärer multipler Sklerose, erblicher Ataxien). In einem Fall war der Nystagmus bei 3 Geschwistern mit grauem Star kompliziert; die Eltern, die Geschwisterkinder waren, hatten normale Augen (Pisenti).

Es liegt nahe, hier eine besondere Form von recessivem Nystagmus zu vermuten.

Der sehr seltene monokulare Nystagmus fand sich einmal bei 2 Schwestern (ALEXANDER).

Der Nystagmus geht oft mit einer Herabsetzung der Sehschärfe einher, und zwar auch in seiner unkomplizierten Form (GROENOUW.)

Ophthalmoplegia externa. Es gibt zahlreiche verschiedene Formen. Familiäres Auftreten ist häufig beschrieben, teils bei Geschwistern, teils bei Verwandten verschiedener Generationen. Das Leiden konnte bis durch 5 Generationen verfolgt werden, ist also in einem Teil der Fälle sicher dominant. COOPER beobachtete in 4 Generationen einer Familie eine Ophthalmoplegie, die nur das männliche Geschlecht befiel (nach GROENOUW). Einmal waren 2 Brüder befallen, deren Eltern Geschwisterkinder waren. Mitglieder derselben Familie haben fast stets die gleiche Form der Beweglichkeitsstörung, wenn auch manchmal in verschieden hohem Grade.

Die Ophthalmoplegien sind meist angeboren. Aber auch solche Formen, die erst im Laufe des Lebens auftreten, wurden mehrmals familiär beobachtet, und zwar bis durch 4 Generationen der gleichen Familie (GROENOUW).

Otitis media. Die Neigung zum Auftreten einer Mittelohreiterung als Komplikation der verschiedensten Infektionskrankheiten scheint in manchen Familien besonders groß zu sein (STEIN).

Otosklerose. Ätiologisch sicher nicht einheitlich (ALBRECHT). Nicht selten ausgesprochen dominant, in manchen dieser Fälle auf Acusticusatrophie beruhend (HAMMERSCHLAG). In anderen Fällen sind die Eltern der Behafteten gesund (KÖRNER).

Protanopie. Eine erhöhte Empfindlichkeit für Rot wurde einmal bei Vater und Tochter festgestellt (DÖDERLEIN).

Pseudoneuritis nervi optici. Mehrmals als angeborene Anomalie bei Geschwistern beobachtet (GROENOUW).

Ptosis der Lider. Angeborene Ptosis mit und ohne Ophthalmoplegia externa ist meist idiotypisch bedingt. Sie wurde in einer ganzen Reihe von Familien durch mehrere Generationen beobachtet (MEYER, SÄNGER-WILBRANDT). Das Leiden wurde einmal gleichzeitig bei Zwillingen festgestellt (HOMEN). In manchen Familien war es mit Epicanthus vergesellschaftet, und auch dann bis durch 5 Generationen verfolgbar (GROENOUW). Aber auch die erst im späteren Leben sich entwickelnden Formen, die meist das weibliche Geschlecht betreffen, wurden bis durch 4 Generationen verfolgt. Bei ihnen besteht zuweilen gleichzeitig eine Facialisparese (JENDRASSIK).

Von MORGANA wurde angeborene Ptose bei zwei Töchtern gesunder, aber blutsverwandter Eltern festgestellt. Es erscheint also möglich, daß es auch recessive Erbanlagen gibt, die zur Ptose führen.

Ptosis der Tränendrüsen. Eine Senkung der orbitalen Tränendrüsen, die gewöhnlich solitär auftritt, wurde einmal bei Vater und Tochter beobachtet (LÖHLEIN).

Pupillenstarre. Einseitige absolute Pupillenstarre wurde einmal bei 2 Schwestern beobachtet (NAPP).

PADERSTEIN sah ungleiche Weite beider Pupillen bei Vater, Mutter und 3 Kindern.

Retinagefäße. Ungewöhnliche Schlängelung bzw. abnormer Verlauf der Netzhautgefäße wurde gelegentlich bei Geschwistern beobachtet (GROENOUW).

Retinitis pigmentosa. Die Pigmentatrophie der Netzhaut, die vor allem mit Nachtblindheit und konzentrischer Einengung des Gesichtsfeldes, nicht selten auch mit Nystagmus einhergeht, ist in der Mehrzahl der Fälle ein typisches recessives Erbleiden. Es wird oft bei mehreren Kindern gesunder Eltern gefunden, und die Häufigkeit der elterlichen Blutsverwandtschaft wird auf etwa 30% der Fälle angegeben (HERRLINGER, MÜCKE). Aber nicht alle Fälle sind recessiv. In manchen Familien erweist sich das Leiden als recessiv-geschlechtsgebunden, in anderen als dominant (NETTLESHIP). Die dominanten Fälle sind selten und zuweilen sehr atypisch, z. B. mit Beteiligung der Chorioidea (ZORN). Auch bei solchen kombinierten Formen kommt aber Blutsverwandtschaft der Eltern vor (BOEHM).

Die Retinitis pigmentosa befällt das männliche Geschlecht etwas häufiger als das weibliche. NETTLESHIP fand unter 1387 Fällen 61% Männer. Dieser Unterschied zugunsten der Männer kann sich vielleicht durch das Vorhandensein der recessiv-geschlechtsgebundenen Formen des Leidens erklären.

Die Retinitis punctata albescens tritt gleichfalls häufig bei Geschwistern und häufig (in 30% der Fälle) bei Kindern blutsverwandter Eltern auf. Auch diese Form der Netzhautatrophie ist also im wesentlichen recessiv erblich. Meist findet man bei den Behafteten derselben Familie auch die gleiche Form der Retinitis. In einem Fall hatte aber eine Frau eine Retinitis punctata albescens, während ihr Vater eine typische, ihr Sohn und ihre Schwester eine atypische Retinitis pigmentosa hatten (GROENOUW).

Einen Fall von Atrophie der Netzhaut sah KANNGIESSER bei einem Kinde, das aus Inzest zwischen Geschwistern hervorgegangen war.

Bei Personen mit Retinitis pigmentosa soll verhältnismäßig häufig Taubstummheit und Schwerhörigkeit vorkommen.

Rotgrünblindheit. Die Rotgrünblindheit ist ein recessiv-geschlechtsgebundenes Erbleiden, das bis durch 5 Generationen verfolgt werden konnte. Das Leiden ist häufig: 4—10% aller Männer und $^1/_4$—$^1/_{10}$% aller Frauen sind rotgrünblind (CLAUSEN). In einem Teil der Fälle handelt es sich allerdings nicht um Rotgrünblindheit, sondern nur um Rotgrünschwäche (DÖDERLEIN). Die Rotgrünschwäche vererbt sich gleichfalls recessiv-geschlechtsgebunden und ist zum Teil wohl auf die gleiche Erbanlage zurückzuführen, da rotgrünschwache Geschwister das Leiden zuweilen in recht verschiedener Intensität zeigen. Söhne rotgrünblinder Frauen wurden stets gleichfalls behaftet gefunden; aus der

Ehe zweier Rotgrünblinder gingen 3 farbenblinde Kinder hervor (VOGT und KLAINGUTI, Abb. 68).

Unter Juden soll Farbenblindheit häufiger vorkommen als unter Nichtjuden. Unter fast 2000 christlichen Schülern fand man in Breslau (allerdings mit alten Untersuchungsmethoden!) 2,1%, unter 814 jüdischen Schülern 4,1% Farbenblinde (COHN-MAGNUS).

Schwerhörigkeit, progressive, s. Otosklerose.

Schwerhörigkeit, Labyrinthschwerhörigkeit. Soll gelegentlich als dominantes Erbleiden auftreten (ALBRECHT).

Sklera, blaue, s. Osteopsathyrosis.

Star, s. Katarakt.

Stauungspapille. Angeborene Stauungspapille wurde ausnahmsweise familiär beobachtet (HEINE).

Strabismus. Schielen kann aus sehr verschiedenen Ursachen heraus entstehen. Bei seiner Entstehung spielen die Erbanlagen meist die entscheidende Rolle. Erblichkeit kommt sowohl bei Strabismus convergens wie bei dem selteneren Strabismus divergens vor. Der Strabismus convergens entwickelt sich meist infolge starker Übersichtigkeit und kann daher mit dieser erblich sein; er konnte bis durch 4 Generationen verfolgt werden (LAUDON), ist also in einem Teil der Fälle dominant. Die einseitige Schwachsichtigkeit, die die häufigste Ursache des Strabismus divergens ist, scheint wesentlich seltener familiär aufzutreten, warum auch beim divergenten Schielen seltener familiäre Häufung angetroffen wird. In einer Familie ließ sich ein mit Myopie komplizierter Strabismus durch 5 Generationen verfolgen (OSWALD); er befiel hier nur Knaben und folgte dem recessiv-geschlechtsgebundenen Erbgang.

Auch **Störungen des Muskelgleichgewichts** ohne ausgesprochenes Schielen kommen familiär vor (REBEL).

Taubstummheit. Teils idiotypisch, teils paratypisch (durch intrauterine Syphilis, durch Meningitis usw.) bedingt; zuweilen Begleiterscheinung des Kretinismus („endemische Taubstummheit"). Die idiotypische Taubstummheit ist ein recessives Erbleiden (FAY, HORNE, LUNDBORG). Allerdings sind unter den Geschwistern Taubstummer (wie bei der Dementia praecox) weniger Kranke als der Erwartung bei recessivem Erbgang entspricht; das erklärt sich aber dadurch, daß es nicht möglich ist, nichtrecessive (idiotypische und paratypische) Fälle aus dem Material sicher auszusondern. Die Eltern der Taubstummen sind meist gesund, doch sind sie in etwa 5% der Fälle Geschwisterkinder. Unter den Taubgeborenen findet man elterliche Blutsverwandtschaft sogar in 30—40% der Fälle (HAMMERSCHLAG). Heiraten zwei Taubstumme einander, was infolge individualistisch-humanitärer Bestrebungen gar nicht so selten vorkommt, so sind oft sämtliche Kinder gleichfalls taubstumm. Da die heiratenden Taubstummen zum Teil an nur paratypischer, zu einem weiteren Teil nicht an der gleichen idiotypischen Taubstummheit leiden (vgl. S. 137), so kommt es freilich auch gar nicht selten vor, daß die Kinder aus Taubstummenehen normales Gehör haben. Im Durchschnitt sind etwa 25% der Kinder solcher Ehen

taubstumm; zählt man nur Ehen, in denen beide Eltern auch Taubstummheit in der Familie haben, so findet man bei fast 50% Taubstummheit der Kinder (LUNDBORG).

Wie andere recessive Leiden, so soll auch die idiotypische Taubstummheit bei den Juden häufiger angetroffen werden als bei den Nichtjuden. In Berlin fand man auf 10 000 Juden 27 Taubstumme, auf
10 000 Protestanten 6, auf 10 000 Katholiken 3 (GUTZMANN).

Bei japanischen Tanzmäusen konnte Taubheit (in Verbindung mit
Tanzmauscharakter) als recessiv mendelndes Merkmal festgestellt werden
(LUNDBORG).

Tränenschlauch-Atresie. Zuweilen bei Geschwistern beobachtet
(GROENOUW). Vielleicht recessiv erblich?

Auch Verengerung des Tränennasengangs kann anscheinend
idiotypisch bedingt sein (GROENOUW).

Trichromasie. Wahrscheinlich recessiv-geschlechtsgebunden wie die
Dichromasie. Methodische Untersuchungen fehlen. Vgl. Rotgrünblindheit.

13. Krankheiten der Nerven und des Geistes.

Anosmie. Einmal bei 11 Mitgliedern einer Familie in 4 Generationen
gefunden (ALIKHAN). Daß in der gleichen Familie 2 Fälle von Epilepsie
vorkamen, mag Zufall sein.

Aplasia axialis extracorticalis congenita (Pelizäus-Merzbachersche
Hypoplasie der weißen Gehirnsubstanz, mit Tremor, Nystagmus, spastischen Lähmungen). Das Leiden ist nur aus einer Familie bekannt;
hier vererbte es sich recessiv-geschlechtsgebunden, allerdings waren auch
zwei weibliche Personen behaftet (MERZBACHER).

Ataxie, s. Friedreichsche Ataxie.

Atrophia musculorum progressiva. Die neurale Form dieses Leidens
konnte, als unregelmäßig dominantes Erbleiden bis durch 6 Generationen verfolgt werden (EICHHORST). In einem Teil der Fälle vererbt
sie sich recessiv-geschlechtsgebunden, doch werden gar nicht so selten
auch Weiber befallen. Die spinale Form, die meist solitär auftritt, wird
zuweilen bei Geschwistern mit gesunden Eltern angetroffen, ist also
auf recessive Erblichkeit verdächtig. Das Vorkommen verschiedener
Vererbungsmodi nebeneinander ist bei diesem Leiden nicht verwunderlich,
da es eine ganze Reihe auch klinisch sehr verschiedener Unterformen
enthält (JENDRASSIK).

Bulbärparalyse. Wurde gelegentlich bei Geschwistern beobachtet.
Recessiv?

Chorea. Die idiotypische (HUNTINGTONsche) Chorea, die von der
paratypischen („symptomatischen") zuweilen klinisch kaum zu unterscheiden ist, ist eine dominante Erbkrankheit. BATESON zählte unter
den Kindern eines kranken und eines gesunden Elters 177 Behaftete : 99 Gesunden. Typische Fälle erblicher Chorea, die nicht dominant
sind, sollen gar nicht vorkommen (ENTRES). In den einzelnen Familien

zeigt das klinische Bild des Leidens zuweilen charakteristische Besonderheiten (z. B. frühzeitigen Ausbruch, fast fehlende Progression, Fehlen
der geistigen Schwäche); diese Besonderheiten trifft man dann bei allen
Behafteten der gleichen Familie übereinstimmend an (DAVENPORT).

Dementia praecox (Schizophrenie). Ein klinisches Symptomenbild,
das offenbar ätiologisch nicht einheitlich ist. Die Bedeutung parakinetischer Faktoren wird verschieden eingeschätzt. Sicher spielen aber
krankhafte Erbanlagen bei der Entstehung des Leidens die Hauptrolle.
GRASSL beschrieb identische Zwillinge, bei denen das Leiden in außerordentlich ähnlicher Weise verlief. Die Eltern Schizophrener sind meist
gesund, doch fand sich bei 4,5% ihrer Geschwister gleichfalls Schizophrenie; war ein Elter des Probanden erkrankt, so war der Prozentsatz
der erkrankten Geschwister etwas größer (6,2%). Unter 700 Fällen
fand sich in 2% Vetterschaft der Eltern (RÜDIN). Unter 150 Kindern
Dementia praecox-Kranker waren fast 10% gleichfalls erkrankt (HOFF
MANN). Von 8 schizophrenen Ehepaaren hatten 4 nur schizophrene
Nachkommen (KAHN). Die Verwandten der Kranken haben häufig
abnorme schizoide Charaktere. Die verbreitetste Annahme ist die, daß
die Dementia praecox eine einfach recessive oder (da für ein recessives
Leiden die Zahl der behafteten Geschwister zu klein ist) eine dihybrid
recessive Erbkrankheit sei. Doch habe ich schon früher die Vermutung
ausgesprochen, daß sich die undurchsichtigen Zahlenverhältnisse durch
eine verschiedenartige Ätiologie der einzelnen Krankheitsfälle erklären
mögen. Auch LENZ tritt dafür ein, daß die Schizophrenie verschiedene
ätiologische Grundlagen habe, und daß es neben den rezessiven auch
dominante Erbanlagen zu schizoider Seelenverfassung gebe. KAHN meint,
daß die Anlage zum schizophrenen Prozeß rezessiv sei, daß sie sich
aber nur bei schizoider Veranlagung manifestiere, die ihrerseits dominant
erblich sei.

Bei Juden soll die Dementia praecox häufiger vorkommen als bei
Nichtjuden (GUTTMANN, LANGE).

Dipsomanie. Steht in engen Beziehungen zu anderen erblichen Leiden
und zwar zur Epilepsie, manisch-depressivem Irresein und Psychopathien (DOBNIGG und ECONOME).

Dystrophia musculorum. Von diesem Leiden gibt es klinisch sehr
verschiedene Formen; bei Mitgliedern der gleichen Familie pflegt jedoch
das Krankheitsbild in hohem Maße übereinzustimmen. Die Mehrzahl
der Fälle ist solitär, in etwa einem Viertel der Fälle sind Geschwister
befallen, familiäres Auftreten durch mehrere Generationen kommt aber
gleichfalls vor. Männer sind etwa dreimal so häufig befallen als Weiber
(JENDRASSIK); diese Geschlechtsbegrenzung tritt in manchen Familien
stärker in anderen weniger stark hervor. Zuweilen wurde Blutsverwandtschaft der Eltern festgestellt (JENDRASSIK, WEITZ). Familiäres Auftreten
ist auch bei den mit Pseudocontracturen einhergehenden Formen beobachtet. Die Muskeldystrophie scheint nach alledem in einem wesentlichen Teil der Fälle auf einer recessiven Krankheitsanlage zu beruhen,
in anderen Fällen (GOWERS) scheint recessiv-geschlechtsgebundener Erb-

gang vorzuliegen; zuweilen kommt auch dominante Vererbung vor; der Verlauf pflegt dann ein leichter zu sein (KEHRER).

Dystrophie, myotonische. Häufig mit Katarakt kombiniert, die zuweilen Generationen hindurch als isoliertes Symptom, also gewissermaßen als forme fruste des Leidens auftritt (VOGT). Scheinbar regelloses familiäres Auftreten. Blutsverwandtschaft unter den Eltern der Behafteten etwas vermehrt. Erbgang noch ungeklärt, unregelmäßig dominant oder recessiv (FLEISCHER, HAUPTMANN).

Encephalocele. Wurde in übereinstimmender Weise bei homologen Zwillingen beobachtet (SCHWALBE). Scheint also als idiotypisches Leiden vorzukommen.

Enuresis nocturna. Soll verhältnismäßig oft mit Spina bifida occulta und Schwachsinn kombiniert sein. Bei der Häufigkeit des Leidens läßt sich die Bedeutung des nicht selten zu beobachtenden familiären Auftretens schwer abschätzen.

Epilepsie. Die sog. genuine Epilepsie ist wohl in der überwiegenden Mehrzahl der Fälle erblich bedingt (STÜBER); dieser Auffassung entspricht auch die Beobachtung identischer Zwillinge, die beide an Epilepsie mit vollständig gleichartigen Anfällen litten (HERRMANN). Die idiotypische Epilepsie, welche beim gleichen Individuum oder bei verschiedenen Individuen der gleichen Familie vielfach mit Schwachsinn kombiniert ist, wird gewöhnlich als recessive Erbkrankheit angesprochen (WEINBERG, RÜDIN, DAVENPORT-WEEKS, STEINER). Doch bleibt auch hier (wie bei der Dementia praecox) die Zahl der behafteten Geschwister hinter der Erwartung zurück. Andererseits wurden unter 27 Kindern von Epileptikern 3 (11%) gefunden, die gleichfalls an Epilepsie litten (STEINER). Die Epilepsie befällt Männer häufiger als Weiber. Blutsverwandtschaft der Eltern konnte nicht besonders häufig beobachtet werden. Wenn also auch ein erheblicher Teil der Fälle sich recessiv verhalten mögen, so ist doch zu vermuten, daß auch noch andere idiotypische Formen, vielleicht sogar dominante und geschlechtsgebundene, existieren.

Bei Juden soll Epilepsie nach manchen Autoren (GUTTMANN) häufiger, nach anderen (LANGE) seltener angetroffen werden als bei Nichtjuden. Diese Angaben sowie die Befunde, nach denen unter Epileptikern und in ihren Familien besonders viele Linkshänder vorkommen (STEINER, HEILIG), bedürfen der Nachprüfung und der Erklärung.

Facialisparese. Mehrfach familiär beobachtet (BROWNING, v. SARBÓ, SIMMONDS), ob auf Grund einer zufälligen Häufung oder auf Grund einer dominant erblichen Disposition bleibe dahingestellt (Abb. 92). Daß idiotypisch bedingte Formen vorkommen, beweisen die Fälle, in denen die Facialisparese als Teilerscheinung einer erblichen Ophthalmoplegia externa auftritt (vgl. Ptosis).

Radialislähmung ist gleichfalls gelegentlich familiär beobachtet worden (MENDEL).

Friedreichsche Ataxie. Die idiotypische spinale Ataxie tritt klinisch unter recht verschiedenen Bildern auf. Auch ätiologisch ist sie sicher nicht einheitlich. Zahlreiche Fälle scheinen recessiv zu sein, da häufig mehrere Kinder gesunder Eltern befallen werden (FREY). Elterliche Blutsverwandtschaft wurde verhältnismäßig oft angetroffen. Andere Fälle verhalten sich dominant (JENDRASSIK, MINO). Bei wieder anderen (BRANDENBERG) muß man an recessiv-geschlechtsgebundenen Erbgang denken (Abb. 65).

Bei den gesunden Verwandten der mit FRIEDREICHscher Ataxie Behafteten findet man angeblich relativ häufig ein Fehlen der Patellarreflexe (BIEN).

Hemmungsschwäche (Wandertrieb). Die Untersuchungen DAVENPORTS, die allerdings in ihrer Methodik einen etwas gekünstelten Eindruck machen, sprechen für recessiv-geschlechtsgebundenen Erbgang. Das männliche Geschlecht überwiegt sehr stark (171 ♂ : 15 ♀). Vererbt wird nicht der Wandertrieb, sondern die verschieden starke Fähigkeit, ihn zu unterdrücken.

Hérédo-ataxie cérébelleuse, s. Kleinhirnataxie.

Homosexualität. Die Frage nach der erblichen Bedingtheit der Homosexualität ist noch offen. Sicher scheint mir, daß homosexuelle Bedürfnisse auch normalen Personen durch äußere Einflüsse (schlechtes Beispiel, Landessitte wie im alten Hellas) anerzogen werden können. Das Leiden wurde gelegentlich in familiärer Häufung angetroffen (PILTZ).

Hysterie. Spezielle Untersuchungen liegen noch nicht vor. Wegen des häufigen familiären Auftretens und wegen der stärkeren Beteiligung des weiblichen Geschlechts wurde dominant-geschlechtsgebundene Vererbung vermutet (LENZ). Wahrscheinlich idiotypisch nicht einheitlich.

Bei den Juden soll Hysterie besonders häufig sein (GUTTMANN).

Idiotie und Imbezillität, s. Schwachsinn.

Idiotie, amaurotische. Dieses mit Erblindung einhergehende Leiden befällt häufig mehrere Kinder gesunder Eltern. Die Eltern waren in mehreren Fällen blutsverwandt. Das Leiden ist offenbar einfach recessiv. Es wird fast nur bei Juden angetroffen (FELDMANN, v. STARCK).

Außer der infantilen Form des Leidens (TAY-SACHS) kennt man noch eine juvenile Form (SPIELMEYER-VOGT). Diese scheint sich vererbungsbiologisch ebenso zu verhalten. Doch werden von ihr jüdische Familien nicht bevorzugt.

Idiotie, mongoloide. Familiäres Auftreten nur ausnahmsweise beobachtet; trotzdem nimmt HERRMANN recessive Erblichkeit an. Die Behafteten sind meist Kinder relativ alter Mütter Von homologen Zwillingen war einer mongoloid, der andere normal (SIEGERT).

Jähzorn. In manchen Fällen anscheinend dominant (DAVENPORT).

Kinderlähmung, cerebrale (LITTLEsche Krankheit). Ein wesentlicher Teil der Fälle ist offenbar durch Schädigung des Gehirns anläßlich einer schweren Geburt bedingt. Andere Fälle aber, besonders wohl die progressiven, scheinen idiotypisch zu sein. Das Leiden wurde schon mehrfach bei Geschwistern beobachtet (KRETSCHMER); in einem Fall waren 2 Zwillingsschwestern und ihr Bruder (dieser in milderer Form) behaftet (JACOBSOHN). Es existieren also vielleicht recessive Formen.

Kleinhirnataxie. In mehreren Familien regelmäßig dominant (JEN-DRASSIK, CLASSEN).

Lähmung, familiäre paroxysmale, s. Myoplegie.

Lateralsklerose, amyotrophische. Nicht selten familiär beobachtet. Vererbungsverhältnisse noch ungeklärt.

Linkshändigkeit (Rechtshirnigkeit). Galt bisher allgemein als erblich bedingt (STIER, SCHWERZ), und zwar als einfach recessives Merkmal (STEINER). Doch haben meine zwillingspathologischen Untersuchungen ergeben, daß die Linkshändigkeit überhaupt nicht idiotypisch bedingt ist; bei Linkshändigkeit eines identischen Zwillings fand ich sein Geschwister stets rechtshändig (bis jetzt 6 Fälle). Die parakinetischen Ursachen der Linkshändigkeit sind völlig unbekannt.

Ungeklärt ist auch, woher es kommen mag, daß Epilepsie und Sprachstörungen anscheinend bei Linksern besonders häufig angetroffen werden (STEINER, REDLICH).

Littlesche Krankheit, s. Cerebrale Kinderlähmung.

Manisch-depressives Irresein. Tritt häufig familiär auf, zeigt dabei größere Belastungsziffern als die Dementia praecox. Unter 566 Geschwisterserien mit gesunden Eltern waren 7,4% Kranke, unter 84 Serien mit einem kranken Elter waren 23,8% Kranke. Unter 650 Fällen hatten $3/4$ gesunde Eltern. Unter 34 Kindern aus konjugalen Fällen waren nur 5 Kranke (RÜDIN). Weiber werden etwa doppelt so häufig befallen als Männer. Geschlechtsgebundenheit ist aber ausgeschlossen, da kranke Väter nicht selten kranke Söhne und gesunde Töchter haben (HOFFMANN). Man muß daher auch an die Möglichkeit dominant-geschlechtsbegrenzter Vererbung denken. Zum größten Teil ist aber das Überwiegen der Weiber sicher nur ein scheinbares (RÜDIN). Erhöhte Belastung mit elterlicher Blutsverwandtschaft wurde nicht gefunden. Die Erbzahlen beim manisch-depressiven Irresein stimmen am besten bei Annahme einer Dreianlagigkeit mit 2 recessiven und 1 dominanten Erbanlagenpaar (RÜDIN). Doch ist wohl anzunehmen, daß das manisch-depressive Irresein nicht in allen Fällen in gleicher Weise bedingt ist.

Bei den Juden findet sich manisch-depressives Irresein relativ häufig und zeigt symptomatologische Besonderheiten: durchschnittlich früherer Beginn, größere Neigung zu Manien, im melancholischen Stadium Vorwiegen hypochondrischer Vorstellungen (LANGE).

Migräne. Das Leiden konnte bis durch 4 Generationen verfolgt werden. Direkte Vererbung fand man bis zu 90% der Fälle (EBSTEIN). Zum mindesten scheint also ein Teil der Fälle auf einer dominanten Erbanlage zu beruhen (BUCHANAN). Eine ätiologische Einheitlichkeit ist auch deshalb nicht zu erwarten, weil die einzelnen Fälle schon klinisch recht verschieden sind. Das Leiden soll bei Weibern häufiger vorkommen als bei Männern. In manchen Familien ist es mit anderen Störungen (QUINCKES Ödem, Urticaria) vergesellschaftet (GÄNSSLEN).

Auch die sog. Augenmigräne befällt zuweilen mehrere Generationen der gleichen Familie (GROENOUW).

Mikrocephalie. Ein Teil der Fälle dieses Leidens scheint auf einer recessiven Erbanlage zu beruhen, da Mikrocephalie schon öfter bei mehreren Kindern gesunder Eltern angetroffen worden ist. Allerdings werden Männer über zweimal so häufig befallen als Weiber (BERNSTEIN). In einem Fall war das Leiden bei 2 Schwestern mit Lippen-Gaumenspalte kombiniert (FRITSCHE). Stets mit Schwachsinn, angeblich häufig mit anderen Anomalien verbunden. — Die Mikrobrachycephalie soll sich gleichfalls recessiv verhalten (FRETS).

Mongolismus, s. Mongoloide Idiotie.

Muskelatrophie und -dystrophie, s. Atrophia und Dystrophia musculorum.

Myatonia congenita. Gelegentlich bei Geschwistern beobachtet (SORGENTE). Recessiv?

Myoklonusepilepsie. Häufig bei Geschwistern, sehr häufig Blutsverwandtschaft der Eltern. Recessiver Erbgang durch die sehr gründlichen Untersuchungen LUNDBORGS, dessen Material alle schwedischen Fälle umfaßt, sichergestellt (LUNDBORG, WEINBERG).

Myoplegie (paroxysmale Lähmung). Zuweilen bei mehreren Mitgliedern einer Familie angetroffen, und zwar bis durch 5 Generationen (JENDRASSIK, SERKO). Zuweilen auch solitäre Fälle beobachtet. Anscheinend beim weiblichen Geschlecht häufiger. In manchen Familien vererbt sich also das Leiden offenbar dominant, in anderen Fällen ist die Ätiologie ungeklärt.

Myotonia congenita (THOMSENsche Krankheit). Häufig ausgesprochen dominant, doch kommen auch solitäre Fälle vor. Manchmal wird eine Generation übersprungen. Gelegentlich wurde auch über Blutsverwandtschaft der Eltern berichtet (JENDRASSIK). Nach diesen spärlichen Mitteilungen ist das Vorkommen recessiver Formen fraglich.

Neurasthenie. Offenbar in vielen Fällen idiotypisch bedingt. Genaueres nicht bekannt.

Nystagmusmyoklonie (Lenoble-Aubineau). (Nystagmus mit Kopfzittern.) In einigen Fällen in starker familiärer Häufung, also anscheinend dominant (JENDRASSIK). Vgl. auch Nystagmus.

Paralyse, progressive. Von allen Syphilitikern erkranken nur etwa 5% an Paralyse. Warum diese 5% erkranken, wissen wir nicht; man hat den Grund dafür in einer idiotypischen Disposition sehen wollen. In der Tat läßt sich eine Mehrbelastung der Paralytiker mit psychotischen und psychopathischen Störungen gegenüber den Gesunden statistisch feststellen. Diese Mehrbelastung ist aber sehr gering; man kann sie daher auch durch die Annahme erklären, daß gewisse, mit geistigen Störungen in Zusammenhang stehende, psychische Verfassungen (Mangel an Hemmungen, Neigung zu unsteten Berufen, z. B. Artisten) zum Erwerb einer Syphilis besonders disponieren.

Unter den Nachkommen von 43 Paralytikern konnte keine erhöhte Behaftung mit psychischen Störungen festgestellt werden (MEGGENDORFER). Unter den Juden der westlichen Kulturländer tritt die Paralyse häufiger auf als unter den Nichtjuden (GUTTMANN, LANGE).

Paralysis agitans. Das Leiden ist relativ oft familiär beobachtet. LUNDBORG fand in 6 von 7 Fällen Blutsverwandtschaft der Eltern. Das macht recessive Erblichkeit sehr wahrscheinlich. Doch gibt es auch Fälle, die nicht recessiv sind, vor allem dominante (GÜNTHER).

Das Leiden soll bei Juden häufiger angetroffen werden als bei Nichtjuden (GUTTMANN).

Paramyotonia congenita (Paranexotonie, erbliche Kältelähmung). Dominant erblich. Bis durch 6 Generationen beobachtet (EULENBURG), gelegentlich mit Überspringen einer Generation (LEWANDOWSKY).

Paranoia. Die Behafteten haben relativ häufig schizophrene Verwandte, doch sind die Eltern meist geistig gesund (HOFFMANN). Die Vererbung scheint also in irgendeiner Form recessiv zu sein; vielleicht entspricht sie dem Erbgang der Dementia praecox, der ja die Paranoia von manchen Autoren zugerechnet wird.

Die Paranoia querulans (Querulantenwahn) verhält sich vererbungsbiologisch ganz ähnlich; doch scheint sich der querulatorische Persönlichkeitstypus häufig direkt zu vererben (HOFFMANN). Auch unter den Verwandten der Querulanten findet man nicht selten Dementia praecox-Kranke, unter den Kindern der Querulanten bis zu 30% (JOLLY, v. ECONOMO).

Paraphrenie. Vielleicht nur eine Form der Dementia praecox. In der Verwandtschaft der Kranken werden relativ häufig Schizophrenien gefunden. Doch sind die Eltern meistens geistesgesund (HOFFMANN). Man muß daher an recessiven Erbgang denken.

Paraplegie, spastische. Klinisch recht verschiedene Formen. In einem Teil der Fälle durch äußere Einflüsse (akute Infektionskrankheiten, Lues, Myelitis) bedingt; ein anderer Teil jedoch ist idiotypischer Natur. Wurde einmal in übereinstimmender Weise bei Zwillingen beobachtet (STIEFLER). Geschwistererkrankungen und Blutsverwandtschaft der Eltern relativ häufig (JENDRASSIK). Also offenbar recessiv. Ob auch die vorübergehende Paraplegie (bei Vater und 2 Söhnen beobachtet) erblich bedingt sein kann, läßt sich noch nicht entscheiden (JENDRASSIK).

Pseudosklerose, Wilsonsche. (Cerebrale Herderkrankungen mit Lebercirrhose.) Häufig bei Geschwistern, Kinder gesunder Eltern, beobachtet. Anscheinend recessiv (BIELSCHOWSKY).

Querulantenwahn, s. Paranoia.

Schizophrenie, s. Dementia praecox.

Schwachsinn. Die drei Grade des Schwachsinns: Debilität, Imbezillität und Idiotie, können aus sehr verschiedenen Ursachen heraus entstehen. Diese Ursachen liegen aber in einem erheblichen Teil aller Fälle in den Erbanlagen. Auch der idiotypische Schwachsinn ist jedoch sicher nichts Einheitliches. Die Annahme besonders amerikanischer Autoren (GODDARD, PETERS, DAVENPORT und WEEKS), daß es sich um ein recessives Merkmal handle, bedarf daher noch sorgfältiger Nachprüfung.

In wie hohem Maße die mangelhafte Begabung von den Erbanlagen abhängig ist, zeigten mir meine zwillingspathologischen Untersuchungen bei denen ich in mehreren Fällen fand, daß schwachbegabte (identische) Zwillinge stets ebensolche Zwillingsgeschwister hatten. Bei nichtidentischen Zwillingen fand ich dagegen zuweilen erhebliche Begabungsunterschiede.

Für die schweren Idiotie-Formen scheint Recessivität eine größere Rolle zu spielen, da in solchen Fällen die Eltern häufig normal sind (ZIEHEN). Bei den leichteren Formen ist aber die Zahl der behafteten Geschwister und die der behafteten Eltern relativ groß. REITER und OSTHOFF fanden unter 250 Hilfsschülern 64% mit schwachsinnigen Geschwistern, 68% mit schwachsinnigen Eltern. Für dominante Anlagen zu Schwachsinn sprechen auch die Familien, in denen sich dieses Leiden viele Generationen hindurch zeigte (JOERGER, GODDARD, ESTABROOK-DAVENPORT). Allerdings spielt hierbei eine Häufung durch Selektionsverhältnisse sicher eine Rolle, weil Imbezille kaum jemals einen vollwertigen Gatten finden werden. Auch ist es auffallend, daß aus Ehen zweier Schwachsinniger fast ausschließlich schwachsinnige Kinder hervorgehen sollen; unter 220 solchen Kindern fand GODDARD nur 2 normale. Dieser hohe Prozentsatz von Schwachsinnigen spricht wieder mehr für Recessivität. Die Erforschung der Erblichkeit des Schwachsinns hat also noch nicht zu eindeutigen Ergebnissen geführt.

Auffallend ist die häufige Kombination des Schwachsinns mit Entwicklungsanomalien des Auges (GELPKÉ).

Bei Juden sollen die erblichen Idiotieformen relativ häufiger vorkommen als bei Nichtjuden (LANGE).

Sklerose, multiple. Wurde in einer Reihe von Fällen bei mehreren Mitgliedern einer Familie beschrieben, und zwar bis zu 11 Personen (MERZBACHER). Erblichkeit trotzdem fraglich, da es sich nach neueren Forschungen um eine durch Spirochäten hervorgerufene Infektionskrankheit zu handeln scheint.

Sklerose, tuberöse Hirnsklerose. Das Leiden geht mit Schwachsinn, epileptischen Symptomen und Hauterscheinungen (Adenoma sebaceum) einher und steht in noch ungeklärten Beziehungen zur Neurinomatose. Familiäres Auftreten durch mehrere Generationen mehrfach beobachtet (SCHUSTER, FREUND). In vielen Fällen offenbar unregelmäßig dominant, dabei jedoch zuweilen klinisch recht verschiedene Krankheitsbilder bei den einzelnen behafteten Familienmitgliedern, also heterophän (Abb. 88 u. 89).

Spinalparalyse, spastische. Mehrfach in starker familiärer Häufung bis durch 6 Generationen angetroffen (BREMER). Neben solchen sicher dominanten Formen gibt es aber auch Fälle, in denen nur Geschwister befallen sind; nicht selten waren die Eltern blutsverwandt. Es scheint also auch recessive Formen zu geben. Solitäre Fälle sind relativ häufig. Das Leiden befällt etwa doppelt soviel Männer als Weiber (GRÜNEWALD). Die dominanten Formen pflegen leichter zu verlaufen als die, welche vermutlich recessiv sind (BREMER).

Stottern, Stammeln und Lispeln. Diese Sprachstörungen sind wohl in einem großen Teil der Fälle idiotypisch bedingt, jedoch sicher nicht in allen. Ich sah identische Zwillinge, von denen einer Sigmatismus lateralis hatte (außerdem eine anscheinend luetische Erkrankung des inneren Ohrs), der andere nicht. Andererseits fand man in 38% der Fälle von Sigmatismus lateralis die gleiche Sprachstörung auch bei anderen Familienmitgliedern (GUTZMANN). Personen mit Sprachstörungen sollen verhältnismäßig häufig mit Linkshändigkeit, Epilepsie und Schwachsinn behaftet sein (STEINER). Bei Juden findet man ein leichtes Lispeln relativ häufig.

Syringomyelie. Wurde ausnahmsweise familiär beobachtet, doch wird die Diagnose dieser Fälle in Zweifel gezogen (JENDRASSIK).

Tay-Sachssche Krankheit, s. Amaurotische Idiotie.

Tremor hereditarius. Mehrfach als dominantes Erbleiden angetroffen, und zwar bis durch 4 Generationen (JENDRASSIK).

Tumor cerebri. Hirntumoren (Gliome, Endotheliome) wurden mehrmals bei Geschwistern beobachtet (HOFFMANN).

Wandertrieb, s. Hemmungsschwäche.

Wortblindheit. (Das Gedächtnis für das gedruckte Wortbild fehlt; Defekt im Gyrus angularis.) Gelegentlich familiär beobachtet bei Mutter, Sohn und Enkelin (PLATE) bzw. bei 4 Geschwistern (HINSHELWOOD).

Zwangsneurose. Wahrscheinlich keine ätiologische Einheit. Gelegentlich in starker familiärer Häufung bis durch 3 Generationen (PILTZ), so daß man an dominante Vererbung denken kann. Im allgemeinen wird aber das gleiche Leiden in der Familie der Behafteten nur selten angetroffen.

14. Krankheiten der inneren Organe, des Stoffwechsels und des Blutes.

Achylia gastrica. Vielfach als erbliches Leiden bezeichnet (GROTE). Methodische Untersuchungen fehlen.

Adipositas, s. Fettsucht.

Alkaptonurie. Häufig bei Geschwistern, häufig Blutsverwandtschaft der Eltern. Offenbar recessives Erbleiden. Als Folgezustand kann Ochronose und ein Arthritis deformans-ähnliches Krankheitsbild entstehen. Männer sollen häufiger befallen werden als Weiber (GARROD). In den Geschwisterschaften der in der Literatur niedergelegten Fälle kommen 23 Kranke auf 47 Gesunde (TOENNIESSEN). In 2 Fällen war auch einer der Eltern behaftet.

Anämie, perniciöse. Ob die Erbanlagen bei der Entstehung dieses Leidens wesentlich mitwirken, ist fraglich. Immerhin spricht die Tatsache dafür, daß gelegentlich familiäre Häufung beobachtet ist (MEULENGRACHT). Auffallend häufig fand man mehrere Mitglieder einer Familie an Botriocephalus-Anämie erkrankt (SCHAUMANN). Vielleicht spielt hier eine idiotypische Disposition eine Rolle.

Arteriosklerose. Wieweit das gelegentlich beobachtete familiäre Vorkommen von Apoplexien und Herzschlägen auf Zufall, und wieweit es auf erblicher Anlage beruht, läßt sich schwer entscheiden. Auf jeden

Fall ist anzunehmen, daß bei der Entwicklung der Arteriosklerose die Erbanlagen eine wesentliche Rolle spielen. Denn die Hypertonie, die eine der Hauptursachen der Arteriosklerose ist, wird in manchen Familien in einer so großen Häufung angetroffen (WEITZ), daß man als Ursache davon an dominante Erbanlagen denken muß. Anscheinend wird Coronarsklerose bei Männern, kardio-renale Arteriosklerose bei Weibern häufiger gefunden (HERZ).

Arteriosklerose soll bei Juden besonders häufig auftreten; vor allem gilt das angeblich für die Claudicatio intermittens (anfallsweises Hinken) (GUTTMANN).

Arthritis deformans. Soll häufig familiär sein (BAUER). Vgl. Alkaptonurie.

Arthritis urica, s. Gicht.

Asthma bronchiale. Die Ursachen des Asthmas sind unbekannt. Sie liegen sicher nicht in allen Fällen in den Erbanlagen. Unter meinen identischen Zwillingen befinden sich zwei Schwestern, von denen die eine seit Jahren an Asthma (und Schnupfen) leidet, während die andere gesund ist. Von anderen Autoren wurden aber identische Zwillinge beobachtet, bei denen die Anfälle überraschend ähnlich verliefen, so daß hier die Annahme idiotypischer Bedingtheit die gegebene ist (TROUSSEAU, SIEGEL). Zudem scheint sich das Asthma recht oft in familiärer Häufung zu finden, manchmal so stark, daß man an dominant-erbliche Bedingtheit gedacht hat (MUDGE). Von manchen Autoren wird jedoch die Erblichkeit überhaupt bestritten (HEISSEN). Bei Männern kommt Asthma viel häufiger vor als bei Weibern.

In den Familien Asthmatischer findet man relativ häufig Migräne, Urticaria, QUINCKES Ödem, Ekzem, exsudative Diathese, Colica mucosa und andere „vagotonische" Krankheitsbilder (GÄNSSLEN), die auch ihrerseits (ohne Kombination mit Asthma) familienweise angetroffen werden (FRENKEL-TISSOT). Wieweit die Beziehungen dieser Leiden zueinander idiotypischer Natur sind, ist ungeklärt.

Basedowsche Krankheit. Scheint verhältnismäßig häufig familiär aufzutreten (Abb. 61). Da Weiber mehrmals häufiger befallen werden als Männer, wurde dominant-geschlechtsgebundener Erbgang vermutet (LENZ). Bis jetzt ist über die Vererbung der Hyperthyreose noch wenig Sicheres bekannt. Daß alle Fälle idiotypisch bedingt seien, ist wohl nicht anzunehmen.

Bradykardie. Tritt gelegentlich familiär auf (GROTE). Methodische Untersuchungen fehlen.

Carcinom, s. Tumoren.

Chlorose. Kommt anscheinend öfters familiär vor. Systematische Untersuchungen über die erbliche Bedingtheit fehlen.

Cholämie, s. Ikterus.

Cholelithiasis. Gallensteine werden oft familiär durch mehrere Generationen beobachtet (GROTE).

Claudicatio intermittens, s. Arteriosklerose.

Colica mucosa, s. Asthma.

Cystinurie. Es sind Fälle beschrieben, die sich offenkundig dominant vererben (ABDERHALDEN). Daß regelmäßige Dominanz für alle Fälle gilt, ist nicht wahrscheinlich, da Männer häufiger als Weiber befallen sein sollen (GARROD).

Diabetes innocens, s. Glykosurie.

Diabetes insipidus, s. Polyurie.

Diabetes mellitus. Die Ursachen der Zuckerkrankheit können in den einzelnen Fällen sehr verschieden sein. In einem Teil der Fälle spielen aber die Erbanlagen sicher eine entscheidende Rolle. Dafür spricht schon die Tatsache, daß tödlicher Diabetes mit ganz ähnlichem Verlauf einmal bei identischen Zwillingen beobachtet wurde (MICHAELIS). FR. MÜLLER kannte identische Zwillinge, die in höherem Alter beide an Diabetes erkrankten und mit einem Zwischenraum von wenigen Jahren unter den gleichen Herzkomplikationen daran starben (nach mündlicher Mitteilung). Der Diabetes, besonders der jugendliche, tritt nicht selten familiär auf. Die mitgeteilten Stammbäume sprechen meist für unregelmäßige Dominanz (vgl. Abb. 94). In anderen Fällen wurde das Leiden bei mehreren Kindern gesunder Eltern beobachtet; die Eltern waren nicht selten blutsverwandt (v. NOORDEN). Solche Beobachtungen sprechen dafür, daß auch recessive Formen existieren. Sicheres ist nicht bekannt.

Bei Männern ist die Zuckerkrankheit über doppelt so häufig als bei Weibern; bei den juvenilen Fällen ist dieses Überwiegen des männlichen Geschlechts jedoch nicht vorhanden (v. NOORDEN).

In den Familien der Zuckerkranken sollen Gicht, Fettsucht und andere Leiden gehäuft auftreten (vgl. Gicht). Unter Diabetikern finden sich 5 mal soviel breitwüchsige und brustbehaarte Individuen als unter nichtdiabetischen Kontrollfällen (BONDI).

Bei Juden kommt Diabetes häufiger vor als bei Nichtjuden; in Frankfurt z. B. fand man den Diabetes als Todesursache bei Juden 6 mal so häufig als bei der übrigen Bevölkerung (v. NOORDEN).

Diathese, dystrophische. Wahrscheinlich oft erblich bedingt (FRIEDJUNG, v. PFAUNDLER).

Diathese, exsudative. Zuweilen so stark familiär gehäuft, daß man an das Vorkommen dominanter Erbanlagen, die diese Diathese bedingen, denken muß (v. PFAUNDLER).

Diathese, hämorrhagische. Die hämorrhagischen Diathesen zeigen klinisch und sicher auch ätiologisch sehr verschiedene Formen. Ihre Abtrennung von der Hämophilie (siehe diese) ist oft schwer. Verhältnismäßig klar hebt sich aus diesen Krankheitsbildern bisher nur die hämorrhagische Thrombasthenie ab (GLANZMANN), der wahrscheinlich ein Teil der als Morbus maculosus Werlhofi bezeichneten Fälle zugehören. Die Thrombasthenie wurde schon in einer ganzen Reihe von Fällen in familiärer Häufung beobachtet. Es scheint sich dabei um dominante Erblichkeit zu handeln, doch überwiegt unter den Behafteten das weibliche Geschlecht etwas. Andere Formen von hämorrhagischer Diathese können den Eindruck recessiver Erblichkeit er-

16*

wecken (z. B. Riebold). Auch das Auftreten von menstruellen Blutungen in der Gravidität bis zum 6. Monat wurde schon familiär (bei Mutter und 3 Töchtern, darunter Zwillingen) beobachtet (Vogt). Moszkowski sah frühzeitiges Auftreten der ersten Regel in 3 Generationen, Lempke sehr späten Menstruationsbeginn bei Mutter und 2 Töchtern. Kermauner beobachtete eine Mutter und 5 Töchter, bei denen die Regel alle 21 Tage auftrat.

Diathese, spasmophile. In Korrelation mit Rachitis, daher wohl auch erblich bedingt.

Emphysema pulmonum. Zuweilen in familiärer Häufung beobachtet. Methodische Untersuchungen über die Erblichkeit fehlen.

Endokarditis. Herzfehler infolge von Endokarditis wurden öfters familiär beobachtet. Die Vererbung soll vom Vater auf die Töchter, von der Mutter auf beide Geschlechter erfolgen (Herz). Das spräche für dominant-geschlechtsgebundene Vererbung (Lenz). In einer Familie hatten sämtliche Behaftete gleichzeitig Augenleiden (vgl. Ectopia lentis).

Bei sehr vielen Fällen von Endokarditis ist aber die Bedeutung der Erbanlagen durchaus fraglich.

Fettsucht (Adipositas, Obesitas). Man unterscheidet alimentäre und endogene Fettsucht. Auch bei der alimentären Fettsucht wäre Erblichkeit durchaus möglich, da der Mangel des Sättigungsgefühls, der ihr in vielen Fällen zugrunde liegt, idiotypisch bedingt sein könnte. Andererseits muß nicht jeder Fall von endogener Fettsucht notwendig auf krankhaften Erbanlagen beruhen (z. B. Dystrophia adiposo-genitalis durch Traumen der Hypophyse). In der Mehrzahl der Fälle scheint aber die endogene Fettsucht überwiegend erblich bedingt zu sein. Einen einheitlichen Erbgang kann man freilich nicht erwarten, weil die Pathogenese in den einzelnen Fällen sehr verschieden ist (innere Sekretion!). Da das familiäre Auftreten der Fettsucht oft sehr stark in die Erscheinung tritt, hat man dominante Erbanlagen vermutet. Da Weiber häufiger zu Fettsucht neigen als Männer, hat man an dominant-geschlechtsgebundenen Erbgang gedacht (Lenz). In den Familien der Fettsüchtigen findet man Gicht und Diabetes gehäuft. Welcher Art hier die kausalen Zusammenhänge sind, ist unklar.

Bei der gelben Rasse trifft man häufiger Fettleibigkeit an als bei der weißen und der schwarzen, bei Juden angeblich häufiger als bei Nichtjuden.

Gicht. Für das Auftreten der Gicht sind äußere Einflüsse (Überernährung, Alkohol, Blei) von großer Bedeutung. Doch ist das Leiden so häufig familiär, daß man auch den Erbanlagen eine wesentliche Rolle bei der Gichtentstehung zuschreiben muß. In manchen Fällen hat man wegen der starken familiären Häufung durch mehrere Generationen an dominante Erblichkeit gedacht. Männer erkranken mehrmals häufiger an Gicht als Frauen.

In den Familien Gichtischer werden Diabetes, Fettsucht, Cholelithiasis, Nierensteine, Asthma, Ekzeme und andere Leiden angeblich besonders häufig angetroffen. Über den Grund dieser Korrelationen sind die Ansichten geteilt; inwieweit erbliche Faktoren beim Zustandekommen dieser Krankheitsbeziehungen eine Rolle spielen, ist unklar.

Gicht soll bei Juden relativ häufig sein (GUTMANN). Leute mit breitem untersetztem Körperbau sollen unter den Gichtikern häufig, solche mit asthenischem Habitus selten angetroffen werden (J. BAUER).

Glykosurie (Diabetes innocens). Auch bei Leuten mit normal dichtem Nierenfilter kommt es unter besonderen Umständen (reichliche Zuckerzufuhr) zu Glykosurie (alimentäre Glykosurie). Dauernde Undichtigkeit des Nierenfilters (renale Glykosurie) wurde schon mehrfach in starker familiärer Häufung beobachtet. Es handelt sich in diesen Fällen offenbar um dominante Erblichkeit (SALOMON, BRUGSCH-DRESEL).

Gynäkomastie. Erbliches Auftreten wurde (z. B. durch HEGAR) behauptet. Zuverlässiges anscheinend nicht bekannt.

Hämatoporphyrinurie. In solchen Fällen von Hämatoporphyrinurie, welche mit Hydroa vacciniforme einhergingen, wurde familiäres Auftreten mehrfach beobachtet (vgl. Hydroa).

Hämaturie. Zuweilen familiär beobachtet.

Hämophilie. Die Hämophilie ist ausgesprochen erblich. Schon dreimal wurde das Leiden bei eineiigen Zwillingen beobachtet (K. H. BAUER). Ob echte Hämophilie bei Weibern vorkommt, ist fraglich. Das Leiden vererbt sich recessiv-geschlechtsgebunden. Sporadische Fälle pflegen auch klinisch atypisch zu sein. Das Fehlen hämophiler Weiber sowie das Fehlen von Blutern unter den Enkeln der Hämophilen bedarf besonderer Erklärungen (vgl. S. 150).

Die Unterscheidung der echten Hämophilie von hämorrhagischen Diathesen anderer Art ist oft schwierig. Bei sporadischen Fällen und Fällen mit abweichender Vererbungsart muß man daher mit der Diagnose Hämophilie sehr vorsichtig sein.

Hermaphroditismus, s. Hypospadie.

Herzneurosen. Sollen oft gleichzeitig bei Eltern und Kindern vorkommen (HERZ). Methodische Untersuchungen fehlen.

Ikterus, hämolytischer. Wahrscheinlich gibt es paratypische Fälle (MEULENGRACHT), die Mehrzahl der Fälle erweist sich aber als idiotypisch bedingt, und zwar als dominant. Die Dominanz ist ziemlich regelmäßig. Männer und Weiber sind gleich häufig befallen (MEULENGRACHT, GÄNSSLEN).

Idiosynkrasien. Die Ursache der Idiosynkrasien ist rätselhaft. Meist findet man keine analogen Fälle in der Verwandtschaft. Gelegentlich aber litten 2—3 Mitglieder einer Familie an der gleichen Idiosynkrasie, z. B. gegen Hühnerei (BELAIEFF) oder Waldellerlinge (LEIDIG). Ich beobachtete eine starke Quecksilber-Idiosynkrasie bei einem Kollegen, dessen Vater die gleiche Überempfindlichkeit besaß. Der Verdacht, daß manche Fälle von Idiosynkrasie erblich bedingt sind, ist also gerechtfertigt. Falls er sich bestätigt, wäre hier auch eine Möglichkeit gegeben, die anscheinend erbliche Bedingtheit mancher Ekzeme besser zu verstehen.

Konstitutionsanomalien. Über die Erblichkeit der anomalen Kon

stitutionen weiß man nichts Sicheres. Fast jede Konstitutionsanomalie
wird von einem Teil der Autoren für erblich, von einem anderen Teil
für nichterblich gehalten. Der Lymphatismus z. B. soll nach zahlreichen Autoren der Ausdruck einer besonderen erblichen Veranlagung
sein; BARTEL, WIESEL und FALTA meinen jedoch, daß es auch einen
sekundären Status lymphaticus gäbe, der durch exsudative Diathese,
Rachitis, Asthma, Lues, Tuberkulose usw. hervorgerufen sei. Wieder
andere, wie LUBARSCH, glauben sogar, daß der Lymphatismus so gut
wie niemals angeboren sei, sondern fast immer der Ausdruck einer
Reaktion des Organismus auf toxisch-infektiöse Einwirkungen. Genau
so widersprechend sind die Ansichten über die anderen Konstitutionsanomalien. Bei der ungenügenden Abgrenzung der Konstitutionsstaten
und bei dem Überwiegen der Mischformen sind exakte Erhebungen
kaum durchzuführen. Ist das aber dennoch einem Autor gelungen, so
bleibt doch eine Nachprüfung seiner Ergebnisse so gut wie unmöglich,
da das Bild der Konstitutionsanomalien schwankt, und jeder Unter-
sucher die Grenze an einer anderen Stelle sieht. Eher als die Untersuchung der Konstitutionsstaten scheint mir daher die Untersuchung
der einzelnen Konstitutionssymptome auf ihre Erblichkeit gewisse Ergebnisse zu versprechen. Dies ist ein bisher noch so gut wie unbearbei-
tetes Gebiet konstitutionspathologischer Forschung. Freilich würde der
Nachweis der Erblichkeit eines Konstitutionssymptoms erst dann wirklich dispositionspathologische Bedeutung bekommen, wenn es gelingen
würde, gleichzeitig eine stärkere Korrelation dieses Stigmas zu einer bestimmten Krankheit statistisch festzustellen.

Die Analyse der großen Konstitutionen braucht aber vielleicht nicht
bis zur Auflösung in einzelne Stigmen zu gehen, um zu vererbungsbiologischen Resultaten zu führen. Schon mit Hilfe der von v. PFAUND-
LER vorgenommenen Zerlegung der Konstitutionen des Kindesalters in
kleinere Zeichenkreise gelang es diesem Autor und seinen Schülern,
wertvolle Beiträge zur Kenntnis der Erblichkeit der Konstitutionen zu
liefern. MORO und KOLB fanden Manifestationen der exsudativen, der
spasmophilen und der dystrophischen Gruppe insgesamt bei den Geschwistern der Ekzemkinder fast sechsmal häufiger als bei den Geschwistern der Kontrollkinder. Auch ließ sich feststellen, daß diese
Zeichenkreise häufiger von der Mutter her übertragen wurden, und
zwar etwa doppelt so häufig auf Knaben als auf Mädchen. In manchen
Familien wurde eine besonders starke Häufung von exsudativer bzw.
dystrophischer Diathese oder von Neigung zu Hautentzündungen bzw.
Schleimhautkatarrhen beobachtet (v. PFAUNDLER). Vgl. Diathesen und
Habitus asthenicus.

Kretinismus, s. Kropf.

Kropf. Der endemische Kropf ist anscheinend eine Intoxikationskrankheit; die äußere Noxe, die ihn erzeugt, ist allerdings noch unaufgeklärt (Jodmangel?). Ob bei der gelegentlichen familiären Häufung des
Leidens in Kropfgegenden (vgl. Abb. 91) eine idiotypische Disposition
mitwirkt, ist ganz ungewiß. Ebenso fraglich ist es, ob bei der Ent-

stehung des endemischen Kretinismus, wie öfter behauptet wurde, idiotypische Faktoren eine Rolle spielen.

Dagegen gibt es eine idiotypische Form des sporadischen Kropfes (Abb. 77 u. 78); nach den bis jetzt vorliegenden Stammbäumen (SIEMENS, BLUHM) vererbt er sich dominant-geschlechtsbegrenzt mit Begrenzung auf das weibliche Geschlecht. Vom sporadischen Kretinismus (Myxödem) ist bis jetzt wenig bekannt, was für seine idiotypische Natur spräche. Ausnahmsweise ist er bei mehreren Geschwistern beobachtet (BRANDENBERG). Recessivität wäre also möglich.

Langlebigkeit. Die Langlebigkeit wird häufig familiär beobachtet. Bei 5585 Kindern war die Sterblichkeit bis zum 5. Lebensjahr umso geringer, ein je höheres Alter die Eltern erreicht hatten (PLOETZ). Unter 350 Fällen waren bei 44% ein Elter, bei 30% beide Eltern gleichfalls langlebig (über 75 Jahre). Es geht aber wohl kaum an, hieraus unmittelbar auf eine dominante Erbanlage zu schließen (GENSCHEL). Die Langlebigkeit ist eine Resultante aus sehr vielen verschiedenen Ursachen. Schon das Fehlen lebenverkürzender Krankheitsanlagen, das man bei den Verwandten Langlebiger notwendigerweise gehäuft antreffen muß, wirkt ja auf eine familiäre Häufung der Langlebigkeit hin.

Lebercirrhose. Bei der Entstehung dieses Leidens spielen oft äußere Einflüsse eine ganz hervortretende Rolle (Alkohol, Syphilis). Einmal wurde jedoch tödliche Lebercirrhose bei 3 Schwestern in den ersten Lebensjahren beobachtet (SCHUSZIK).

Leukämie. Das Leiden wurde in einer Reihe von Fällen bei mehreren Mitgliedern einer Familie beobachtet (BRANDENBERG, ROSENHAUPT). Ob die Erbanlagen bei seiner Entstehung wesentlich mitwirken, ist unsicher.

Lymphatismus, zuweilen ausgesprochene familiäre Häufung (v. PFAUNDLER). Vgl. Konstitutionsanomalien.

Menstruationsstörungen, s. hämorrhagische Diathese.

Mitralstenose. Konnte mit und ohne vorhergehende Endokarditis familiär beobachtet werden (SACHS, HOPMANN). Über die Erblichkeitsverhältnisse läßt sich noch nichts Bestimmtes aussagen.

Myxödem, s. Kropf.

Nephritis. Es sind Fälle bekannt, in denen die Glomerulonephritis mehrere Generationen hindurch in Familien gehäuft auftrat (PEL). Das gleiche ist bei Scharlachnephritis beobachtet worden (BAUER). Dafür, daß idiotypische Bedingtheit vorkommt, spricht auch die Beobachtung einer tödlichen chronischen Nephropathie bei identischen Zwillingen (MICHAELIS). Die Erblichkeitsverhältnisse sind allerdings noch ganz unklar. Vgl. auch Nephrose.

Nephrose. Genuine Nephrose von gleichartigem Verlauf wurde einmal bei 2 Brüdern im Beginn der Entwicklungsjahre beobachtet (VOLHARD).

Obesitas, s. Fettsucht.

Oligohydramnie. Es ist mehrfach vermutet worden, daß die Oligohydramnie erblich und als solche die Ursache familiärer Mißbildungen (Klumpfuß, Contracturen usw.) sei (STRAUB). Sicheres ist nicht bekannt.

Ovarialcysten. Mehrfach familiär beobachtet (BAUER).

Parotisschwellung. Wurde ausnahmsweise familiär durch 3 Generationen beobachtet (HOCHSCHILD). Erblichkeit?

Schubweises Auftreten von Drüsenschwellungen besonders im Frühjahr wurde in einer Familie durch 3 Generationen, anscheinend unregelmäßig dominant, beobachtet (ABDÉRHALDEN).

Pentosurie. Von manchen Autoren als idiotypisch bedingt angesehen (v. NOORDEN). Über die Erblichkeit nichts Sicheres bekannt. Bei Männern häufiger als bei Weibern (GARROD). Sicherlich gibt es paratypische Formen, z. B. nach Gehirnerschütterung.

Pollakisurie. Gelegentlich in familiärer Häufung beobachtet (SCHWARZ).

Polycythämie. Gelegentlich familiär durch 3 Generationen beobachtet (ENGELKING). Dominant?

Polyurie (Diabetes insipidus). Das Leiden kann durch parakinetische Faktoren (z. B. Gumma der Hypophyse) bedingt sein. Sehr oft aber liegt idiotypische Bedingtheit vor, und zwar in Form ausgesprochen dominanter Vererbung. Überspringen von Generationen kommt dabei vor; die Dominanz ist also nicht immer ganz regelmäßig (WEIL, BULLOCH). GOSSAGE zählte in 4 Familien 43 Kranke zu 50 Gesunden. In manchen Familien erlischt die Polyurie im mittleren Alter von selbst (JANSEN-BROCKMAN).

Scarlatina. BLUHM hat einen Stammbaum mitgeteilt, in dem zwei Schwestern und ihre Tante im kindlichen Alter je zweimal Scharlach durchgemacht haben (nach LENZ). Solche Beobachtungen sprechen dafür, daß es eine erblich bedingte Störung in der Bildung der Scharlach-Immunstoffe gibt. Sicheres ist nicht bekannt.

Situs viscerum inversus. Daß der Situs inversus erblich bedingt sein kann, macht eine Beobachtung wahrscheinlich, in der er sich bei Zwillingen fand (REINHARDT). Auch ist er mehrmals bei Geschwistern angetroffen worden (OCHSENIUS, EBSTEIN). Sicheres über seine idiotypische Bedingtheit ist nicht bekannt.

Spasmophilie, s. spasmophile Diathese.

Splenomegalie. Es sind eine ganze Reihe familiärer Fälle beschrieben worden, bei denen offenbar unregelmäßig dominante Vererbung vorliegt (GOSSAGE, PLEHN). Überspringen von Generationen ist öfters beobachtet. GOSSAGE zählte in 5 Familien 21 Kranke : 42 Gesunden.

Struma, s. Kropf.

Tachykardie. Soll oft familiär auftreten (GROTE), in einem Teil der Fälle vielleicht als Symptom der BASEDOWschen Krankheit. Methodische Untersuchungen fehlen.

Tetanie. Zuweilen als familiär beschrieben, manchmal mit Epilepsie in der gleichen Familie (COLER, ASCENZI).

Tubargravidität. Einmal bei 2 Schwestern beobachtet (DITTEL).

Tuberculosis pulmonum. Die Frage, ob bei der Entstehung und dem Verlauf der Lungentuberkulose eine idiotypische Disposition eine entscheidende Rolle spielt, ist viel umstritten. Es ist möglich, daß der als Habitus asthenicus bezeichnete krankhafte Körperbau einerseits erblich

ist und andererseits zu Lungentuberkulose disponiert. Beziehungen zur
Tuberkulosedisposition sind auch sehr viel anderen Anomalien in die
Schuhe geschoben worden, aber ohne sichere Begründung (SIEMENS,
EICHWALD). Die an einem großen Material gefundene Tatsache, daß
die Lungentuberkulose bei Mitgliedern der gleichen Familie häufiger, als
zu erwarten ist, auf der gleichen Seite beginnt (sog. Vererbung des
Locus minoris resistentiae), liefert keinen überzeugenden Beweis für das
Vorhandensein einer idiotypischen Tuberkulosedisposition, da für die
Vererbung eines asymmetrischen Merkmals noch jede sichere Analogie
fehlt.

Tumoren. Familiäres Auftreten von Carcinomen ist nicht selten
beobachtet worden (J. BAUER). Die Bedeutung solcher Beobachtungen
ist schwer zu beurteilen, da der Krebs eine sehr häufige Erkrankung ist,
die 10% aller Menschen, die das kindliche Alter überleben, hinwegrafft.
Besonders häufig wurde über familiäres Auftreten des Magenkrebses
berichtet, der ja einen großen Teil aller Krebserkrankungen ausmacht.
GROTE z. B. beobachtete das Leiden durch 4 Generationen in ununterbrochener Folge. Gelegentlich wurden auch andere Carcinome (Mamma-
carcinom, Rectumcarcinom, Lebercarcinom usw.) familiär beobachtet.
Einmal sah man ein Adenocarcinom des Uterus mit Myom bei Zwillingsschwestern (HALLIDAY-CROOM). Andere Autoren fanden bei gründlicher
statistischer Untersuchung keine familiäre Häufung des Krebses (WEIN-
BERG). Daß es Fälle gibt, in denen die Entstehung des Carcinoms in entscheidender Weise von einer krankhaften Erbanlage abhängt, kann man
an dem recessiv erblichen Xeroderma pigmentosum sehen (s. dieses).
Die mit Xeroderma Behafteten gehen fast ausnahmslos in jungen Jahren
an bösartigen Geschwülsten zugrunde, so daß man hier geradezu von
einer „recessiv erblichen Carcinomatose“ sprechen könnte. Eine Ver-
allgemeinerung dieser Erkenntnis ist aber nicht erlaubt. Sicher ist, daß
äußere Reize verschiedenster Art für die Entstehung vieler Krebse von
ganz entscheidender Bedeutung sind (Röntgenkrebse, Teerkrebse, Anilin-
krebse, Paraffinkrebse). Es wird deshalb nie gelingen, die Carcinomatose
ätiologisch auf eine einheitliche Formel zu bringen. Die Fragestellung,
die nach der Erblichkeit „des“ Krebses forscht, ist von vornherein
verfehlt. In den einzelnen Carcinomfällen kann die Bedeutung der Erbanlagen eine sehr verschieden große sein.

Auch andere Tumoren wurden gelegentlich familiär beobachtet, z. B.
Sarkome (BAUER). Auch ich sah ein Sarkom bei Mutter und Tochter.

Bemerkenswert ist das einmal beschriebene Vorkommen von Fibro-
adenomen der Mamma bei homologen Zwillingsschwestern (BURKARD),
sowie die Beobachtung von Kehlkopfpapillomen bei Zwillingen
(v. SZONTAGH).

Ulcus ventriculi et duodeni. Die Rolle, die der Idiotypus bei der Entstehung dieser Ulcera spielt, ist noch ganz ungeklärt. Manche Autoren
fanden bei fast einem Drittel (STRAUSS), andere bei fast zwei Drittel
ihrer Fälle (GROTE) gleiche Erkrankungen in der Familie. BAUER und
ASCHNER glauben sogar auf Grund ihres Materials annehmen zu müssen,

daß ein recessives. Erbleiden vorliegt. Andere bestreiten dagegen jeden wesentlichen Einfluß der Erbanlagen (HEISSEN). SPIEGEL fand bei den Familienangehörigen Ulcuskranker 6 mal so häufig Magencarcinom als bei den Verwandten Magengesunder.

15. Krankheiten der Knochen, der Gelenke und der äußeren Körperform.

Achondroplasie, s. Zwergwuchs.

Akardie. Herzlose Mißgeburten sind besonders häufig bei eineiigen Zwillingen; ihre Entstehung bei erhaltener Zirkulation ist überhaupt nur bei eineiigen Zwillingen möglich (LAIBLE). Bei dem anderen Zwilling ist das Herz im Gegensatz zu seinem Partner stets besonders kräftig entwickelt (Makrokardier und Mikrokardier). Die Monstrosität ist also nicht idiotypisch bedingt; höchstens könnte man daran denken, daß die Neigung der Frau, bei Zwillingsschwangerschaften Akardier zur Entwicklung zu bringen, erblich wäre. Über familiäres Auftreten ist aber nichts bekannt. Der Acardiacus kann von seinem Zwillingsbruder vollständig verdrängt werden (Foetus papyraceus s. compressus); bleibt er am Leben, so können beide Zwillinge ganz verschiedene Größe und verschiedene Zeichen der Reife haben, so daß sie den Anschein erwecken, völlig verschiedenen Stadien der Schwangerschaft anzugehören.

Der Akardier kann gleichzeitig andere Mißbildungen (Acephalie, Amelie) zeigen.

Akromegalie. Soll gelegentlich familienweise gehäuft angetroffen werden (GROTE). Eine atypische Frühakromegalie bei 4 Geschwistern beschreibt OEHME.

Anencephalie. Gelegentlich bei Geschwistern beobachtet (JAEGER). Recessiv? Vgl. Akardie.

Ankylosen, s. Klinodaktylie.

Ateleiosis, s. Zwergwuchs.

Brachydaktylie. (Mit Verkürzung der Arme und Beine und des gesamten Körpers verbunden. Vgl. Zwergwuchs.) Man unterscheidet zwei Formen: Hypophalangie (einzelne Phalangen fehlen) und Brachyphalangie oder Minorbrachydaktylie (die Phalangen sind in normaler Zahl vorhanden, aber abnorm kurz). Daneben gibt es aber noch zahlreiche Unterformen (MOHR-WRIEDT, POL). Die Kurzfingrigkeit ist ausgesprochen dominant und zeigt sehr regelmäßige Zahlenverhältnisse (FARABEE, DRINKWATER, LEWIS). (Vgl. Abb. 35.) Sie wurde bis durch 6 Generationen verfolgt.

Clavicula, Fehlen der, s. Knochendefekte.

Dupuytrensche Contractur. Wurde gelegentlich in mehreren Generationen einer Familie beobachtet. Das Leiden ist in einem Teil der Fälle mit Induratio penis plastica kombiniert. Diese kombinierten Fälle wurden bisher noch niemals familiär angetroffen. Männer leiden viel häufiger an Dupuytrenscher Contractur als Weiber.

Dysostose cléido-cranienne. (Breiter Schädel, offene Fontanellen, Aplasie der Claviceln.) Nicht selten bei mehreren Familienmitgliedern beobachtet, zuweilen auch Blutsverwandtschaft der Eltern (JENDRASSIK). Art der Vererbung noch unsicher, in manchen Fällen anscheinend dominant. Vgl. auch Knochendefekte.

Ektrodaktylie. Fehlen von Fingern wird oft bei Spalthand (s. d.) gefunden und kann dann mit dieser erblich sein. Die Fälle ohne Spalthand sind untereinander sämtlich mehr oder weniger verschieden; sie sind mit Veränderungen der Hand- bzw. Fußwurzelknochen und mit Verkürzung der ganzen Extremität verbunden. Nur ausnahmsweise sind sie doppelseitig und niemals familiär (STIEVE).

Epispadie. Einmal beobachtete man eine Bauchblasenspalte in übereinstimmender Weise bei eineiigen Zwillingen (ENDERLEN), in einem anderen Fall eine vollkommene Bauchspalte mit Exenteration (BISCHOFF). Danach scheint es idiotypische Formen dieses Leidens zu geben. Über familiäres Auftreten der Epispadie scheint jedoch noch nichts bekannt zu sein.

Exostosen und Enchondrome, multiple. Wurden ziemlich häufig familiär durch mehrere Generationen angetroffen. Überspringen von Generationen ist dabei nicht selten. Also wohl gewöhnlich unregelmäßig dominant (THIEMANN, MAYNARD, WEBER). Doch sollen Weiber etwas seltener behaftet sein (JÜRGENS).

Fistula colli congenita. Verhältnismäßig häufig familiär, aber gewöhnlich nur bei wenigen Familienmitgliedern, angetroffen (HEUSINGER, LEEGAARD).

Gigantismus, s. Riesenwuchs.

Habitus asthenicus. Ein übermäßig langer und flacher Thorax ist zuweilen in so starker familiärer Häufung beobachtet worden, daß man ihn als einfach dominantes Erbmerkmal aufgefaßt hat (PAULSEN). Es ist aber zu vermuten, daß die erbliche Grundlage des Habitus asthenicus nicht in allen Fällen so unkompliziert ist. Wahrscheinlich gibt es auch Fälle, bei deren Entstehung äußere Faktoren die entscheidende Rolle spielen. Methodische Erblichkeitsuntersuchungen fehlen.

Phthisiker sollen viel häufiger einen asthenischen Habitus haben als Nichttuberkulöse. Manche Autoren nehmen an, daß der Habitus asthenicus in einem Teil der Fälle die Folge einer frühzeitigen tuberkulösen Infektion ist. In der von PAULSEN beschriebenen Asthenikerfamilie erkrankte ein großer Teil der Behafteten an Lungentuberkulose.

Hasenscharte (Lippenspalte) **und Wolfsrachen** (Gaumenspalte). Von dieser Entwicklungshemmung sind schon mehrere hundert familiäre Fälle bekanntgeworden (HAYMANN, RISCHBIETH, GUTZMANN). In manchen Familien scheint dominante Vererbung vorzuliegen; doch ist die Dominanz oft sehr unregelmäßig, und der Spalt kann bei den einzelnen Behafteten sehr verschiedene Grade der Ausbildung zeigen. Nicht selten bleibt der Erbgang ungeklärt, so z. B. wenn Vater und Sohn erkrankt und die gesamten übrigen Familienmitglieder (Eltern und 2 Geschwister des Vaters, 8 Geschwister und 3 Kinder des Sohnes) gesund sind (BRANDENBERG). Da man schon mehrfach Doppelmißbildungen mit Hasenscharte des einen Teils bei normaler Mundbildung des anderen Teils gefunden hat (Schwalbe), muß man annehmen, daß nicht alle Fälle in entscheidender Weise durch die Erbanlagen bedingt sind.

Mit Lippen- und Gaumenspalten sind nicht selten Anomalien der Zähne vergesellschaftet.

Eine Gesichtsspalte am inneren Augenwinkel sah Harman bei Mutter und Tochter.

Einmal wurden angeborene Gaumendefekte von übereinstimmender Form bei Zwillingen angetroffen (Wolffson).

Hemicephalie. Mehrfach bei beiden Individualteilen von Doppelmißbildungen beobachtet (Thomas). Zuweilen bei Geschwistern, darunter einmal bei 2 Drillingsschwestern und einer weiteren Schwester neben 5 gesunden Geschwistern angetroffen (Schirmer). Recessiv?

Hermaphroditismus. Über erbliche Bedingtheit des echten Hermaphroditismus, bei dem Hoden und Ovarien nebeneinander vorhanden sind, weiß man nichts Zuverlässiges. Es spricht jedoch manches dafür, daß vom Pseudohermaphroditismus idiotypische Formen existieren. Vgl. Hypospadie.

Hernia inguinalis. Wie alle häufigen Leiden, so kommen auch die Leistenbrüche nicht selten bei mehreren Mitgliedern einer Familie vor. Man hat danach vermutet, daß es Fälle gebe, in denen sich die Inguinalhernie unregelmäßig dominant vererbt. Da Leistenbrüche bei Männern 6mal so häufig angetroffen werden als bei Weibern, müßte man an dominant-geschlechtsbegrenzte Vererbung denken; die Ursache für die häufigere Manifestation des Leidens beim männlichen Geschlecht könnte in der schwereren körperlichen Arbeit der Männer gesucht werden. Methodische Erblichkeitsuntersuchungen fehlen.

Für die Bedeutung der Erbanlagen spricht auch eine Beobachtung, in der doppelseitige Leistenbrüche bei Zwillingen angetroffen wurden (Thomas).

Hexadaktylie, s. Polydaktylie.

Hydrocephalus. Kann wahrscheinlich auch auf Grund bestimmter Erbanlagen entstehen. Ein Kollege berichtete mir über einen Fall von hochgradigem Hydrocephalus bei 2 homologen Zwillingen.

Hyperphalangia pollicis. Die Dreigliedrigkeit des Daumens ist in einer Reihe von Fällen familiär beobachtet, allerdings nur bei Doppelseitigkeit. Meist scheint es sich um dominante Vererbung zu handeln. Manchmal waren andere Mißbildungen der Hände (Polydaktylie, Doppeldaumen) damit vergesellschaftet. Manche Fälle ließen familiäres Auftreten vermissen. Die einseitige Hyperphalangia pollicis wurde noch niemals familiär beobachtet (Stieve).

Hypospadie. Die Hypospadie ist, wenn auch vielleicht nicht in allen Fällen, idiotypisch bedingt. Sie wurde mehrmals in übereinstimmender Weise bei homologen Zwillingen gefunden (Rumpel). Das Leiden scheint nur beim männlichen Geschlecht vorzukommen; ob die sehr seltene sog. Hypospadie der Weiber (Fehlen der hinteren Harnröhrenwand) eine wesensgleiche Mißbildung ist, ist fraglich. Die Hypospadie wird oft familienweise angetroffen und dabei bald durch Männer, bald durch gesunde Weiber übertragen (BULLOCH). Es liegt offenbar dominant-geschlechtsbegrenzte Vererbung vor, doch ist wohl anzunehmen, daß es auch Formen gibt, die auf anderer idiotypischer Grundlage entstehen.

Fälle mit sehr hochgradiger Hypospadie können zu Verwechslungen über das Geschlecht der Behafteten führen (Pseudohermaphroditismus). Auch solche Fälle wurden mehrfach bei Zwillingen in übereinstimmender Weise und gelegentlich bei Geschwistern beobachtet (RUMPEL, THALER). Man muß an Recessivität denken.

Kamptodaktylie. Krummheit der Finger kann aus verschiedenen Ursachen heraus entstehen (z. B. bei Gicht). In manchen Familien ist sie als dominant erbliche Eigenheit anzutreffen. Sie betrifft dann meist den kleinen, oft auch den Ringfinger.

Klinodaktylie (Abbiegung der Finger-Endphalangen). Die Ursache der Abbiegung ist gewöhnlich eine Ankylose der Interphalangealgelenke. Nicht selten ausgesprochen dominante Vererbung. Es gibt viele verschiedene Formen; Abbiegung der Endphalangen der Kleinfinger nach der radialen Seite hin (WEGELIN), Abbiegung der Endphalangen der Zeige- und Kleinfinger gegen die Mitte zu, und Ankylose der drei mittleren Finger mit Verkürzung der Zeige- und Kleinfinger (MORGENSTERN) verhielten sich regelmäßig dominant. In einer anderen Familie wurde die durch 5 Generationen erbliche interphalangeale Kleinfinger-Ankylose dreimal durch Gesunde übertragen (WOLF), erwies sich also als unregelmäßig dominant. Unregelmäßige Dominanz bei Digiti vari et valgi fand auch DE FREESE. Die dominant erblichen Fälle waren stets symmetrisch und waren auf beide Geschlechter gleich verteilt, die asymmetrischen Ankylosen traten niemals familiär auf, fanden sich häufiger rechts als links, häufiger bei Männern als bei Weibern und waren oft mit Syndaktylie und gleichseitigem Thoraxdefekt verbunden (MORGENSTERN).

Klumpfuß (Pes varus). Das Leiden kommt verhältnismäßig häufig familiär vor. Mindestens zwei Drittel der Fälle scheinen auf einer recessiven Erbanlage zu beruhen (FETSCHER). Doch scheint sich das Leiden nicht bei allen Homozygoten zu manifestieren. Auch überwiegt das männliche Geschlecht etwa ums Doppelte. Es muß also an die Möglichkeit recessiv-geschlechtsbegrenzter Vererbung gedacht werden oder an das Vorkommen recessiv-geschlechtsgebundener Fälle neben den recessiven. Manche Beobachtungen sprechen für Dominanz (BRANDENBERG).

Bei den mit Klumpfuß Behafteten wurden Mißbildungen des Rückenmarks, in ihren Familien psychische Minderwertigkeit häufig festgestellt (FETSCHER).

Auch Klumphände wurden gelegentlich familiär beobachtet, z. B. bei 4 von 9 Kindern gesunder Eltern (BLENCKE); es bestand gleichzeitig Radiusmangel.

Knochendefekte. In einer Familie beobachtete man bei Großvater, Mutter und 2 Kindern angeborene Defekte beider Claviculae mit Ver-

knöcherungslücken (große Fontanelle bzw. tiefe breite Sagittalnaht) im
Schädeldach (BLENCKE).

In einer anderen Familie bestanden münzengroße symmetrische
Löcher in den Scheitelbeinen (GOLDSMITH). Bei manchen Behafteten
bestand nur ein einziges großes Loch mit medianem knorpeligem Septum.
Mit zunehmendem Alter verkleinerten sich die Knochendefekte; Be-
schwerden machten sie kaum. Der Stammbaum zeigt das Leiden
5 Generationen hindurch mit gelegentlichem Überspringen; es handelt
sich also offenbar um unregelmäßig dominante Vererbung.

Einen Defekt im Schienbein mit Gabelung des unteren Femurendes
beschreibt BUDDE bei Vater und 3 Kindern. Die Mißbildung hatte angeborenes genu varum und eine Störung des Längenwachstums zur Folge.
Vgl. auch Klumphand (mit Mangel des Radius) und Dysostose cléido-
cranienne.

Kontracturen. Erbliche Contracturen sind besonders häufig an den
Kleinfingern (FREUND, SCHULTZE). Zuweilen sind auch die Ringfinger
mit beteiligt (GASSUL). Der Erbgang ist gewöhnlich ausgesprochen
dominant.

Kryptorchismus. Das Liegenbleiben des Hodens im Leistenkanal
oder in der Bauchhöhle kommt meist nur einseitig vor. Über die Erblichkeit dieser Entwicklungshemmung ist nichts Sicheres bekannt, sie
wird aber oft behauptet (POSNER).

Leistenbruch, s. Hernia inguinalis.

Luxatio coxae congenita. Das Leiden ist bald ein-, bald doppelseitig.
Bei seiner Entstehung scheint oft eine recessive Erbanlage von entscheidender Bedeutung zu sein; doch scheint sich die Hüftverrenkung
nur bei einem Teil der Homozygoten zu manifestieren (ROCH). In
anderen Fällen ist unregelmäßige Dominanz (evtl. mit unregelmäßiger
Geschlechtsbegrenzung) wahrscheinlicher (DUBREUIL-CHAMBARDEL).
Bei Weibern ist das Leiden viel häufiger; 85% der Fälle sind weiblichen Geschlechts (ROCH). Man muß daher auch an recessiv-geschlechtsbegrenzte Vererbung denken.

Mehrlingsgeburten, s. Zwillinge.

Mikrognathie. Abnorme Kleinheit des Unterkiefers kann durch
äußere Einflüsse, z. B. Traumen bei der Geburt, bedingt sein. In einem
Teil der Fälle scheint es sich aber um ein erbliches Leiden zu handeln,
da familiäres Auftreten mehrfach beobachtet wurde (GRUBER). Die
erblichen Fälle sollen meist dominant sein (KANTOROWICZ). Ein mit
Keratosis follicularis und Degeneratio corneae kombinierter Fall vererbte sich recessiv-geschlechtsgebunden (vgl. Keratosis foll. lichenoides).

Mikromelie, s. Zwergwuchs.

Muskeldefekte. Zuweilen familiär beobachtet (HIS, HIRSCHFELD).
Bei Schwimmhautbildungen angeblich besonders häufig anzutreffen
(EBSTEIN).

Nabelschnurbruch. Wurde einmal bei homologen weiblichen Zwillingen angetroffen (PREISS), scheint also, zumindest in einem Teil der
Fälle, erblich bedingt zu sein.

Nanosomie, s. Zwergwuchs.

Ohrläppchen, angewachsenes. Offenbar idiotypisch bedingt. Ich sah bei homologen Zwillingen völlige Übereinstimmung. Nach CARRIÈRE handelt es sich um ein dominantes Merkmal.

Die Ansicht, daß angewachsene Ohrläppchen bei Geisteskranken und Verbrechern besonders häufig gefunden würden, scheint unrichtig zu sein.

Osteopsathyrosis (Fragilitas ossium). (Mit blauer Sclera, später oft Vertaubung infolge Otosklerose.) In vielen Familien durch mehrere Generationen verfolgt, also offenbar auf einer dominanten Erbanlage beruhend (CONARD-DAVENPORT, K. H. BAUER). Doch gibt es auch solitäre Fälle. Die schweren, als Osteogenesis imperfecta bezeichneten Formen führen meist schon im Säuglingsalter zum Tode und müssen daher ätiologisch von den gewöhnlichen dominanten Fällen verschieden sein.

In manchen Familien besteht bei den Behafteten gleichzeitig Embryontoxon (GROENOUW). Als Teilerscheinung der Osteopsathyrosis kann also auch dieses dominant erblich sein.

Patella, Fehlen der. Symmetrischer Mangel der Kniescheiben wurde mehrmals durch 2 und durch 3 Generationen beobachtet (WUTH, WOLF).

Patellarluxation. Angeborene Patellarluxation ist mehrmals in familiärer Häufung, teils bei Geschwistern, teils bei Verwandten bis durch 3 Generationen, beobachtet worden; gleichzeitig waren andere Entwicklungsstörungen (Ptosis, Contracturen, Fingerdeformitäten, Trichterbrust usw.) vorhanden (STRAUB).

Phimose. Systematische Untersuchungen über familiäres Auftreten und Erblichkeit der angeborenen Vorhautverengerung fehlen.

Plattfuß (Pes varus). Plattfuß ist sicher in vielen Fällen erblich bedingt. Bei Juden (GUTMANN) und Negern ist er besonders häufig anzutreffen. Methodische Untersuchungen über seine Erblichkeit fehlen.

Polydaktylie. Die Vielfingrigkeit, die in den meisten erblichen Fällen mit Vielzehigkeit einhergeht, konnte in zahlreichen Familien durch eine ganze Reihe von Generationen verfolgt werden (LEWIS) und scheint in manchen Familien regelmäßig dominant zu sein; in anderen findet man Übertragung auch durch gesunde Personen. Für die Unregelmäßigkeit der Dominanz spricht auch die Tatsache, daß in manchen Familien sehr wenig Behaftete gezählt werden; in einer Familie z. B. hat der behaftete Vater 11, der behaftete Sohn 8 gesunde Geschwister (TREIGER). Das männliche Geschlecht scheint unter den Behafteten zu überwiegen; SOMMER fand unter 152 Fällen 86 ♂, 39 ♀ und 27 Personen unbekannten Geschlechts (SOMMER); ob der ganze Unterschied dadurch zustande kommt, daß Frauen mehr bestrebt sind, Mißbildungen zu verbergen, erscheint mir fraglich.

Bei Hühnern sind Extrazehen häufig (BARFUTH); auch hier sind sie in manchen Familien regelmäßig, in anderen unregelmäßig dominant, also ätiologisch nicht einheitlich.

Gelegentlich beobachtete man auch homologe Zwillinge mit übereinstimmender Hexadaktylie (SIEBOLD). In einem anderen Fall, in dem

es sich anscheinend auch um homologe Zwillinge handelte, hatte der
eine links einen überzähligen Daumen, während der andere normal war
(DELABAERE). Das stimmt mit der Erfahrung überein, daß einseitige
Polydaktylie so gut wie niemals erblich ist.

In manchen Gegenden, z. B. im Dorfe Iseaux in Frankreich und
auf Sardinien, soll Hexadaktylie besonders häufig sein (KRAUSSE).

Progenie (Prognathismus inferior). Abnorm starke Entwicklung des
Unterkiefers wurde in manchen Familien viele Generationen hindurch
beobachtet, so daß man als Ursache — wenigstens für einen Teil der
Fälle — eine dominante Erbanlage annehmen muß (KANTOROWICZ).
Bekannt wurde die Erblichkeit dieses Merkmals zuerst durch die Beob-
achtung des sog. Habsburger Gesichtstypus, bei dem die Progenie auch
häufig mit Hypertrophie der Unterlippe vergesellschaftet ist (HAECKER,
STROHMAYER).

Rachitis. Bei der Entstehung der Rachitis spielen äußere Faktoren
(falsche Ernährung) eine große Rolle; aber auch eine idiotypische Disposition scheint — zum mindesten in einem Teil der Fälle — von großer
Bedeutung zu sein. Bei Zwillingen wurde übereinstimmende Rachitis
mehrmals beobachtet (GAEDECHEN, THOMAS). In manchen Familien
erkranken mehrere Kinder unter schwerer Rachitis, während andere,
die doch unter den gleichen Verhältnissen aufwachsen, davon verschont
bleiben (SIEGERT). Das spricht sehr für die Bedeutung erblicher Faktoren,

Rachitische Kinder zeigen besonders häufig auch Zeichen der
Spasmophilie. Vgl. spasmophile Diathese.

Riesenwuchs. Es gibt klinisch sehr verschiedene Formen von Riesenwuchs (akromegale, infantile, obese Riesen), die sicher auch ätiologisch
verschieden sind. Meist sind auch Verwandte übermäßig groß, oft
Eltern, am häufigsten Geschwister (JENDRÁSSIK). Systematische Untersuchungen über die Erblichkeit des Riesenwuchses fehlen.

Scapula scaphoidea. Wahrscheinlich idiotypisch bedingt. Ich sah
homologe Zwillingsschwestern, die übereinstimmend eine starke Scapula
scaphoidea aufwiesen.

Daß die mit dieser Schulterblattform Behafteten besonders häufig
der Tuberkulose verfallen, wird von manchen Autoren behauptet
(KOLLERT), von anderen bestritten (WARBURG).

Schaltknochen. Da einmal bei Zwillingen in der großen Fontanelle
Schaltknochen beobachtet wurden (NESENSOHN), muß man annehmen,
daß auch diese Besonderheit auf Grund bestimmter Erbanlagen entstehen kann. Weitere Beobachtungen scheinen zu fehlen.

Skoliose, s. Wirbelsäulenkrümmung.

Schwimmhaut (Pterygium), s. Syndaktylie.

Spaltfuß und Spalthand. Die Trennung zweier Finger bzw. Zehen
bis zwischen die Mittelhand- oder Mittelfußknochen ist meist mit
Ektrodaktylie (s. d.), oft mit Syndaktylie kombiniert. Die Spaltung
der Hände und Füße wird ohne und mit Ektrodaktylie bis zur
Monodaktylie in sehr verschiedenen Formen und Graden familiär
angetroffen, und zwar gewöhnlich dominant (LEWIS, LEWIS-EMBLETON).

Oft handelt es sich um regelmäßig dominante, oft auch um unregelmäßig dominante Vererbung (vgl. Abb. 40). In anderen Fällen (FETSCHER) ist Dominanz unwahrscheinlich. Der Grad der Mißbildung variiert sehr auch unter den Behafteten der gleichen Familie, ebenso zuweilen die Symmetrie.

Spina bifida. Wurde gelegentlich bei homologen Zwillingen (SCHWALBE), bei Geschwistern (in einigen Fällen gemeinsam mit Anus imperforatus) (MARCHAND) und auch in mehreren Generationen der gleichen Familie beobachtet. Systematische Untersuchungen über die Erblichkeit scheinen zu fehlen.

Nicht selten mit Hypertrichosis sacralis vergesellschaftet.

Syndaktylie. Zusammengewachsene Finger und Zehen sind häufig mit anderen Mißbildungen der Gliedmaßen verbunden (vgl. Spaltfuß). Bald handelt es sich um Verwachsung der Knochen, bald nur um Hautbrücken. Am häufigsten sind der 2. und 3. Finger befallen. Es gibt zahlreiche klinisch verschiedene Formen.

Während die einseitigen Fälle fast immer solitär auftreten, zeigen die doppelseitigen zuweilen regelmäßige, in anderen Fällen unregelmäßige Dominanz; in manchen Familien ist die Art der Vererbung ganz undurchsichtig (SCHLATTER). Gelegentlich findet man in den behafteten Familien ein Individuum, bei dem die Syndaktylie nur auf einer Seite, z. B. nur an der rechten Hand (NEWSHOLME) besteht.

Verhältnismäßig häufig ist die sog. Zygodaktylie, eine Hautbrücke zwischen der 2. und 3. Zehe, die den distalen Teil der Zehen meist frei läßt. Ein Autor fand die Zygodaktylie unter 20 000 Mann 8mal. Ich beobachtete sie bei homologen Zwillingen. Meist scheint dieses Merkmal regelmäßig dominant zu sein (WOLFF, SCHULTZ); in einer Familie waren sämtliche Männer befallen, unter Ausschluß einer Übertragung durch Weiber (SCHOFIELD), so daß man an geschlechtsfixierte Vererbung denken könnte (vgl. Abb. 43 u. 80).

Andere Formen von Schwimmhaut- bzw. Flughautbildung (Pterygium) sind in ihrer erblichen Bedingtheit unaufgeklärt; so z. B. der Fall, in dem sich eine Flughautbildung am Ellbogen nur bei Vater und Sohn vorfand (ZAHRT; SOMMER). Relativ oft sind mit Flughautbildung Muskeldefekte kombiniert (EBSTEIN).

Trichterbrust. Die Trichterbrust ist nicht immer erblich bedingt. Bei Schustern entsteht sie durch den Druck der Schuhleisten gegen das Sternum (Schusterbrust). Bei homologen Zwillingen fand ich einen behaftet, den anderen frei. In manchen Fällen aber scheint sie idiotypisch bedingt zu sein, da sie in mehreren Familien Generationen hindurch beobachtet wurde. Es scheint sich dabei um dominante Vererbung zu handeln (PAULSEN, EBSTEIN); die Dominanz ist jedoch nicht immer regelmäßig (GROEDEL). Ich sah einen Studenten mit ausgesprochener Trichterbrust, der angab, daß sein Vater die gleiche Deformität habe, während seine 4 jüngeren Geschwister (3 Brüder und 1 Schwester) frei seien.

Personen mit familiärer Trichterbrust sollen besonders häufig an Tuberkulose erkranken (PAULSEN).

Turmschädel. Kann auf sehr verschiedene Weise zustande kommen. Bei peruanischen Säuglingen wird der Turmschädel aus kosmetischen Gründen künstlich erzeugt (BARTELS). Auch angeborene Fälle brauchen aber nicht immer idiotypisch bedingt zu sein. Ich sah ausgesprochenen Turmschädel bei einem Mädchen, dessen identische Zwillingsschwester eine normale Kopfform hatte. Manche leichten Fälle wurden so ausgesprochen familiär beobachtet, daß das Vorliegen einer dominanten Erbanlage wahrscheinlich war. Andere, mit Atrophia nervi optici einhergehenden Formen vererben sich vielleicht recessiv-geschlechtsgebunden (vgl. Atrophia nervi optici).

Turmschädel ist oft, aber durchaus nicht immer, mit Schwachsinn, degenerativen Zügen und psychotischen Symptomen verbunden (WEIGANDT).

Wirbelsäulenverkrümmung. Seitliche Verbiegungen der Wirbelsäule kommen in vielen Fällen wahrscheinlich durch parakinetische Faktoren zustande. Es scheint aber auch Erbanlagen zu geben, die Skoliosen bedingen. BUDDE beobachtete 2 Zwillingsschwestern, bei denen sich im Alter von 14 Jahren in übereinstimmender Weise eine Lumbosakralskoliose entwickelte. Mehrfach wurden Skoliosen in starker familiärer Häufung gefunden (HELBING, PAULSEN, GROEDEL, SCHULTZ); die Vererbung in diesen Fällen scheint einfach dominant zu sein, mit gelegentlichem Überspringen von Generationen.

Eine andere Form abnormer Wirbelsäulenkrümmung stellt der Rundrücken dar. Ein auffallend runder Rücken ist in mehreren Familien Generationen hindurch beobachtet worden (PAULSEN), so daß man auch hier an dominante Erblichkeit denken muß. Bei den behafteten Familienmitgliedern soll Tuberkulose besonders häufig sein.

Auch von einer besonders steilen und kurzen Wirbelsäule ist familiäres Vorkommen beschrieben worden (HARRIHAUSEN).

In einer Familie beobachtete man einen Vater und 2 Söhne mit angeborenem rechtsseitigem Schulterhochstand (PERLS); auch hier bestand aber Skoliose.

Zwergwuchs (Nanosomie). Es gibt sehr verschiedene Formen von Zwergwuchs; ein Teil von ihnen ist mit Störungen der inneren Sekretion verbunden. Vor allem muß man die Chondrodystrophie (Achondroplasie, Mikromelie), bei der im wesentlichen nur die Glieder verkürzt sind und der Kopf die normale Größe hat, von dem eigentlichen Zwergwuchs (Ateleiosis) trennen. Bei diesem wieder muß man die Nanosomia primordialis, bei der die Proportionen normal sind, von der Nanosomia infantilis trennen, bei der der Behaftete auf einer kindlichen Entwicklungsstufe stehen bleibt. Eine besondere Form des Zwergwuchses stellt auch der Kretinismus dar (vgl. Kropf).

Die Chondrodystrophie wurde in einzelnen Familien teils regelmäßig, teils unregelmäßig dominant gefunden. Bei den schwereren Formen ist dieser Vererbungsmodus jedoch nicht möglich, da die Frauen mit hochgradiger Chondrodystrophie ein so enges Becken haben, daß sie nicht auf natürlichem Wege entbinden können. Die statistische Bearbeitung eines größeren Materials von Chondrodystrophikern ergab, daß in Geschwisterschaften, die von gesunden Eltern abstammten, nur etwa $^1/_{16}$ der Kinder behaftet sind (WEINBERG). Das entspricht den Verhältnissen bei der Dementia praecox. Man hat daher recessive bzw. wegen der sehr geringen Zahl behafteter Geschwister dihybrid-recessive Vererbung vermutet. Für Recessivität sprechen auch die Fälle, in denen die Eltern blutsverwandt waren (CHIARI). Es ist aber zu vermuten, daß die Dinge nicht so einfach liegen, sondern daß bei der statistischen Bearbeitung unvermeidlicherweise Fälle verschiedener Ätiologie summiert worden sind, denn wir kennen bei der Chondrodystrophie auch klinisch sehr verschiedene (malacische, hypoplastische, hyperplastische) Formen. Gegen die allgemeine Gültigkeit recessiven Erbgangs spricht auch die Beobachtung, daß von zwei Kindern chondrodystrophischer Eltern das eine nicht chondrodystrophisch, sondern ateleiotisch war. Das weibliche Geschlecht ist in dem Literaturmaterial stärker vertreten; hier kann es sich jedoch um eine bloße Ausleseerscheinung handeln, da relativ viel Fälle aus geburtshilflichen Anstalten stammen.

Ein der Chondrodystrophie ähnlicher Zustand besteht bei den Dackelhunden.

Die Ateleiosis kommt verhältnismäßig oft bei Geschwistern vor. Unter den Kindern gesunder Eltern fand WEINBERG etwa ein Viertel erkrankt, so daß also das bei recessiver Erblichkeit zu erwartende Zahlenverhältnis verwirklicht zu sein scheint. Doch werden wohl auch hier biologisch verschiedene Dinge summiert worden sein. Gegen ausschließliche Recessivität spricht besonders der Umstand, daß Eltern, die beide Zwerge sind, in 3 Familien normale Kinder haben.

Die Erbforschung beim Zwergwuchs muß also unter genauester Berücksichtigung der verschiedenen klinischen Formen des Leidens fortgesetzt werden.

Bei Halbzwergen wird gleichfalls einfach-recessive Erblichkeit vermutet (WEINBERG). Auch das gilt aber sicher nicht für alle Formen. Diejenige Form z. B., welche mit Brachydaktylie verbunden ist (s. diese), vererbt sich regelmäßig dominant.

Zwergwuchs kommt auch als Rassenmerkmal vor (Pygmäen, Buschmänner).

Zwillinge. Bei den Mehrlingsgeburten handelt es sich in der überwiegenden Mehrzahl der Fälle um Zwillinge. Man unterscheidet eineiige Zwillinge (mit gemeinsamem Chorion, zuweilen auch gemeinsamem Amnion) und zweieiige.

Bei eineiigen Zwillingen läßt sich eine familiäre Häufung nicht nachweisen (WEINBERG). Die Neigung zu zweieiiger Zwillingsgravidität scheint dagegen idiotypisch bedingt zu sein. Die Eltern von Zwillingen sind allerdings nur selten gleichfalls Zwillinge; recht häufig sind jedoch die direkten Vorfahren der Zwillinge Geschwister von Zwillingseltern. Man hat deshalb einen recessiven Erbgang vermutet (WEINBERG, BONNEVIE). Dabei wird von manchen Autoren

17*

angenommen, daß nur die Mutter die Anlage zur Produktion von Zwillingsgeburten besitze (WEINBERG); doch hatten in einem Material von mehreren hundert Zwillingsgeburten die Geschwister von Zwillingsmüttern 5%, die Geschwister von Zwillingsvätern ca. 7% Zwillinge unter ihren Kindern, gegenüber ca. 1% Zwillingsgeburten im Durchschnitt (DAVENPORT). Hierunter befanden sich 13% eineiige Zwillinge.

Zwillingsgeburten, besonders zweieiige, kommen bei älteren Frauen häufiger vor als bei jüngeren (RUMPE, BONNEVIE). Daß Zwillingsschwangerschaften in Krebsfamilien besonders häufig sind (CRITZMANN), bedarf des Beweises.

E. Anhang.

Überblick über die vererbungsbiologische Terminologie.

Der weiteren Verbreitung vererbungsbiologischer Kenntnisse unter den Ärzten steht vor allem die Reichhaltigkeit und Kompliziertheit der vererbungsbiologischen Terminologie im Wege. Es wird deshalb dem Leser angenehm sein, ein alphabetisches Verzeichnis der wichtigsten Termini mit kurzer beigefügter Erklärung ihres Sinnes zu besitzen. Die deutschen Bezeichnungen entlehne ich zu einem wesentlichen Teil meiner populären Schrift über die „biologischen Grundlagen der Rassenhygiene".

Allelomorphe (BATESON) — Erbanlagenpaarlinge; die beiden Partner eines Erbanlagenpaares. Multipler Allelomorphismus = absolute Koppelung mehrerer Erbanlagen. Falscher Allelomorphismus = scheinbare Abstoßung von Erbeinheiten; eine Erscheinung, die mit der Koppelung zusammenhängt.

alternative Vererbung — Synonym für MENDELsche Vererbung, gelegentlich auch für das Phänomen der Dominanz und Recessivität im Gegensatz zum sog. intermediären Verhalten verwendet.

Amphimixis — Kopulation, Befruchtung. Vereinigung der Geschlechtszellen (Gameten).

antagonistische Erbeinheiten — die Partner eines Erbanlagenpaars.

A - Tafel — Aszendenztafel, Ahnentafel. Tafelmäßige Aufzeichnung aller direkten Vorfahren eines Probanden.

autonome Erbanlagen — Erbanlagen, die nicht zu demselben Erbanlagenpaar gehören und die auch nicht gekoppelt sind, die also in verschiedenen Chromosomen liegen.

Autosomen — Autochromosomen; alle Chromosomen mit Ausnahme der Geschlechtschromosomen.

Bastard — eigentlich ein Lebewesen, das aus der Kreuzung verschiedener systematischer Rassen hervorgegangen ist; im strengen vererbungsbiologischen Sinn aber jedes Individuum, das heterozygote Erbanlagenpaare besitzt.

Biotypus — Erbstamm, Elementarrasse. Kleinste, erblich völlig einheitliche Gruppe von Lebewesen.

Blastovariation = Idiovariation.

Chromomer — kleinstes austauschbares Teilchen eines Chromosoms.

Chromosom — Erbkörperchen, Kernstäbchen, Kernbändchen; wahrscheinliche Träger der Erbanlagen.

crossing-over — Überkreuzen der Chromosomen, wobei, wie man annimmt, der Erbanlagenaustausch erfolgt.

Dauermodifikation — Dauerparavariation; über eine größere Reihe von Generationen sich erstreckende Paravariation.

Darwinismus — die Lehre, nach der die Stammesentwicklung der Lebewesen nicht durch eine transzendentale Zwecksetzung, sondern einfach mechanistisch, als Folge von Idiokinese plus Selektion zustande kommt.

Determinante — Erbanteil; im wesentlichen übereinstimmend mit Id.

Dihybrid — von Bastardnatur in bezug auf zwei Erbanlagenpaare (vgl. Hybrid).

Diploid — mit Chromosomenpaaren versehen (vgl. haploid).

dominant — überdeckend; nur anzuwenden, wenn eine Erbanlage ihren zum gleichen Anlagenpaar gehörigen Paarling überdeckt (vgl. epistatisch). Gegensatz: recessiv.

Dominanz — Überdecken. Das Verhalten dominanter Erbanlagen.

D-Tafel — Deszendenztafel; tafelmäßige Aufzeichnung sämtlicher Nachkommen einer bestimmten Person, des „Stammvaters" bzw. der „Stammutter".

Elektion — elektive Auslese, Auswahl. Ausbreitung bestimmter erblicher Formen infolge überdurchschnittlicher Fruchtbarkeit.

Elimination — eliminatorische Selektion, negative Auslese, Ausmerze. Verminderung und Aussterben bestimmter Erbstämme infolge unterdurchschnittlicher Fruchtbarkeit.

Epistase — Überdecken. Das Verhalten epistatischer Erbanlagen.

epistatisch — überdeckend; nur anzuwenden, wenn eine Erbanlage eine andere überdeckt, die nicht zum gleichen Erbanlagenpaar gehört (vgl. dominant). Gegensatz: hypostatisch.

Erbformel — Aufzeichnung der festgestellten Erbanlagen mit Hilfe eines für den einzelnen Fall zurechtgelegten Buchstabensystems, etwa nach Art der chemischen Konstitutionsformeln.

Erbplasma = Idioplasma.

Erbstamm = Biotypus.

Eugenik = Rassenhygiene.

Faktor (Erbfaktor) = Erbanlage.

Faktorenaustausch — Anlagenaustausch, s. S. 57.

Fluktuation — gewöhnlich im Sinne von Paravariation gebraucht.

Fortpflanzungshygiene — die Lehre von den optimalen Bedingungen der Zeugung; ein kleines, praktisch unwesentliches Teilgebiet der Rassenhygiene.

Gameten — Geschlechtszellen; sie enthalten die durch die Reduktionsteilung halbierten elterlichen Erbsubstanzen, d. h. von jedem Erbanlagenpaar je einen Paarling.

Gen = Erbanlage (Id).

generelle Vererbung = verschiedenmerkmalige (heterophäne) Vererbung.

Genotypus = Idiotypus.

geschlechtsabhängige Vererbung — zusammenfassende Bezeichnung für geschlechtsbegrenzte, geschlechtsgebundene und geschlechtsfixierte Vererbung.

Geschlechtschromosome — die Chromosome, in denen die Erbanlagen lokalisiert sind, welche (wenigstens bei allen höheren Tieren) über das Geschlecht entscheiden.

gynephore Vererbung — älterer unklarer Ausdruck, dessen unscharf begrenzter Begriff im großen ganzen mit dem Begriff der geschlechtsgebundenen Vererbung zusammenfällt.

haploid — mit einer Chromosomen- bzw. Erbanlagengarnitur versehen, die von jedem Erbanlagenpaar nur einen Paarling besitzt. Gegensatz: diploid.

Heterochromosome — die durch Größe, Form und Färbbarkeit von den übrigen Chromosomen unterscheidbaren Geschlechtschromosome.

Heterogametie — die mikroskopisch feststellbare Verschiedenheit der Gameten; wahrscheinlich die morphologische Grundlage der Heterozygotie, d. h. der durch das Kreuzungsexperiment erschlossenen Verschiedenheit der Gameten. Neuerdings auch als Synonym für Heterozygotie gebraucht.

heterophäne Vererbung — verschiedenmerkmalige Vererbung — ein Vererbungstypus, bei dem eine Erbanlage (je nach den gerade wirkenden Außen-

faktoren und den gerade vorhandenen übrigen Erbanlagen) bald diese, bald
jene phänotypische Ausprägung erlangen kann.

heterozygot — verschiedenanlagig; bezieht sich nur auf die beiden Paarlinge
eines Erbanlagenpaares.

Heterozygotie — Verschiedenanlagigkeit, Bastardnatur. Der Zustand eines
Lebewesens mit heterozygoten Erbanlagepaaren.

Homogametie — Gleichheit der Gameten vom zytologischen Standpunkt aus;
vgl. Heterogametie.

homologe Erbeinheiten — Erbanlagen, die zu einem Anlagenpaar gehören
(vgl. Allelomorphe).

Homomerie — gleichsinnige oder homologe Polyidie; die Abhängigkeit eines
Merkmals von mehreren, zu verschiedenen Anlagepaaren gehörenden Erbanlagen, die eine gleiche oder ähnliche Wirkung haben und sich infolgedessen
in ihrer Wirkung gegenseitig verstärken; ein Spezialfall der Polyidie.

homozygot — gleichanlagig. Gegensatz von heterozygot.

Homozygotie — Gleichanlagigkeit. Der Zustand eines Lebewesens mit homozygoten Erbanlagepaaren. Lebewesen, die in sämtlichen Erbanlagen gleichzeitig homozygot sind, kommen bei höheren Organismen praktisch nicht vor.

Hornersche Regel, s. S. 146.

hybrid — deckt sich zum großen Teil mit heterozygot; vgl. auch Bastard.

Hypostase — Überdeckbarkeit, Überdecktheit, Latenz; das Verhalten hypostatischer Erbanlagen.

hypostatisch — überdeckbar, überdeckt; nur anzuwenden, wenn eine Erbanlage von einer anderen überdeckt wird, die nicht zum gleichen Erbanlagenpaar gehört (vgl. recessiv). Gegensatz: epistatisch.

Id — Erbanlage, Faktor, Gen.

Idiokinese — Erbänderung; zusammenfassende Bezeichnung für die transitiven
Ursachen des Auftretens neuer Idiovariationen.

Idiophorie — Vererbung im strengsten Sinne des Wortes; der Vorgang, welcher
das Vorhandensein gleicher Erbanlagen (Ide) bei Vorfahren und Nachkommen
bewirkt.

Idioplasma—Erbplasma, Erbsubstanz; hat vor dem unzweckmäßigen synonymen
Wort „Keimplasma" auch die Priorität voraus.

idiotypisch — erbbildlich, anlagenbildlich; das, was durch die Erbanlagen
bedingt ist.

Idiotypus — Erbbild, Anlagenbild. Gesamtheit der Erbanlagen.

Idiovariation [abgekürzt: Idation] — Erbvariation, Erbabweichung; das
Resultat der Idiokinese.

Induktion — unklarer Ausdruck, zum Teil identisch mit Paraphorie, zum andern
Teil mit dem Phantom der sog. Vererbung erworbener Eigenschaften.

intermediäres Verhalten — ein Zustand, in dem weder Dominanz noch
Recessivität vorliegt, sondern jeder der heterozygoten Anlagenpaarlinge etwa
zur Hälfte manifest wird.

Inzest — engste Inzucht.

Keimplasma — wenig glücklicher Ausdruck für Idioplasma.

Klon — die durch ausschließlich ungeschlechtliche Vermehrung aus einem
Individuum erzielte Nachkommenschaft; der Klon ist gleichsam die reine
Linie (s. d.) bei solchen Organismen, die sich durch Selbstbefruchtung nicht
fortpflanzen lassen.

Kombination — Kombinationsvariation = Mixovariation.

Konduktoren — Überträger; Individuen, welche Erbanlagen, die sich bei ihnen
selbst nicht äußern, auf ihre Nachkommen übertragen.

Kontraselektion — Gegenauslese, widernatürliche Auslese; Vermehrung der
erblichen Formen, die auf die Dauer sich doch nicht erhalten können bzw.
Verminderung und Aussterben der auf die Dauer besonders erhaltungsgemäßen
Erbstämme.

Koppelung—die Erscheinung, daß Erbanlagen, die nicht zu einem Paar gehören
und die folglich unabhängig voneinander vererben sollten (vgl. MENDELsche

Regeln), die Neigung haben, in aufeinanderfolgenden Generationen häufiger vereinigt zu bleiben, als der Wahrscheinlichkeit nach zu erwarten wäre, d. h. also häufiger als in 50% der Fälle.

kryptomere Faktoren — Erbanlagen, die viele Generationen hindurch latent bleiben, weil sie sich nur beim Vorhandensein bestimmter anderer Erbanlagenpaare manifestieren können.

Lamarckismus — die Lehre, welche die Stammesentwicklung der Lebewesen durch die phantastische Annahme einer unbegrenzten Fähigkeit zu zweckmäßigen Reaktionen auf alle Umwelteinflüsse zu erklären versucht. Eine wichtige (und unhaltbare) Voraussetzung dieser Lehre bildet die sog. Vererbung erworbener Eigenschaften.

Letalfaktoren — Erbanlagen, die sich nicht an bestimmten Merkmalen, sondern an einem vorzeitigen (meist pränatalen) Tod der behafteten Individuen erkennen lassen.

Lossensche Regel — vgl. S. 150.

mendeln — ein Merkmal „mendelt", wenn es sich entsprechend dem MENDELschen Gesetz vererbt.

Mendelsches Gesetz — jede Erbanlage hat bei jeder Zeugung die Wahrscheinlichkeit $\frac{1}{2}$, auf das Kind überzugehen. Das Gesetz folgt aus der Tatsache, daß die Vererbung auf Erbanlagepaaren beruht, deren Paarlinge sich bei der Bildung der reifen Geschlechtszellen regelmäßig trennen (vgl. Erbanlagenpaare).

Mendelsche Regeln — die von MENDEL 1865 entdeckten Regeln, aus denen sich das MENDELsche Gesetz ableiten läßt. 1. Uniformitätsregel: die Individuen der ersten, aus der Kreuzung reiner Rassen hervorgegangenen Nachkommengeneration sind untereinander gleich. 2. Spaltungsregel: bei den Individuen der zweiten Nachkommengeneration einer solchen Kreuzung kommen die Merkmale beider Großeltern (und zwar in einem ganz bestimmten Zahlenverhältnis) wieder zum Vorschein. 3. Unabhängigkeitsregel: Unterscheiden sich die zur Kreuzung kommenden Individuen in mehr als einem Erbanlagenpaar, so verhalten sich die einzelnen Erbanlagenpaare mit Bezug auf die Spaltungserscheinungen unabhängig voneinander. Ausnahmen von dieser Regel kommen durch die Koppelung zustande.

Mixovariation [abgekürzt: Mixation] — Variation, die durch das Zusammenspiel, durch eine bestimmte Mischung der Erbanlagen bedingt ist.

Modifikation = Paravariation.

Modifikationsfaktoren — Erbanlagen, die andere, nicht zum gleichen Anlagenpaar gehörende Anlagen in ihrer Entfaltung beeinflussen. Weniger mißverständlich erschiene mir: Mixovariationsfaktoren.

monohybrid — von Bastardnatur in bezug auf ein Erbanlagenpaar (vgl. hybrid).

monoid — einanlagig, von einer Erbanlage (Id) abhängig.

monomer = monoid.

Mutation = Idiovariation.

Nachwirkung einer Modifikation = Paraphorie.

Parakinese — Nebenänderung; Bezeichnung für die Ursachen der Änderung eines Lebewesens in nichterblicher Weise. Das Resultat der Parakinese ist die Paravariation.

parakinetische Faktoren — nebenändernde Faktoren; Einflüsse der Umwelt, welche das Auftreten von nichterblichen Merkmalen (Paravariationen) verursachen.

Paraphorie — Nachwirkung von Paravariationen auf die nächsten Generationen.

paratypisch — nebenbildlich; nicht durch die Erbanlagen, sondern durch Umwelteinflüsse bedingt, nichterblich.

Paratypus — Nebenbild; Gesamtheit der nichterblichen Merkmale eines Lebewesens.

Paravariation [abgekürzt: Paration] — Nebenvariation, Nebenabweichung; umweltbedingte, nichterbliche Abweichung.

peristatische Faktoren — die Gesamtheit der Umweltfaktoren, also idiokinetische plus parakinetische Faktoren.

phänotypisch — zum Phänotypus gehörig. „Rein phänotypisch“ ist ein Synonym für paratypisch.

Phänotypus — Erscheinungsbild, Merkmalsbild; Gesamtheit der am Individuum realisierten erblichen (idiotypischen) und nichterblichen (paratypischen) Merkmale.

Pisum-Typus — s. S. 46.

pleiotrope Vererbung — polyphäne Vererbung.

polygene Vererbung — polyide Vererbung.

polyhybrid — von Bastardnatur in bezug auf viele Erbanlagenpaare (vgl. hybrid).

polyide Vererbung — vielanlagige Vererbung; sie liegt dann vor, wenn ein Merkmal von mehreren oder vielen Erbanlagepaaren zugleich in höherem Grade abhängig ist.

Polymerie — meist als Synonym von Homomerie gebraucht, von anderen Autoren aber auch als Synonym von Polyidie (Vielanlagigkeit).

polymorphe Vererbung — heterophäne Vererbung.

polyphäne Vererbung — vielmerkmalige Vererbung; eine Erscheinung, die dann gegeben ist, wenn eine Erbanlage mehrere oder viele phänotypische Merkmale gleichzeitig bedingt.

Population — Bestand (von Tieren oder Pflanzen), Bevölkerung, Zeugungskreis; Gemenge verschiedener Erbstämme.

Präinduktion — ein nur noch selten gebrauchter Begriff, der zum Teil mit dem Begriff der Paraphorie zusammenfällt.

Proband — Ausgangsperson; die Person, von der man bei Erforschung eines Verwandtenkreises ausgegangen ist.

Rasse — das Wort hat zwei Bedeutungen: 1. Systemrasse: naturwissenschaftlich-systematische Unterabteilung der Art. 2. Vitalrasse: die überindividuelle Einheit dauernden Lebens, die durch einen miteinander in Zeugungsgemeinschaft lebenden Kreis ähnlicher Individuen repräsentiert wird; der dauernd fortlebende Volkskörper.

Rassenhygiene — die Lehre von den Bedingungen der Erhaltung und der bestmöglichen Entwicklung der Rasse. Man unterscheidet eine eliminatorische, geburtenhemmende Rassenhygiene, von einer elektiven, geburtenfördernden Rassenhygiene.

Reduktionsteilung — eine Zellteilung bei der Geschlechtszellenbildung, durch die aus der diploiden, unreifen Geschlechtszelle die haploide, reife Geschlechtszelle wird. Bei dieser Teilung werden die Chromosomen halbiert, d. h. die Paarlinge der Chromosomen- bzw. Erbanlagenpaare trennen sich für dauernd voneinander; auf ihr beruht deshalb das Grundprinzip des MENDELschen Gesetzes, nach dem jede Erbanlage nur die Wahrscheinlichkeit $\frac{1}{2}$ hat, in eine reife Geschlechtszelle hineinzugelangen.

Reifungsteilungen der Geschlechtszellen = die beiden rasch hintereinander folgenden Zellteilungen, durch welche die reifen Geschlechtszellen entstehen; die letzte der beiden Teilungen wird als Reduktionsteilung bezeichnet.

reine Linie — die durch dauernde ausschließliche Selbstbefruchtung eines Lebewesens erzielte Nachkommenschaft. Die Individuen einer reinen Linie stimmen sämtlich idiotypisch miteinander vollkommen überein, gehören also sämtlich zum gleichen Erbstamm (vgl. Klon).

recessiv — überdeckbar, überdeckt; nur anzuwenden, wenn eine Erbanlage von dem zum gleichen Anlagenpaar gehörenden Partner überdeckt wird (vgl. dagegen hypostatisch). Gegensatz: dominant.

Recessivität — Überdeckbarkeit, Überdecktheit, Latenz; das Verhalten recessiver Erbanlagen.

Selektion — Auslese; Vermehrung bzw. Verminderung bestimmter erblicher Formen durch besonders große (Elektion) bzw. besonders geringe (Elimination) Fruchtbarkeit derselben.

Soma — Körper, als Gegensatz zur Erbmasse (Idioplasma).

Somation — eine Variation, die sich dem Begriffe nach im wesentlichen mit der Paravariation deckt. Unzweckmäßige Wortbildung, da das Soma ja auch erblich bedingte Merkmale enthält.

Synapsis — gewöhnlich als Synonym von Syndese gebraucht.
Syndese — die bei den Reifungsteilungen der Geschlechtszellen erfolgende paarweise Zusammenlegung der Chromosome; während der Syndese erfolgt wahrscheinlich der MENDELsche Austausch der Erbanlagen.
transformierende Vererbung — heterophäne Vererbung.
X- und Y-Chromosom — die Geschlechtschromosomen.
Zea-Typus — vgl. S. 46.
Zygote — die befruchtete Eizelle, die Ausgangszelle eines neuen Lebewesens,
die durch Vereinigung der beiden Gameten (der Ei- und Samenzelle), d. h. also
durch die Vereinigung der beiden halbierten elterlichen Erbmassen entstanden ist.

Überblick über die vererbungspathologische Literatur.

Eine Literaturübersicht, die einem einführenden Lehrbuch beigegeben wird, kann nur den Zweck haben, dem Leser das Auffinden
der wichtigsten Arbeiten, die näher in das behandelte Gebiet einführen oder die Grundlage der vorgetragenen Anschauungen bilden,
zu erleichtern. Von dieser Idee habe ich mich bei der Aufstellung
einer Übersicht über die Literatur der allgemeinen Vererbungspathologie
leiten lassen. Ich habe mich demgemäß mit gewollter Ausschließlichkeit auf die Anführung solcher Werke beschränkt, die mir entweder
zum weiteren Eindringen in Einzelfragen der Vererbungspathologie
besonders geeignet erscheinen, oder die ich für grundlegend halte für
die Erschließung unseres Wissensgebietes. Um dem Leser die Auswahl aus den zitierten Werken noch weiter zu erleichtern, habe ich
den meisten Arbeiten eine kurze Notiz über ihre Bedeutung oder ihren
Inhalt beigefügt.

Ich habe mich dieses Mal aber nicht nur auf die allgemeinvererbungspathologische Literatur beschränkt, sondern habe auch ein
ziemlich umfangreiches Verzeichnis über die Literatur der speziellen
Vererbungspathologie angefügt, in der Annahme, daß ein wesentlicher
Teil der Leser sich gerade für Einzelfragen interessieren wird. Auch
hierbei habe ich mich auf das Notwendigste beschränkt. Vor allem
war es mein Bestreben, diejenigen Arbeiten aufzuzählen, die direkt
vererbungsbiologisch orientiert sind, und die spezielle Zusammenstellungen der Vererbungsliteratur des betreffenden Leidens bringen.
Für sehr viele idiotypische Leiden liegt aber noch keine zusammenfassende Bearbeitung vor, sondern nur Kasuistik. In solchen Fällen
habe ich eine oder einige wenige der jüngsten Arbeiten angeführt,
von denen aus man die weitere Spezialliteratur wird finden können.
Bei dem großen Umfang, den die vererbungspathologische Literatur
allmählich annimmt, bilde ich mir nicht ein, in jedem Fall die wichtigste
Arbeit auch wirklich gefunden zu haben. Hier oder dort werden Lücken
offen geblieben sein. Um so lebhafter möchte ich die Kollegen bitten,
mir einschlägige Arbeiten als Sonderdrucke zuzusenden (München,
Bavariaring 47, oder Dermatologische Poliklinik, Pettenkoferstraße), damit es mir möglich wird, die Zahl solcher Lücken auf ein Minimum
zu reduzieren.

                    Anhang.

Allgemeines.

Ammon, Otto: Die Gesellschaftsordnung. 3. Aufl. Jena 1900.
— Die natürliche Auslese beim Menschen. Jena 1893. — (Teilweise veraltet, trotzdem noch lesenswert.)

Bateson, W.: Mendels Vererbungstheorien. Leipzig 1914. — (Das klassische englische Lehrbuch der Vererbungsbiologie; enthält auch einen Abdruck der Mendelschen Originalarbeiten.)

Bauer, Julius: Die konstitutionelle Disposition zu inneren Krankheiten. 2. Aufl. Berlin 1921. — (Außerordentlich reichhaltige Sammlung konstitutionspathologischen Literaturmaterials.)

Baur, Erwin: Einführung in die experimentelle Vererbungslehre. 3. Aufl. Berlin 1920. — (Zur ersten Einführung in die moderne Vererbungslehre ganz besonders geeignet.)

Baur, Fischer, Lenz: Grundriß der menschlichen Erblichkeitslehre und Rassenhygiene. 2. Aufl. München 1923. — (In diesem grundlegenden zweibändigen Werk werden auch die hier nur aphoristisch angedeuteten Probleme der menschlichen Auslese und der Rassenhygiene ausführlich abgehandelt.)

Braeucker, Wilhelm: Die Entstehung der Eugenik in England. Hildburghausen 1917. — (Gute historische Arbeit.)

Darwin, Charles: Die Entstehung der Arten. Übersetzt von Carus. Stuttgart 1876.
— Die Abstammung des Menschen und die geschlechtliche Zuchtwahl. Übersetzt von Carus. Stuttgart 1883.
— Das Variieren der Tiere und Pflanzen im Zustande der Domestikation. Übersetzt von Carus. Stuttgart 1906. — (Grundlegende, immer noch lesenswerte Werke.)

Fischer, Eugen: Die Rehobother Bastards und das Bastardierungsproblem beim Menschen. Jena 1913. — (Klassische Untersuchungen zur Kenntnis der Wirkung menschlicher Rassenmischung.)

Galton, Francis: Genie und Vererbung. Übersetzt von Neurath. Leipzig 1910. — (Grundlegendes Werk über die Erblichkeit der Begabung und über die Rassenhygiene.)

Goddard, H. H.: Die Familie Kallikack. Langensalza 1914. — (Beitrag zur Kenntnis der Vererbung psychischer Minderwertigkeit und ihrer Bedeutung für die Allgemeinheit.)

Goldschmidt: Einführung in die Vererbungswissenschaft. 3. Aufl. Leipzig 1920.

Grotjahn, A.: Geburtenrückgang und Geburtenregelung. 2. Aufl. Berlin 1920. — (Ausführlichste Arbeit über den Geburtenrückgang.)

v. Gruber, Max: Ursachen und Bekämpfung des Geburtenrückgangs im Deutschen Reich. München 1914. — (Besonders gute Darstellung der mit dem Geburtenrückgang zusammenhängenden rassenhygienischen Probleme.)
— u. Ernst Rüdin: Fortpflanzung, Vererbung, Rassenhygiene. 2. Aufl. München 1911. — (Teilweise veraltet, aber wertvolle Materialsammlung.)

Haecker, Valentin: Allgemeine Vererbungslehre. Braunschweig 1911. — (Geht besonders ausführlich auf die zytologischen Fragen ein.)

Hansen, Georg: Die drei Bevölkerungsstufen. Ausg. von Dr. H. Kraemer. München 1915. — (Wichtige Arbeit, trotz ihrer Irrtümer.)

Hartnacke, Wilhelm: Zur Verteilung der Schultüchtigen auf die sozialen Schichten. Zeitschr. f. pädag. Psychol. u. exp. Pädag. 1917. — (Zur Frage der Korrelation zwischen sozialer Lage und Erbwert.)

von Hoffmann, Geza: Die Rassenhygiene in den Vereinigten Staaten von Nordamerika. München 1913.
— Das Sterilisierungsprogramm in den Vereinigten Staaten von Nordamerika. Arch. f. Rassen- u. Gesellschaftsbiol. Bd. 11. 1914. — (Ausführliche Darstellungen der in Amerika besonders populären eliminatorischen Rassenhygiene.)

Hoffmann, Hermann: Vererbung und Seelenleben. Berlin 1922. — (Zusammenfassende Darstellung der Vererbung bei Geisteskrankheiten.)

JOHANNSEN, WILHELM: Elemente der exakten Erblichkeitslehre. Jena 1909. — (Grundlegendes Werk, das auch die Variationsstatistik ausführlich berücksichtigt.)

LENZ, FRITZ: Über die krankhaften Erbanlagen des Mannes und die Bestimmung des Geschlechts beim Menschen. Jena 1912. — (Grundlegende Arbeit über die geschlechtsgebundene Vererbung und über die wissenschaftlichen Fundamente der Rassenhygiene.)

— Rassewertung in der hellenischen Philosophie. Arch. f. Rassen- u. Gesellschaftsbiol. Bd. 10.

— Die Bedeutung der statistisch ermittelten Belastung mit Blutsverwandtschaft der Eltern. Münch. med. Wochenschr. 1919, Nr. 47.

— Eine Erklärung des Schwankens der Knabenziffer. Arch. f. Rassen- u. Gesellschaftsbiol. Bd. 11, S. 629. 1914/15.

LUNDBORG, H.: Medizinisch-biologische Familienforschungen innerhalb eines 2232 köpfigen Bauerngeschlechts in Schweden. Jena 1913. — (Beitrag zur Kenntnis der Vererbung psychischer Minderwertigkeit und ihrer Bedeutung für die Allgemeinheit.)

MARTIUS, FRIEDRICH: Konstitution und Vererbung in ihren Beziehungen zur Pathologie. Berlin 1914. — (Grundlegendes Werk der Konstitutionspathologie.)

MENDEL, JOHANN (GREGOR): Versuche über Pflanzenhybriden. 1865. — (Abgedruckt in Bateson: Mendels Vererbungstheorien, und in: Ostwalds Klassiker der exakten Wissenschaften 121.)

MORGAN, Th. H.: Die stoffliche Grundlage der Vererbung. Deutsche Ausgabe von H. NACHTSHEIM. Berlin 1921. — (Zusammenfassende Darstellung der bisherigen Ergebnisse der Drosophila-Experimente Morgans und seiner Schüler.)

NICEFORO, ALFREDO: Die Anthropologie der nichtbesitzenden Klassen. Leipzig 1910. — (Zur Frage der Korrelation zwischen sozialer Lage und Erbwert.)

v. PFAUNDLER: Über Wesen und Behandlung der Diathesen im Kindesalter. Verhandl. d. 28. dtsch. Kongr. f. inn. Med., Wiesbaden 1911.

PLATE, LUDWIG: Selektionsprinzip und Probleme der Artbildung. 3. Aufl. Leipzig 1908. — (Gründliche Darstellung der Selektionslehre.)

— Vererbungslehre. Leipzig 1913.

PLATON: Staat. Ins Deutsche übertragen von KARL PREISENDANZ. Jena 1909. — (Grundlegung einer Gesetzgebung, die von rassenhygienischen Ideen getragen wird.)

PLOETZ, ALFRED: Die Begriffe Rasse und Gesellschaft und die davon abgeleiteten Disziplinen. Arch. f. Rassen- u. Gesellschaftsbiol. 1904. — (Begründung der Rassenhygiene als einer eigenen Disziplin.)

— Sozialanthropologie. Kultur der Gegenwart III. V. Bd. „Anthropologie". Berlin u. Leipzig 1920. — (Das Werk unterrichtet auch über die Frage der Korrelation zwischen sozialer Lage und Erbwert.)

SCHALLMAYER, WILHELM: Vererbung und Auslese (im Lebenslauf der Völker). 3. Aufl. Jena 1918. — (Erste große systematische Darstellung der Rassenhygiene.)

SIEMENS, HERMANN WERNER: Biologische Terminologie usw. Arch. f. Rassen- u. Gesellschaftsbiol. Bd. 12, S. 257. 1916/17.

— Grundzüge der Rassenhygiene und der Bevölkerungspolitik. 2. Aufl. München 1923.

— Über Geschlechtsabhängigkeit erblicher Krankheiten. Virchows Arch. f. pathol. Anat. u. Physiol. Bd. 240, S. 530. 1923.

— Die Zwillingspathologie. Ihre Bedeutung, ihre Methodik, ihre bisherigen Ergebnisse. (Erscheint im Laufe des Jahres.)

SOMMER, ROBERT: Familienforschung und Vererbungslehre. 2. Aufl. Leipzig 1922.

STEINMETZ, S. R.: Der Nachwuchs der Begabten. Zeitschr. f. Sozialwiss. 1904. — (Zur Frage der Korrelation zwischen sozialer Lage und Erbwert.)

THEILHABER, F. A.: Der Untergang der deutschen Juden. München 1911.

— Das sterile Berlin. Berlin 1913.

Über den gesetzlichen Austausch von Gesundheitszeugnissen vor der Eheschließung und über rassenhygienische Eheverbote. Herausgegeben von der Berliner Ges. f. Rassenhygiene. München 1917.

WEINBERG, WILHELM: Weitere Beiträge zur Theorie der Vererbung. Arch. f. Rassen- u. Gesellschaftsbiol. Bd. 9, S. 694. 1912.
— Auslesewirkungen bei biologisch-statistischen Problemen. Ebenda Bd. 10, S. 417 u. 557. 1913.
WEISMANN, AUGUST: Vorträge über Deszendenztheorie. Jena 1914. — (Älteres klassisches Werk, noch sehr lesenswert.)
ZIEGLER, H. E.: Die Vererbungslehre in der Biologie und in der Soziologie. Jena 1918.

Zeitschriften.

Archiv für Rassen- und Gesellschaftsbiologie. — (Das führende Organ der wissenschaftlichen Rassenhygiene in Deutschland.)
Zeitschrift für induktive Abstammungs- und Vererbungslehre. — (Das führende deutsche Organ der experimentellen Erblichkeitslehre.)
Journal of Genetics. — (Englische Zeitschrift für Vererbungslehre.)
Genetics. — (Führende amerikanische Zeitschrift für Vererbungslehre.)
Journal of Heredity. — (Amerikanische, reich illustrierte Monatsschrift.)
Hereditas. — (Skandinavisches Organ für Erblichkeitslehre.)

Spezielles [1]).

1. Haut.

AUDRY ET DALOUS: Sur une atrophie héréditaire et congénitale du tégument palmaire (Brachydermie palmaire congénitale). Ann. de dermatol. et de syphiligr. 1900, S. 781.
BALLANTYNE and ELDER: Tylosis palmae et plantae. Brit. med. journ. 1898, S. 1132.
BAUER, A. W.: Heredofamiliäre Leukonychie und multiple Atherombildung der Kopfhaut. Zeitschr. f. angew. Anat. u. Konstitutionslehre Bd. 5, S. 47. 1919.
BETTMANN: Die Mißbildungen der Haut. Jena 1912. (Literatur!)
— Über die Poikilodermia atrophicans vascularis. Arch. f. Dermatol. u. Syphilis Bd. 129, S. 101. 1921.
BOLTEN: Ein Fall familiären angioneurotischen Ödems, kompliziert mit Tetanie. Dtsch. Zeitschr. f. Nervenheilk. Bd. 63, S. 360. 1919.
BOSELLINI: Sur deux cas de pseudomilium colloide familial. Ann. de dermatol. et de syphiligr. 1906, S. 751.
BULLOCH: Chronic hereditary trophoedema. Treasury of human inheritance Bd. 2, S. 32. 1909.
— Angioneurotic Oedema. Treasury of human inheritance Bd. 3, S. 38. 1909.
CASSIRER: Die vasomotorisch-trophischen Neurosen. Berlin 1912.
DAVENPORT: Degeneration, Albinism and Imbreeding. Science, N. S. Bd. 28, S. 454. 1908.
DRESEL: Inwiefern gelten die Mendelschen Vererbungsgesetze in der menschlichen Pathologie? Virchows Arch. f. pathol. Anat. u. Physiol. Bd. 224, S. 256. 1917.
DUBOIS: Angiokeratom und Pernionen. (Demonstration.) Korresp.-Blatt f. Schweiz. Ärzte 1914, Nr. 47.
EBSTEIN: Angeborene familiäre Erkrankung der Nägel. Dermatol. Wochenschr. Jg. 68, S. 113. 1919.
— Familiäres Vorkommen von Verdickung der Endphalangen (Trommelschlägelfinger). Med. Klinik 1920, S. 1341.
FISCHER, Eugen: Ein Fall von erblicher Haararmut und die Art ihrer Vererbung. Arch. f. Rassen- u. Gesellschaftsbiol. Bd. 7, S. 50. 1910.
FISCHER, Hans: Familiär-hereditäres Vorkommen von Keratoma palmare et plantare, Nagelveränderungen, Haaranomalien und Verdickung der Endglieder der Finger und Zehen in fünf Generationen. (Die Beziehungen dieser Veränderungen zur inneren Sekretion.) Dermatol. Zeitschr. Bd. 32, S. 114. 1921.
FRIEDMANN: Über einige seltene Nagelerkrankungen. Arch. f. Dermatol. u. Syphilis Bd. 135, S. 161. 1921.

---

[1]) Die Literaturangaben, welche sich auf zwillingspathologische Befunde beziehen, sind fortgelassen; sie sind in meiner „Zwillingspathologie" zu finden.

FRUHINSHOLZ: Un cas de malformation cutané a type cicatriciel héréditaire. Ann. de dermatol. et de syphiligr. 1907, S. 194.
FULDE: Studien über Vererbung von Hautkrankheiten. IV. Porokeratosis Mibelli. Arch. f. Dermatol. u. Syphilis **144**, 6. 1923.
GALEWSKY: Beiträge zur Ätiologie des Lichen ruber. (Familiärer Lichen ruber, Lichen ruber unter Ehegatten, Lichen ruber und Reizung.) Arch. f. Dermatol. u. Syphilis Bd. 129, S. 484.
— Über Dermatitiden durch Terpentinersatz. Dermatol. Wochenschr. Jg. 74, S. 273. 1922.
GÄNSSLEN: Die Eosinophilie bei der Migräne. Med. Klinik 1921, S. 1232.
GÄRTNER: Das Fehlen der oberen lateralen Schneidezähne und die kongenitale Syphilis. Dermatol. Wochenschr. Jg. 72, S. 505. 1921.
GASSMANN: Histologische und klinische Untersuchungen über Ichthyosis und ichthyosiforme Krankheiten. Arch. f. Dermatol. u. Syphilis, Erg.-Heft 1904.
GOSSAGE, A. M.: The inheritance of certain human abnormalities. Quart. journ. of med. 1908, Bd. **1**, S. 331.
GRAF: Caspers Wochenschr. 1836, S. 225.
HAMMER: Die Bedeutung der Vererbung für die Haut und ihre Erkrankungen. 10. Kongr. d. Dtsch. Dermatol. Ges. 1908.
— Über die Mendelsche Vererbung beim Menschen. Med. Klinik 1912, S. 1033.
HECHT: Ein Fall von erblicher Schleimdrüsenhypertrophie im Munde. Arch. f. Dermatol. u. Syphilis Bd. 130, S. 301. 1921.
HELLER: Über familiäre Ichthyosis. Münch. med. Wochenschr. 1921, S. 34.
HENLE: Studien über Vererbung von Hautkrankheiten. III. Gefäßmäler und Teleangiektasien. Arch. f. Dermatol. u. Syphilis Bd. **143**, S. 461. 1923.
HEUSINGER: Hals-Kiemen-Fisteln von noch nicht beobachteter Form. Virchows Arch. f. pathol. Anat. u. Physiol. Bd. 29, S. 358. 1864.
HOEKSTRA: Über die familiäre Neurofibromatosis mit Untersuchungen über die Häufigkeit von Heredität und Malignität bei der Recklinghausenschen Krankheit. Virchows Arch. f. pathol. Anat. u. Physiol. Bd. 237, S. 79. 1922.
JABLONSKI: Über Albinismus des Auges im Zusammenhang mit den Vererbungsregeln. Deutsche med. Wochenschr. 1920, S. 708.
JADASSOHN: Hyperkeratosis palm. et plant. Korresp.-Blatt f. Schweiz. Ärzte 1910, S. 1168.
JANOVSKY: Drei Fälle familiärer Hautatrophie (Poikiloderma atrophicans). Arch. f. Dermatol. u. Syphilis Bd. 130, S. 388. 1921.
KANTOROWICZ: Die Progenie und ihre Vererbung. Dtsch. Monatsschr. f. Zahnheilk. 1915, H. 3.
KÖHLER: Ein Beitrag zur Onychogryphosis symmetrica congenita et hereditaria. Münch. med. Wochenschr. 1909, S. 661.
KYRLE: Urticaria chronica cum pigmentatione. (Demonstration.) Arch. f. Dermatol. u. Syphilis Bd. 133, S. 63.
LAFON et VILLEMONTE: Blepharochalasis néréditaire avec dacryo-adenoptose. Arch. d'opht. Bd. 26, S. 639. 1906.
LEVEN: Stammbaum einer Ichthyosisfamilie nebst Bemerkungen über die Vererbungsart der Ichthyosis. Arch. f. Dermatol. u. Syphilis Bd. 139, S. 117. 1922.
LEWANDOWSKY u. LUTZ: Ein Fall einer bisher nicht beschriebenen Hauterkrankung (Epidermodysplasia varuciformis). Arch. f. Dermatol. u. Syphilis Bd. 141, S. 193. 1922.
LEWY: Beitrag zur Kenntnis der kongenitalen Trommelschlägelfinger. Med. Klinik 1921, S. 845.
MAUTNER: Über familiär auftretendes letales Krankheitsbild mit Blasenbildung (Pemphigus hereditarius). Monatsschr. f. Kinderheilk. Bd. 22, S. 15. 1921.
MEIROWSKY u. BRUCK: Über die Vererbung und Ätiologie der Muttermäler. Münch. med. Wochenschr. 1921, S. 1048.
— u. LEVEN: Tierzeichnung, Menschenscheckung und Systematisation der Muttermäler. Arch. f. Dermatol. u. Syphilis Bd. 134, S. 1.
MENSE: Über Hypertrichosis lanuginensis s. primaria. Beitr. z. pathol. Anat. u. z. allg. Pathol. Bd. 68, S. 486. 1921.

MICHELSON: Zum Kapitel der Hypertrichosis. Virchows Arch. f. pathol. Anat.
u. Physiol. Bd. 100, S. 66. 1885.
MIESCHER: Zwei Fälle von kongenitaler familiärer Acanthosis nigricans, kombi-
niert mit Diabetes mellitus. Dermatol. Zeitschr. Bd. 32, S. 276. 1921.
MIROLUBOW: Über Granulosis rubra nasi und über Miliaria cristallina und alba.
Diss. Bern 1906.
MORICHAU - BEAUCHANT et BESSONNET: Le Xanthom héréditaire et familial.
Ses relations avec la diathese biliaire. Arch. génér. de méd. Bd. 192, S. 2313.
1903.
NICOLLE et HALIPRÉ: Sur un cas de dystrophie unguéale et pilaire familiale.
Ann. de dermatol. et de syphiligr. 1895, S. 675 u. 804.
PAULSEN: Über Pygmäeneigenschaften bei anderen Völkern und ihre Bewertung
für die Entwicklungsgeschichte des Menschen. Arch. f. Anthropologie Bd. 19,
S. 41.
PEARSON, NETTLESHIP and USHER: A Monograph on albinism in man. London
1913.
PETRÉN: Ein Fall von multiplen, symmetrischen, hereditären Lipomen. Virchows
Arch. f. pathol. Anat. u. Physiol. Bd. 147, S. 560. 1897.
QUINCKE: Über akutes umschriebenes Ödem und verwandte Zustände. Med.
Klinik 1921, S. 675.
RIVERS: Three clinical studies in Tuberculous predisposition. London 1917.
ROTHMUND: Über Katarakten in Verbindung mit einer eigentümlichen Haut-
degeneration. Arch. f. Ophth. Bd. 14, S. 159. 1868.
RUSCH: Familiäre Carcinomerkrankung. (Demonstration.) Arch. f. Dermatol. u.
Syphilis Bd. 133, S. 125.
SCHMIDT: Beiträge zur Xanthomfrage. Arch. d. Dermatol. **140**, 408. —
SEYFARTH: Beiträge zum totalen Albinismus, seine Vererbung und die Anwen-
dung der Mendelschen Vererbungsgesetze auf menschliche Albinos. Virchows
Arch. f. pathol. Anat. u. Physiol. Bd. 228, S. 483. 1920.
SIEMENS: Über Vorkommen und Bedeutung der gehäuften Blutsverwandtschaft
der Eltern bei den Dermatosen. Arch. f. Dermatol. u. Syphilis Bd. 132. 1921.
— Zur Kenntnis der sog. Ohr- und Halsanhänge (bronchiogene Knorpelnaevi).
Arch. f. Dermatol. u. Syphilis Bd. 132, S. 186. 1921.
— Über rezessiv geschlechtsgebundene Vererbung bei Hautkrankheiten. Arch.
f. Dermatol. u. Syphilis Bd. 137, S. 69. 1921.
— Über Keratosis follicularis. Arch. f. Dermatol. u. Syphilis Bd. 139, S. 62. 1922.
— Über die Differentialdiagnose der mechanisch bedingten Blasenausschläge,
mit Beiträgen zur Kasuistik der sog. Epidermolysis bullosa (Bullosis mechanica
symptomatica und Bullosis spontanea congenita) und der hereditären Derma-
titis herpetiformis. Arch. f. Dermatol. u. Syphilis Bd. 139, S. 80. 1922.
— Studien über Vererbung von Hautkrankheiten. I. Epidermolysis bullosa
hereditaria (Bullosis mechanica simplex). Arch. f. Dermatol. u. Syphilis
Bd. 139, S. 45. 1922.
— Studien über Vererbung von Hautkrankheiten. II. Hydroa vacciniforme.
Arch. f. Dermatol. u. Syphilis Bd. 140, S. 314. 1922.
— Studien über Vererbung von Hautkrankheiten. V. Atherom. Arch. f. Der-
matol. u. Syphilis 1923.
— Literarisch-statistische Untersuchungen über die dystrophische Form der sog.
Epidermolysis. Arch. f. Dermatol. Bd. **143**, S. 390. 1923.
— Über die Bedeutung der Erbanlagen für die Entstehung der Muttermäler.
Arch. f. Dermatol. u. Syphilis. (Noch nicht im Druck erschienen.)
— und HUNOLD: Zwillingspathologische Untersuchungen der Mundhöhle. Arch.
f. Dermatol. (Noch nicht im Druck erschienen.)
SPITZER: Zur Kenntnis der Darierschen Krankheit. Arch. f. Dermatol. u. Syphilis
Bd. 135, S. 362.
SPRINZ: Über angeborene Nagelanomalien. Dermatol. Wochenschr. Jg. 68,
S. 337. 1919.
— Cutis verticis gyrata (Jadassohn-Unna). Arch. f. Dermatol. u. Syphilis Bd. 132,
S. 281. 1921.

Sutton: Journ. of cut. a. gen. dis. Bd. 29, S. 480.

Ullmann: Fall von Vitiligo auf hereditär-familiärer Grundlage. (Demonstration.) Wien. klin. Wochenschr. 1910, S. 524.

Valude et Dudos: Lentigo malignas der Lider. Bull. de la soc. d'opht. de Paris 1906.

With: Pseudoxanthoma elasticum. (Demonstration.) Dermatol. Zeitschr. Bd. 31 S. 42. 1920.

2. Augen, Ohren.

Albrecht: Über die Vererbung von Ohraffektionen. Münch. med. Wochenschr. 1922, S. 294.

Andrassy: Ein Beitrag zur Vererbung der Katarakt. Klin. Monatsbl. f. Augenheilk. Bd. 66. 1920.

Apel: Nystagmus und Kopfwackeln. Klin. Monatsbl. f. Augenheilk. Bd. 63, S. 565. 1919.

Asayama: Vererbung von Kryptophthalmus. Klin. Monatsbl. f. Augenheilk. Bd. 2, S. 346. 1906.

Barth: Ein weiterer Beitrag zur Vererbung der familiären Sehnervenatrophie. Klin. Monatsbl. f. Augenheilk. Bd. 66. 1920.

Bachstetz: Über eine neue Form familiärer Hornhautentartung. Klin. Monatsbl. f. Augenheilk. Bd. 63, S. 387. 1919.

Becker: Zwölf Fälle doppelseitiger Degeneration der Macula lutea. Klin. Monatsbl. f. Augenheilk. Bd. 66. 1920.

Behr: Die Anatomie der senilen „Macula" (der senilen Form der Heredodegeneration). Klin. Monatsbl. f. Augenheilk. Bd. 67, S. 551. 1921.

Boehm: Über einen eigentümlichen Fall von Retinitis pigmentosa mit Atrophie der Aderhaut (Atrophia gyrata chorioidea et retinae). Klin. Monatsbl. f. Augenheilk. Bd. 63, S. 381. 1919.

Bond: On heterochromia Iridis in Man and Animals. Journ. of genetics Bd. 2, S. 99. 1912.

Cechetto: Dell' anoftalmo congenito familiare. Arch. di ottalmol. Bd. 27. 1920.

Clausen: Heredodegeneration der Macula. Klin. Monatsbl. f. Augenheilk. Bd. 67. 1921.

— Typisches beiderseitiges hereditäres Maculakolobom. Klin. Monatsbl. f. Augenheilk. Bd. 67, S. 116. 1921.

— Das Wesen der Kurzsichtigkeit im Lichte der heutigen Vererbungslehre. Münch. med. Wochenschr. 1921, S. 532.

— Zur Vererbung der Rot-Grün-Blindheit. Münch. med. Wochenschr. 1921, S. 1405.

— Aniridia congenita und Heredität. Klin. Monatsbl. f. Augenheilk. Bd. 67. 1921.

Cohn u. Magnus: Untersuchung von 5000 Schulkindern in bezug auf Farbenblindheit. Zentralbl. f. Augenheilk. 1878, S. 97.

Cooper: A series of cases of congenital ophthalmoplegia externa (nuclear paralysis) in the same family. Brit. med. journ. 1910, S. 917.

Crzellitzer: Die Vererbung von Augenleiden. Berlin. klin. Wochenschr. 1912, S. 2070.

Döderlein: Über die Vererbung von Farbensinnstörungen Arch. f. Augenheilk. Bd. 90, S. 43. 1921.

Elschnig: Mendelismus. Klin. Monatsbl. f. Augenheilk. Bd. 13, S. 594. 1912.

Fay: Marriages of the deaf in America. Washington 1898.

Filatow: Zwei Fälle von angeborener Blindheit. Westnik Ophth. Bd. 22. 1904.

Fleischer: Über familiäre Hornhautentartung. Arch. f. Augenheilk. Bd. 53, S. 263. 1905.

— Über Vererbung von Kurzsichtigkeit. 34. Vers. d. Ophth. Ges. Heidelberg 1907, S. 238.

— Ein Beitrag zur Frage der Vererbung der familiären Sehnervenatrophie (Lebersche Krankheit). Arch. f. Rassen- u. Gesellschaftsbiol. Bd. 13, S. 129. 1921.

Friede: Über kongenitale „Cornea plana" und ihr Verhältnis zur Mikrokornea. Klin. Monatsbl. f. Augenheilk. Bd. 67, S. 145. 1921.

GROENHOLM: Über die Vererbung der Megalokornea nebst einem Beitrag zur Frage des genetischen Zusammenhanges zwischen Megalokornea und Hydrophthalmus. Klin. Monatsbl. f. Augenheilk. Bd. 67. S. 1. 1921.

GROENOUW: Erbliche Augenkrankheiten. Graefe-Saemischs Handb. 3. Aufl. Abt. 1, Bd. 11, S. 670. 1920.

GUTZMANN: Die Vererbung von Sprachstörungen. In; v. Noorden u. Kaminer: Krankheiten und Ehe. Leipzig 1916.

HAMMERSCHLAG: Über die Beziehungen zwischen hereditär-degenerativer Taubstummheit und der Konsanguinität der Erzeuger. Zeitschr. f. Ohrenheilk. Bd. 47, S. 147. 1904.

— Zur Kenntnis der hereditär-degenerativen Taubstummheit. Zeitschr. f. Ohrenheilk. Bd. 61, S. 225. 1910.

HARLAN: Report of a case of keratoglobus. Arch. of ophth. Bd. 27, II, S. 129. 1898.

HARMAN: Congenital cataract. Treasury of human inheritance Bd. 4, S. 126. 1910.

HEINE: Über angeborene familiäre Stauungspapille. Arch. f. Ophth. Bd. 102. S. 339. 1920.

HERRLINGER: Über die Ätiologie der Retinitis pigmentosa. Inaug.-Diss. Tübingen 1899.

HINSHELWOOD: Vier Fälle von angeborener Wortblindheit in derselben Familie. Brit. med. journ. 1907, Nr. X.

HIRSCHBERG: Angeborener grauer Star als Familienübel. Zentralbl. f. prakt. Augenheilk. 1897, S. 274.

HORNE: Deaf-Mutism. Treasury of human inheritance Bd. 1, S. 27; Bd. 3, S. 69; Bd. 4, S. 124. London 1909.

KANNGIESSER: Hat die Blutsverwandtschaft der Eheleute einen schädlichen Einfluß auf die Gesundheit der Nachkommen? Münch. med. Wochenschr. 1913, S. 762.

KAYSER: Über den Stammbaum einer Familie mit Vererbung von Megalocornea nach dem Hornerschen Vererbungstypus. Arch. f. Rassen- u. Gesellschaftsbiol. Bd. 11, S. 170. 1914.

KESTENBAUM: Über Megalocornea. Klin. Monatsbl. f. Augenheilk. Bd. 62. 1919.

KÖRNER: Das Wesen der Otosklerose im Lichte der Vererbungslehre. Zeitschr. f. Ohrenheilk. Bd. 50.

KRUSIUS: Heredität, Gesichtstypus und Refraktionsanomalien. 38. Vers. d. ophth. Ges. Heidelberg 1912.

LANDON: Hereditary transmission of squint. Brit. med. journ. 1909, S. 1228.

LÖHLEIN: Über hereditäre Ptosis der orbitalen Tränendrüsen. Münch. med. Wochenschr. 1919, Nr. 24.

LUNDBORG: Über die Erblichkeitsverhältnisse der konstitutionellen (hereditären) Taubstummheit. Arch. f. Rassen- u. Gesellschaftsbiol. Bd. 9, S. 133. 1912.

LUTZ: Über einige weitere Fälle von Heterochromia iridum. Zeitschr. f. Augenheilk. Bd. 19, S. 208 u. 345. 1908.

MC MILLAN: Anophthalmia and Maldevelopment of the eyes. Brit. journ. of ophth. Bd. 5, S. 121. 1921.

MÜCKE: Ein Beitrag zur Vererbung der Retinitis pigmentosa. Klin. Monatsbl. f. Augenheilk. Bd. 66. 1920.

NAPP: Familiäre einseitige absolute Pupillenstarre. Klin. Monatsbl. f. Augenheilk. Bd. 8, S. 119. 1909.

NETTLESHIP: On retinitis pigmentosa and allied diseases. Rep. Roy. London Ophth. Hosp. Bd. 14, S. 1. 1905.

— A history of congenital stationary night-blindness in nine consecutive generations. Ophth. Soc. Transact. Bd. 27. 1907.

— On some hereditary diseases of the eye. Trans. Ophth. Soc. London Bd. 29. 1909.

OSWALD: Hereditary tendency to defective sight in males only of a family. Brit. med. journ. 1911, S. 19.

PADERSTEIN: Familie mit Pupillendifferenz. Med. Klinik 1913, S. 1480.

PUCCIONI: Epitheliom der Bindehaut und Hornhaut. 19. Kongr. d. ital. ophth. Ges. Parma 1907.

REBEL: Some facts concerning family exophoria. The Ophth. Record 1908, S. 621.

RÜBEL: Kongenitale familiäre Flachheit der Cornea (Cornea plana). Klin. Monatsbl. f. Augenheilk. Bd. 8, S. 427. 1912.

SALZMANN: Über Vererbung von Netzhautablösung. Wien. med. Wochenschr. 1921, Nr. 24.

SÄNGER u. WILBRANDT: Die Neurologie des Auges. Wiesbaden.

SCHNYDER: Über familiäres Vorkommen bzw. die Vererbung von Erkrankungen der Tränenwege. Zeitschr. f. Augenheilk. Bd. 44, S. 257. 1920.

SIEMENS: Über die Ätiologie der Ectopia lentis et pupillae nebst einigen allgemeinen Bemerkungen über Vererbung bei Augenleiden. Arch. f. Ophth. Bd. 103, S. 359. 1920.

SPENGLER: Ist Hornhautastigmatismus vererblich? Klin. Monatsbl. f. Augenheilk. Bd. 42, S. 164. 1904.

STEIGER: Studie über die erblichen Verhältnisse der Hornhautkrümmung. Zeitschr. f. Augenheilk. Bd. 17, S. 307 u. 444. 1907.

— Die Entstehung der sphärischen Refraktionen des menschlichen Auges. Berlin 1913.

STEIN: Gehörorgan und Konstitution. Zeitschr. f. Ohrenheilk. Bd. 76, S. 66. 1917.

STREBEL u. STEIGER: Korrelation der Vererbung von Augenleiden (Ectopia lentium cong., Ectopia pupillae, Myopie) und sog. nicht angeborenen Herzfehlen. Arch. f. Augenheilk. Bd. 78, S. 208. 1915.

STREIFF: Beobachtungen und Gedanken zum Heterochromieproblem. Klin. Monatsbl. f. Augenheilk. Bd. 62, S. 353. 1919.

TRESLING: Über Angiomatosis retinae. Klin. Monatsbl. f. Augenheilk. Bd. 64, S. 306. 1920.

TRIEBENSTEIN: Über Heterotopie des Sehnerven und der Fovea centralis. Klin. Monatsbl. f. Augenheilk. Bd. 62, S. 442. 1919.

TRITSCHELLER: Beitrag zur Vererbung der familiären Hornhautentartung. Klin. Monatsbl. f. Augenheilk. Bd. 66, S. 579. 1921.

VOGT u. KLAINGUTI: Weitere Untersuchungen über die Entstehung der Rot-Grün-Blindheit beim Weibe. Arch. f. Rassen- u. Gesellschaftsbiol. Bd. 14, S. 129. 1922.

ZORN: Über familiäre atypische Pigmentdegeneration der Netzhaut (totale Aderhautatrophie). Arch. f. Ophth. Bd. 101. 1919.

3. Nerven, Geist.

ALIKHAN: L'épilepsie et l'anosmie héréditaire. Schweiz. med. Wochenschr. 1920, S. 211.

BERNSTEIN: Microcephalic people sometimes called "pin head". Journ. of heredity Bd. 13, S. 30. 1922.

BIELSCHOWSKY: Die Wilsonsche Krankheit. Jahreskurse f. ärztl. Fortbildung. Jg. 14. Mai 1923. —

BIEN: Über Friedreichsche Krankheit nebst Mitteilungen über eine Familie, in der acht Mitglieder Zeichen dieser Krankheit zeigen. Diss. Breslau 1919.

BRANDENBERG: Kasuistische Beiträge zur gleichgeschlechtlichen Vererbung. Arch. f. Rassen- u. Gesellschaftsbiol. Bd. 7, S. 300. 1910.

BREMER: Klinischer und erbbiologischer Beitrag zur Lehre von den Heredodegenerationen des Nervensystems. Arch. f. Psychiatrie u. Nervenkrankh. Bd. 66, S. 477. 1922.

BROWNING: A case of family susceptibility to facial paralysis. Albany med. Annal., Juni 1899.

BUCHANAN: The mendelism of migraine. Med. record Bd. 98, S. 807. 1920.

CLASSEN: Vererbung von Krankheiten und Krankheitsanlagen durch mehrere Generationen. Arch. f. Rassen- u. Gesellschaftsbiol. Bd. 13, S. 31. 1921.

DAVENPORT: The Nam family. Mem. 2. Eugen. record of Cold Spring Harbour 1912.

— The Hill Folk. New York 1912.

— Huntingtons Chorea in relation to heredity and Eugenics. Proc. of the nat. acad. of sciences (U. S. A.) May 1915, Nr. 5, S. 283.

DAVENPORT: The feebly inhibited. Published by the Carnegie Institution. Washington 1915.
— and WEEKS: A first study of inheritance in epilepsy. Journ. of nerv. a. ment. dis. 1911.
DOBNIGG u. ECONOMO: Die hereditäre Belastung der Dipsomanen. Allg. Zeitschr. f. Psychiatrie u. psych.-gerichtl. Med. Bd. 76.
EBSTEIN: Über das familiäre Vorkommen von Migräne. Münch. med. Wochenschr. 1922, S. 199.
v. ECONOMO: Die hereditären Verhältnisse bei der Paranoia querulans. Jahrb. f. Psychiatrie u. Neurol. Bd. 36, S. 1. 1914.
— Über den Wert der genealogischen Forschung für die Einteilung der Psychosen — speziell der Paranoia — und über die Regel vom gesunden Drittel. Münch. med. Wochenschr. 1922, S. 227.
EICHHORST: Über Heredität der progressiven Muskelatrophie. Berlin. klin. Wochenschr. 1873, S. 497 u. 511.
ENTRES: Zur Klinik und Vererbung der Huntingtonschen Chorea. Berlin 1921.
ESTABROOK: The Jukes in 1915. Washington 1916.
EULENBURG: Über eine familiäre, durch sechs Generationen verfolgbare Form kongenitaler Paramyotonie. Neurol. Zentralbl. 1886.
FELDMANN: Der jetzige Stand der Lehre von der Tay-Sachsschen familiären amaurotischen Idiotie. Klin. Monatsbl. f. Augenheilk. Bd. 63, S. 641. 1919.
FLEISCHER: Untersuchung von sechs Generationen eines Geschlechtes auf das Vorkommen von myotonischer Dystrophie und anderer degenerativer Merkmale. Arch. f. Rassen- u. Gesellschaftsbiol. Bd. 14, S. 13. 1922.
FRETS: Heredity of headform in man. Haag 1921.
FREUND: Naevus sebaceus in 3 Generationen. (Dem.) Deutsche med. Woch. 1921, 1012. —
FREY: Zwei Stammbäume von hereditärer Ataxie. Dtsch. Zeitschr. f. Nervenheilk. Bd. 44, S. 351. 1912.
GÄNSSLEN: Die Eosinophilie bei der Migräne. Med. Klinik 1921, S. 1232.
GELPKE: Über die Beziehungen des Sehorgans zum jugendlichen Schwachsinn. Halle 1904.
GODDARD: Heredity of feebly-mindedness. Eugen. record off. Bull. 1911, Nr. 1.
— Die Familie Kallikak. Langensalza 1914.
GOWERS: Heredity in diseases of the nervous system. Brit. med. journ. 1908.
GRÜNWALD: Ein Beitrag zur Frage der familiären infantilen spastischen Spinalparalyse. Journ. f. Neurol. u. Psychiatrie Bd. 26. 1920.
GÜNTHER: Über Paralysis agitans. Dtsch. Zeitschr. f. Nervenheilk. Bd. 47, S. 192. 1913.
GUTMANN: Die Rasse- und Krankheitsfrage der Juden. München 1920.
GUTTMANN: Beitrag zur Rassenpsychiatrie. Inaug.-Diss. Freiburg 1909.
GUTZMANN: Die Vererbung von Sprachstörungen. In: v. Noorden u. Kaminer: Krankheiten und Ehe. Leipzig 1916.
HAUPTMANN: Grundlagen, Stellung und Symptomatologie der „myotonen Dystrophie" (früher „atrophische Myotonie"). Dtsch. Zeitschr. f. Nervenheilk. Bd. 63. 1919.
HERRMANN: The Etiology of mongolian imbecility. Arch. of pediatr. Bd. 34. 1917.
HOFFMANN: Gehirntumoren bei zwei Geschwistern. Zeitschr. f. d. ges. Neurol. u. Psychiatrie Bd. 51. 1919.
— Geschlechtsbegrenzte Vererbung und manisch-depressives Irresein. Zeitschr. f. d. ges. Neurol. u. Psychiatrie Bd. 49, S. 336. 1919.
— Inzuchtergebnisse in der Naturwissenschaft und ihre Anwendung auf das manisch-depressive Irresein. Zeitschr. f. d. ges. Neurol. u. Psychiatrie Bd. 57, S. 92. 1920.
— Die Nachkommenschaft bei endogenen Psychosen. Berlin 1921.
JAEGER: Zweimaliger Anencephalus bei einer Frau. (Demonstration.) Münch. med. Wochenschr. 1921 S. 159.
JENDRASSIK: Die hereditären Krankheiten. Handb. d. Neurol. Bd. 2. Berlin 1911.

JOERGER: Die Familie Zero. Arch. f. Rassen- u. Gesellschaftsbiol. Bd. 2, S. 494. 1905.
JOLLY: Die Heredität der Psychosen. Arch. f. Psychiatrie u. Nervenkrankh. Bd. 52. 1913.
KAHN: Schizoid und Schizophrenie im Erbgang. Berlin 1923.
KEHRER: Beitrag zur Lehre von den „hereditären" Muskelatrophien. Inaug.-Diss. Heidelberg 1908.
KRETSCHMER: Drei Fälle von familiärer cerebraler Kinderlähmung. Dtsch. med. Wochenschr. Jg. 46, S. 1241. 1920.
LANGE: Über manisch-depressives Irresein bei Juden. Münch. med. Wochenschr. 1921, S. 1357.
LENZ: Über dominant-geschlechtsbegrenzte Vererbung und die Erblichkeit der Basedow-Diathese. Arch. f. Rassen- u. Gesellschaftsbiol. Bd. 13, S. 1. 1918.
LEWANDOWSKY: Erbliche Kältelähmung. Zeitschr. f. d. ges. Neurol. u. Psychiatrie Bd. 33, S. 107. 1916.
LUNDBORG: Paralysis agitans. Neurol. Zentralbl. 1912, S. 219.
— Der Erbgang der progressiven Myoklonus-Epilepsie. Zeitschr. f. d. ges. Neurol. u. Psychiatrie Bd. 9, S. 353. 1912.
MEGGENDORFER: Über die Rolle der Erblichkeit bei der Paralyse. Zeitschr. f. d. ges. Neurol. u. Psychiatrie Bd. 65, S. 18. 1921.
MENDEL: Familiäre periphere Radialislähmung. Neurol. Zentralbl. 1920, S. 58.
MERZBACHER: Gesetzmäßigkeiten in der Vererbung und Verbreitung verschiedener hereditär-familiärer Erkrankungen. Arch. f. Rassen- u. Gesellschaftsbiol. Bd. 6. 1909.
MINO: Contributo alla conoscenza dell' atassia ereditaria. Il Policlinico 1922.
PETERS: Feebly mindedness as a constitutionel anomaly. The Training School 1913, S. 1.
PILTZ: Über homologe Heredität bei Zwangsvorstellungen. Zeitschr. f. d. ges. Neurol. u. Psychiatrie Bd. 43, S. 134. 1918.
— Homologe Vererbung der Homosexualität. Zentralbl. f. d. ges. Neurol. u. Psychiatrie Bd. 26, S. 76. 1921.
PLATE: Vier Fälle von kongenitaler Wortblindheit in einer Familie. Münch. med. Wochenschr. 1909, S. 1793.
REDLICH: Epilepsie und Linkshändigkeit. Arch. f. Psychiatrie u. Nervenkrankh. Bd. 44. 1918.
REITER u. OSTHOFF: Die Bedeutung endogener und exogener Faktoren bei Kindern der Hilfsschule. Zeitschr. f. Hyg. Bd. 94. 1921.
RÜDIN: Studien über Vererbung und Entstehung geistiger Störungen. I. Zur Vererbung und Neuentstehung der Dementia praecox. Berlin 1916.
— Über Vererbung geistiger Störungen. Zeitschr. f. d. ges. Neurol. u. Psychiatrie Bd. 81, S. 459. 1923.
v. SARBÓ: Zur Pathogenese der sog. rheumatischen Facialislähmung. Dtsch. Zeitschr. f. Nervenheilk. Bd. 25. 1904.
SCHUSTER: Beiträge zur Klinik der tuberösen Sklerose des Gehirns. Verhandl. d. Ges. dtsch. Nervenärzte. 7. Jahresvers. 1913, S. 96.
SCHWARZ: Die Rechtshändigkeit des Menschen. Arch. f. Rassen- u. Gesellschaftsbiol. Bd. 11, S. 299. 1914.
SERKO: Ein Fall von familiärer periodischer Lähmung (Oddi-Audibert). Wien. klin. Wochenschr. 1919.
SIMMONDS: Gehäufte Fälle von Facialislähmung in einer Familie. Münch. med. Wochenschr. 1919, S. 815.
SORGENTE s. Jendrassik.
v. STARCK: Zur Kasuistik der familiären amaurotischen Idiotie. Monatsschr. f. Kinderheilk. Bd. 18, S. 139. 1920.
STEINER: Über die familiäre Anlage zur Epilepsie. Zeitschr. f. d. ges. Neurol. u. Psychiatrie Bd. 23, S. 315. 1914.
STIER: Untersuchungen über Linkshändigkeit und die funktionellen Differenzen der Hirnhälften. Jena 1911.
STÜBER: Die erbliche Belastung bei der Epilepsie. Zentralbl. f. d. ges. Neurol. u. Psychiatrie Bd. 25, S. 361. 1921.

VOGT: Die Katarakt bei myotonischer Dystrophie. Schweiz. med. Wochenschr. 1921, Nr. 29.
WEINBERG: Über Methode und Fehlerquellen der Untersuchung auf Mendelsche Zahlen beim Menschen. Arch. f. Rassen- u. Gesellschaftsbiol. Bd. 9, S. 165. 1912.
— Zur Vererbung des Zwergwuchses. Arch. f. Rassen- u. Gesellschaftsbiol. Bd. 9, S. 710. 1912.
WEITZ: Über die Vererbung der Muskeldystrophie. Dtsch. Zeitschr. f. Nervenheilk. Bd. 72, S. 143, 1921.
ZIEHEN: Die Geisteskrankheiten des Kindesalters. Berlin 1915.

4. Innere Organe, Stoffwechsel, Blut.

ABDERHALDEN: Zeitschr. f. physiol. Chem. Hoppe-Seylers Bd. 38, S. 557. 1903.
— Skrofulose oder Tuberkulose oder eine sonstige Erkrankung des lymphatischen Systems? Med. Klinik 1906, S. 1338.
BAUER, K. H.: Zur Vererbungs- und Konstitutionspathologie der Hämophilie. Dtsch. Zeitschr. f. Chirurg. Bd. 176, S. 109. 1922.
BAUER u. ASCHNER: Konstitution und Vererbung bei Ulcus pepticum ventriculi et duodeni. Klin. Wochenschr. 1922, S. 1250.
BELAIEFF: Zur Idiosynkrasie gegen Hühnerei. Berlin. klin. Wochenschr. 1921, S. 1388.
BLUHM: Zur Erblichkeitsfrage des Kropfes. Arch. f. Rassen- u. Gesellschaftsbiol. Bd. 14, S. 1. 1922.
BONDI: Über Habitus im allgemeinen und der Habitus des Diabetikers im besonderen. Wien. klin. Wochenschr. 1919, Nr. 20.
BRUGSCH u. DRESEL: Renale hereditäre Glykosurie (sog. renaler Diabetes). Med. Klinik 1919, S. 972.
BRANDENBERG: Kasuistische Beiträge zur gleichgeschlechtlichen Vererbung. Arch. f. Rassen- u. Gesellschaftsbiol. Bd. 7, S. 290. 1910.
BULLOCH: Diabetes insipidus. Treasury of human inheritance Bd. 1, S. 1. 1909.
COLER: Über familiäres Auftreten der Tetanie. Med. Klinik 1910, Nr. 28.
DITTEL: Zur Ätiologie der Tubargravidität. Zentralbl. f. Gynäkol. 1919, Nr. 41.
EBSTEIN: Über die diagnostische Bedeutung der Hodenstellung und zur Frage der Häufigkeit bei Situs viscerum inversus. Zeitschr. f. Konstitutionslehre Bd. 8, S. 42. 1921.
EICHWALD: Konstitutionelle Anomalien bei Tuberkulose. Zeitschr. f. Tuberkul. Bd. 34, S. 17.
ENGELKING: Über familiäre Polycythämie und die dabei beobachteten Augenveränderungen. Klin. Monatsbl. f. Augenheilk. Bd. 64, S. 645. 1920.
FRENKEL-TISSOT: Über familiäre Schleimneurose des Magens auf dem Boden der Vagotonie. Berlin. klin. Wochenschr. 1921, S. 409.
GÄNSSLEN: Über hämolytischen Ikterus. Dtsch. Arch. f. klin. Med. Bd. 140, S. 210. 1922.
GARROD: The incidence of alkaptonuria, a study in chemical individuality. Lancet 1902, S. 1616; Pflügers Arch. f. d. ges. Physiol. Bd. 97, S. 410. 1903.
GENSCHEL: Über die Erblichkeit der Langlebigkeit. Natur u. Mensch 1922, S. 353.
GLANZMANN: Hereditäre hämorrhagische Thrombasthenie. Jahrb. f. Kinderheilk. Bd. 88, S. 1. 1918.
GROTE: Der Einfluß der Konstitution auf die Pathogenese der Magendarmerkrankungen. Halle 1920.
— Grundlagen ärztlicher Betrachtung. Berlin 1921.
HEISSEN: Zur Frage der Erblichkeit vagotonisch bedingter Krankheiten (Bronchialasthma, Ulcus pepticum). Münch. med. Wochenschr. 1920, S. 1406.
HERZ: Über den Einfluß der Heredität auf die Entstehung von Herzkrankheiten. Münch. med. Wochenschr. 1912, S. 419.
HIS: Diskussionsbemerkung. Kongr. d. Dtsch. Dermatol. Ges. 1906, Bd. 2, S. 380.
HOCHSCHILD: Hereditäre familiäre chronische symmetrische Parotisschwellung im Kindesalter. Jahrb. f. Kinderheilk. Bd. 92, S. 360. 1920.
HOPMANN: Familiäres Vorkommen reiner Mitralstenose nach Endocarditis. Berlin. klin. Wochenschr. 1921, S. 1322.

JANZEN u. BROCKMAN: Nederlandsch tijdschr. v. geneesk. 1921.

KERMAUNER: Über Pubertätsblutungen. Med. Klinik 1920, Nr. 37.

LEIDIG: Ein eigenartiger Fall von familiärer Idiosynkrasie gegen Pilze. Münch. med. Wochenschr. 1921, S. 333.

LEMKE: Die Pubertät, dargestellt vom Standpunkt des Schul- und Kinderarztes. Langensalza 1920.

MAYER: Beitrag zur Lehre von der Vererbung eines Locus minoris resistentiae bei der Lungentuberkulose. Zeitschr. f. Tuberkul. Bd. 29, S. 257. 1919.

MEULENGRACHT: Fünf Fälle von perniziöser Anämie in derselben Familie. Ugeskrift for laeger 1920, Nr. 25.

MORO u. KOLB: Über das Schicksal von Ekzemkindern. Monatsschr. f. Kinderheilk. Bd. 9, Nr. 8. 1910.

MOSZKOWSKI: Klima, Rasse und Nationalität in ihrer Bedeutung für die Ehe. In: v. Noorden u. Kaminer: Krankheiten und Ehe. Leipzig 1916.

MUDGE: Proc. of the roy. soc. of med. Bd. 2, S. 126. 1909.

v. NOORDEN: Die Zuckerkrankheit. Berlin 1910.

— u. KAMINER: Krankheiten und Ehe. Leipzig 1916.

OCHSENIUS: Über familiären Situs inversus. (Demonstration.) Münch. med. Wochenschrift 1920, S. 972.

PEIPER: Krankheit und Vererbung beim Kinde. Monatsschr. f. Kinderheilk. Bd. 19, S. 500. 1921.

PEL: Die Erblichkeit der chronischen Nephritis. Zeitschr. f. klin. Med. Bd. 38, S. 127. 1899.

v. PFAUNDLER: Kindliche Krankheitsanlagen und Wahrscheinlichkeitsrechnung. Zeitschr. f. Kinderheilk. Bd. 4, S. 175. 1912.

PLEHN: Familiäre Milz- und Lebervergrößerung mit Anämie und gutartigem Verlauf. Dtsch. med. Wochenschr. 1909, S. 1749.

PLOETZ: Lebensdauer der Eltern und Kindersterblichkeit. Arch. f. Rassen- u. Gesellschaftsbiol. Bd. 6, S. 33. 1909.

RIEBOLD: Erklärung der Vererbungsgesetze der Hämophilie auf Grund der Mendelschen Regeln. Med. Klinik 1913, S. 672.

ROSENHAUPT: Kasuistischer Beitrag zur Vererbungsfrage bei akuter Leukämie. Kinderarzt Bd. 26, Nr. 4. 1915.

SACHS: Über familiäre kongenitale Mitralstenose. Berlin. klin. Wochenschr. 1921, S. 541.

SALOMON: Weitere Erfahrungen über den Diabetes innocens. Wien. klin. Wochenschr. 1919.

SCHAUMANN: Über das familiäre Auftreten der perniziösen Anämie. Finska läkaresällskapets handlingar, Helsingfors 1918.

SCHUSZIK: Über einen Fall von familiärer kindlicher Lebercirrhose. Arch. f. Kinderheilk. Bd. 68, S. 144. 1920.

SIEMENS: Die Erblichkeit des sporadischen Kropfes. Zeitschr. f. indukt. Abstammungs- u. Vererbungslehre Bd. 18, S. 65. 1917.

— Über eine Aufgabe und Methode der Konstitutionsforschung. Brauers Beitr. z. Klinik d. Tuberkul. Bd. 43, S. 327. 1920.

SPIEGEL: Beiträge zur klinischen Konstitutionspathologie. II. Organdisposition bei Ulcus pepticum. Dtsch. Arch. f. klin. Med. Bd. 126, S. 45. 1918.

SPIRIG: Beitrag zur hereditären Disposition bei Diphtherie. Korresp.-Blatt f. Schweiz. Ärzte 1913, S. 1559.

STRAUSS: Über hereditäres und familiäres Vorkommen von Ulcus ventriculi et duodeni. Münch. med. Wochenschr. 1921, S. 274.

TOENNIESSEN: Über die Vererbung der Alkaptonurie des Menschen. Zeitschr. f. indukt. Abstammungs- u. Vererbungslehre Bd. 29, S. 26. 1922.

VOGT: Über das familiäre Vorkommen typisch menstrueller Blutungen während der Gravidität. Zentralbl. f. Gynäkol. 1909, S. 1253.

VOLHARD: Die doppelseitigen hämatogenen Nierenerkrankungen. Berlin 1918, S. 326.

WEIL: Über die hereditäre Form des Diabetes insipidus. Dtsch. Arch. f. klin. Med. Bd. 93, S. 180. 1908.

WEINBERG: Die Beziehungen zwischen Krebs und Tuberkulose. Münch. med. Wochenschr. 1906, S. 1473.

WEITZ: Zur Ätiologie der genuinen oder vasculären Hypertension. Zeitschr. f. klin. Med. Bd. 96, S. 151. 1923.

5. Knochen, Gelenke, Körperform.

BARFUTH: Experimentelle Untersuchungen über die Vererbung der Hyperdaktylie bei Hühnern. Arch. f. Entwicklungsmech. d. Organismen Bd. 31, S. 479. 1911.

BARTELS: Turmschädel mit Sehnervenatrophie. (Demonstr.) Med. Klinik 1921. S. 670.

BAUER, K. H.: Über Identität und Wesen der sog. Osteopsathyrosis idiopathica und Osteogenesis imperfecta. Zugleich ein Beitrag zur Konstitutionspathologie chirurgischer Krankheiten. Dtsch. Zeitschr. f. Chirurg. Bd. 160, S. 289. 1920.

BLENCKE: Ein weiterer Beitrag zur sog. Klumphand. Zeitschr. f. orthop. Chirurg. Bd. 13, S. 654. 1904.

— Demonstration von familiärem angeborenem Defekt beider Schlüsselbeine. Münch. med. Wochenschr. 1921, S. 218.

BONNEVIE: Erblichkeit von Zwillingsgeburten. Norsk magaz. f. laegevidenskaben Bd. 80, H. 8; Ref. Dtsch. med. Wochenschr. 1919, S. 1059.

BUDDE: Eine seltene Kniegelenksmißbildung, zugleich ein Beitrag zur Lehre vom angeborenen Schienbeindefekt. Dtsch. Zeitschr. f. Chirurg. Bd. 166. 1921.

BULLOCH: Hereditary malformation of the genital organs. Hermaphroditism. Treasury of human inheritance Bd. 3, S. 50. 1909.

CARRIÈRE: Über erbliche Ohrformen, insbesondere das angewachsene Ohrläppchen. Zeitschr. f. indukt. Abstammungs- u. Vererbungslehre 1921.

CHIARI: Über familiäre Chondrodystrophia foetalis. Münch. med. Wochenschr. 1913, S. 248.

CONARD u. DAVENPORT: Hereditary fragility of bone. Eugenics record office Bull. Nr. 14. New York 1915.

CRITZMANN: Bull. méd. 1894.

DAVENPORT: Influence of the male in the production of human twins. Americ. naturalist Bd. 54. 1920.

DRINKWATER: Account of a family showing minor brachydactyly. Journ. of genetics Bd. 2. 1912.

DUBREUIL-CHAMBARDEL: Provence méd. 1908, Nr. 42.

DUKEN: Beziehungen zwischen Assimilationshypophalangie und Aplasie der Interphalangealgelenke. Virchows Arch. f. pathol. Anat. u. Physiol. Bd. 233, S. 204.

EBSTEIN: Über die angeborene und erworbene Trichterbrust. Volkmanns Vorträge 1909, S. 1.

— Über das Vorkommen der Flughautbildung beim Menschen. Dermatol. Wochenschr. Jg. 67, S. 607. 1918.

FARABEE: Inheritance of digital malformations in man. Papers of Peabody Mus. of Am. Arch. and Ethn. Harvard Univ. III, Bd. 3, S. 69. 1905.

FETSCHER: Über die Erblichkeit des angeborenen Klumpfußes. Arch. f. Rassenu. Gesellschaftsbiol. Bd. 14, S. 39. 1922.

— Ein Stammbaum mit Spalthand. Arch. f. Rassen- u. Gesellschaftsbiol. Bd. 14, S. 176. 1922.

DE FREESE: Über angeborene Digiti vari et valgi. Zeitschr. f. ärztl. Fortbild. Bd. 18, S. 312.

FREUND: Fortschr. a. d. Geb. d. Röntgenstr. Bd. 22, Nr. 3.

FRITSCHE: Inaug.-Diss. Zürich 1878.

GASSUL: Eine durch Generationen prävalierende symmetrische Fingercontractur. Dtsch. med. Wochenschr. 1918, S. 1196 u. 1450.

GOLDSMITH: "The catlin mark". The inheritance of an unusual opening in the parietal bones. Journ. of heredity Bd. 13, S. 69. 1922.

GROEDEL: Das Verhalten des Herzens bei kongenitaler Trichterbrust. Münch. med. Wochenschr. 1911, S. 684.

GRUBER: Beiträge zur Kasuistik und zur Kritik der Mikrognathie, nebst der Trichterbrust. Studien z. Pathol. d. Entwickl. Bd. 2. 1920.

HAECKER: Der Familientypus der Habsburger. Zeitschr. f. indukt. Abstammungs-
u. Vererbungslehre Bd. 6. 1911.
HARMAN: Zwei Fälle von Gesichtsspalten. Ophth. soc. of the U. Kingd. 1902.
HARRIHAUSEN: Familiäre steile kurze Wirbelsäule. Jahrb. f. Kinderheilk. Bd. 92.
HAYMANN: Amniogene und erbliche Hasenscharten. Arch. f. klin. Chirurg.
Bd. 70, S. 1033. 1903.
HELBING: Krankheiten der Knochen und Gelenke in ihren Beziehungen zur Ehe.
In v. Noorden u. Kaminer: Krankheiten und Ehe. Leipzig 1916.
HEUSINGER: Hals-Kiemen-Fisteln von noch nicht beobachteter Form. Virchows
Arch. f. pathol. Anat. u. Physiol. Bd. 29, S. 358. 1864.
HIRSCHFELD: Kongenitale Muskeldefekte. Handb. d. Neurol. Bd. 2, S. 248.
Berlin 1911.
JÜRGENS: Über die Heredität der multiplen Exostosen. Arch. f. Psychiatrie u.
Nervenkrankh. Bd. 61, S. 103. 1919.
KOLLERT: Das skaphoide Schulterblatt und seine klinische Bedeutung für die
Prognose der Lebensdauer. Wien. klin. Wochenschr. 1912, Nr. 51.
KRAUSSE: Hexadaktylie auf Sardinien. Naturwissenschaften Bd. 4, S. 723. 1916.
LEEGARD: Über angeborene Halsfisteln und einige mit diesen verwandte Ano-
malien. Arch. f. Laryngol. Bd. 26, S. 125. 1912.
LEWIS: Split-foot. Treasury of human inheritance Bd. 1, S. 6. 1909.
— Polydactylism. Treasury of human inheritance Bd. 1, S. 10. 1909.
— Brachydactylism. Treasury of human inheritance Bd. 1, S. 14. 1909.
— and EMBLETON: Split-hand and split-foot deformities, their types, origin,
aud transmission. Biometrica Bd. 6, S. 26. 1908.
MARCHAND: Mißbildung. Eulenburgs Real-Enzyklopädie.
MAYNARD: Hereditäre multiple Knorpelexostosen. Journ. of the Americ. med.
assoc. Chicago Bd. 76, Nr. 9. 1921.
MOHR u. WRIEDT: A new type of hereditary brachyphalangy in man. Carnegie
Institution. Washington 1919.
MORGENSTERN: Über kongenitale hereditäre Ankylosen der Interphalangeal-
gelenke. Beitr. z. klin. Chirurg. Bd. 82, S. 508. 1913.
NEWSHOLME: A pedigree showing be-parental inheritance of webbed toes. Lancet
1910, S. 1690.
OEHME: Familiäre akromegalie-ähnliche Erkrankung, besonders des Skeletts.
Dtsch. med. Wochenschr. 1919, S. 207.
PAULSEN: Über die Erblichkeit v. Thoraxanomalien mit besonderer Berücksichtigung
der Tuberkulose. Arch. f. Rassen- u. Gesellschaftsbiol. Bd. 13, S. 10. 1921.
PERLS: Beitrag zur familiären Form des angeborenen Schulterhochstandes.
Zeitschr. f. orthop. Chirurg. Bd. 41, S. 428. 1921.
POL: „Brachydaktylie" — , Klinodaktylie" — Hyperphalangie und ihre Grund-
lagen: Form und Entstehung der meist unter dem Bild der Brachydaktylie
auftretenden Varietäten, Anomalien und Mißbildungen der Hand und des
Fußes. Virchows Arch. f. pathol. Anat. u. Physiol. Bd. 229, S. 388. 1921.
POSNER: Erkrankungen der tieferen Harnwege, physische Impotenz und Ehe.
In v. Noorden u. Kaminer: Krankheiten und Ehe. Leipzig 1916.
RISCHBIETH: Hare-lip and cleft palate. Treasury of human inheritance Bd. 4,
S. 79. London 1910.
ROCH: Rolle der Erblichkeit in der Ätiologie der Luxatio coxae congenita.
Zentralbl. f. Chirurg. 1921, S. 1314.
SCHIRMER: Eine Reihe mißbildeter Mädchen von einem Elternpaar. Zentralbl.
f. Gynäkol. 1907, S. 71.
SCHLATTER: Die Mendelschen Vererbungsgesetze beim Menschen an Hand zweier
Syndaktyliestammbäume. Korresp.-Blatt f. Schweiz. Ärzte 1914, S. 225.
SCHOFIELD: Inheritance of webbed toes. Journ. of heredity Bd. 12, S. 400. 1922.
SCHULTZ: Über erbliche Tuberkulosenkonstitution. Zeitschr. f. Konstitutions-
lehre 1921.
— Zygodactyly and its inheritance. Journ. of heredity Bd. 13, S. 113. 1922.
—. Familiäre Contractur des kleinen Fingers. Zentralbl. f. d. Grenzgebiete Bd. 16,
S. 608.

Siegert: Beitrag zur Lehre von der Rachitis: Die Erblichkeit. Jahrb. f. Kinderheilk. 1903.

Sommer: Bemerkungen zu einem Fall von vererbter Sechsfingerigkeit. Klinik f. psych. u. nervöse Krankh. Bd. 5, S. 297. 1910.

— Zur forensischen Beurteilung der Erblichkeit von morphologischen Abnormitäten und Papillarlinien der Finger. Arch. f. Kriminalanthropol. Bd. 67, S. 161. 1916.

Stieve: Über Hyperphalangie des Daumens. Anat. Anz. Bd. 48, S. 565. 1915.

— Über Ektrodaktylie. Zeitschr. f. Morphol. u. Anthropol. Bd. 20, S. 73. 1916.

Straub: Über einen Fall von familiär aufgetretenen kongenitalen, multiplen Mißbildungen mit im Vordergrund stehenden doppelseitigen Kniegelenksstreckcontracturen. Inaug.-Diss. Heidelberg 1919.

Strohmayer: Die Vererbung des Habsburger Familientypus. Arch. f. Rassen- u. Gesellschaftsbiol. Bd. 8, S. 775. 1911 u. Bd. 9, S. 150. 1912.

Thaler: Familiäres Scheinzwittertum und Vererbungsfragen. Monatsschr. f. Geburtsh. u. Gynäkol. 1919, H. 4.

Thiemann: Seltenere Wachstumsstörungen bei Exostosis cartilag. mult. Fortschr. a. d. Geb. d. Röntgenstr. Bd. 14, S. 82. 1909.

Treiger: Ein Fall von Polydaktylie. Fortschr. a. d. Geb. d. Röntgenstr. Bd. 27, S. 419. 1919.

Warburg: Über Vorkommen und Bedeutung der Scapula scaphoidea. Berlin. klin. Wochenschr. 1919, S. 31.

Weber: Zur Geschichte des Enchondroms namentlich in bezug auf dessen hereditäres Vorkommen und sekundäre Verbreitung in inneren Organen durch Embolie. Virchows Arch. f. pathol. Anat. u. Physiol. Bd. 35, S. 501. 1866.

Wegelin: Über eine erbliche Mißbildung des kleinen Fingers. Berlin. klin. Wochenschr. 1917, S. 283.

Weigandt: Der Geisteszustand bei Turmschädel. Dtsch. Zeitschr. f. Nervenheilk. Bd. 69, S. 495. 1921.

Weinberg: Die Anlage zur Mehrlingsgeburt beim Menschen und ihre Vererbung. Arch. f. Rassen- u. Gesellschaftsbiol. Bd. 6. 1909.

— Zur Vererbung des Zwergwuchses. Arch. f. Rassen- u. Gesellschaftsbiol. Bd. 9, S. 710. 1912.

Wolf: Zwei Fälle von angeborenen Mißbildungen. 1. Angeborener Mangel beider Kniescheiben. 2. Angeborene Fingerdeformität. Münch. med. Wochenschr. 1900, Nr. 20.

Wolff: Ein Fall von dominanter Vererbung von Syndaktylie. Arch. f. Rassen- u. Gesellschaftsbiol. Bd. 13, S. 74. 1921.

Wuth: Über angeborenen Mangel, sowie Herkunft und Zweck der Kniescheibe. Arch. f. klin. Chirurg. Bd. 58, S. 900. 1899.

Zahrt, Fritz: Über einen Fall von erblicher Flughautbildung an den Ellenbogen. Inaug.-Diss. Leipzig 1903.

Namenverzeichnis.

(Von der speziellen Vererbungspathologie und vom Anhang wurde kein
Namen- und Sachverzeichnis angelegt, da diese Abschnitte das in ihnen enthaltene Material ja bereits in alphabetischer Reihenfolge darbieten.)

Sachverzeichnis.

(Vgl. die Anmerkung zum Namenverzeichnis.)

Abraxas 62.
Acardiacus 71.
Adel 104.
Adenoma sebaceum 171.
Ahnentafel 97, 100, 129.
Ahnenverlust 100.
Albinismus 132, 173, 174, 202.
Alkohol 79, 184, 185, 203.
Allgemeindisposition 37.
Allgemeinveränderung 79.
Alopecia 123.
Alterdisposition 35.
Anamnese 117, 136, 176.
angeboren 72.
Anidrosis 148, 162.
Aniridie 170.
Anlagenbild 4.
Anomalie 5, 72.
Anpassung 81.
Anteposition 190.
Antezipation 190.
Anthropologie 12.
Antirrhinum 126.
Art 5.
Artdisposition 32.
Ascaris 65.
Asthenia universalis 10.
A-Tafel 97, 100.
Ataxie 118.
Atherom 108.
Atrophia cutis 124.
— nervi optici 150.
Aurikularanhänge 168.
Auslese s. Selektion.
— literarisch kasuistische 125, 139.
Aussterben 189.

Bacillus prodigiosus 80.
Basedowdiathese 143.
Bastard 70.
Begabung 122, 168.
— musikalische 168.
Belastung 130.
Berufsdisposition 36.
Besoldung 209.
Bevölkerungspolitik 207.
Biotypus s. Erbstamm.

Blastophthorie 81.
Blastovariation 94.
Blei 184.
Blepharochalasis 123.
Blutsverwandtschaft 133, 176, 181.
Brachydaktylie 111, 113, 115, 168.

Cellulardispositionspathologie 37, 38.
Chorea Huntingtoni 123.
Chromomer 57.
Chromosomalpathologie 37.
Chromosomen 53, 60.
crossing over 58.

Darwinscher Höcker 8.
Dauerparavariation 80.
Degeneration s. Entartung.
Degenerationszeichen s. Entartungszeichen.
Dementia praecox 115, 136, 167.
diploid 54.
Dermographie 95.
Deszendenztafel (D-Tafel) 97 ff.
Diabetes 172, 191.
Diathese 13, 14.
— exsudative s. Status exsudativus.
— arthritische 20.
Disposition 11, 13, 24 ff., 28 ff.
— allgemeine 37.
— biochemische 37.
— Erblichkeit der 74.
— generelle 32.
— idiotypische 30, 31.
— konstitutionelle 24.
— komplexe 37.
— lokalisierte 37.
— paratypische 30, 31.
— phänotypische 30.
— physiologische 35.
— zur Syphilis 33.
— zur Tuberkulose 20, 24, 26, 33, 37.
Dispositionspathologie 25 ff., 30.
— anthropologische 26, 33.
— funktionelle 26.
— morphologische 25, 26.
Dispositionssymptome 25.
Domestikation 202, 203.
Dominanz 44, 45, 46, 68, 93.

Vererbung und Seelenleben. Einführung in die psychiatrische Konstitutions-
und Vererbungslehre. Von Dr. **Hermann Hoffmann,** Privatdozent an der
Universitätsklinik für Gemüts- und Nervenkrankheiten in Tübingen. Mit
104 Abbildungen und 2 Tabellen. 1922.   GZ. 8; gebunden GZ. 11

Die individuelle Entwicklungskurve des Menschen. Ein Problem der
medizinischen Konstitutions- und Vererbungslehre. Von Dr. **Hermann
Hoffmann,** Privatdozent für Psychiatrie an der Universität Tübingen. Mit
8 Textabbildungen. 1922.   GZ. 1.2

Studien über Vererbung und Entstehung geistiger Störungen.
I. Zur Vererbung und Neuentstehung der Dementia praecox.
Herausgegeben von Dr. **Ernst Rüdin,** Oberarzt der Klinik und a. o. Professor
für Psychiatrie an der Universität München. Mit 66 Figuren und Tabellen.
(Heft 12 der „Monographien aus dem Gesamtgebiete der Neurologie und
Psychiatrie".) 1916.   GZ. 9

Studien über Vererbung und Entstehung geistiger Störungen.
Von **Ernst Rüdin** in München. II. Die Nachkommenschaft bei
endogenen Psychosen. Genealogisch-charakterologische Untersuchungen
von Dr. **Hermann Hoffmann,** Assistenzarzt der Universitätsklinik für Gemüts-
und Nervenkrankheiten in Tübingen. Mit 43 Textabbildungen. (Heft 26 der
„Monographien aus dem Gesamtgebiete der Neurologie und Psychiatrie".)
1921.   GZ. 18

Studien über Vererbung und Entstehung geistiger Störungen.
Von **Ernst Rüdin** in München. III. Zur Klinik und Vererbung der
Huntingtonschen Chorea von Dr. **Josef Lothar Entres,** Oberarzt an
der Heil- und Pflegeanstalt Eglfing. Mit 2 Tafeln, 1 Textabbildung und
18 Stammbäumen. (Heft 27 der „Monographien aus dem Gesamtgebiete der
Neurologie und Psychiatrie".) 1921.   GZ. 11

Studien über Vererbung und Entstehung geistiger Störungen.
Von **Ernst Rüdin** in München. IV. Schizoid und Schizophrenie im
Erbgang. Beitrag zu den erblichen Beziehungen der Schizophrenie und des
Schizoids mit besonderer Berücksichtigung der Nachkommenschaft schizo-
phrener Ehepaare. Von Dr. **Eugen Kahn,** stellvertretender Oberarzt der
Psychiatrischen Universitätsklinik München. Mit 31 Abbildungen und 2 Ta-
bellen. (Heft 36 der „Monographien aus dem Gesamtgebiete der Neurologie
und Psychiatrie".) 1923.   GZ. 7

Vorlesungen über allgemeine Konstitutions- und Vererbungslehre.
Für Studierende und Ärzte. Von Privatdozent Dr. **Julius Bauer** in Wien.
Mit 47 Textabbildungen. 1921.   GZ. 5

Die konstitutionelle Disposition zu inneren Krankheiten. Von Dr.
Julius Bauer, Privatdozent für innere Medizin an der Wiener Universität.
Zweite, vermehrte und verbesserte Auflage. Mit 63 Textabbildungen.
1921.   GZ. 20

Konstitution und Vererbung in ihren Beziehungen zur Pathologie. Von Professor Dr. **Friedrich Martius,** Geh. Med.-Rat, Direktor der Medizinischen Klinik an der Universität Rostock. (Aus „Enzyklopädie der klinischen Medizin". Allgemeiner Teil.) Mit 13 Textabbildungen. 1914. GZ. 12

Körperbau und Charakter. Untersuchungen zum Konstitutions-Problem und zur Lehre von den Temperamenten. Von Dr. **Ernst Kretschmer,** Privatdozent für Psychiatrie und Neurologie in Tübingen. Dritte, gegenüber der zweiten unveränderte Auflage. Mit 32 Abbildungen. 1922. GZ. 7.5; gebunden GZ. 9

Die kretinische Entartung. Nach anthropologischer Methode bearbeitet von Dr. **Ernst Finkbeiner,** prakt. Arzt. Mit einem Geleitwort von Professor Dr. Karl Wegelin, Direktor des Pathologischen Instituts der Universität Bern. Mit 17 Textabbildungen und 6 Tafeln in zweifacher Ausführung. 1923. GZ. 20

Kultur und Entartung. Von **Oswald Bumke,** Professor in Leipzig. Zweite, umgearbeitete Auflage. 1922. GZ. 3.45

Psychiatrische Familiengeschichten. Von Dr. **J. Jörger,** Direktor der Graubündnerischen Heilanstalt Waldhaus bei Chur. 1919. GZ. 3.5

Die Ursachen der jugendlichen Verwahrlosung und Kriminalität. Studien zur Frage: Milieu oder Anlage. Von Dr. **Hans W. Gruhle** in Heidelberg. Mit 23 Figuren im Text und 1 farbigen Tafel. („Abhandlungen aus dem Gesamtgebiete der Kriminalpsychologie" [Heidelberger Abhandlungen] Heft 1.) 1912. GZ. 18

Die Neurosen und Psychosen des Pubertätsalters. Von Dr. **Martin Pappenheim** und Dr. **Carl Grosz,** Landesgerichtspsychiater in Wien. (Heft 1 der „Zwanglosen Abhandlungen aus den Grenzgebieten der Pädagogik und Medizin". Herausgegeben von Th. Heller in Wien und G. Leubuscher in Meiningen.) 1914. GZ. 3

Lehrbuch der Psychiatrie. Von Dr. **E. Bleuler,** o. Professor der Psychiatrie an der Universität Zürich. Vierte Auflage. Mit 51 Textabbildungen. 1923. Gebunden GZ. 15

Hundert Jahre Psychiatrie. Ein Beitrag zur Geschichte menschlicher Gesittung. Von Professor **Emil Kraepelin.** Mit 35 Textbildern. (Sonderabdruck aus „Zeitschrift für die gesamte Neurologie und Psychiatrie".) 1918. GZ. 2.8

Ziele und Wege der psychiatrischen Forschung. Von Professor **Emil Kraepelin.** (Sonderabdruck aus „Zeitschrift für die gesamte Neurologie und Psychiatrie".) 1918. GZ. 1.4

Der Verband. Lehrbuch der chirurgischen und orthopädischen Verbandbehandlung. Von Professor Dr. med. **Fritz Härtel,** Oberarzt der Chirurgischen Universitätsklinik zu Halle a. S., und Privatdozent Dr. med. **Friedrich Loeffler,** leitender Arzt der Orthopädischen Abteilung der Chirurgischen Universitätsklinik zu Halle a. S. Mit 300 Textabbildungen. 1922.

GZ. 9; gebunden GZ. 12

Der chirurgische Operationssaal. Ratgeber für die Vorbereitung chirurgischer Operationen und das Instrumentieren für S c h w e s t e r n , Ä r z t e und Studierende. Von **Franziska Berthold,** Viktoriaschwester, Operationsschwester an der Chirurgischen Universitätsklinik Berlin. Mit einem Geleitwort von Geh. Medizinalrat Professor Dr. A u g u s t B i e r. Z w e i t e , verbesserte Auflage. Mit 314 Textabbildungen. 1922.   GZ. 4

Prophylaxe und Therapie der Kinderkrankheiten mit besonderer Berücksichtigung der Ernährung, Pflege und Erziehung des gesunden und kranken Kindes nebst therapeutischer Technik, Arzneimittellehre und Heilstättenverzeichnis. Von Professor Dr. **F. Göppert,** Direktor der Universitätskinderklinik in Göttingen, und Professor Dr. **L. Langstein,** Direktor des Kaiserin Auguste Viktoria-Hauses, Berlin-Charlottenburg. Mit 37 Textabbildungen. 1920.   GZ. 13.5; gebunden GZ. 15

Einführung in die Kinderheilkunde. Ein Lehrbuch für Studierende und Ärzte von Dr. **B. Salge,** o. ö. Professor der Kinderheilkunde z. Zt. in Marburg a. L. V i e r t e , erweiterte Auflage. Mit 15 Textabbildungen. 1920.

Gebunden GZ. 8.25

Kurzes Lehrbuch der Frauenkrankheiten. Für Ärzte und Studierende. Von Dr. med. **Hans Meyer-Rüegg,** Professor der Geburtshilfe und Gynäkologie an der Universität Zürich. F ü n f t e , vermehrte und verbesserte Auflage. Mit 182 zum Teil farbigen Textabbildungen. 1923. Gebunden GZ. 9

Einführung in die gynäkologische Diagnostik. Von Professor Dr. **Wilhelm Weibel,** Primararzt an der Rudolfstiftung in Wien. D r i t t e , verbesserte Auflage. Mit 144 Textabbildungen. Erscheint im Herbst 1923

Lenhartz - Meyer, Mikroskopie und Chemie am Krankenbett. Begründet von **Hermann Lenhartz,** fortgesetzt und umgearbeitet von Professor Dr. **Erich Meyer,** Direktor der Medizinischen Klinik in Göttingen. Z e h n t e , vermehrte und verbesserte Auflage. Mit 196 Textabbildungen und 1 Tafel. 1922.   Gebunden GZ. 12

Grundriß der Hygiene. Für Studierende, Ärzte, Medizinal- und Verwaltungsbeamte und in der sozialen Fürsorge Tätige. Von Professor Dr. med. **Oscar Spitta,** Geh. Reg.-Rat, Privatdozent der Hygiene an der Universität Berlin. Mit 197 zum Teil mehrfarbigen Textabbildungen. 1920.

GZ. 13.5; gebunden GZ. 16.5

Vorlesungen über klinische Propädeutik. Von Professor Dr. **Ernst Magnus-Alsleben,** Vorstand der Medizinischen Poliklinik der Universität Würzburg. D r i t t e , durchgesehene und vermehrte Auflage. Mit 14 zum Teil farbigen Abbildungen. 1922.   Gebunden GZ. 7